国防工业出版社

“十二五”国家重点出版规划项目

《航天器和导弹制导、导航与控制》丛书 Spacecraft Guided Missile

国防科技图书出版基金

吕振铎　雷拥军　编著

卫星姿态测量与确定

Satellite Attitude Measurement and Determination

Introduction

Fundations

Attitude Measurement and Determination for Spinning Satellites

Attitude Measurement and Determination for Three - axis Stabilized Satellites

State Estimation Methods for Satellite Attitude Determination

Modeling of Gyros in Attitude Determination

Applications of Kalman Filtering in Satellite Attitude Determination

Satellite Attitude Systems Design

国防工業出版社
National Defense Industry Press

图书在版编目(CIP)数据

卫星姿态测量与确定 / 吕振铎，雷拥军编著．—北京：国防工业出版社，2013.7

（航天器和导弹制导、导航与控制丛书）

ISBN 978-7-118-08805-2

Ⅰ．①卫…　Ⅱ．①吕…　②雷…　Ⅲ．①卫星姿态-测量　Ⅳ．①V448.22

中国版本图书馆 CIP 数据核字(2013)第 152956 号

卫星姿态测量与确定

编　著　者　吕振铎　雷拥军

责任编辑　王　华

出版发行　国防工业出版社(010-88540717　010-88540777)

地址邮编　北京市海淀区紫竹院南路 23 号，100048

经　　售　新华书店

印　　刷　北京嘉恒彩色印刷有限责任公司

开　　本　710×960　1/16

印　　张　18¾

印　　数　1-2500 册

字　　数　277 千字

版　印　次　2013 年 7 月第 1 版第 1 次印刷

定　　价　86.00 元

致读者

本书由国防科技图书出版基金资助出版。

国防科技图书出版工作是国防科技事业的一个重要方面。优秀的国防科技图书既是国防科技成果的一部分,又是国防科技水平的重要标志。为了促进国防科技和武器装备建设事业的发展,加强社会主义物质文明和精神文明建设,培养优秀科技人才,确保国防科技优秀图书的出版,原国防科工委于1988年初决定每年拨出专款,设立国防科技图书出版基金,成立评审委员会,扶持、审定出版国防科技优秀图书。

国防科技图书出版基金资助的对象是:

1. 在国防科学技术领域中,学术水平高,内容有创见,在学科上居领先地位的基础科学理论图书;在工程技术理论方面有突破的应用科学专著。

2. 学术思想新颖,内容具体、实用,对国防科技和武器装备发展具有较大推动作用的专著;密切结合国防现代化和武器装备现代化需要的高新技术内容的专著。

3. 有重要发展前景和有重大开拓使用价值,密切结合国防现代化和武器装备现代化需要的新工艺、新材料内容的专著。

4. 填补目前我国科技领域空白并具有军事应用前景的薄弱学科和边缘学科的科技图书。

国防科技图书出版基金评审委员会在总装备部的领导下开展工作,负责掌握出版基金的使用方向,评审受理的图书选题,决定资助的图书选题和资助金额，以及决定中断或取消资助等。经评审给予资助的图书，由总装备部国防工业出版社列选出版。

国防科技事业已经取得了举世瞩目的成就。国防科技图书承担着记载和弘扬这些成就，积累和传播科技知识的使命。在改革开放的新形势下，原国防科工委率先设立出版基金，扶持出版科技图书，这是一项具有深远意义的创举。此举势必促使国防科技图书的出版随着国防科技事业的发展更加兴旺。

设立出版基金是一件新生事物，是对出版工作的一项改革。因而，评审工作需要不断地摸索、认真地总结和及时地改进，这样，才能使有限的基金发挥出巨大的效能。评审工作更需要国防科技和武器装备建设战线广大科技工作者、专家、教授，以及社会各界朋友的热情支持。

让我们携起手来，为祖国昌盛、科技腾飞、出版繁荣而共同奋斗！

国防科技图书出版基金

评审委员会

国防科技图书出版基金
第七届评审委员会组成人员

《航天器和导弹制导、导航与控制》丛书编委会

顾　　问　陆元九*　屠善澄*　梁思礼*

主任委员　吴宏鑫*

副主任委员　房建成
（执行主任）

委员（按姓氏笔画排序）

马广富	王　华	王　辉	王　巍	王子才*
王晓东	史忠科	包为民*	邢海鹰	孙柏林
孙承启	孙敬良*	孙富春	孙增圻	任　章
任子西	向小丽	刘　宇	刘良栋	刘建业
汤国建	严卫钢	李俊峰	李济生*	李铁寿
杨树兴	杨维廉	吴　忠	吴宏鑫*	吴森堂
余梦伦*	张广军	张天序	张为华	张春明
张弈群	张履谦*	陆宇平	陈士橹*	陈义庆

陈定昌*　陈祖贵　周　军　周东华　房建成

孟执中*　段广仁　侯建文　姚　郁　秦子增

夏永江　徐世杰　殷兴良　高晓颖　郭　雷*

郭　雷　唐应恒　黄　琳*　黄培康*　黄瑞松*

曹喜滨　崔平远　梁晋才*　韩　潮　曾广商*

樊尚春　魏春岭

常务委员　(按姓氏笔画排序)

孙柏林　任子西　吴　忠　吴宏鑫*　吴森堂

张天序　陈定昌*　周　军　房建成　孟执中*

姚　郁　夏永江　高晓颖　郭　雷　黄瑞松*

魏春岭

秘　书　全　伟　宁晓琳　崔培玲　孙津济　郑　丹

注:人名有*者均为院士。

总　序

航天器(Spacecraft)是指在地球大气层以外的宇宙空间(太空),按照天体力学的规律运行,执行探索、开发或利用太空及天体等特定任务的飞行器,例如人造地球卫星、飞船、深空探测器等。导弹(Guided Missile)是指携带有效载荷,依靠自身动力装置推进,由制导和导航系统导引控制飞行航迹,导向目标的飞行器,如战略/战术导弹、运载火箭等。

航天器和导弹技术是现代科学技术中发展最快,最引人注目的高新技术之一。它们的出现使人类的活动领域从地球扩展到太空,无论是从军事还是从和平利用空间的角度都使人类的认识发生了极其重大的变化。

制导、导航与控制(Guidance Navigation and Control,GNC)是实现航天器和导弹飞行性能的系统技术,是飞行器技术最复杂的核心技术之一,是集自动控制、计算机、精密机械、仪器仪表以及数学、力学、光学和电子学等多领域于一体的前沿交叉科学技术。

中国航天事业历经50多年的努力,在航天器和导弹的制导、导航与控制技术领域取得了辉煌的成就,达到了世界先进水平。这些成就不仅为增强国防实力和促进经济发展起了重大作用,而且也促进了相关领域科学技术的进步和发展。

1987年出版的《导弹与航天丛书》以工程应用为主,体现了工程的系统性和实用性,是我国航天科技队伍30年心血凝聚的精神和智慧成果,是多种专业技术工作者通力合作的产物。此后20余年,我国航天器和导弹的制导、导航与控制技术又有了突飞猛进的发展,取得了许多创新性成果,这些成果是航天器和导弹的制导、导航与控制领域的新理论、新方法和新技术的集中体现。为适应新形势的需要,我们决定组织撰写出版《航天器和导弹制导、导航与控制》丛书。本丛书以基础性、前瞻性和创新性研究成果为主，突出工程应用中的关键技术。这套丛书不仅是新理论、新方法、新技术的总结与提炼，而且希望推动这些理论、方法和技术在工程中推广应用，更希望通过“产、学、研、用”相结合的方式使我国制导、导航与控制技术研究取得更大进步。

本丛书分两个部分：第一部分是制导、导航与控制的理论和方法；第二部分是制导、导航与控制的系统和器部件技术。

本丛书的作者主要来自北京航空航天大学、哈尔滨工业大学、西北工业大学、国防科学技术大学、清华大学、北京理工大学、华中科技大学和南京航空航天大学等高等学校，中国航天科技集团公司和中国航天科工集团公司所属的研究院所，以及“宇航智能控制技术”、“空间智能控制技术”、“飞行控制一体化技术”、“惯性技术”和“航天飞行力学技术”等国家级重点实验室，而且大多为该领域的优秀中青年学术带头人及其创新团队的成员。他们根据丛书编委会总体设计要求，从不同角度将自己研究的创新成果，包括一批获国家和省部级发明奖与科技进步奖的成果撰写成书，每本书均具有鲜明的创新特色和前瞻性。本丛书既可为从事相关专业技术研究和应用领域的工程技术人员提供参考，也可作为相关专业的高年级本科生和研究生的教材及参考书。

为了撰写好该丛书，特别聘请了本领域德高望重的陆元九院士、屠善澄院士和梁思礼院士担任丛书编委会顾问。编委会由本领域各方面的知名专家和学者组成，编著人员在组织和技术工作上付出了很多心血。本丛书得到了中国人民解放军总装备部国防科技图书出版基金资助和国防工业出版社的大力支持。在此一并表示衷心感谢！

期望这套丛书能对我国航天器和导弹的制导、导航与控制技术的人才培养及创新性成果的工程应用发挥积极作用，进一步促进我国航天事业迈向新的更高的目标。

丛书编委会

2010 年 8 月

前　言

卫星姿态控制主要包括姿态测量和姿态控制。卫星的姿态表示卫星在空间中的方位,通常所谓的姿态确定就是指确定卫星本体坐标系相对于某一参考坐标系或某一特定目标的姿态。为了确定姿态,首先需要测量姿态,即用星载特定姿态敏感器获取含有姿态信息的物理量,然后进行数据处理,最终获取所需要的姿态参数。卫星姿态确定是对卫星进行控制的前提和基础。

本书以静止轨道卫星和中、低轨道卫星为重点,详细地介绍了几种典型卫星姿态测量部件的工作原理,分别针对自旋稳定卫星和三轴稳定卫星系统地阐述了相应的卫星姿态参考矢量几何确定方法和状态估计的滤波方法,并给出了相关姿态确定系统的实现过程。本书共分为 8 章。第 1 章介绍姿态测量与确定在卫星控制系统中的作用,卫星姿态测量部件研究进展情况,卫星控制系统采用的姿态确定方法;第 2 章介绍与姿态测量及确定的相关基础知识,主要包括参考坐标系、姿态描述形式和球面三角等知识;第 3 章和第 4 章分别针对自旋稳定卫星和三轴稳定卫星系统论述了相关测量敏感器原理和基于各矢量测量的卫星姿态确定方法及其实际工程应用实例;第 5 章介绍了基于状态估计的姿态确定方法,着重给出卡尔曼(Kalman)滤波的原理及其推导过程;第 6 章介绍姿态确定系统的高精度陀螺误差建模方法,并结合实际陀螺数据进行了模型有效性比对验证,为姿态确定及高精度姿态控制系统设计及仿真验证提供基础条件。第 7 章介绍了基于卡尔曼滤波方法在卫星系统中的应用;第 8 章分别结合自旋稳定卫星和三轴稳定卫星,给出了相应姿态测量与确定系统的实现过程。

本书是卫星姿态测量与确定技术的基础理论和研究成果的著作,是作者从事卫星控制系统研制和工程实践的经验总结,凝聚了作者从事航天器控制领域工作几十年来的研究结晶。随着卫星姿态控制技术的发展,姿态测量与确定在航天领域重要性显得更加突出,但国内外还没有全面系统地介绍卫星姿态测量与确定技术的学术专著或教科书,相关技术仅在卫星控制技术著作的部分章节有所涉及。自 20 世纪 90 年代初本书中的大部分内容就一直作为中国空间技术研究院和其他高校研究生的“卫星姿态测量与确定”课程讲义,受到研究生和相关技术人员的欢迎。在此过程中,还不断吸收该领域最新研究成果对讲义进行了丰富。

本书紧密将理论与实际应用相结合,系统地介绍卫星姿态测量与确定原理和方法。全书学术思想新颖,内容具体实用,是从研制和工程实践中归纳、综合与提炼的研究成果,大部分内容经过飞行验证。许多姿态测量和确定技术不仅仅局限于卫星应用,还可推广于其他航天器。本书不仅可以作为研究生教材,还可供从事航天器控制的技术人员参考。

在本书的编写过程中得到了北京控制工程研究所吴宏鑫院士、北京航空航天大学房建成教授等专家们的指导,本书承蒙中国空间技术研究院屠善澄院士和北京航空航天大学贾英民教授审阅,并提出了许多宝贵意见,在此谨致深切谢意。作者感谢国防科技图书出版基金和国防工业出版社在本书出版过程中给予的大力支持。最后感谢在本书撰写过程中所有给予关心、支持和帮助的人们!

随着现代航天技术的迅猛发展,卫星姿态测量与确定技术也随之丰富,由于编者的水平所限,难免存在不妥和错误之处,恳请广大同行、读者批评指正。

作者

2013 年 2 月

目 录
CONTENTS

第1章 绪论

1.1 卫星姿态控制系统

人造地球卫星是指环绕地球运行的无人航天器，简称人造卫星或卫星。卫星系统是一个复杂系统，一般情况下主要包括结构系统、姿态和轨道控制系统、能源系统、数据管理系统、数据传输系统、热控系统和有效载荷系统等分系统。

卫星姿态和轨道控制系统（简称卫星控制系统）是卫星平台的重要组成部分，对星载有效载荷任务的完成起着至关重要的作用。在卫星其他分系统正常工作的条件下，地球同步卫星能否定点、地球同步卫星和太阳同步卫星能否进行轨道保持、返回式卫星能否按指定地点返回、资源卫星能否准确拍照、气象卫星能否给出正确区域云图、中继卫星能否进行星间链路通信、星座卫星的相对位置是否正确保持等，都是卫星姿态和轨道控制系统的任务。

卫星姿态控制系统除所处的空间环境存在一些特殊性外，其原理与其他工程控制系统基本相同，即控制系统构成的三要素——敏感器、执行机构和控制器（形成控制律）都是分别完成信号敏感测量、信号处理和控制指令执行三个最基本过程，其具体结构如图1-1所示。敏感器用以测量某些绝对的或相对的物理量；执行机构起控制作用，驱动动力装置产生控制信号所要求的运动；控制器则担负信号处理的任务。通常把敏感器、执行机构和控制器统称为

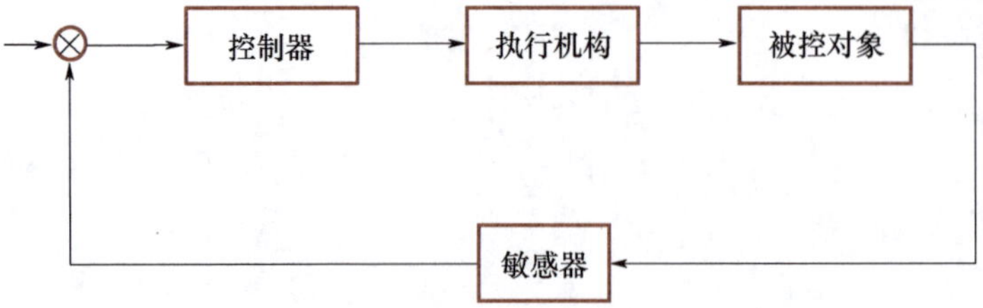

图 1－1　控制系统结构

控制硬件,而把完成测量和控制任务所需的算法称为软件。

典型卫星结构可见图 1－2 所示的哈勃太空望远镜(Hubble Space Telescope,HST)卫星,如前所述该卫星姿态控制系统包括星跟踪器、太阳敏感器、角速度测量单元等在内的姿态敏感器(表 1－1),反作用轮和磁力矩器等执行机构(表 1－2),以及星上控制计算机。

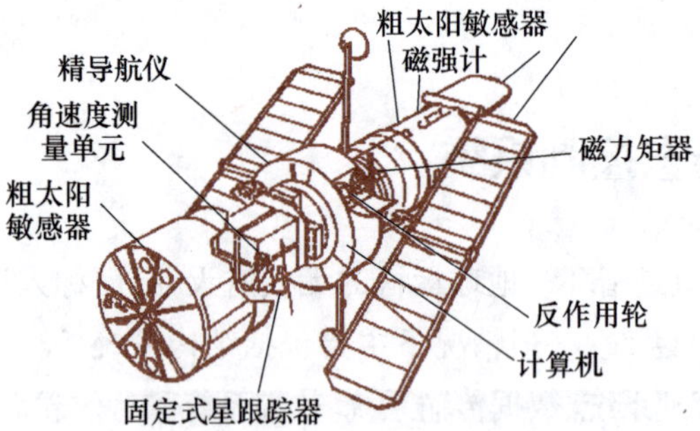

图 1－2　哈勃太空望远镜卫星

表 1－1　哈勃太空望远镜卫星的姿态敏感器

姿态敏感器	作　用
精导航仪 (Fine Guidance Sensors, FGS)	锁定导航星,以保证卫星与该行星方位关系保持在一定范围内
粗太阳敏感器 (Coarse Sun Sensors ,CSS)	测量卫星星体相对太阳的方位
磁强计 (Magnetic Sensing System,MSS)	测量卫星所处位置的地磁场方向
角速度测量单元 (Rate Sensor Units, RSU)	对星体三轴角速度进行测量
固定式星跟踪器 (Fixed Head Star Trackers,FHST)	确定卫星所在惯性空间方位

表1-2 哈勃太空望远镜的执行机构

执行机构	作用
反作用轮 (Reaction Wheel Actuators, RWA)	通过轮系转速改变来产生力矩,控制星体从一个观测目标转移到另一个观测目标
磁力矩器 (Magnetic Torquers, MT)	对于扰力矩所产生的角动量进行卸载

1.2 姿态测量及确定方法

对于一个被控对象来说,要想其建立或维持某种给定状态,则必须设法时时测定对象状态。被控对象的状态是通过所建立的测量手段(测量装置)直接或间接获取。在建立一个对象的控制系统中,信息测量是非常关键的要素,往往也是控制系统设计中最困难的方面。为了保证卫星成功地完成各项任务,首先必须知道其自身所处的空间方位,即需要通过敏感器测量或测量信息处理来获取卫星的姿态。

确定卫星的姿态首先要选择参考基准,不规定参考坐标系就无从描述卫星的姿态。姿态确定通常指确定卫星本体坐标系相对于某一参考坐标系或某一特定目标的姿态。为了确定姿态,首先需要测量姿态,即用星载特定姿态敏感器获取含有姿态信息的物理量,然后进行数据处理,最终获取所需要的姿态参数。根据所采用姿态敏感器类型的不同,相应的姿态确定大体上可分为以下两种方法:

(1) 参考矢量法(选取的矢量必须不少于两个参考矢量)。为了应用参考矢量法来确定卫星姿态,参考矢量与星体矢量(星体姿态方位)的关系是用星载特定的姿态敏感器测得的。随着星体姿态的变化,这些星载特定敏感器的输出物理量也随之变化,由这些物理量形成的处理量也相应地变化,因而反映了姿态信息的变化。这些物理量可以是空间场的反映,也可以是光学、电磁、热学的反映等。完成这些物理量测量的是一些星载特定敏感器,其中反映光学的有太阳敏感器和星敏感器等;反映电磁波的有磁强计、射频敏感器和GPS接收机等;反映热学的有红外地球敏感器等。

(2) 惯性测量法。应用惯性测量法测定卫星姿态是基于卫星内部建立的姿态基准。高速旋转的陀螺转子轴具有对惯性空间稳定定向的特性,此转子所具有的角动量矢量可以作为星体内部基准。陀螺仪表能敏感星体相对于惯性空间的姿态运动,故这类敏感器称为惯性姿态敏感器。由于用惯性姿态敏感器确定卫星姿态需要知道初始姿态,以及长期使用中陀螺漂移对姿态确定精度影响大等缺点,因此在实际应用中常把外部参考矢量姿态确定和惯性姿态确定结合起来。

姿态敏感器的输出并不一定是卫星的姿态参数,而且带有测量误差,姿态确定算法就是对姿态敏感器的测量信息进行处理,通过某种算法滤波或估计出星体的姿态。从姿态信息的处理算法形式上一般可分为确定性方法和状态估计方法。

(1) 确定性方法就是如何只根据一组矢量测量值,求出星体的姿态矩阵,如 TRIAD 法和基于求解 Wahba 问题产生的 QUEST、SVD 等算法。该方法无需姿态的先验知识,其结果具有明确的物理或几何上的意义。但原则上很难克服参考矢量的不确定性,如姿态敏感器的测量误差、偏置误差及安装误差等,难以建立包括这些不确定性在内的定姿模型及加权处理不同精度的测量值。

(2) 状态估计方法是通过建立状态量的状态方程及观测方程,应用某种估计算法,根据观测信息估计出状态量,并成为一定准则下的最优估计。在卫星姿态确定中,结合卫星姿态动力学或运动学模型,建立星体姿态变化的描述方程,根据一个时变的矢量测量来估计星体姿态。被估计的量不限于姿态参数,矢量观测中的一些不确定参数,如敏感器随机误差、对准误差等,也可以作为状态变量进行估计。这样,在一定程度上可消除某些测量不确定因素的影响,提高姿态确定精度。在工程实践中应用最广泛的为卡尔曼滤波方法。

卫星姿态稳定是保持已有姿态的控制,航天器姿态稳定方式按航天器姿态运动的形式可大致分为自旋稳定和三轴稳定两类。

(1) 自旋稳定是指卫星绕其一轴(自旋轴)旋转,依靠旋转动量矩保持自旋轴在惯性空间的指向。中国的“东方红二号甲”卫星(图 1-3)和“风云二号”气象卫星(图 1-4)就是典型的自旋卫星。自旋稳定常辅以主动姿态控制,用以修正自旋轴指向误差。

(2) 三轴稳定是指卫星依靠主动姿态控制或利用环境力矩,保持航天器本体三个正交轴线在某一参考空间的方向。中国的“东方红三号”卫星(图 1-5)采用的就是三轴稳定控制。

图1-3 “东方红二号甲”卫星

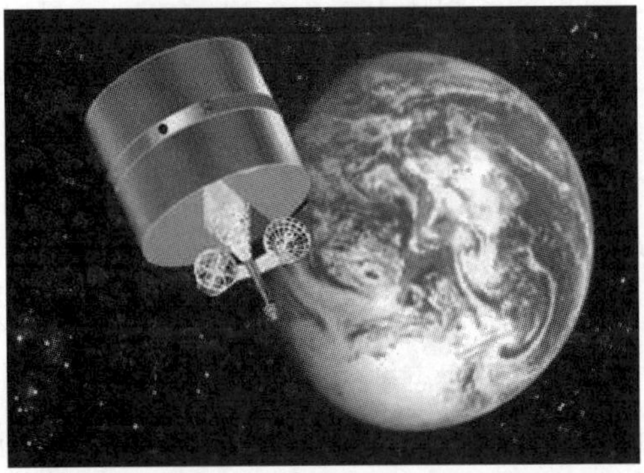

图1-4 “风云二号”气象卫星

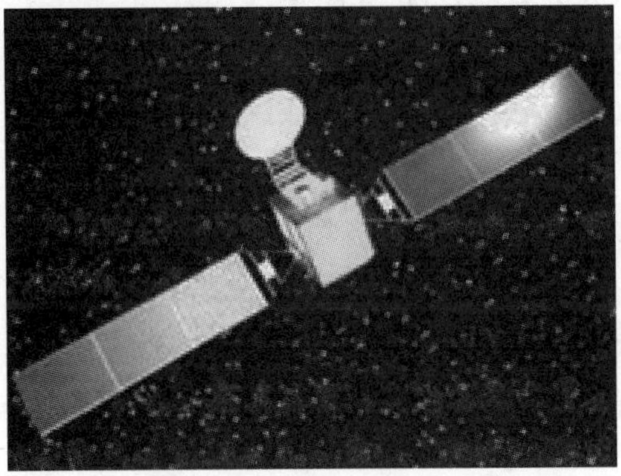

图1-5 “东方红三号”卫星

根据上述卫星姿态稳定控制的方式不同，卫星姿态测量又可分为自旋稳定卫星姿态测量和三轴稳定卫星姿态测量两大类。自旋稳定卫星姿态是指自旋体的自旋轴在某一参考系中的方向和自旋体相对空间某基准的旋转相位角。通常，自旋轴方向定义在赤道惯性坐标系中，用赤经和赤纬来表示。安装在自旋卫星上的敏感器依赖星体自旋运动对空间进行扫描，从而观测到空间中某些参考物体（如太阳、地球和恒星等）相对卫星的方位，测量自旋轴与参考物体方向的夹角。在工程技术上常采用太阳、地球双矢量姿态确定方法进行自旋轴方位确定。与自旋卫星不同，三轴稳定卫星上的姿态敏感器能直接测量某个选定的参考天体或目标在星体坐标系中的方位，或与该方位有关的信息。

姿态确定当前多在卫星上实时进行，但根据需要也可以通过遥测系统把姿态数据传送到地面，由地面测控中心进行姿态确定。对于一些返回式卫星，利用回收的可见光星像照片，再根据轨道参数和拍摄时间，可精确确定星体在轨道坐标系中的姿态参数。

1.3 卫星姿态敏感器

按不同的基准方位，卫星姿态敏感器可分为下列5类：

（1）以地球为基准方位，如红外地平仪、红外圆锥扫描地球敏感器等；

（2）以天体为基准方位，如太阳敏感器、星敏感器等；

（3）以惯性空间为基准方位，如陀螺；

（4）以地面站为基准方位，如射频敏感器等；

（5）其他，以地磁场为基准方位，如磁强计，以地貌为基准方位，如陆标敏感器等。

卫星姿态敏感器的比较如表1-3所列。

姿态敏感器一般由测量变换器和信号处理线路两部分组成，按不同方式的测量变换器可分为下列4类：

（1）光学敏感器，如太阳敏感器、红外地平仪、星敏感器、地球反照敏感器等；

（2）惯性敏感器，如陀螺；

表1-3　卫星姿态敏感器的比较

类型	优点	缺点	精度
地球敏感器	信号强、轮廓分明，分析方便，特别适合于对地飞行的近地轨道	一般需要活动扫描机构，易受太阳等干扰	0.03°～0.5°
太阳敏感器	信号源强、视场大、轮廓清晰、功耗低、质量轻	阴影区无有效信号输出	0.01°～0.5°
星敏感器	精度高、自主性强、无活动部件、不受轨道影响	结构与系统复杂、成本高，视场一般较小，对环境要求高，要防止太阳等杂光干扰	1″～20″
磁强计	成本低、功耗低、对低轨道卫星灵敏度高	受轨道高度影响大，容易受星上电磁干扰	0.3°～3°
陀螺	精度高且动态响应快，不受轨道影响	功耗一般较大，输出具有漂移，对环境要求较高。另外，机械陀螺具有高速旋转部件，光纤陀螺易受磁、温度影响	随机漂移：0.0001～0.1(°)/h

(3) 无线电敏感器，如射频敏感器；

(4) 其他，如磁强计。

下面介绍卫星较常用的6种姿态敏感器，即太阳敏感器、红外地平仪、星敏感器、陀螺、磁强计和射频敏感器。

1. 太阳敏感器

太阳敏感器是通过对太阳辐射的敏感来测量太阳视线与航天器某一体轴之间夹角的敏感器。太阳敏感器之所以广泛地用于卫星是因为：

(1) 在大多数应用场合，可以把太阳近似看作点光源，因此可简化敏感器设计和姿态确定算法；

(2) 太阳光源很强，从而使敏感器结构简单，其功率要求也很小；

(3) 太阳敏感器的视场很大，可达128°×128°。

太阳敏感器具有3种基本类型：模拟式、数字式和0-1式。

模拟式太阳敏感器的输出信号为模拟量,其大小和符号是太阳光入射角的连续函数。由于硅太阳电池输出电流与太阳光入射角成正弦规律变化,因而模拟式太阳敏感器通常又叫做余弦检测器。模拟太阳敏感器精度较低,主要用于卫星太阳翼对日控制等对姿态要求不高场合的太阳方位测量。

数字式太阳敏感器的输出信号是与太阳入射角相关的且以编码形式出现的离散函数。在结构上,数字式太阳敏感器主要由狭缝、码盘、光敏元件阵列、放大器和缓冲寄存器组成,光敏元件阵列是由一排相互平行且独立的光电池条组成,其数量决定了太阳敏感器输出编码的位数,从而影响到敏感器的分辨率。数字太阳敏感器测量精度达 0.01°,可用于一般精度卫星的姿态控制系统。图 1-6 为 Sodern 公司研制的双缝数字太阳敏感器。

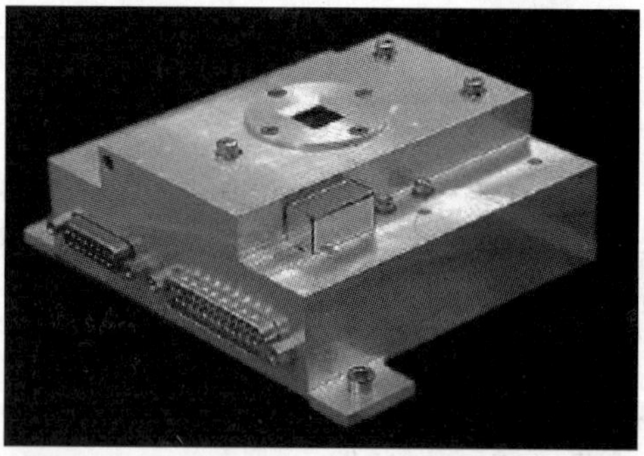

图 1-6　Sodern 公司研制的双缝数字太阳敏感器

0-1 式也称为太阳出现探测器。当太阳出现在敏感器视场内,并且信号超过阈值时输出为“1”,表示见到了太阳;当信号低于阈值时输出为“0”,表示没见到太阳。0-1 式太阳敏感器主要用于捕获太阳或判断太阳是否在视场内,常用于卫星轨道阴影区/阳照区判断和卫星应急模式下太阳搜索,也常作为其他敏感器见太阳保护器,以避免受到太阳光干扰后的具有较大误差的敏感器输出数据引入姿态确定系统,如红外地平仪敏感器的见太阳保护探头。将两个狭缝 0-1 式太阳敏感器装在一个具有二面角的安装座上,可构成双狭缝太阳敏感器,用于测量卫星自旋轴与太阳矢量之间的夹角。图 1-7 为北京控制工程研究所研制的双狭缝太阳敏感器,该敏感器用于科学双星 TC-1 和 TC-2。

图 1-7 双狭缝太阳敏感器

2. 红外地平仪

红外地平仪是利用地球自身的红外辐射来测量卫星相对于当地垂线或当地地平方位的姿态敏感器,简称地平仪。

目前,红外地平仪主要有地平穿越式、边界跟踪式和辐射热平衡式3种形式。其中,地平穿越式地平仪扫描视场大;其余两种地平仪的工作视场较小,只能适用于小范围的姿态测量,但精度相对较高。地平穿越式地平仪的视场相对于地球作扫描运动,当视场穿越地平线时,即扫描到地球和空间交界时,地平仪接收到的红外辐射能量发生跃变,当经过热敏元件探测器时,把这种辐射能量的跃变转变成电信号,形成地球波形。然后通过放大和处理电路转变成为前、后沿脉冲。最后通过计算电路,把前、后沿脉冲与姿态基准信号进行比较,得出姿态角信息。

穿越式地平仪常见有主动扫描红外地平仪和自旋扫描红外地平仪两种形式。前者依靠地平仪的扫描机构带动红外探头运动以实现对地球的扫描,后者则依靠航天器旋转(如自旋卫星)来实现。主动扫描红外地平仪根据扫描形式主要有圆锥扫描和摆动扫描两种方式,图1-8所示的STD16红外地球敏感器为圆锥扫描方式,图1-9所示的IRES-NG红外地平仪为摆动扫描方式。

边界跟踪式地平仪视场较小,只能工作在较窄的姿态范围内。另外,这种地平仪的工作还会受到大气成分、温度的不规则变化、日出/日落的光照条件变化的影响。

辐射热平衡式地平仪具有多个视场,一般有等间隔对称分布的4个或8个视场。每个视场分别接收来自地球不同部分的红外辐射,通过对每个视场接收到的不同红外辐射能量进行分析而得出卫星姿态。由于这种地平仪不需要扫描机构,所以又称静态红外地平仪。20 世纪 90 年代初,美国洛克希德·马丁公司利用 U3000A 探测器成功研制出面阵焦平面静态地平仪。美国的霍尼韦尔(Honeywell)公司利用面阵电荷耦合元件(Charg-Coupled Device, CCD)研制出 ERADS 地平仪,并于 1994 年进行了飞行试验。2000 年,Sodern 研制了一种用于地球静止轨道卫星的微小型静态地球敏感器 STS02,其精度可达0.01°~0.16°。

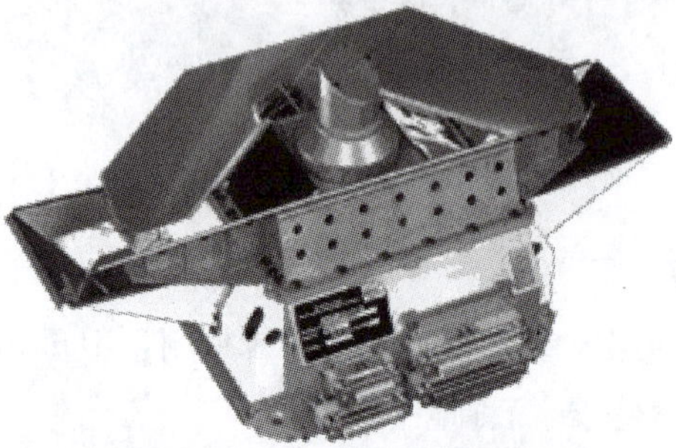

图 1-8　STD16 红外地球敏感器

图 1-9　IRES-NG 红外地平仪

3. 星敏感器

星敏感器是以亮度高于 +2 可见星等的恒星为基准,测量其相对于航天器的角位置,并通过与星历表中该星的角位置参数进行比较获得航天器的姿态。由于恒星张角非常小(0.04″~0.005″),因此星敏感器的测量精度很高。

星敏感器有星图仪和星跟踪器两种类型，星跟踪器又可分为框架式和固定式两种形式。

星图仪又称星扫描器，一般都是狭缝式，用在自旋卫星上，利用星体的旋转来搜索和捕获目标恒星。

框架式星跟踪器是把敏感头装在可转动的框架上，且通过旋转框架来搜索和捕获目标；固定式星跟踪器的敏感头相对航天器固定，在一定的视场内具有搜索和跟踪能力，例如采用析像管电子扫描、CCD 成像。

CCD 星敏感器利用电荷耦合器件，即图像列阵作为监测器，典型的监测器由垂直 448 个像素和水平 380 个像素分布于 8.8mm × 11.4mm 图像面积上。这种星敏感器的突出优点是能跟踪多颗星。

由于 CCD 体积小、重量轻和功耗低等特点，自 19 世纪 70 年代美国研制出基于 CCD 星敏感器后，一直作为主流星敏感器在卫星上使用。主要有德国 Jena – Optronik 公司生产的 ASTRO 系列 CCD 星敏感器，其中 ASTRO – 10 星敏感器用于 SAR-Lupe、TerraSAR 以及中国的 HJ – 1 卫星；法国 Sodern 公司生产 SED16、SED26 和 SED36 星敏感器，其中，SED16 卫星用于 SPOT – 5 卫星，SED36 星敏感器用于 Pleiades 卫星；美国 Lockheed Martin 公司生产的 AST – 301 星敏感器，以及 Ball 公司生产的 HAST 星跟踪器。表 1 – 4 列出了典型基于 CCD 星敏感器的性能指标，其外形如图 1 – 10 所示。

表 1 – 4 基于 CCD 星敏感器的性能指标

型号		ASTRO – 10	SED26
生产厂家		Jena – Optronik	Sodern
结构形式		分体式	一体化
尺寸(含遮光罩)/mm		ϕ160 × 250	278 × 158 × 147
质量(含遮光罩)/kg		2.42/2.62	3.01
功耗/W		11.2	≤15.3
精度	俯仰角及偏航角/(″)	5(3σ)	19(3σ)
	滚动角/(″)	35(3σ)	87(3σ)
数据更新速率/Hz		10	10
初始捕获时间/s		25/50	≤60
动态性能/((°)/s)		0.6 ~ 2.0	0.3 ~ 15
太阳遮蔽角/°		40/ 30	35
工作温度/℃		– 35 ~ + 45	– 40 ~ + 50

（续）

型　号	ASTRO－10	SED26
存储温度/℃	－60～＋80	－40～＋65
视场/(°)	17.6×13.5	ϕ25
寿命/年	5	18(GEO)
工作模式	捕获/跟踪/注入	自主捕获/自主跟踪

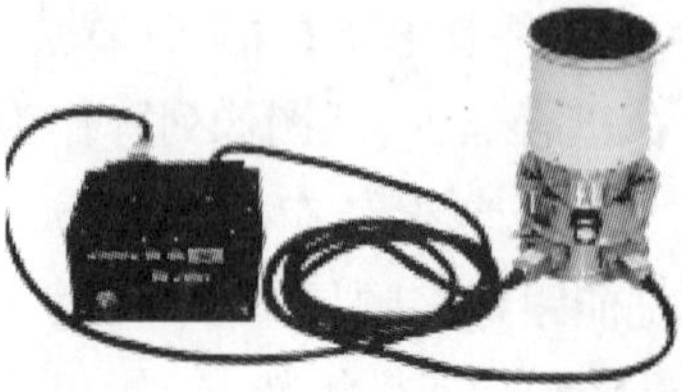

(a)

(b)

(c)

(d)

图 1－10　CCD 星敏感器外形图

(a) ASTRO－10；(b) SED26；(c) A－STR；(d) HAST。

近些年已发展利用高性能阵列成像器件(APS)、专用集成电路(ASIC)、可编程门阵列器件(FPGA)和高性能数据处理器研制出更小、更轻、更低功耗和更高精度的星敏感器。在三轴稳定卫星中,多采用双探头方案用以达到热备份的功能,如图1-9(b)所示的HYDRA星敏感器。相比CCD星敏感器,基于CMOS APS的星敏感器具有视场大的特点,同时采用集成度高的ASIC设计使得敏感器体积小、重量轻和功耗低。表1-5列出了APS星敏感器的性能参数,其外形如图1-11所示。

表1-5　APS星敏感器的性能参数

型号	ASTROAPS	HYDRA
生产厂家	Jena - Optronik	Sodern
视场/(°)	20×20	
精度	随机(1σ):< 2.0″ 偏差(1σ):<2.0″ X/Y轴(3σ):6″ Z轴(3σ):45″	1OH 随机(1σ):2.1″,2.1″,8.5″ 2OH 随机(1σ):2.3″,2.0″,2.3″ 3OH 随机(1σ):2.1″,2.1″,2.1″
数据更新速率/Hz	10	1~30
阳光抑制角/(°)	26/40	25/30/40 20/25/30
外形尺寸/mm	120×120×230 (含26° SEA遮光罩)	电子单元:140×140×70(1OH) 245×140×45(3OH) 光学头部:109×107×130
初始捕获时间/s	2(全天球捕获)	1
动态性能	<0.3(°)/s,精度无损失 0.3~3.0(°)/s,精度有所下降	角速度<10(°)/s 角加速度<20(°)/s^2
工作温度/℃	-30~+60	-30~+60
工作模式	初始化模式、待机模式、自主姿态确定模式、自主跟踪模式、注入模式、自检模式、图像下传模式	角速度模式、自主捕获模式、自主跟踪模式

注:OH—光学头部(Optical Head)

(a)

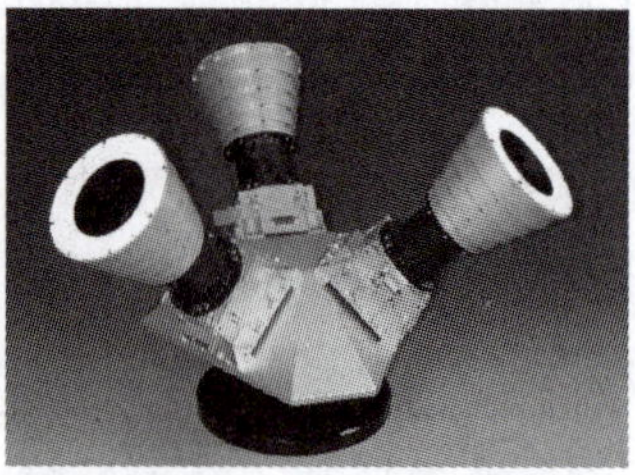

(b)

图 1-11　APS 星敏感器外形图
(a) ASTRO APS; (b) HYDRA。

星敏感器具有以下特点:

(1) 基于 CCD 的星敏感器特点:大视场,具有相对较低的探测星等,实现较高的数据更新速率和中高精度。采用一体化和模块化设计或分体式结构,具有体积重量小、功耗低等。

(2) 基于 APS 的星敏感器特点:大视场、精度优于 $2''(1\sigma)$,可具有 8~12 年及以上的长寿命,相比 CCD 的星敏感器体积和功耗更低;基于无陀螺工作模式的多探头、模块化处理器的星敏感器已经得到应用。典型产品有德国 Jena-Optronik 公司的 ASTRO-APS 和法国 Sodern 公司的 HYDRA。

(3) 动态性能好。动态性能是衡量在卫星不同程度运动下敏感器有效姿态数据输出的能力,该指标是研制厂商追求的主要技术指标之一。Sodern 研制的 HYDRA 星跟踪器的动态性能尤为突出,可实现卫星无陀螺下的姿态控制,确定角速度幅值可高达 $10(°)/s$,即使在姿态丢失情况下可在 $8(°)/s$ 幅值的角速度下完成姿态捕获;在 $10(°)/s$ 角速度和 $5(°)/s^2$ 角加速度运行情况下数据更新速率可保持 30Hz。

4. 陀螺

陀螺是卫星姿态控制系统中一种极其重要的敏感器,它输出卫星三轴相对于惯性空间的角速率,与其他姿态敏感器联合使用进行卫星姿态确定。根据陀螺的工作原理,陀螺主要为机械陀螺和光学陀螺。

机械陀螺是利用一个高速旋转体来敏感其自旋轴在惯性空间定向的变化。该陀螺具有定轴性和进动性两大特性。定轴性是当陀螺不受外力矩作用时,陀螺旋转轴相对于惯性空间保持方向不变;进动性是当陀螺受到外力矩作用时,陀螺旋转轴将沿最短的途径趋向于外力矩矢量,进动角速度正比于外力矩大小。

在机械陀螺的支承形式上,存在液浮、气浮、磁悬浮、静电悬浮、挠性支承、超导悬浮等多种形式。根据支承形式的不同,相应地形成了液浮陀螺,以及基于液浮、气浮和磁悬浮支承组合的陀螺、静电陀螺和基于挠性支承的动力调谐陀螺等。

液浮陀螺是一种典型的框架式刚体转子机械陀螺,主要由转子组件、浮子组件、传感器组件、力矩器组件、馈电装置、液浮和壳体等组成。自 20 世纪 50 年代美国研制出单自由度液浮陀螺以来,在航天领域得到了广泛应用,并成功应用于 SPOT、ERSI、ECS、Eutesat 和 Skynet 等卫星。

动力调谐陀螺是 20 世纪六七十年代研制并得到应用的干式机械陀螺(Tuned Dry Gyro),典型陀螺有 SKIRU、DRIRU II 等。相比液浮陀螺,其结构简单,易于制造,且成本低廉,其最高精度可达到 0.001(°)/h,已用于陆地卫星(LandSat)、伽利略卫星和 ALOS 卫星。静电陀螺转子由一个球形静电支承而悬浮,其精度目前最高,漂移误差可达 $10^{-6} \sim 10^{-7}$(°)/h。

光学陀螺是一种基于萨格奈克效应的新型角速度敏感器,与传统的机械陀螺相比,无运动部件和磨损部件,具有动态范围大、寿命长和可靠性高等特点,因此在军事及民用领域应用广泛。霍尼韦尔公司生产的高精密光纤陀螺采用 2 ~ 4km 的保偏型光纤线圈、高功率光纤激光器,并采用特殊措施压制噪声,获得很好的标度因数线性度和动态范围(常值漂移 0.00023(°)/h,随机游走角 0.00009(°)/$\sqrt{h}$,标度因数 0.3×10^{-6})。此外,霍尼韦尔公司也注重高精度、战略级光纤陀螺(如高精密消偏型陀螺)在姿态与航向参考系统的应用研究。

20 世纪 90 年代以来,在法国、欧洲航天局的支持下,Ixsea SAS 公司开发控制卫星姿态用光纤陀螺,并已应用在巴西 Micro 卫星(FBM)上。其生产的 IMU120 使用的光纤陀螺常偏稳定性达到 0.003(°)/h,精度最高的光纤陀螺随机游走精度达 0.00015(°)/$\sqrt{h}$。Pléiades 卫星应用了 iXSpace 公司研制出的高精度光纤陀螺(图 1 - 12),角度随机游走系数为 0.0002(°)/$\sqrt{h}$,零漂小于 0.001(°)/ h。

图 1-12　Pléiades 卫星光纤陀螺组件

5. 磁强计

磁强计是以地球磁场为基准测量航天器姿态的敏感器。磁强计本身是用来测量空间环境中磁场强度的,由于地球周围每一点的磁场强度都可以由地球磁场模型事先确定,因此利用航天器上的磁强计测得的信息与之对比,便可确定出航天器相对于地球磁场的姿态。根据磁敏感器工作原理不同可以分为感应式磁强计和量子式磁强计两种。

磁强计由于质量轻、性能可靠、功耗低、工作温度范围宽等优点,得到了广泛应用。但是,由于地球磁场模型仅是对地球磁场的近似描述,以此模型作为磁强计测量星体姿态的基准将会带来较大的误差,因此磁强计仅用于对卫星姿态测量精度要求不高的场合。此外,地球磁场强度随轨道高度的增加而减弱,当到一定轨道高度后卫星本身的剩磁将超过地球磁场强度而使得磁强计无法适用,因此磁强计往往用于低轨道卫星。

6. 射频敏感器

射频敏感器的工作原理是基于对航天器天线轴与无线电波瞄准线之间夹角的测量。目前大多采用单脉冲比相(干涉仪)式和比辐式两种射频敏感器。单脉冲比相式干涉仪是由光的干涉原理引伸而来,至少要采用两副接收天线。

在实际的卫星姿态控制系统中,上述单一类型的敏感器一般无法满足卫星姿态测量的要求,需要由多种类型姿态敏感器组合使用形成一个姿态测量系统(表 1-6),主要鉴于如下原因:

(1) 相对于同一基准无法获得卫星的完整姿态信息;

(2) 各种敏感器均存在条件限制;

(3) 卫星的长寿命工作特点要求敏感器长时间、高可靠地输出高精度姿态信息,所以姿态敏感器的冗余配置便成为系统设计中必须考虑的重要问题。

表1-6 在轨卫星姿态测量系统配置情况

卫 星	发射时间/年	姿态精度(3σ)	姿态稳定度(3σ)	姿态测量系统配置
SPOT-1/2/3	1986/1990/1993	控制:0.15°	8×10^{-4}(°)/s (P) 5×10^{-4}(°)/s (R,Y)	地球敏感器、太阳敏感器、陀螺
SPOT-4/5	1998/2002	控制:0.15°	5×10^{-4}(°)/s (P) 3×10^{-4}(°)/s (R,Y)	星敏感器、地球敏感器、太阳敏感器、陀螺
ERS-1/2	1991	控制:0.15°	1×10^{-4}(°)/s (Y) 7×10^{-4}(°)/s (R,P)	地球敏感器、太阳敏感器、陀螺
ADEOS(II)	1996	确定:0.02° 控制:0.2°	1×10^{-3}(°)/s	地球敏感器、太阳敏感器、陀螺
PROTEUS 平台	2000	确定:0.003°(R) 控制:0.008°(P) 0.01° (Y)	7×10^{-4}(°)/s	星敏感器、磁强计、模拟太阳敏感器、陀螺
ALOS	2006	确定:0.00043° 控制:0.095°	天线静止: 2.0×10^{-4}(°)/5s 天线运动: 4.0×10^{-4}(°)/5s	星敏感器、地球敏感器、太阳敏感器、陀螺
GeoEye-1		确定:0.4″ 控制:75″		星跟踪器、惯性测量单元、粗太阳敏感器、磁力矩器、磁强计

注:P—俯仰;R—滚动;Y—偏航

1.4 姿态测量与确定的作用及意义

姿态测量与确定的主要任务是通过姿态敏感器测量信息,精确估计卫星的三轴姿态与姿态角速度。一方面为姿态控制系统提供反馈信息,以更好地对卫星姿态实施控制;另一方面提供给有效载荷使用。姿态确定系统是卫星姿态控制系统中的必要组成部分,对姿态控制系统实现的精度及有效载荷在轨能否稳定工作起到决定性作用。同时,姿态测量与确定也是卫星姿态控制的先决条件。某些空间任务不要求对卫星进行姿态控制,但要求对卫星进行姿态确定,以便对卫星有效载荷所获得的数据赋予时间和空间的指向标志。

卫星姿态测量与确定精度和卫星姿态指向精度是卫星控制系统的两个重要指标。其中,卫星姿态测量与确定精度常指通过姿态敏感器测量及确定获取的卫星姿态与卫星实际姿态的偏差;卫星姿态指向精度是衡量卫星本体坐标系相对于目标坐标系的姿态偏差大小。由于姿态确定系统主要由姿态敏感器和相应的信息处理算法组成,其中信息处理算法也称为姿态确定算法。因此,卫星姿态测量与确定精度主要受制于姿态敏感器硬件精度和姿态确定算法精度两个方面。卫星姿态测量与确定精度直接影响姿态指向误差的大小,其相互关系如图 1 – 13 所示。若为实现高分辨在地观测卫星在指定区域及地点的精准成像,则需对卫星姿态指向误差提出严格要求。在一定姿态控制误差的前提下,根据图 1 – 13 所示关系可知,实现姿态的精确指向需要足够高的姿态确定精度来保证。即在寻求高精度测量敏感器的同时,也需要有合适有效的姿态测量与确定方法相佐。

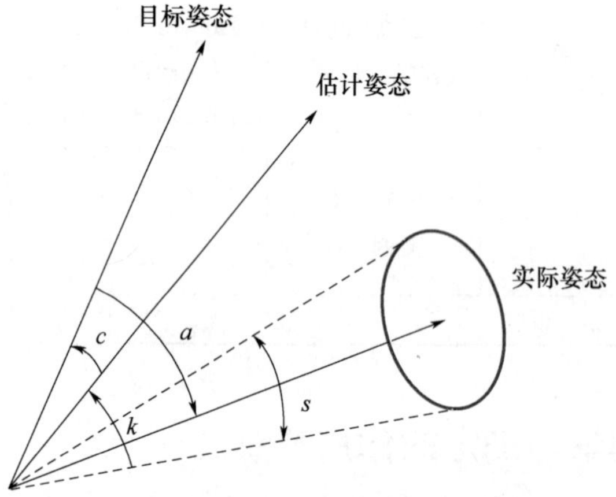

图 1 – 13　姿态确定在卫星姿态控制中的关系

a—姿态指向误差; *s*—姿态稳定度; *k*—姿态测量误差; *c*—控制误差。

通过以下实例来进一步说明卫星姿态测量与确定的作用及重要性。

(1) 发射地球同步卫星能否由转移轨道进入准同步轨道,建立远地点点火姿态是关键所在(图 1 – 14),是否已建立起远地点点火姿态必须由姿态测定来证明,如果测定不准,或超过给定精度,卫星就不能进入准同步轨道,而导致卫星发射失败。

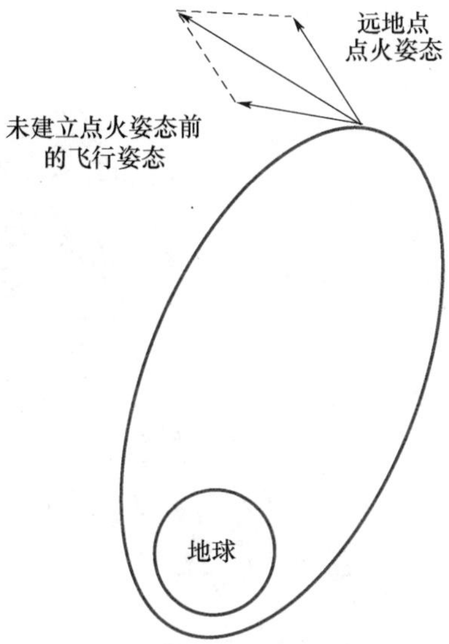

图1-14 高轨道卫星远地点点火示意图

(2) 对深空探测卫星来说，从绕地飞行轨道到其他星球的转移轨道及绕其稳定飞行轨道，在此过程中需要经过多次轨道修正(图1-15)。能否准确按预定地点及时机实现指定方向的轨道控制推力矢量，获取并建立卫星的准确姿态对于在轨安全飞行任务至关重要。

(3) 对于在轨姿态失控卫星来说，挽救成败的首要条件取决于正确的卫星姿态确定。当卫星姿态失控后，星体姿态角速度往往过大，将可能导致星上大部分姿态敏感器无法正常输出有效姿态信息数据，但试图使得卫星恢复正常姿态运行下所采取的控制方案及具体实施措施，完全依赖于星体的姿态信息获取。1990年9月，中国发射的"风云"一号(B)气象卫星，在轨运行期间由于受空间高能粒子作用使得星上计算机工作紊乱，并导致卫星姿态失控，最终星体以9.8r/min转速绕俯仰轴高速旋转，星上的惯性敏感器完全饱和而无法工作。后经采用滚动地平仪的输出变化关系确定出卫星自旋轴在惯性空间的方位，并采用卫星太阳电池阵提供的充电电流变化和地面遥测信号的强弱变化确定出高速自旋角速度，在获取卫星姿态的基础上通过后续控制使得卫星在失控75天后成功恢复对地三轴稳定运行工作。

由上可知，正确的卫星姿态信息获取是保证卫星任务实现，乃至卫星在轨安全运行的首要条件。

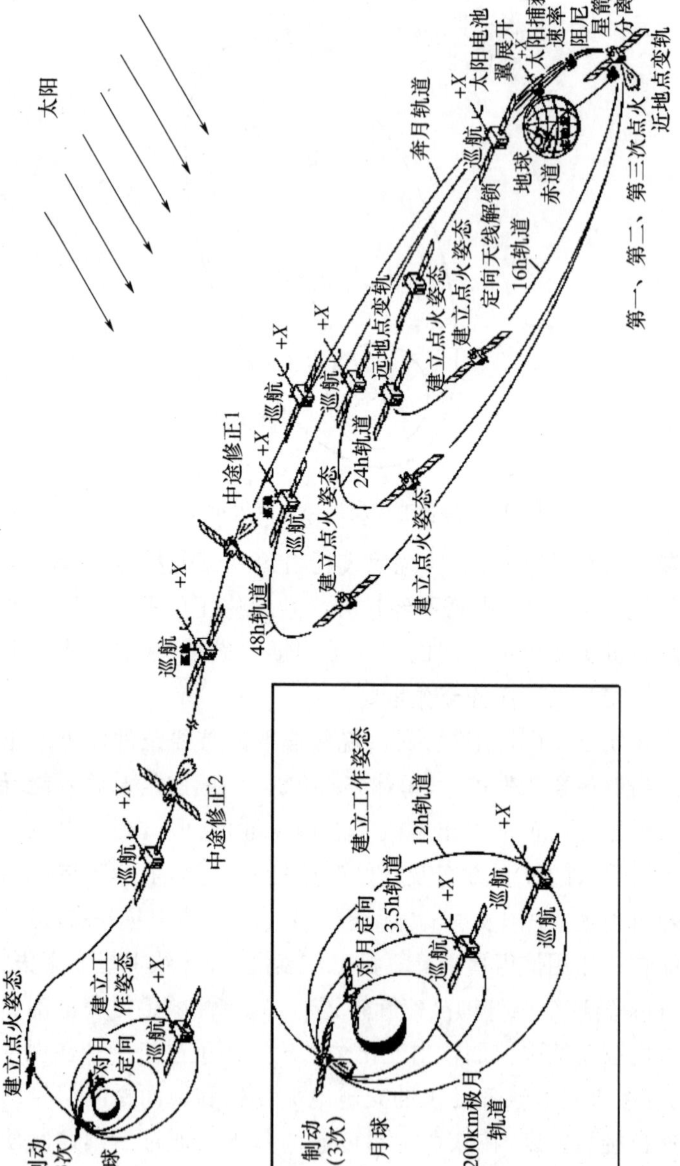

图1-15 “嫦娥”一号卫星飞行程序示意图

第2章
基础知识

卫星的姿态表示卫星在空间的方位,卫星的姿态是由卫星姿态敏感器根据不同的空间参考基准来确定的。讨论卫星的姿态首先要选定空间参考坐标,不规定参考坐标系,就无从描述卫星的姿态。至少建立两个坐标系才能严格地确定卫星的姿态:一个是空间参考坐标系;另一个是固连于卫星的星体坐标系。在实际使用中,有时两个坐标系还不够,需建立一些辅助坐标系。

2.1 坐标系定义及转换

2.1.1 坐标系定义

1. 星体坐标系

星体坐标系 $O-x_by_bz_b$ 是一个正交坐标系,它的原点在卫星质心 O 上,三个坐标轴和星体主惯量轴一致。

2. 质心轨道坐标系

质心轨道坐标系 $O-x_oy_oz_o$ 其原点在卫星的质心 O 上,卫星的轨道平面是坐标平面,由质心指向地心的坐标轴是 z_o 轴,x_o 轴在轨道平面上与 z_o 轴垂直,指向卫星速度方向,y_o 轴与 x_o、z_o 轴组成右手正交坐标系,且与轨道平面的法线平行，如图 2－1 所示。

卫星质心轨道坐标系在空间中是旋转的，对地定向的三轴稳定卫星的姿态定义在此坐标系中（一般简称轨道坐标系）。通常，分别称 x_o、y_o、z_o 轴为滚动轴、俯仰轴和偏航轴。当星体坐标系和轨道坐标系重合时，卫星的姿态误差为零，因此相应的 x_b、y_b、z_b 轴称为星体滚动轴、俯仰轴和偏航轴。

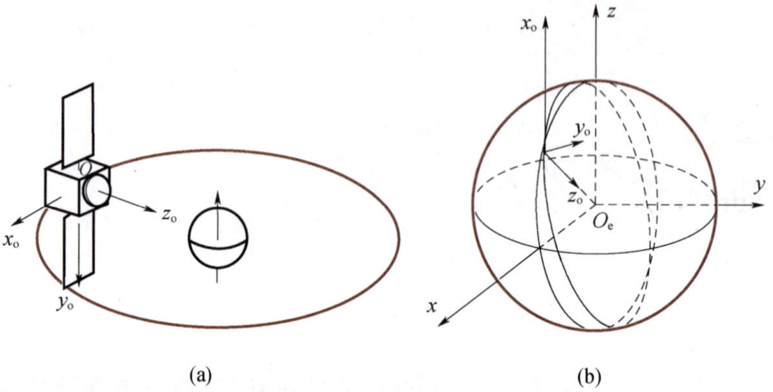

图 2－1　轨道坐标系

（a）静止轨道；（b）太阳同步轨道。

3. 地心轨道坐标系

地心轨道坐标系 $O_e-x_py_pz_p$ 原点在地心，x_p 轴沿卫星的位置矢量 $\boldsymbol{r}$ 方向，z_p 轴与轨道平面法线一致，y_p 轴和 x_p、z_p 轴正交，显然 x_p 轴与轨道坐标系 z_o 轴共线，但方向相反。

4. 地球坐标系

地球坐标系 $O_e-x_ey_ez_e$ 原点在地心，x_e 轴在地球赤道平面内指向格林尼治子午线，z_e 轴与地球自转轴一致，y_e 轴和 x_e、z_e 轴组成右手正交坐标系，此坐标系和地球固连一起旋转，也称地球固连坐标系。

5. 赤道惯性坐标系

赤道惯性坐标系 $O_e-x_Iy_Iz_I$ 原点在地心，x_I 轴指向赤道平面与黄道平面相交节线的升交点（指向春分点 Υ），z_I 轴与地球的自旋轴平行，y_I 轴与 x_I 和 z_I 轴组成右手正交坐标系（也简称惯性坐标系），一般情况下将坐标系的下标“I”省略。

这些坐标系的各轴方向示意如图2-2所示，λ_s、ϕ_s 为卫星星下点的经、纬度，t_G 为格林尼治的春分点时角。星体坐标系和参考坐标系轴之间的角度关系与卫星的相对位置无关，在实际应用中通常把参考坐标系原点平移到卫星的质心上。

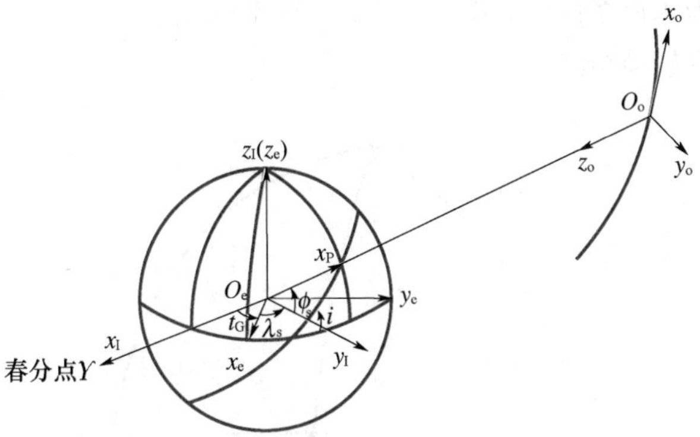

图2-2 坐标系之间关系示意图

2.1.2 坐标系之间的转换关系

下面讨论这些坐标系之间的转换关系，即推导出它们之间的转换矩阵。

赤道惯性坐标系 $O_e-x_Iy_Iz_I$ 到地球坐标系 $O_e-x_ey_ez_e$ 的转换矩阵为

$$\boldsymbol{C}_{eI}=\begin{bmatrix}\cos t_G & \sin t_G & 0\\ -\sin t_G & \cos t_G & 0\\ 0 & 0 & 1\end{bmatrix} \tag{2-1}$$

地球坐标系 $O_e-x_ey_ez_e$ 到地心轨道坐标系 $O_e-x_py_pz_p$ 的转换矩阵为

$$C_{pe}=\begin{bmatrix}\cos\phi_s\cos\lambda_s & \cos\phi_s\sin\lambda_s & \sin\phi_s\\ -\sin\lambda_s & \cos\lambda_s & 0\\ -\sin\phi_s\cos\lambda_s & -\sin\phi_s\sin\lambda_s & \cos\phi_s\end{bmatrix} \tag{2-2}$$

地心轨道坐标系 $O_e-x_py_pz_p$ 到质心轨道坐标系 $O-x_oy_oz_o$ 的转换矩阵为

$$\boldsymbol{C}_{op}=\begin{bmatrix}0 & 1 & 0\\ 0 & 0 & -1\\ -1 & 0 & 0\end{bmatrix} \tag{2-3}$$

赤道惯性坐标系 $O_e-x_Iy_Iz_I$ 到质心轨道坐标系 $O-x_oy_oz_o$ 的转换矩阵为

$$C_{oI}=C_{op}C_{pe}C_{eI}=C_{op}C_{pI} \tag{2-4}$$

利用这些坐标转换矩阵,可求出卫星姿态敏感器测量的参考天体在定义姿态的参考坐标系中的方向。通常,选用的参考天体有地球、太阳、恒星以及地球表面的陆标。由卫星指向参考天体方向的单位矢量称为参考矢量。

图2-3为赤道惯性坐标系 $O_e-x_Iy_Iz_I$ 与地心轨道坐标系 $O_e-x_py_pz_p$ 的关系,由图可得其转换矩阵为

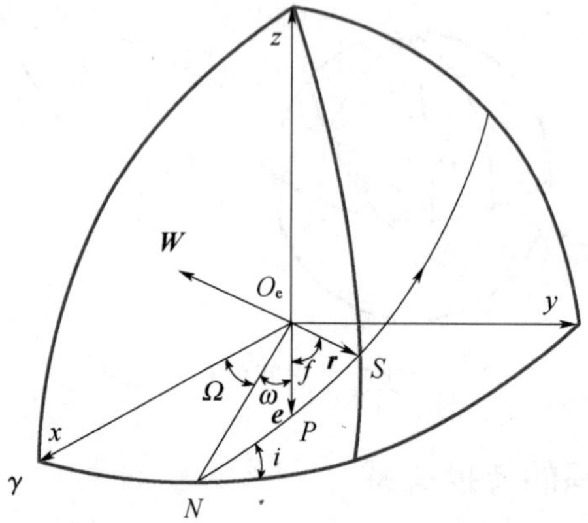

图2-3　赤道惯性坐标系与地心轨道坐标系的关系

$$\begin{aligned}C_{Ip}&=R_z(-\Omega)R_x(-i)R_z(-u)\\&=\begin{bmatrix}\cos u\cos\Omega-\sin u\cos i\sin\Omega & -\sin u\cos\Omega-\cos u\cos i\sin\Omega & \sin i\sin\Omega\\ \cos u\sin\Omega+\sin u\cos i\cos\Omega & -\sin u\sin\Omega+\cos u\cos i\cos\Omega & -\sin i\cos\Omega\\ \sin u\sin i & \cos u\sin i & \cos i\end{bmatrix}\end{aligned} \tag{2-5a}$$

式中:Ω、i、$u(u=\omega+f)$分别为卫星轨道的升交点赤经、轨道倾角和轨道幅角;$R_x(\cdot)$、$R_y(\cdot)$、$R_z(\cdot)$分别表示为绕 x、y 和 z 轴旋转前、后两坐标系的方向余弦矩阵。

地心轨道坐标系 $O_e-x_py_pz_p$ 与质心轨道坐标系 $O-x_oy_oz_o$ 的转换矩阵为

$$C_{po}=R_x(90°)R_y(90°)=\begin{bmatrix}0&0&-1\\1&0&0\\0&-1&0\end{bmatrix} \tag{2-5b}$$

质心轨道坐标系 $O-x_{o}y_{o}z_{o}$ 与赤道惯性坐标系 $O_{e}-x_{I}y_{I}z_{I}$ 的转换矩阵为

$$
\begin{aligned}
\boldsymbol{C}_{oI} &= [\boldsymbol{C}_{Ip}\boldsymbol{C}_{po}]^{T} \\
&= \begin{bmatrix} -\sin u\cos\Omega-\cos u\cos i\sin\Omega & -\sin u\sin\Omega+\cos u\cos i\cos\Omega & \cos u\sin i \\ -\sin i\sin\Omega & \sin i\cos\Omega & -\cos i \\ -\cos u\cos\Omega+\sin u\cos i\sin\Omega & -\cos u\sin\Omega-\sin u\cos i\cos\Omega & -\sin u\sin i \end{bmatrix}
\end{aligned} \tag{2-5c}
$$

2.2　姿态描述

星体坐标系 $O-x_{b}y_{b}z_{b}$ 在参考坐标系 $O_{r}-x_{r}y_{r}z_{r}$ 中的方向确定了卫星姿态的状况，如图2-4所示。描述这些方向的量称为姿态参数。它有多种描述形式，一般性的姿态参数是这两套坐标轴之间的方向余弦矩阵，但这种方法不直观，缺乏明显的几何概念。刚体转动的欧拉角也常用来表示卫星姿态。由于卫星姿态可唯一地确定，因此用各种方法求出的姿态参数可以互为转换，下面将给出几种姿态参数的形式。

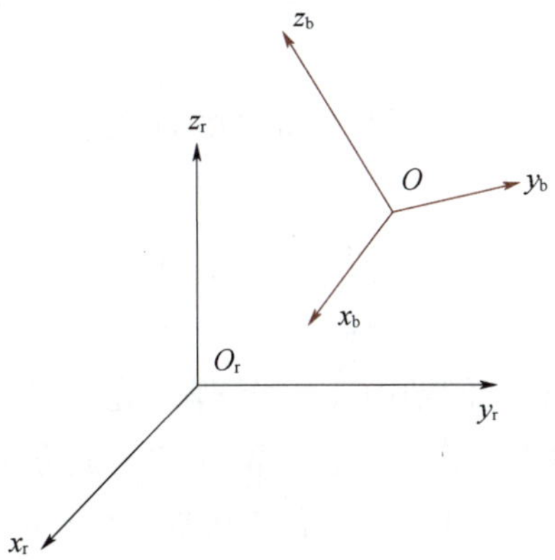

图2-4　星体坐标系与参考坐标系之间的关系

2.2.1　方向余弦式

令 $\boldsymbol{i}$、$\boldsymbol{j}$、$\boldsymbol{k}$ 表示坐标轴 $\boldsymbol{x}$、$\boldsymbol{y}$、$\boldsymbol{z}$ 的单位矢量，下标表示坐标系的种类，例如b、r分别代表星体和参考坐标系，这两套坐标轴之间的夹角余弦(方向余弦)共有

9 个,用 C_{xx}、C_{xy} …表示:

$$\begin{cases}\cos(\boldsymbol{i}_{\mathrm{b}},\boldsymbol{i}_{\mathrm{r}}) = \boldsymbol{i}_{\mathrm{b}}\cdot\boldsymbol{i}_{\mathrm{r}} = C_{xx}\\ \cos(\boldsymbol{i}_{\mathrm{b}},\boldsymbol{j}_{\mathrm{r}}) = \boldsymbol{i}_{\mathrm{b}}\cdot\boldsymbol{j}_{\mathrm{r}} = C_{xy}\\ \cos(\boldsymbol{i}_{\mathrm{b}},\boldsymbol{k}_{\mathrm{r}}) = \boldsymbol{i}_{\mathrm{b}}\cdot\boldsymbol{k}_{\mathrm{r}} = C_{xz}\\ \cos(\boldsymbol{j}_{\mathrm{b}},\boldsymbol{i}_{\mathrm{r}}) = \boldsymbol{j}_{\mathrm{b}}\cdot\boldsymbol{i}_{\mathrm{r}} = C_{yx}\\ \cdots\end{cases} \tag{2-6}$$

式中:“·”表示两个矢量的点积运算。

利用这些方向余弦,任一根星体坐标轴的单位矢量在参考坐标系中的方向有下列形式:

$$\begin{aligned}\boldsymbol{i}_{\mathrm{b}} &= (\boldsymbol{i}_{\mathrm{b}}\cdot\boldsymbol{i}_{\mathrm{r}})\boldsymbol{i}_{\mathrm{r}} + (\boldsymbol{i}_{\mathrm{b}}\cdot\boldsymbol{j}_{\mathrm{r}})\boldsymbol{j}_{\mathrm{r}} + (\boldsymbol{i}_{\mathrm{b}}\cdot\boldsymbol{k}_{\mathrm{r}})\boldsymbol{k}_{\mathrm{r}}\\ &= C_{\mathrm{xx}}i_{\mathrm{r}} + C_{xy}\boldsymbol{j}_{\mathrm{r}} + C_{xz}\boldsymbol{k}_{\mathrm{r}}\\ &\cdots\end{aligned} \tag{2-7}$$

将式(2-6)的方向余弦组成一个矩阵:

$$\boldsymbol{C} = \begin{bmatrix} C_{xx} & C_{xy} & C_{xz}\\ C_{yx} & C_{yy} & C_{yz}\\ C_{zx} & C_{zy} & C_{zz}\end{bmatrix} \tag{2-8}$$

根据式(2-7),星体坐标系在参考坐标系中的几何方向可确定为

$$\begin{bmatrix}\boldsymbol{i}_{\mathrm{b}}\\ \boldsymbol{j}_{\mathrm{b}}\\ \boldsymbol{k}_{\mathrm{b}}\end{bmatrix} = C\begin{bmatrix}\boldsymbol{i}_{\mathrm{r}}\\ \boldsymbol{j}_{\mathrm{r}}\\ \boldsymbol{k}_{\mathrm{r}}\end{bmatrix}$$

在卫星三轴姿态确定问题中,因为矩阵 $\boldsymbol{C}$ 完全确定了卫星姿态在参考系中的状态,矩阵中的每个元素为姿态参数,所以称此方向余弦矩阵 $\boldsymbol{C}$ 为姿态矩阵。由于参考坐标系 $\boldsymbol{R}$ 和星体坐标系 $\boldsymbol{B}$ 都是正交坐标系,此 9 个元素还满足 6 个约束方程,由各单位矢量的模值可导出 3 个约束方程:

$$\begin{cases}\boldsymbol{i}_{\mathrm{b}}\cdot\boldsymbol{i}_{\mathrm{b}} = C_{xx}^2 + C_{xy}^2 + C_{xz}^2 = 1\\ \boldsymbol{j}_{\mathrm{b}}\cdot\boldsymbol{j}_{\mathrm{b}} = C_{yx}^2 + C_{yy}^2 + C_{yz}^2 = 1\\ \boldsymbol{k}_{\mathrm{b}}\cdot\boldsymbol{k}_{\mathrm{b}} = C_{zx}^2 + C_{zy}^2 + C_{zz}^2 = 1\end{cases} \tag{2-9}$$

由星体坐标轴的正交特性可导出的另 3 个约束方程:

$$\begin{cases} \boldsymbol{i}_{\mathrm{b}} \cdot \boldsymbol{j}_{\mathrm{b}} = C_{xx}C_{yx} + C_{xy}C_{yy} + C_{xz}C_{yz} = 0 \\ \boldsymbol{i}_{\mathrm{b}} \cdot \boldsymbol{k}_{\mathrm{b}} = C_{xx}C_{zx} + C_{xy}C_{zy} + C_{xz}C_{zz} = 0 \\ \boldsymbol{j}_{\mathrm{b}} \cdot \boldsymbol{k}_{\mathrm{b}} = C_{yx}C_{zx} + C_{yy}C_{zy} + C_{yz}C_{zz} = 0 \end{cases} \tag{2-10}$$

因此,只有3个姿态参数是独立的。换言之,只要用3个独立参数就可描述卫星的三轴姿态在参考坐标系中的状态。

根据上述6个约束方程,就可知道姿态矩阵满足:

$$\boldsymbol{C}\boldsymbol{C}^{\mathrm{T}} = \boldsymbol{I}$$

式中:$\boldsymbol{I}$ 为单位矩阵。

上式表明,$\boldsymbol{C}$ 是正交矩阵。实际上,姿态矩阵也就是参考坐标系与星体坐标系之间的转换矩阵。如已有单位参考矢量 $\boldsymbol{V}$,它在星体坐标系b和参考坐标系r分别表示为

$$\begin{cases} \boldsymbol{V} = V_x^{\mathrm{b}}\boldsymbol{i}_{\mathrm{b}} + V_y^{\mathrm{b}}\boldsymbol{j}_{\mathrm{b}} + V_z^{\mathrm{b}}\boldsymbol{k}_{\mathrm{b}} \\ \boldsymbol{V} = V_x^{\mathrm{r}}\boldsymbol{i}_{\mathrm{r}} + V_y^{\mathrm{r}}\boldsymbol{j}_{\mathrm{r}} + V_z^{\mathrm{r}}\boldsymbol{k}_{\mathrm{r}} \end{cases} \tag{2-11}$$

将上式两端分别与矢量 $\boldsymbol{i}_{\mathrm{b}}$、$\boldsymbol{j}_{\mathrm{b}}$、$\boldsymbol{k}_{\mathrm{b}}$ 进行点积运算,并令 $\boldsymbol{V}_{\mathrm{b}}$、$\boldsymbol{V}_{\mathrm{r}}$ 表示矢量 $\boldsymbol{V}$ 在星体坐标系b和参考坐标系r中的方向余弦,则

$$\boldsymbol{V}_{\mathrm{b}} = \boldsymbol{C}\boldsymbol{V}_{\mathrm{r}} \tag{2-12}$$

用方向余弦表示的姿态矩阵是姿态描述的一般形式。姿态确定问题是,如何把这些方向余弦与卫星姿态敏感器几何联系起来,如何根据卫星姿态敏感器测量参考矢量 $\boldsymbol{V}$ 的测量值得出 $\boldsymbol{V}_{\mathrm{b}}$,以及利用在参考坐标系中已知的 $\boldsymbol{V}_{\mathrm{r}}$,求解式(2-12)得出姿态矩阵 $\boldsymbol{C}$。

2.2.2 欧拉轴/角式

姿态矩阵表示卫星姿态要用9个方向余弦,在求解方向余弦时还要引用6个约束方程,使用很不方便。特别是这种描述方法没有直接显示出卫星姿态的空间几何关系,因此在一般情况下常用欧拉转角表示卫星姿态相对于参考坐标系的状态。在理论力学中有著名的欧拉定理:刚体绕固定点的任意位移,可由绕通过此点的某一固定轴转动一定角度而得到。此定理来源于正交矩阵 $\boldsymbol{C}$ 的一个性质:一个常实正交矩阵至少有一个特征值为1的特征矢量,即对于正交矩阵 $\boldsymbol{C}$ 存在一个满足下面等式的单位矢量 $\boldsymbol{e}$:

$$\boldsymbol{e} = \boldsymbol{C}\boldsymbol{e}$$

此式表明,代表刚体转轴方向的矢量 $\boldsymbol{e}$ 在星体坐标中的分量与在参考坐标中的分量相同,任何姿态转动都对应一个转换矩阵 $\boldsymbol{C}$。描述姿态有4个参数,即转轴的单位矢量在参考坐标系中的三个方向余弦 e_x、e_y、e_z 以及绕此轴的转角 Φ 。下面叙述此4个姿态参数和9个方向余弦之间的转换关系。

设星体上点 P' 在参考坐标系中的原始位置 $P'(X',Y',Z')$,经过绕转轴 $\boldsymbol{e}$ 转过角度 Φ 后,P 点在参考坐标系中到达一个新的位置 $P(X,Y,Z)$,P' 和 P 点位置矢量形式为

$$\overrightarrow{OP'} = X\boldsymbol{i}_r + Y\boldsymbol{j}_r + Z\boldsymbol{k}_r$$
$$\overrightarrow{OP} = X\boldsymbol{i}_r + Y\boldsymbol{j}_r + Z\boldsymbol{k}_r \tag{2-13}$$

现求坐标 (X',Y',Z') 和 (X,Y,Z) 之间的关系。令 K 是 P' 在轴 $\boldsymbol{e}$ 上的垂足,它也是 P 点在轴 $\boldsymbol{e}$ 上的垂足,并且 $P'K = PK$。令 Q 是 P 点到直线 $P'K$ 上的垂足(图2-5),则有

$$\overrightarrow{OP} = \overrightarrow{OP'} + \overrightarrow{P'Q} + \overrightarrow{QP} \tag{2-14}$$

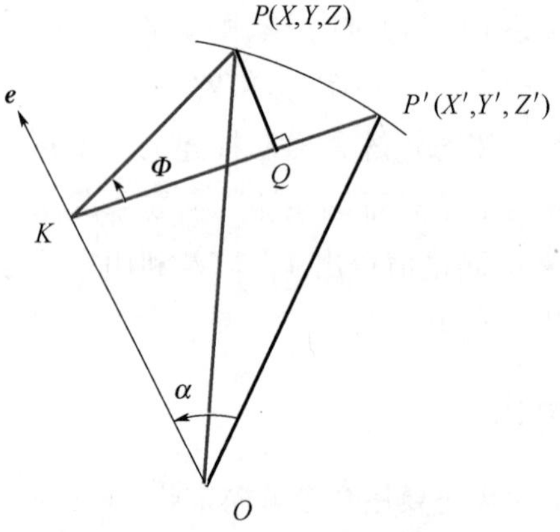

图2-5　欧拉轴/角示意图

下面分别求 $\overrightarrow{OP'}$、$\overrightarrow{P'Q}$、$\overrightarrow{QP}$。由于 $\overrightarrow{P'Q}$ 和 $\overrightarrow{P'K}$ 同方向,则其长度为

$$\begin{aligned} |\overrightarrow{P'Q}| &= (1-\cos\Phi)\,|\overrightarrow{P'K}| \\ &= (1-\cos\Phi)(|\overrightarrow{OK}| - |\overrightarrow{OP'}|) \end{aligned} \tag{2-15}$$

式中:$\overrightarrow{OK}$ 是 $\overrightarrow{OP'}$ 在转动轴上的分量,因此有

$$\overrightarrow{OK} = (\overrightarrow{OP'}\cdot\boldsymbol{e})\boldsymbol{e} \tag{2-16}$$

$\overrightarrow{QP}$ 和 $\boldsymbol{e}\times\overrightarrow{OP'}$ 同方向，而长度为

$$|\overrightarrow{QP}| = |\overrightarrow{P'K}|\sin\Phi = |\overrightarrow{OP'}|\sin\alpha\sin\Phi$$

式中：α 为轴 $\boldsymbol{e}$ 与矢量 $\overrightarrow{OP'}$ 的夹角。

因此有

$$\overrightarrow{QP} = |\overrightarrow{QP}|\frac{\boldsymbol{e}\times\overrightarrow{OP'}}{|\overrightarrow{OP'}|\sin\alpha} = (\boldsymbol{e}\times\overrightarrow{OP'})\sin\Phi \tag{2-17}$$

将式(2-15)~式(2-17)式代入式(2-14)，得

$$\overrightarrow{OP} = \overrightarrow{OP'} + (1-\cos\Phi)[(\overrightarrow{OP'}\cdot\boldsymbol{e})\boldsymbol{e} - \overrightarrow{OP'}] + \boldsymbol{e}\times\overrightarrow{OP'}\sin\Phi$$

将式(2-13)代入上式，经整理得出 P、P' 两点坐标之间的关系式为

$$\begin{cases} X = X' + (1-\cos\Phi)[(X'e_x + Y'e_y + Z'e_z)e_x - X'] + (Z'e_y - Y'e_z)\sin\Phi \\ Y = Y' + (1-\cos\Phi)[(X'e_x + Y'e_y + Z'e_z)e_y - Y'] + (X'e_z - Z'e_x)\sin\Phi \\ Z = Z' + (1-\cos\Phi)[(X'e_x + Y'e_y + Z'e_z)e_z - Z'] + (Y'e_x - X'e_y)\sin\Phi \end{cases} \tag{2-18}$$

如把 P' 点看作参考坐标系某坐标轴的单位矢量的端点，如：

$$\overrightarrow{OP'} = \boldsymbol{i}_{\mathrm{r}} = [1\ 0\ 0]^{\mathrm{T}}$$

则 P 点就是星体坐标系中单位矢量 $\boldsymbol{i}_{\mathrm{b}}$ 的端点，P 点的坐标就是 $\boldsymbol{i}_{\mathrm{b}}$ 在参考坐标系中的方向余弦，根据式(2-18)可得

$$\boldsymbol{i}_{\mathrm{b}}\cdot\boldsymbol{i}_{\mathrm{r}} = \cos\Phi + e_x^2(1-\cos\Phi)$$

$$\boldsymbol{i}_{\mathrm{b}}\cdot\boldsymbol{j}_{\mathrm{r}} = e_xe_y(1-\cos\Phi) + e_z\sin\Phi$$

$$\boldsymbol{i}_{\mathrm{b}}\cdot\boldsymbol{k}_{\mathrm{r}} = e_xe_z(1-\cos\Phi) - e_y\sin\Phi$$

同理，可以求得 $\boldsymbol{j}_{\mathrm{b}}$、$\boldsymbol{k}_{\mathrm{b}}$ 的方向余弦，由此得用 e_x、e_y、e_z、Φ 4 个姿态参数描述的姿态矩阵为

$$\boldsymbol{C}(\Phi) = \begin{bmatrix} \cos\Phi + e_x^2(1-\cos\Phi) & e_xe_y(1-\cos\Phi) + e_z\sin\Phi & e_xe_z(1-\cos\Phi) - e_y\sin\Phi \\ e_xe_y(1-\cos\Phi) - e_z\sin\Phi & \cos\Phi + e_y^2(1-\cos\Phi) & e_ye_z(1-\cos\Phi) + e_x\sin\Phi \\ e_xe_z(1-\cos\Phi) + e_y\sin\Phi & e_ye_z(1-\cos\Phi) + e_x\sin\Phi & \cos\Phi + e_z^2(1-\cos\Phi) \end{bmatrix}$$

$$= \cos\Phi\boldsymbol{I} + (1-\cos\Phi)\boldsymbol{e}\boldsymbol{e}^{\mathrm{T}} - \sin\Phi\tilde{\boldsymbol{E}} \tag{2-19}$$

式中：$\boldsymbol{I}$ 为单位矩阵；$\boldsymbol{e}\boldsymbol{e}^{\mathrm{T}}$ 为矢量积；$\tilde{\boldsymbol{E}}$ 为斜对称矩阵，可表示成

$$\tilde{\boldsymbol{E}} = \begin{pmatrix} 0 & -e_z & e_y \\ e_z & 0 & -e_x \\ -e_y & e_x & 0 \end{pmatrix} \tag{2-20}$$

转轴 $\boldsymbol{e}$ 称为欧拉轴,转角 Φ 称为欧拉转角,因此这种定义卫星姿态的方法称为欧拉轴/角式,表面上有 4 个参数,但只有 3 个参数是独立的,因为 $\|\boldsymbol{e}\| = e_x^2 + e_y^2 + e_z^2 = 1$ 。对照式(2-8)和式(2-19),可以根据欧拉轴/角参数表示两个坐标系的方向余弦。同理,已知方向余弦也可按下式计算欧拉参数:

$$\begin{cases} e_x = \dfrac{1}{2\sin\Phi}(C_{yz} - C_{zy}) \\ e_y = \dfrac{1}{2\sin\Phi}(C_{zx} - C_{xz}) \\ e_z = \dfrac{1}{2\sin\Phi}(C_{xy} - C_{yx}) \\ \cos\Phi = \dfrac{1}{2}[\mathrm{tr}\boldsymbol{C} - 1] \end{cases} \tag{2-21}$$

式中:$\mathrm{tr}\boldsymbol{C} = C_{xx} + C_{yy} + C_{zz}$,为姿态矩阵 $\boldsymbol{C}$ 的迹,绕任意转轴转动相同的 Φ 角,姿态矩阵的迹不变。

继续分析欧拉转角 Φ 和两套坐标轴之间的关系是很有意义的。令 Φ_x、Φ_y、Φ_z 是参考坐标系和星体坐标系中对应坐标轴之间的夹角,显然,姿态矩阵中对角线上的元素可表示成

$$C_{mm} = \cos\Phi_m = \cos\Phi + e_m^2(1 - \cos\Phi) \quad (m = x,y,z) \tag{2-22}$$

经过三角恒等变换,即利用倍角公式 $\cos 2\alpha = \cos^2\alpha - \sin^2\alpha$,可得

$$\cos\Phi_m = \cos^2\frac{\Phi_m}{2} - \sin^2\frac{\Phi_m}{2} = 1 + 2\sin^2\frac{\Phi_m}{2}$$

$$\cos\Phi + e_m^2(1 - \cos\Phi) = (1 - e_m^2)\cos\Phi + e_m^2$$

代入式(2-22),得

$$\begin{aligned} 2\sin^2\frac{\Phi_m}{2} &= (1 - e_m^2)\cos\Phi - (1 - e_m^2) \\ &= (1 - e_m^2)(\cos\Phi - 1) \\ &= (1 - e_m^2)(1 - 2\sin^2\frac{\Phi_m}{2} - 1) \\ &= 2(1 - e_m^2)\sin^2\frac{\Phi}{2} \end{aligned}$$

根据上式关系,由 $m = x,y,z$ 对应的等式相加,可得

$$\sin^2\frac{\boldsymbol{\Phi}}{2} = \frac{1}{2}\left(\sin^2\frac{\boldsymbol{\Phi}_x}{2} + \sin^2\frac{\boldsymbol{\Phi}_y}{2} + \sin^2\frac{\boldsymbol{\Phi}_z}{2}\right) \tag{2-23}$$

式(2-23)给出了对应坐标轴的偏离角与绕欧拉转轴转角之间的关系。当偏离角较小时,有

$$\boldsymbol{\Phi} = \frac{1}{\sqrt{2}}\sqrt{\boldsymbol{\Phi}_x^2 + \boldsymbol{\Phi}_y^2 + \boldsymbol{\Phi}_z^2} \tag{2-24}$$

这个公式对于评价姿态确定误差很有用。

2.2.3　欧拉角式

在工程应用中三个姿态参数具有更简洁、更明显的几何意义,并能用姿态敏感器直接测出这些参数,能较方便地求解用这些姿态参数描述的姿态动力学方程,欧拉角是最合适的姿态参数。根据欧拉定理,刚体绕固定点的位移也可以是绕该点的若干次有限转动的合成。在欧拉转动中,将参考坐标系转动三次得到星体坐标系,且在三次转动中每次的旋转轴是被转动坐标系的某一坐标轴,其中每次的转动角即为欧拉角。因此,用欧拉角确定的姿态矩阵是三次坐标转换矩阵的乘积,这些坐标转换矩阵都有标准形式,在此作一些简要说明。

假定空间中有一点 B 在坐标系 $O-xyz$ 中的位置 $B(X,Y,Z)$,如将此正交系 $O-xyz$ 绕 x 轴转过角度 θ,得到一个新的坐标系 $O-x'y'z'$。显然,x' 轴与 x 轴是重合的,在 yOz 平面内坐标 y'、z' 的方向如图2-6所示。B' 点是 B 点在 yOz 平面上的投影,该点在新坐标系中位置 $B'(X',Y',Z')$,它们之间的关系为

$$\begin{cases} X' = X \\ Y' = Y\cos\theta + Z\sin\theta \\ Z' = -Y\sin\theta + Z\cos\theta \end{cases}$$

写成矩阵形式,有

$$\begin{bmatrix} X' \\ Y' \\ Z' \end{bmatrix} = \begin{bmatrix} 1 & 0 & 0 \\ 0 & \cos\theta & \sin\theta \\ 0 & -\sin\theta & \cos\theta \end{bmatrix}\begin{bmatrix} X \\ Y \\ Z \end{bmatrix}$$

等式右端的 3×3 矩阵称为转换矩阵,常用 $\boldsymbol{R}_x(\theta)$ 表示,下标 x 表示转轴 x,θ 表示转角。

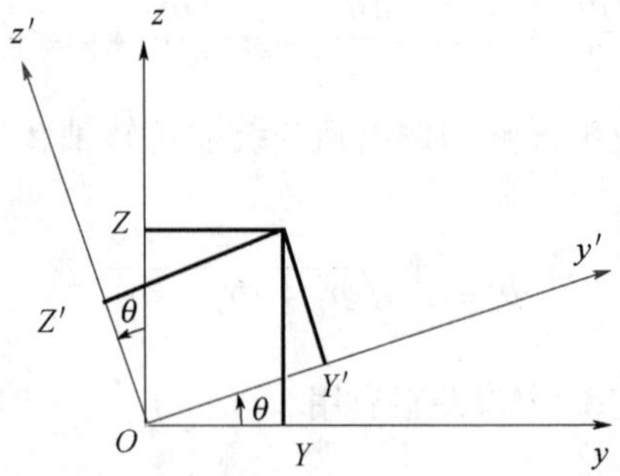

图 2-6　沿滚动轴欧拉角转动示意图

同样,绕 y 轴、z 轴旋转时可得

$$\begin{bmatrix} X' \\ Y' \\ Z' \end{bmatrix} = \begin{bmatrix} \cos\theta & 0 & -\sin\theta \\ 0 & 1 & 0 \\ \sin\theta & 0 & \cos\theta \end{bmatrix} \begin{bmatrix} X \\ Y \\ Z \end{bmatrix}$$

$$\begin{bmatrix} X' \\ Y' \\ Z' \end{bmatrix} = \begin{bmatrix} \cos\theta & \sin\theta & 0 \\ -\sin\theta & \cos\theta & 0 \\ 0 & 0 & 1 \end{bmatrix} \begin{bmatrix} X \\ Y \\ Z \end{bmatrix}$$

相应的转换矩阵分别记为 $\boldsymbol{R}_y(\theta)$ 和 $\boldsymbol{R}_z(\theta)$ 。

如在第一次绕 x 轴旋转 ϕ 角度后,第二次绕新坐标系中的 y' 轴转 θ 角,第三次绕第二次旋转后的新坐标中的 z'' 轴转 ψ 角,则 B 点在坐标系 $O-x'''y'''z'''$ 中的坐标可以写成

$$\begin{bmatrix} X''' \\ Y''' \\ Z''' \end{bmatrix} = \boldsymbol{R}_z(\psi)\boldsymbol{R}_y(\theta)\boldsymbol{R}_x(\phi) \begin{bmatrix} X \\ Y \\ Z \end{bmatrix} \tag{2-25}$$

显然,姿态矩阵还与三次转动的顺序有关,这些转动顺序可分为两类:第一类为第一次和第三次转动是绕同类坐标轴进行的,第二次转动是绕另两类轴中的其中一轴进行的;第二类每次转动是绕不同类别的坐标轴进行的,如以 XYZ 表示转轴的类别,则有 12 种欧拉转动顺序:

$$ZXZ, YXY, XYX, ZYZ, YZY, XZX$$
$$ZXY, YXZ, XYZ, ZYX, YZX, XZY$$

最常用的欧拉角是按 ZXZ 或 ZXY 轴转动顺序得出的。常用 ψ、θ、ϕ 表示 ZXZ 每次的转角。对于参考坐标系 $O-xyz$,第一类 ZXZ 转动顺序如图 2-7 所

示,首先选绕 z 轴转 ψ 角,得过渡坐标系 $O-x'y'z'$,其中 z' 轴与 z 一致,坐标转换矩阵为 $\boldsymbol{R}_z(\psi)$;其次绕 x' 轴转 θ 角,又得过渡坐标系 $O-x''y''z''$,其中 x'' 与 x' 一致,坐标转换矩阵为 $\boldsymbol{R}_x(\theta)$;最后绕 z'' 轴转 ϕ 角,得星体坐标系 $O-x_by_bz_b$,其中 z_b 与 z'' 轴一致,坐标转换矩阵为 $\boldsymbol{R}_z(\phi)$ 。根据坐标转换矩阵的三个标准式得出第一类用欧拉角表示的姿态矩阵为

$$\boldsymbol{C}(\psi,\theta,\phi)=\boldsymbol{R}_z(\phi)\boldsymbol{R}_x(\theta)\boldsymbol{R}_z(\psi)$$

$$=\begin{bmatrix}\cos\phi\cos\psi-\cos\theta\sin\phi\sin\psi & \cos\phi\sin\psi+\cos\theta\sin\phi\cos\psi & \sin\theta\sin\phi\\ -\sin\phi\cos\psi-\cos\theta\cos\phi\sin\psi & \sin\phi\sin\psi+\cos\theta\cos\phi\cos\psi & \sin\theta\cos\phi\\ \sin\theta\sin\psi & -\sin\theta\cos\psi & \cos\theta\end{bmatrix}$$

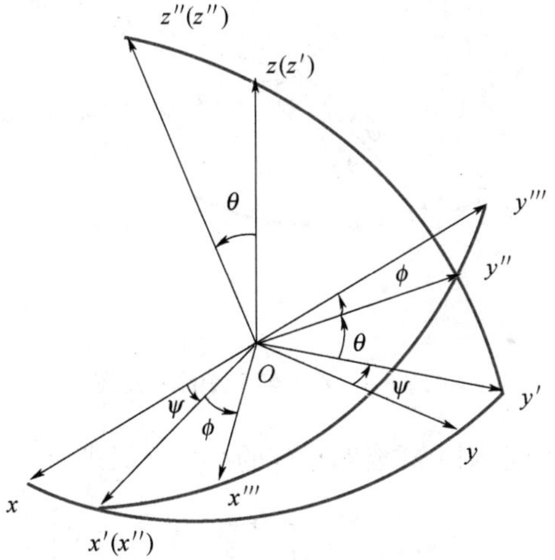

图 2-7 *ZXZ* 转动顺序示意图

对照方向余弦矩阵,欧拉角与方向余弦的关系为

$$\begin{cases}\psi=-\arctan\dfrac{C_{zx}}{C_{zy}}\\ \theta=\arccos C_{zz}\\ \phi=\arctan\dfrac{C_{xz}}{C_{yz}}\end{cases}$$

为了避免 θ 解的双重性,一般应选择 $0°<\theta<180°$ 。

第二类转动顺序 ZXY 如图 2－8 所示，转角依次为 ψ、ϕ、θ。同理，可得对应的姿态矩阵为

$$C(\psi,\phi,\theta) = R_y(\theta)R_x(\phi)R_z(\psi)$$
$$= \begin{bmatrix} \cos\theta\cos\psi - \sin\phi\sin\theta\sin\psi & \cos\phi\sin\psi + \sin\phi\sin\theta\cos\psi & -\cos\phi\sin\theta \\ -\cos\theta\sin\psi & \cos\phi\cos\psi & \sin\phi \\ \sin\theta\cos\psi - \cos\theta\sin\phi\sin\psi & \sin\theta\sin\psi - \sin\phi\cos\theta\cos\psi & \cos\phi\cos\theta \end{bmatrix}$$

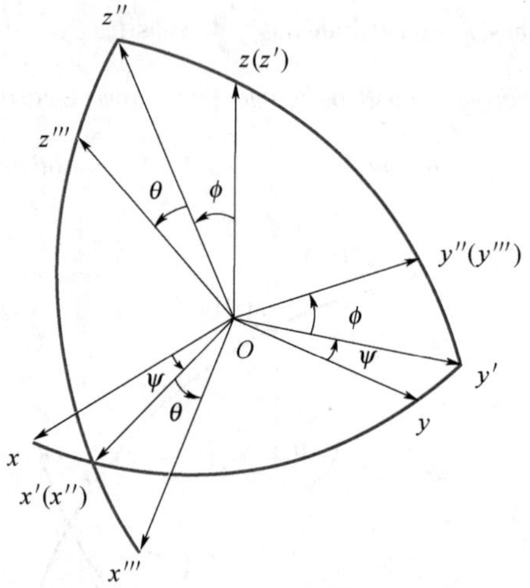

图 2－8　ZXY 转动顺序示意图

若 ψ、ϕ、θ 都是小角度，则上式姿态矩阵的小角近似式为

$$C(\psi,\phi,\theta) \approx \begin{bmatrix} 1 & \psi & -\theta \\ -\psi & 1 & \phi \\ \theta & -\phi & 1 \end{bmatrix} \tag{2-26}$$

如原参考坐标系为轨道坐标系，则式(2－26)和图 2－8 同时显示出：

ψ 为偏航角，即卫星滚动轴 x_b（指向卫星速度方向）在当地水平面上的投影与轨道 x_b 轴的夹角；ϕ 为滚动角，即卫星俯仰轴 y_b 与当地水平面上投影的夹角；θ 为俯仰角，即卫星滚动轴 x_b 与在当地水平面上投影的夹角。

因此这种转动顺序为偏航、滚动、俯仰顺序。

同样，对照方向余弦矩阵，可得欧拉角与方向余弦的关系式为

$$\begin{cases}\psi = -\arctan\dfrac{C_{yx}}{C_{yy}}\\ \phi = \arcsin C_{rz}\\ \theta = -\arctan\dfrac{C_{xz}}{C_{zz}}\end{cases}$$

ϕ 角也有两个解的问题,一般应选择 $-90° < \phi < 90°$。

根据上述坐标转动原理,可推导出卫星转动速率在星体坐标系中的分量 ω_x、ω_y、ω_z 与欧拉角速率之间的关系式。以第一类转动顺序为例,有

$$\begin{bmatrix}\omega_x\\ \omega_y\\ \omega_z\end{bmatrix} = \boldsymbol{R}_z(\phi)\boldsymbol{R}_x(\theta)\boldsymbol{R}_z(\psi)\begin{bmatrix}0\\ 0\\ \dot{\psi}\end{bmatrix} + \boldsymbol{R}_z(\phi)\boldsymbol{R}_x(\theta)\begin{bmatrix}\dot{\theta}\\ 0\\ 0\end{bmatrix} + \boldsymbol{R}_z(\phi)\begin{bmatrix}0\\ 0\\ \dot{\phi}\end{bmatrix}$$

$$= \begin{bmatrix}\dot{\psi}\sin\theta\sin\phi + \dot{\theta}\cos\phi\\ \dot{\psi}\sin\theta\cos\phi - \dot{\theta}\sin\phi\\ \dot{\psi}\cos\theta + \dot{\phi}\end{bmatrix} \tag{2-27}$$

欧拉角速率是非正交的,根据上述公式不难推导出

$$\begin{bmatrix}\dot{\psi}\\ \dot{\theta}\\ \dot{\phi}\end{bmatrix} = \begin{bmatrix}(\omega_x\sin\phi + \omega_y\cos\phi)/\sin\theta\\ \omega_x\cos\phi - \omega_y\sin\phi\\ \omega_z - (\omega_x\sin\phi\cos\theta + \omega_y\cos\phi\cos\theta)/\sin\theta\end{bmatrix} \tag{2-28}$$

如果式(2-28)中的卫星转动速率 ω_x、ω_y、ω_z 是三个测速陀螺的测量值,则可解得卫星姿态大角度机动的欧拉角。但式(2-28)是非线性微分方程,并有奇点,为了避免这些奇点,可采用四元数等其他参量描述姿态。

2.2.4 姿态四元数

用欧拉轴/角参数 e_x、e_y、e_z、Φ 组成四元数表示姿态矩阵中的各元素,这是另一种方便的姿态参数表示法。对于欧拉轴/角(e,Φ),对应的四元数表达式为

$$\boldsymbol{q}=\begin{bmatrix} q_1 \\ q_2 \\ q_3 \\ q_4 \end{bmatrix}=\begin{bmatrix} e_1\sin\dfrac{\Phi}{2} \\ e_2\sin\dfrac{\Phi}{2} \\ e_3\sin\dfrac{\Phi}{2} \\ \cos\dfrac{\Phi}{2} \end{bmatrix} \tag{2-29}$$

这 4 个参数不是独立的,其满足约束方程为

$$q_1^2+q_2^2+q_3^2+q_4^2=1$$

因此,四元数中只有三个参数是独立的。对于四元数 $\boldsymbol{q}$ 的分量,前三者称为四元数的矢量部分,后者称为标量部分。

四元数 $\boldsymbol{q}$ 可表示为复数形式,即

$$\boldsymbol{q}=q_1\boldsymbol{i}+q_2\boldsymbol{j}+q_3\boldsymbol{k}+q_4$$

式中:$\boldsymbol{i}$、$\boldsymbol{j}$、$\boldsymbol{k}$ 为参考坐标轴的单位矢量。

四元数 $\boldsymbol{q}$ 的矩阵式为

$$\boldsymbol{q}=\begin{bmatrix} q_1 \\ q_2 \\ q_3 \\ q_4 \end{bmatrix}=\begin{bmatrix} \boldsymbol{q}_v \\ q_4 \end{bmatrix}$$

式中:列向量 $\boldsymbol{q}_v$ 为 $\boldsymbol{q}$ 的矢量部分:q_4 为 $\boldsymbol{q}$ 的标量部分。

根据式(2-19),用四元数 $\boldsymbol{q}$ 各参数表示的姿态矩阵为

$$\boldsymbol{C}(\boldsymbol{q})=\begin{bmatrix} q_1^2-q_2^2-q_3^2+q_4^2 & 2(q_1q_2+q_3q_4) & 2(q_1q_3-q_2q_4) \\ 2(q_1q_2-q_3q_4) & -q_1^2+q_2^2-q_3^2+q_4^2 & 2(q_2q_3+q_1q_4) \\ 2(q_1q_3+q_2q_4) & 2(q_2q_3-q_1q_4) & -q_1^2-q_2^2+q_3^2+q_4^2 \end{bmatrix}$$

$$=(q_4^2-\boldsymbol{q}_v^{\mathrm{T}}\boldsymbol{q}_v)\boldsymbol{I}+2\boldsymbol{q}_v\boldsymbol{q}_v^{\mathrm{T}}-2q_4\tilde{\boldsymbol{Q}} \tag{2-30}$$

式中:$\tilde{\boldsymbol{Q}}$ 为斜对称阵,即

$$\tilde{\boldsymbol{Q}} = \begin{bmatrix} 0 & -q_3 & q_2 \\ q_3 & 0 & -q_1 \\ -q_2 & q_1 & 0 \end{bmatrix}$$

式(2-30)中不包含三角函数,运算方便。同样,可得出四元数与方向余弦之间的转换关系为

$$\begin{cases} q_4 = \pm \dfrac{1}{2}(1 + C_{xx} + C_{yy} + C_{zz})^{1/2} \\ q_1 = \dfrac{1}{4q_4}(C_{yz} - C_{zy}) \\ q_2 = \dfrac{1}{4q_4}(C_{zx} - C_{xz}) \\ q_3 = \dfrac{1}{4q_4}(C_{xy} - C_{yx}) \end{cases} \tag{2-31}$$

q_4 的正、负号任取,取正号的意义相当于绕定轴旋转角度 ϕ,取负号旋转角度 $2\pi + \phi$。如果 $1 + a_{11} + a_{22} + a_{33} \approx 0$,则由式(2-31)计算出来的四元数分量可能会因 q_4 作为分母而导致较大的误差。为避免该情况,同样根据式(2-30)四元数与方向余弦矩阵的关系,可按如下计算四元数各分量:

$$\begin{cases} q_2 = \pm \dfrac{1}{2}(1 - a_{11} + a_{22} - a_{33})^{1/2} \\ q_1 = \dfrac{1}{4q_2}(a_{12} + a_{21}) \\ q_3 = \dfrac{1}{4q_2}(a_{32} + a_{23}) \\ q_4 = \dfrac{1}{4q_2}(a_{31} - a_{13}) \end{cases} \tag{2-32}$$

进一步如果 $q_2 \approx 0$,同样采用相似的方法可以先求解 q_1 或 q_3,再求解其他分量。

与方向余弦法相似,连续两次转动后的姿态四元数等于各次转动的四元数的乘积。令第一次转动的四元数为 $\boldsymbol{q}$,第二次转动的四元数为 $\boldsymbol{q}'$,两次连续转动后姿态四元素为 $\boldsymbol{q}''$,如以姿态矩阵表示两次转动的结果,则有

$$\boldsymbol{C}(\boldsymbol{q}'') = \boldsymbol{C}(\boldsymbol{q}')\boldsymbol{C}(\boldsymbol{q}) \tag{2-33}$$

即

$$\begin{bmatrix} q''_1 \\ q''_2 \\ q''_3 \\ q''_4 \end{bmatrix} = \begin{bmatrix} q'_4 & q'_3 & -q'_2 & q'_1 \\ -q'_3 & q'_4 & q'_1 & q'_2 \\ q'_2 & -q'_1 & q'_4 & q'_3 \\ -q'_1 & -q'_2 & -q'_3 & q'_4 \end{bmatrix} \begin{bmatrix} q_1 \\ q_2 \\ q_3 \\ q_4 \end{bmatrix} \tag{2-34}$$

或

$$\begin{bmatrix} q''_1 \\ q''_2 \\ q''_3 \\ q''_4 \end{bmatrix} = \begin{bmatrix} q_4 & -q_3 & q_2 & q_1 \\ q_3 & q_4 & -q_1 & q_2 \\ -q_2 & q_1 & q_4 & q_3 \\ -q_1 & -q_2 & -q_3 & q_4 \end{bmatrix} \begin{bmatrix} q'_1 \\ q'_2 \\ q'_3 \\ q'_4 \end{bmatrix} \tag{2-35}$$

式(2－35)也可用简洁的四元数乘法形式表示,即

$$\boldsymbol{q}'' = \boldsymbol{q} \otimes \boldsymbol{q}' = (q_1\boldsymbol{i} + q_2\boldsymbol{j} + q_3\boldsymbol{k} + q_4) \otimes (q'_1\boldsymbol{i} + q'_2\boldsymbol{j} + q'_3\boldsymbol{k} + q'_4) \tag{2-36}$$

其中,有

$$\boldsymbol{i} \otimes \boldsymbol{i} = \boldsymbol{j} \otimes \boldsymbol{j} = \boldsymbol{k} \otimes \boldsymbol{k} = -1$$
$$\boldsymbol{i} \otimes \boldsymbol{j} = -\boldsymbol{j} \otimes \boldsymbol{i} = \boldsymbol{k}$$
$$\boldsymbol{j} \otimes \boldsymbol{k} = -\boldsymbol{k} \otimes \boldsymbol{j} = \boldsymbol{i}$$
$$\boldsymbol{k} \otimes \boldsymbol{i} = -\boldsymbol{i} \otimes \boldsymbol{k} = \boldsymbol{j}$$

四元数的乘法运算满足分配律和结合律,即对于四元数$\boldsymbol{p}$、$\boldsymbol{q}$、$\boldsymbol{r}$,满足如下关系:

$$\boldsymbol{p} \otimes (\boldsymbol{q} + \boldsymbol{r}) = \boldsymbol{p} \otimes \boldsymbol{q} + \boldsymbol{p} \otimes \boldsymbol{r}$$
$$\boldsymbol{p} \otimes \boldsymbol{q} \otimes \boldsymbol{r} = (\boldsymbol{p} \otimes \boldsymbol{q}) \otimes \boldsymbol{r} = \boldsymbol{p} \otimes (\boldsymbol{q} \otimes \boldsymbol{r})$$

但不满足交换律,即$\boldsymbol{p} \otimes \boldsymbol{q} \neq \boldsymbol{q} \otimes \boldsymbol{p}$。

对于四元数$\boldsymbol{q} = q_1\boldsymbol{i} + q_2\boldsymbol{j} + q_3\boldsymbol{k} + q_4$,若存在四元数$\boldsymbol{p}$使得$\boldsymbol{p} \otimes \boldsymbol{q} = 1$,则称$\boldsymbol{p}$为$\boldsymbol{q}$的逆,记为$\boldsymbol{p} = \boldsymbol{q}^{-1}$,且

$$\boldsymbol{q}^{-1} = -q_1\boldsymbol{i} - q_2\boldsymbol{j} - q_3\boldsymbol{k} + q_4$$

对于任意两个四元数$\boldsymbol{p}$、$\boldsymbol{q}$,如下运算成立:

$$(\boldsymbol{p} \otimes \boldsymbol{q})^{-1} = \boldsymbol{q}^{-1} \otimes \boldsymbol{p}^{-1}$$

当已知卫星轨道坐标系和卫星本体坐标系相对惯性坐标系下的四元数分别为$\boldsymbol{q}_{oI}$和$\boldsymbol{q}_{bI}$,可求解出卫星本体坐标系相对轨道坐标系的四元数为$\boldsymbol{q}_{bo}$。由式

(2－33)可知,$\boldsymbol{q}_{\text{oI}}$、$\boldsymbol{q}_{\text{bI}}$ 和 $\boldsymbol{q}_{\text{bo}}$ 满足如下关系:

$$\boldsymbol{q}_{\text{bI}} = \boldsymbol{q}_{\text{oI}} \otimes \boldsymbol{q}_{\text{bo}}$$

上式两边左乘 $\boldsymbol{q}_{\text{oI}}^{-1}$,则有

$$\boldsymbol{q}_{\text{oI}}^{-1} \otimes \boldsymbol{q}_{\text{bI}} = (\boldsymbol{q}_{\text{oI}}^{-1} \otimes \boldsymbol{q}_{\text{oI}}) \otimes \boldsymbol{q}_{\text{bo}}$$

即求得

$$\boldsymbol{q}_{\text{bo}} = \boldsymbol{q}_{\text{oI}}^{-1} \otimes \boldsymbol{q}_{\text{bI}}$$

由式(2－35)可写成如下矩阵乘积形式:

$$\boldsymbol{q}_{\text{bo}} = \begin{bmatrix} q_{\text{oI4}} & q_{\text{oI3}} & -q_{\text{oI2}} & -q_{\text{oI1}} \\ -q_{\text{oI3}} & q_{\text{oI4}} & q_{\text{oI1}} & -q_{\text{oI2}} \\ q_{\text{oI2}} & -q_{\text{oI1}} & q_{\text{oI4}} & -q_{\text{oI3}} \\ q_{\text{oI1}} & q_{\text{oI2}} & q_{\text{oI3}} & q_{\text{oI4}} \end{bmatrix} \begin{bmatrix} q_{\text{bI1}} \\ q_{\text{bI2}} \\ q_{\text{bI3}} \\ q_{\text{bI4}} \end{bmatrix} \tag{2－37}$$

在欧拉角 ψ、ϕ、θ 都是小角度的情况下,卫星本体坐标系与轨道坐标系的方向余弦矩阵可近似表示为

$$\boldsymbol{C}_{\text{bo}} \approx \begin{bmatrix} 1 & \psi & -\theta \\ -\psi & 1 & \phi \\ \theta & -\phi & 1 \end{bmatrix}$$

由式(2－26)和式(2－36)比较可知,在欧拉角为小角度的情况具有以下近似关系:

$$\phi \approx 2q_{\text{bo1}} \qquad \theta \approx 2q_{\text{bo2}} \qquad \psi \approx 2q_{\text{bo3}} \tag{2－38}$$

在卫星姿态运动过程中,四元数的变化率与星体转动速率 $\boldsymbol{\omega} = [\omega_x \quad \omega_y \quad \omega_z]^{\text{T}}$ 的关系为

$$\dot{\boldsymbol{q}} = \begin{bmatrix} \dot{q}_1 \\ \dot{q}_2 \\ \dot{q}_3 \\ \dot{q}_4 \end{bmatrix} = \frac{1}{2} \begin{bmatrix} q_4 & -q_3 & q_2 \\ q_3 & q_4 & -q_1 \\ -q_2 & q_1 & q_4 \\ -q_1 & -q_2 & -q_3 \end{bmatrix} \begin{bmatrix} \omega_x \\ \omega_y \\ \omega_z \end{bmatrix} \tag{2－39}$$

式(2－39)是线性微分方程,便于求解。也可写成如下简洁形式:

$$\dot{\boldsymbol{q}}_v = \frac{1}{2}(q_4\boldsymbol{\omega} + \boldsymbol{q}_v \times \boldsymbol{\omega})$$

$$\dot{q}_4 = -\frac{1}{2}\boldsymbol{\omega}^{\mathrm{T}}\boldsymbol{q}_v$$

若记 $\bar{\boldsymbol{\omega}} = [\omega_x \quad \omega_y \quad \omega_z \quad 0]^{\mathrm{T}}$，则有

$$\dot{\boldsymbol{q}} = \frac{1}{2}\boldsymbol{q} \otimes \bar{\boldsymbol{\omega}}$$

相比前述方向余弦矩阵和欧拉角式，四元数式具有下列优点：

(1) 不包含三角函数；

(2) 没有奇点；

(3) 只需 4 个线性微分方程；

(4) 约束条件简单；

(5) 绕欧拉轴的转动规律简单。

因此，四元数广泛应用于卫星的姿态描述。

2.2.5 Rodrigues 参数

Rodrigues 参数姿态描述是针对四元数具有一个约束方程，即其不是姿态最小描述而提出来的。Rodrigues 参数也称为 Gibbs 参数，其定义为

$$\boldsymbol{g} = \begin{bmatrix} g_1 \\ g_2 \\ g_3 \end{bmatrix} = \begin{bmatrix} q_1/q_4 \\ q_2/q_4 \\ q_3/q_4 \end{bmatrix} = \boldsymbol{e}\tan\frac{\boldsymbol{\Phi}}{2} \tag{2-40}$$

当已知 Rodrigues 参数时，对应的方向余弦矩阵为

$$\boldsymbol{C}(\boldsymbol{g}) = \frac{1}{1 + g_1^2 + g_2^2 + g_3^2}$$

$$\begin{bmatrix} 1 + g_1^2 - g_2^2 - g_3^2 & 2(g_1 g_2 + g_3) & 2(g_1 g_3 - g_2) \\ 2(g_1 g_2 - q_3) & 1 - g_1^2 + g_2^2 - g_3^2 & 2(g_2 g_3 + g_1) \\ 2(g_1 g_3 + g_2) & 2(g_2 g_3 - g_1) & 1 - g_1^2 - g_2^2 + g_3^2 \end{bmatrix}$$

也可写成简洁形式，即

$$\boldsymbol{C}(\boldsymbol{g}) = \frac{(1 - \boldsymbol{g}^{\mathrm{T}}\boldsymbol{g})\boldsymbol{I} + 2\boldsymbol{g}\boldsymbol{g}^{\mathrm{T}} - 2\boldsymbol{G}}{1 + \boldsymbol{g}^{\mathrm{T}}\boldsymbol{g}} = (\boldsymbol{I} - \boldsymbol{G})(\boldsymbol{I} + \boldsymbol{G})^{-1}$$

式中：$\boldsymbol{G}$ 为反对称阵，可表示成

$$
\boldsymbol{G} = \begin{bmatrix} 0 & -g_3 & g_2 \\ g_3 & 0 & -g_1 \\ -g_2 & g_1 & 0 \end{bmatrix}
$$

当已知姿态方向余弦矩阵后，对应的 Rodrigues 参数为

$$
\boldsymbol{g} = \begin{bmatrix} g_1 \\ g_2 \\ g_3 \end{bmatrix} = \frac{1}{1 + C_{xx} + C_{yy} + C_{zz}} \begin{bmatrix} C_{yz} - C_{zy} \\ C_{zx} - C_{xz} \\ C_{xy} - C_{yx} \end{bmatrix}
$$

2.3　球面三角基础知识

自旋稳定卫星的姿态测量与确定算法一般在建立的单位天球上采用球面三角知识进行求解，故本节介绍与球面三角相关的一些基本性质和公式。

2.3.1　球面的基本概念及性质

1. 大圆

用一通过球心 O 的平面来截球，在球表面所得的截线称为大圆（图 2-10），其半径等于球的半径 R。

2. 大圆弧长

连接球面上两点 A、B 的最短线是通过 A、B 的大圆上较短的弧$\overset{\frown}{AB}$。如图2-9所示，$\overset{\frown}{AB}$的圆心角为 α（单位：rad），则其弧长 $a = R \cdot \alpha$。如为单位球，则 $a = \alpha$。

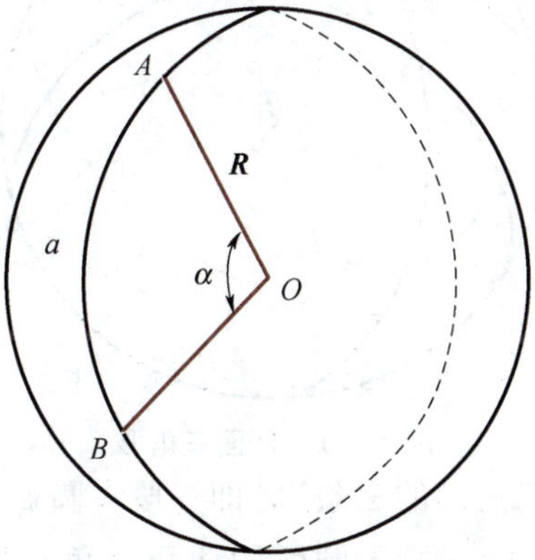

图 2-9　大圆及圆心角示意图

3. 两大圆弧夹角

两大圆弧 $\overset{\frown}{AB}$、$\overset{\frown}{AC}$ 在交点 A 上相应大圆的切线 AB' 与 AC' 间的夹角称为这两大圆弧夹角，也称球面角。交点 A 称为球面角的顶角。

球面角等于平面 OAB 和平面 OAC 所构成的二面角，如图 2－10 所示。

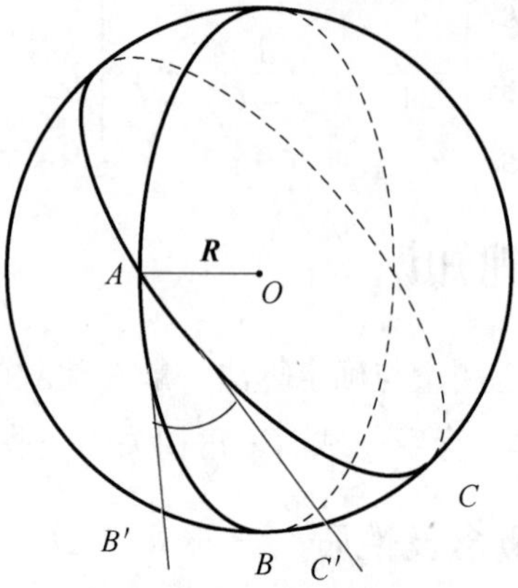

图 2－10　两大圆弧夹角

4. 球面三角形

球面上两两相交的三个大圆弧所围成的几何图形称为球面三角形，如图 2－11所示，一般只考虑三边和小于 π 的那些三角形。

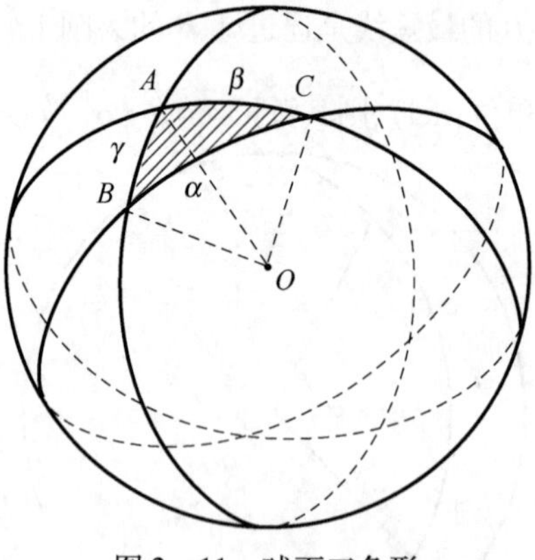

图 2－11　球面三角形

记 α、β、γ 为球面三角形的三条边（即三段大圆弧长以半径 R 为度量单位），A、B、C 为三个角（即三段大圆弧的两两夹角），则球面三角形有如下

性质:

(1) 三边之和大于0°而小于360°,即 $0° < \alpha + \beta + \gamma < 360°$;

(2) 三个角之和大于180°而小于540°,即 $180° < A + B + C < 540°$;

(3) 若球面三角形的两边相等,则两边的对角也相等;反之亦然。

2.3.2 球面三角的基本公式

对于如图2-11所示的球面三角形 ABC,不妨记三条边 α、β、γ 及三个角 A、B、C,则具有如下基本定理和公式:

(1) 正弦定理

$$\frac{\sin\alpha}{\sin A} = \frac{\sin\beta}{\sin B} = \frac{\sin\gamma}{\sin C} \tag{2-41}$$

(2) 余弦定理

$$\cos\alpha = \cos\beta\cos\gamma + \sin\beta\sin\gamma\cos A \tag{2-42}$$

$$\cos A = -\cos B\cos C + \sin B\sin C\cos\alpha$$

(3) 正切定理

$$\frac{\tan\dfrac{A+B}{2}}{\tan\dfrac{A-B}{2}} = \frac{\tan\dfrac{\alpha+\beta}{2}}{\tan\dfrac{\alpha-\beta}{2}} \tag{2-43}$$

(4) 余切定理

$$\cot\alpha\sin\beta = \cos\beta\cos C + \cot A\sin C \tag{2-44}$$

$$\cot A\sin B = \cot\alpha\sin\gamma - \cos B\cos\gamma \tag{2-45}$$

若在球面三角形中至少有一个角为直角,则称这样得球面三角形为球面直角三角形。不妨设 $C = \dfrac{\pi}{2}$,由图2-12所示的球面直角三角形 ABC 有如下计算公式:

$$\begin{cases} \cos\gamma = \cos\alpha \quad \cos\beta = \cot A \quad \cot B \\ \cos A = \sin B \quad \cos\alpha = \tan\beta \quad \cot\gamma \\ \cos B = \sin A \quad \cos\beta = \tan\alpha \quad \cot\gamma \\ \sin\alpha = \sin A \quad \sin\gamma = \tan\beta \quad \cot B \\ \sin\beta = \sin B \quad \sin\gamma = \tan\alpha \quad \cot A \end{cases}$$

且当已知一直角边 α 及其邻角 B 时，有

$$\begin{cases}\tan\beta = \sin\alpha\tan B（直角边）\\ \cot\gamma = \cot\alpha\cos B（对边）\\ \cos A = \cos\alpha\sin B（邻角）\end{cases}$$

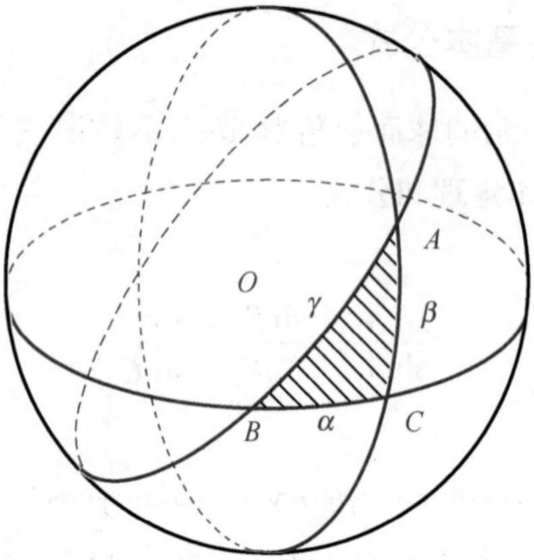

图 2-12　球面直角三角形

第 3 章
自旋稳定卫星姿态测量与确定

自 1954 年哈罗德·罗森设计出一种自旋稳定卫星，以及苏联于 1957 年将基于自旋稳定的第一颗人造地球卫星送入太空后，自旋稳定就成为早期地球同步通信卫星和静止轨道气象卫星广泛采用的方式。

自旋稳定卫星的姿态是指卫星自旋轴在空间中相对某个空间参考基准的方向，一般自旋轴 $\boldsymbol{A}$ 方向定义在赤道惯性坐标系中，用赤经 α、赤纬 δ 来表示，如图 3－1 所示。

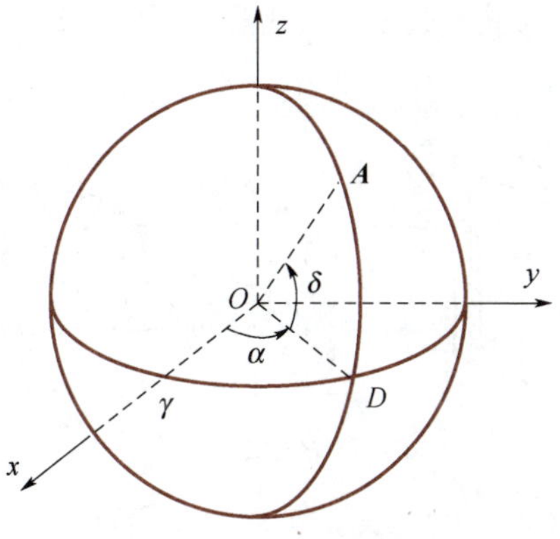

图 3－1　卫星自旋轴示意图

安装在星体上的姿态敏感器不能直接测出自旋轴的赤经、赤纬，只能通过姿态敏感器的扫描来观测空间中某些参考物体(太阳、地球、恒星等)相对卫星的方向,测量卫星自旋轴与参考物体的方向之间的夹角(或称角距)。在一般情况下还不能直接测出夹角,而是测得与夹角有关的一些姿态信息(脉冲),这些参考天体在赤道惯性坐标系中(也用赤经、赤纬表示)是可以精确确定的,利用这些姿态信息,并借助已知参考体的赤经、赤纬,可以计算出卫星自旋轴的方向。因此,卫星自旋轴方向的测定包含对姿态信息测量与姿态确定两部分。

若考虑由于章动引起卫星自旋轴绕角动量轴作圆锥运动,以及动不平衡引起卫星几何轴绕卫星自旋轴作圆锥运动对姿态测定的影响,将使问题变得相当复杂,故在下面讨论中认为,卫星的几何轴、自旋轴和角动量轴是一致的。

3.1 自旋卫星参考矢量测量的敏感器

3.1.1 太阳敏感器

太阳敏感器测量自旋轴与太阳光线矢量间的夹角,同时给出太阳基准脉冲信号,用以测量卫星的自旋周期和作为姿态控制及轨道控制的同步参考相位基准。对于自旋卫星多选用狭缝式太阳敏感器,它具有结构简单、工作可靠、测量精度高、功耗低、质量小等一系列优点。狭缝式太阳敏感器包括太阳敏感器探头和信号处理线路两部分,太阳敏感器探头如图 3 - 2(a)所示。敏感器探头由两个敏感单元组成,每个敏感单元对应一个扇形视场的入射狭缝平面,总的构成一种 V 形结构,一般称 V 形狭缝式太阳敏感器,如图 3 - 2(b)所示。

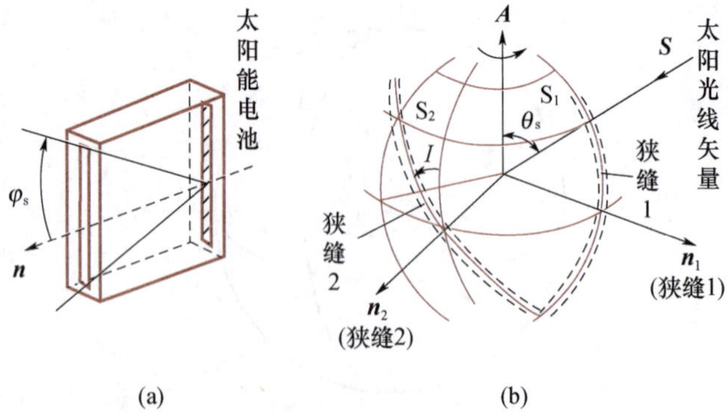

图 3 - 2　狭缝式太阳敏感器探头及敏感器结构

(a) 狭缝式太阳敏感器探头;(b) V 形狭缝式太阳敏感器结构。

狭缝 1 开在卫星某一选定的子午面 S_1 内，为了遥测及信号处理方便起见，狭缝 2 开在 S_2 子午面成角 I 的倾斜平面内（图 3－2(b)），当卫星自旋一周太阳光线 $\boldsymbol{S}$ 先后射入每一个狭缝平面一次，相应的硅光电池敏感出两个脉冲信号。根据这两个脉冲间隔及自旋周期就可算出自旋轴 $\boldsymbol{A}$ 与太阳光线矢量 $\boldsymbol{S}$ 间的夹角 θ_s。

狭缝式太阳敏感器的测角范围一般为 －45° ～ ＋45°，测角精度在 0.1° 左右。

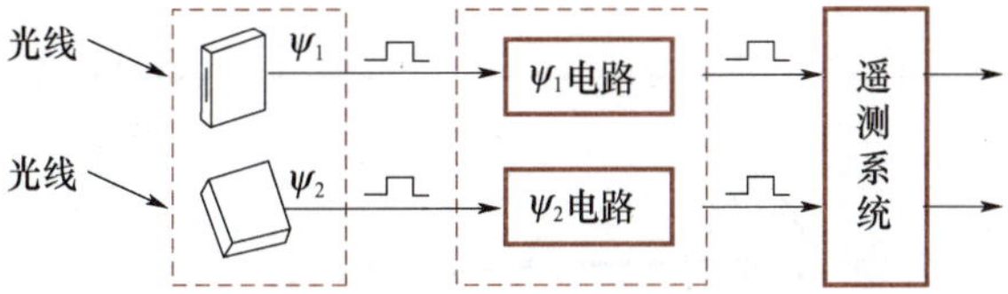

图 3－3 狭缝式太阳敏感器数据电路

如图 3－3 所示，电子线路将脉冲信号放大整形处理后送至星上遥测系统，以编码传输（PCM）和实时调频（FM）两种形式传到地面进行处理。

3.1.2 红外地球敏感器

红外地球敏感器用来测量卫星自旋轴与地心矢量之间夹角 θ_e。对于自旋卫星一般采用射束穿越式地平仪，其扫描机构就是自旋卫星，通过卫星自旋，地球敏感器测量出穿越地球的弦宽。此敏感器一般采用两个探头，用继电器切换构成冷备份形式，为了防止当太阳光线进入地平仪的视场内敏感器输出假地平信号，附设太阳敏感器探头，当太阳信号同时出现在两个视场内时，由附加的太阳敏感器探头的输出信号来切断地球敏感器的输出，作为太阳保护措施。又由于有时地球敏感器接收月球 14 ~ 16μm 波段的辐射能量与接收地球在 14 ~ 16μm 波段的辐射能量相近，从而产生月球干扰，但月球的张角只有 0.5°左右。地球敏感器受月球干扰一般采用鉴宽办法消除，地球敏感器原理框图如图 3－4 所示。

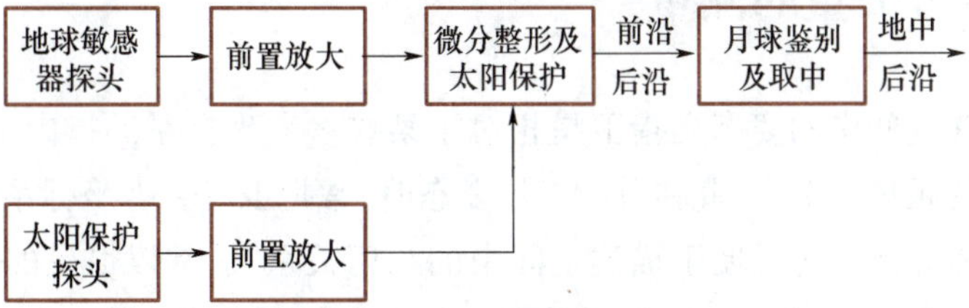

图 3－4 地球敏感器原理框图

地球敏感器的输出信号为地中和地出脉冲。地球敏感器的光学部分包括弯月镜、浸没透镜和热敏元件,还包括 14 ~ 16μm 波段的干涉滤光片,用它来减少冷云干扰,从而敏感较稳定的地球 CO_2 的辐射带地平。

地球敏感器的处理线路主要包括前置放大、微分和整形等,如图 3 - 5 所示。有的地球敏感器输出信号除姿态测量用外,还要给消旋系统提供锁相基准。

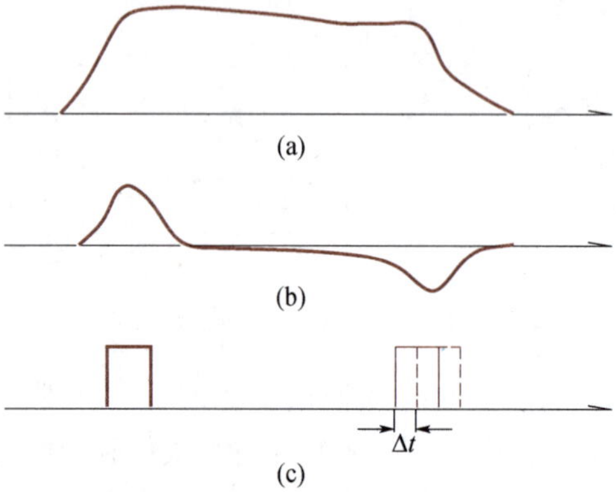

图 3 - 5 地球敏感器处理线路的信号处理示意图

(a) 地球敏感器探头波形;(b) 微分波形;(c) 整形。

高精度地球敏感器虽然采用较稳定的 CO_2 辐射带作为地平,但是由于季节、日夜温度的变化和地理条件等对 CO_2 辐射强度都有一定的影响,其中最为明显的是季节影响,即同一时间卫星上的地球敏感器扫描到地球的不同纬度,其所处的温度由于季节不同而不同,这种现象称为纬度效应。当存在纬度效应时,探头的地平"扫入"、"扫出"波形高度不同,在图 3 - 5 中为"扫入"高、"扫出"低,有时相反。由于波段两边高度不同而直接影响微分波形,给弦宽测量及地中信号带来了系统误差。

3.2 参考矢量的测量

卫星在空间中的姿态是指卫星相对于某些参考坐标系的指向,而与卫星到参考体的距离无关,因此在分析卫星姿态时,常把卫星姿态坐标系的原点移到卫星的质心上。为了便于描述空间中的几何关系,通常以卫星的质心为原点作一单位天球,卫星自旋轴的单位矢量的端点位于天球上某一点。同样,参考体方向的单位矢量也可用天球上某一点来表示，天球上两点之间的弧长就是从卫星上看到的两个参考体之间夹角的度量。

如能测量出卫星自旋轴与某个参考体 $\boldsymbol{C}_1$ 的方向之间的夹角 θ_1，就可以认为自旋轴必定处在围绕此参考体的圆锥面上，此圆锥的主轴在卫星至参考体的方向上，圆锥的半顶角就是测得的夹角 θ_1 。

显然，仅借助于一个参考体还不能确定自旋轴与圆锥面上哪一条锥线一致，如同时测得卫星自旋轴与另一个参考体 $\boldsymbol{C}_2$ 的方向之间的夹角为 θ_2，就可断定卫星自旋轴必在两个圆锥面的交线上，如图 3－6 所示。

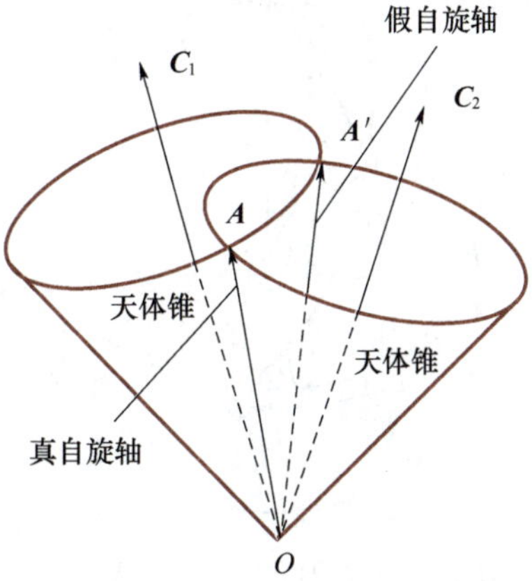

图 3－6　两天体锥的自旋轴确定示意图

但由于两个锥相交有两条交线，自旋轴只与两者之一重合，必须判别真伪。沿着参考体形成的两个锥称为天体锥，利用两个天体锥相交的办法来确定卫星自旋轴方向称为双锥相交法。

在自旋卫星的姿态测定技术中，最常用的参考天体是太阳和地球，随着探测技术的发展，还可以利用星座或地球表面上的路标以达到更高的姿态测量精度。

3.2.1　太阳方向的测量

利用 V 形狭缝式太阳敏感器进行太阳方向的测量，卫星自旋一周，每个狭缝式敏感器的平面视场各扫过太阳一次，则各自的敏感元件分别输出一个电脉冲。敏感器两次扫过太阳的时间以及两者的时间间隔包含着姿态信息，其

中一个狭缝敏感器 S_1 的平面视场与自旋轴平行，另一个 S_2 是倾斜的，两者的夹角为 I。

以卫星质心为原点作一个单位天球，其中 **A** 为自旋轴，**S** 为太阳光线矢量。狭缝敏感器 S_1 的视场在天球上的投影是卫星子午圈的部分，而狭缝式敏感器 S_2 的视场在天球上的投影是与该子午圈夹角 I 的大圆一部分，如图 3－7 所示。从图 3－7 可看出，当敏感器 S_1 见到太阳时，S_1 处在大圆 AC 上；当敏感器 S_2 见到太阳时，S_1 处在大圆 AE 上，此时 S_2 处在大圆 SB 上。

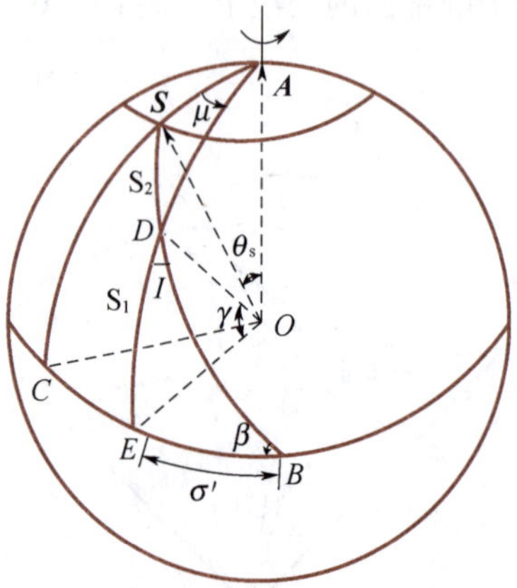

图 3－7　太阳方向测量的天球图

令 S_1、S_2 在同一圈内见到太阳的时间分别为 $t_1^{S_1}$、$t_1^{S_2}$，在下一圈内分别为 $t_2^{S_1}$、$t_2^{S_2}$，则可测量出卫星的转速为

$$\omega = \frac{2\pi}{t_2^{S_1} - t_1^{S_1}} \tag{3-1}$$

在卫星自旋一周内连续两次观测到太阳之间的卫星自旋转角为

$$\mu = \omega(t_1^{S_2} - t_1^{S_1}) = \omega \Delta t \tag{3-2}$$

在图 3－8(a) 所示的球面直角三角形 SCB 中，由已知一直角边及其邻角得到三角公式：

$$\tan\left(\frac{\pi}{2} - \theta_s\right) = \sin(\mu + \sigma')\tan B \tag{3-3}$$

两个包含太阳狭缝的大圆相交点为 D 点，该点与卫星质心连线与天球赤道面夹角为 γ。由图 3－8(b) 所示几何关系，利用球面直角三角形 DEB 有

$$\begin{cases}\tan\gamma = \sin\sigma'\tan B \\ \tan\sigma' = \sin\gamma\tan I\end{cases} \tag{3-4}$$

由式(3－3)和式(3－4)可得太阳角为

$$\cot\theta_s = \sin(\mu+\sigma')\frac{\tan\gamma}{\sin\sigma'} = \tan\gamma\cos\mu + \frac{\sin\mu}{\tan I\cos\gamma}$$

$$\theta_s = \operatorname{arccot}\left(\tan\gamma\cos\mu + \frac{\sin\mu}{\tan I\cos\gamma}\right) \tag{3-5}$$

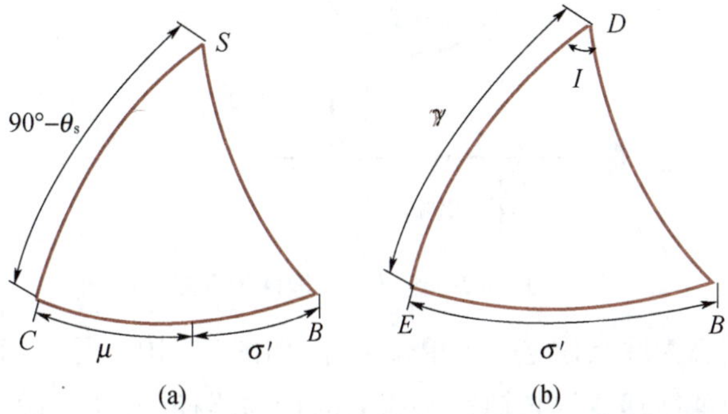

图 3－8 球面直角三角形关系

因反余切的主值域为(0,π),则式(3－5)中的太阳角 θ_s 可唯一的确定。通常安装角 $\gamma=0$,此情况下两条狭缝相交于卫星天球的赤道面上,因此当太阳光线与自旋轴垂直时敏感器的输出 $\Delta t=0$,从而不利于提高测量精度。为此,将两条狭缝隔开一个圆周角 F,当太阳光线垂直射入狭缝时,$\mu=F$。与式(3－5)计算方式类似可得太阳角为

$$\cot\theta_s = \cot I\sin(\mu - F)$$

$$\theta_s = \operatorname{arccot}[\cot I\sin(\mu - F)] \tag{3-6}$$

3.2.2 天底方向的测量

卫星自旋轴与地球中心方向之间的夹角称为天底角 θ_e。常用天底矢量 $\boldsymbol{E}$ 表示地球中心方向,如卫星的地心矢量为 $\boldsymbol{r}$,则

$$\boldsymbol{E} = -\frac{\boldsymbol{r}}{r} \tag{3-7}$$

式中:r 为地心距,$r=\|\boldsymbol{r}\|$。

天底角 θ_e 由装在卫星上的红外地球敏感器获得,红外地球敏感器的光轴

与自旋轴的夹角是一个事先选定的安装角 γ。卫星旋转一周，光轴在空间扫描出一个圆锥，其半锥角即安装角 γ。当扫描锥与地球相交时，敏感器的光轴将穿越地球，由于地球辐射与宇宙空间辐射的不连续性，敏感器产生穿入、穿出两个脉冲，如图 3-9 所示。

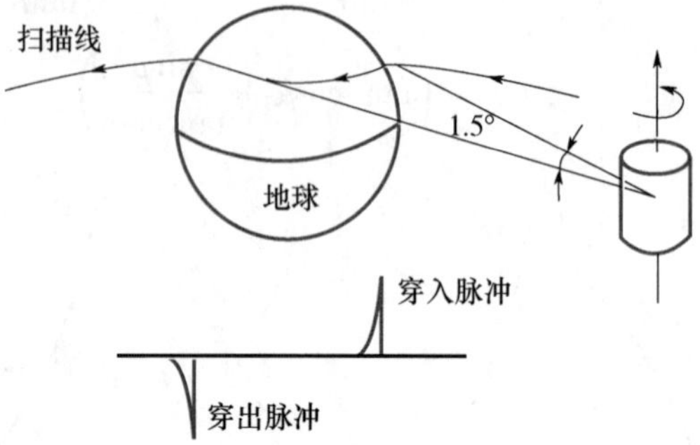

图 3-9 红外扫描地球示意图

以卫星质心为原点建立一个单位天球，如图 3-10 所示，天球上的虚线大圆表示红外地球敏感器的光轴在天球上的扫描路径，E_i 为光轴从空间进入地球的穿入点，E_o 为光轴从地球进入空间的穿出点。

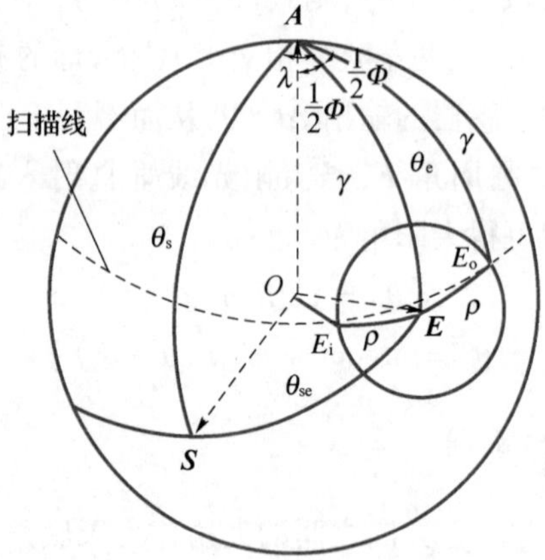

图 3-10 天底方向测量的天球

在卫星自旋的某一周内，光轴穿入、穿出地球的时间分别为 $t_1^{e_i}$、$t_1^{e_o}$，则地球敏感器穿越地球的弦宽（或称扫描弦宽）为

$$\Phi = \omega(t_1^{e_o} - t_1^{e_i}) \tag{3-8}$$

式中：$t_1^{e_i}$、$t_1^{e_o}$ 为红外地球敏感器测得的姿态信息，并通过遥测传到地面。

从卫星上看到地球的视角为

$$\rho = \arcsin \frac{R_e}{r}$$

式中：R_e 为地球半径。

从测轨数据可得卫星的地心距 r，在过渡轨道上该参数是时间的变量，在图3－10所示的球面三角形 AE_iE（或 AE_oE）中，由余弦公式得

$$\cos\rho = \cos\gamma\cos\theta_e + \sin\gamma\sin\theta_e\cos\frac{\Phi}{2} \tag{3-9}$$

利用 $\sin^2\theta = 1 - \cos^2\theta$，上式是以 $\cos\theta_e$ 为变量的二次方程，其解为

$$\cos\theta_e = \frac{\cos\rho\cos\gamma \pm \sin\gamma\cos\frac{\Phi}{2}\sqrt{\sin^2\gamma\cos^2\frac{\Phi}{2} + \cos^2\gamma - \cos^2\rho}}{\cos^2\gamma + \sin^2\gamma\cos^2\frac{\Phi}{2}} \tag{3-10}$$

上式给出的天底角 θ_e 是双重真伪解，在几何上都是有意义的，因此还得利用先验姿态估计值或其他附加信息解决真伪判别问题。比较好的方法是，利用两个红外地球敏感器测得的姿态信息来计算天底角 θ_e。两个地球敏感器的安装角分别为 γ_N（$< 90°$）和 γ_S（$> 90°$），前者表示该敏感器的光轴在卫星天球赤道面之北，后者在赤道面之南，两只敏感器测得的弦宽分别为 Φ_N、Φ_S（图3－11）。这样就有两个形式相同的测量方程，即

$$\begin{cases} \cos\rho = \cos\gamma_N\cos\theta_e + \sin\gamma_N\sin\theta_e\cos\frac{\Phi_N}{2} \\ \cos\rho = \cos\gamma_S\cos\theta_e + \sin\gamma_S\sin\theta_e\cos\frac{\Phi_S}{2} \end{cases} \tag{3-11}$$

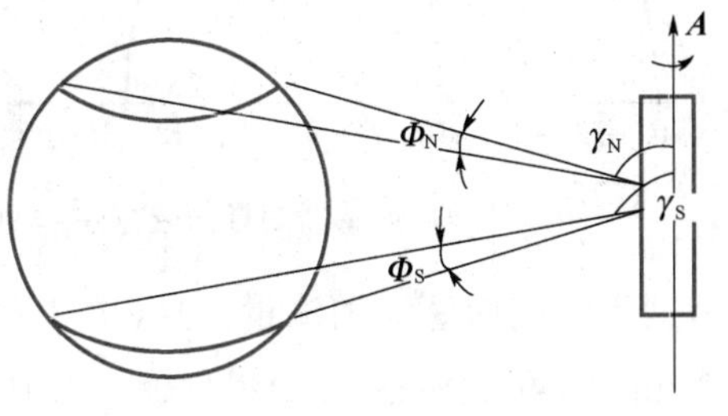

图3－11　两红外地球敏感器的姿态测量

上述两式直接相减，可直接求得天底角：

$$\tan\theta_e = \frac{\cos\gamma_S - \cos\gamma_N}{\sin\gamma_N\cos\dfrac{\Phi_N}{2} - \sin\gamma_S\cos\dfrac{\Phi_S}{2}}$$

$$\theta_e = \arctan\frac{\cos\gamma_S - \cos\gamma_N}{\sin\gamma_N\cos\dfrac{\Phi_N}{2} - \sin\gamma_S\cos\dfrac{\Phi_S}{2}} \tag{3-12}$$

由于卫星自旋轴在空间中定向，而卫星的天底方向 $\boldsymbol{E}$ 在空间是变化的，只有在特定的条件下，例如，地球同步卫星在定点后，卫星的自旋轴与轨道平面垂直时，地球红外敏感器才能在轨道上的任意位置都可观测到地球。在过渡轨道上，为完成卫星入轨操作卫星姿态要多次机动，自旋轴不在轨道法线方向。另外，还存在比较大的轨道倾角，红外地球敏感器只在有限的轨道弧段上才能扫描到地球。已知自旋轴在空间的方向 $\boldsymbol{A}$ 和天底方向 $\boldsymbol{E}$，可求得天底角：

$$\cos\theta_e = \boldsymbol{A}\cdot\boldsymbol{E}$$

$$\theta_e = \arccos(\boldsymbol{A}\cdot\boldsymbol{E})$$

用式(3-9)可计算出可观测弧段和扫描弦宽。设两地球敏感器的安装角为 $\gamma_N = 85°$，$\gamma_S = 95°$，地球敏感器的扫描弦宽如图3-12所示。μ 为卫星与天底方向 $\boldsymbol{E}$ 的地心角。由图3-12可见，两只红外地球敏感器同时观测到地球的弧段很短，用这种方法确定天底角适用范围是很有限的。

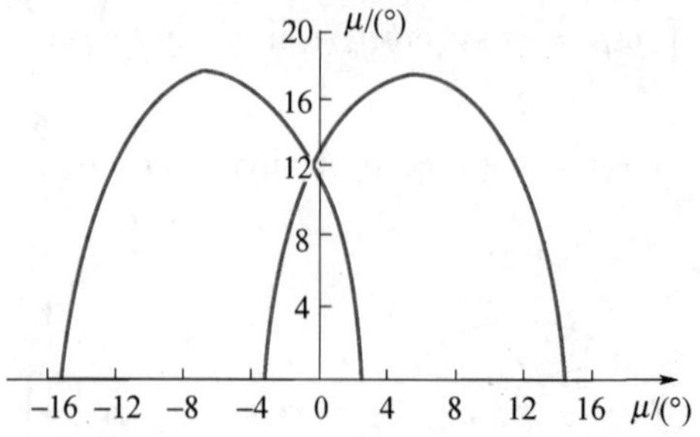

图3-12　两红外地球敏感器测量的弦宽($\theta_e = 90°$)

更好的方法是借助于太阳敏感器的测量信息(图3-10)，令太阳与地球在单位天球的大圆上相隔的角度为 θ_{se}，在卫星自旋一周中，由太阳敏感器和地球敏感器测得的姿态信息可以计算出地中脉冲与 S_1 脉冲之间的角度间隔。

从几何学的角度看，此角度间隔是太阳 - 自旋轴平面与地心 - 自旋轴平面之间的夹角，即在太阳和地球之间卫星的自旋转角，简称太阳—地心转角，其表达式为

$$\lambda = \omega[1/2(t_1^{e_i} + t_1^{e_o}) - t_1^{s_1}] \tag{3-13}$$

在球面三角形 ASE 中，由余弦公式可得

$$\cos\theta_{se} = \cos\theta_s\cos\theta_e + \sin\theta_s\sin\theta_e\cos\lambda \tag{3-14}$$

将式(3－14)与式(3－9)式联合求解天底角：

$$\tan\theta_e = \frac{\cos\theta_s\cos\rho - \cos\gamma\cos\theta_{se}}{\cos\theta_{se}\sin\gamma\cos(\Phi/2) - \cos\rho\sin\theta_s\cos\lambda}$$

$$\theta_e = \arctan\frac{\cos\theta_s\cos\rho - \cos\gamma\cos\theta_{se}}{\cos\theta_{se}\sin\gamma\cos\Phi/2 - \cos\rho\sin\theta_s\cos\lambda} \tag{3-15}$$

求解天底角的充分必要条件是式(3－9)和式(3－14)组成的方程组系数行列式不等于零，即

$$\begin{vmatrix} \sin\gamma\cos\dfrac{\Phi}{2} & \cos\gamma \\ \sin\theta_s\cos\lambda & \cos\theta_s \end{vmatrix} \neq 0$$

即

$$\cos\gamma\sin\theta_s\cos\lambda - \sin\gamma\cos\theta_s\cos\frac{\Phi}{2} \neq 0$$

此式是借助太阳敏感器测量天底角时测量几何的限制条件。

3.2.3　陆标方向的测量

在同步气象卫星上装有观测地球及其云量、水汽的可见光和红外光谱图像的扫描辐射计，其光学视场很窄(约几十微弧)，灵敏度很高，观测地面的分辨率达 0.5～1.5km，可以分辨地球表面的陆标。在静止轨道上同步气象卫星的自旋轴垂直于赤道平面，此辐射计随着卫星的自旋运动在地球东西的一定经度进行扫描，南北一定纬度的覆盖靠南北步进镜头完成的(一般扫描辐射计可完成 20°×20°扫描)。卫星每转一周，辐射计对地球扫完一行，获得该行的地球图像线之后，辐射计的扫描角(光轴与自旋轴的夹角)步进一次(约几十微弧)，在下一周辐射计获得相邻行的地球图像线。若扫描辐射计的视场为 μ_e，扫描地球的经纬度宽度为 ρ，则每行图像线由 ρ/μ_e 像素组成；若步进角为

μ_1，则卫星需转 ρ/μ_1 周才能扫描完一帧。获得一个由 $\rho^2/(\mu_e\mu_1)$ 个像素组成的网格（相当于一个矩阵），如图 3－13 所示。因此该扫描形式也称之为网格式扫描。

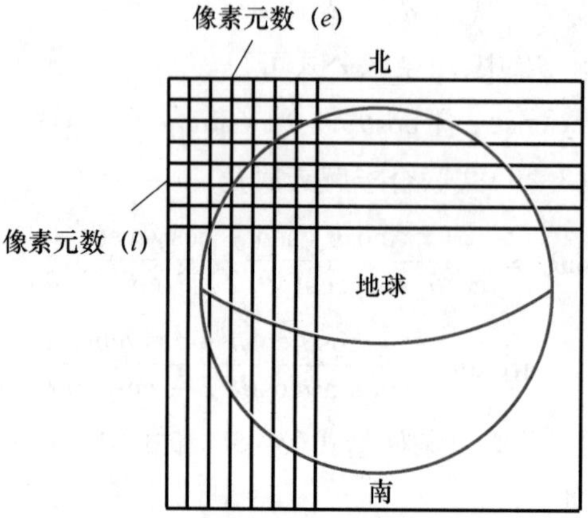

图 3－13　扫描辐射计对地球扫描

网格矩阵中每一个元素对应于扫描一帧中某一行中某一元的像素，由 $\rho^2/(\mu_e\mu_1)$ 个像素组成的一张图片上可以找到某些指定陆标在网格中的位置，通常以像线的行数 l 和像素的元数 e 表示，如图 3－14 所示。

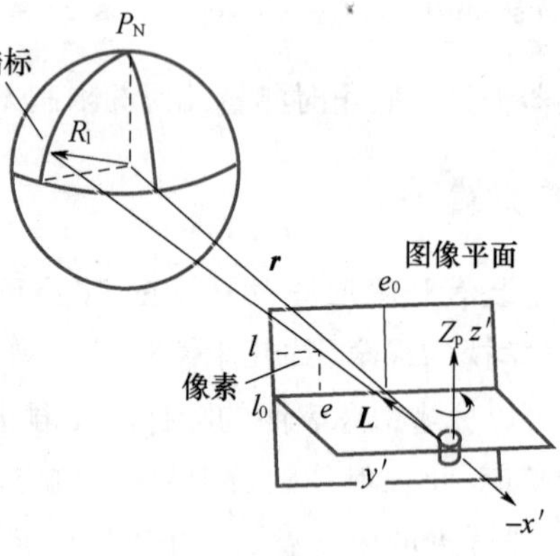

图 3－14　路标在图像平面成像示意图

定义一个与星体不固连的卫星坐标系（$O-x'y'z'$），原点在卫星质心上，z' 轴与自旋轴 Z_p 重合，x'轴在卫星的位置矢量 $\boldsymbol{r}$ 和自旋轴矢量 $\boldsymbol{A}$ 组成的平面内，并与 z'轴垂直且指向地球，x'轴通过图像中心像素，y'轴与 x'、z'轴组成正交坐标系。当卫星处于赤道平面上且自旋轴 Z_p 又与赤道平面垂直,则 x'轴指向地球中心。各坐标轴的单位矢量记为 $\boldsymbol{e'}_x$、$\boldsymbol{e'}_y$ 和 $\boldsymbol{e'}_z$。如已知陆标在图像上的位置(l,e),则陆标在卫星坐标系$(O-x'y'z')$中的方位角 α_L 和仰角 β_L 为

$$\alpha_L = \mu_e(e_0 - e) \tag{3-16}$$

$$\beta_L = \mu_l(l_0 - l) \tag{3-17}$$

式中:l_0、e_0 分别为网格中心位置的行数和像元数;μ_e、μ_l 分别为扫描辐射计的视场角和步进角。

卫星指向陆标的单位矢量 $\boldsymbol{L}$ 在卫星坐标系$(O-x'y'z')$中的方向为

$$\boldsymbol{L} = \cos\alpha_L\cos\beta_L\boldsymbol{e'}_x + \sin\alpha_L\cos\beta_L\boldsymbol{e'}_y + \sin\beta_L\boldsymbol{e'}_z \tag{3-18}$$

显然,在确定姿态用的陆标锥中,陆标方向与自旋轴的夹角为

$$\theta_L = 90° - \beta_L \tag{3-19}$$

如有两个陆标矢量 $\boldsymbol{L}_1$、$\boldsymbol{L}_2$ 在图像上的像素的元数分别为 e_1、e_2,则在两个陆标之间卫星的自旋转角为

$$\lambda = \mu_e(e_2 - e_1)$$

3.3 自旋轴方向的几何确定方法

如前所述,自旋卫星上任一种观测某个参考天体的姿态敏感器都可以得出两个独立的反映姿态的测量信息,并由此推导出该参考天体在固连星体坐标系中的方向。在实际应用中,得出的两个测量值是姿态敏感器观测到参考天体的时间和自旋轴与该天体方向的夹角,但自旋卫星的姿态参数共有三个,即自旋轴的赤经、赤纬和卫星自旋的转角,因此只观测一个参考天体是不够的。如不考虑卫星自旋转角的确定,则通过一个天体观测获取的有用测量值只有一个夹角,还需观测第二个参考天体得到完整的姿态信息。

双矢量确定姿态的几何方法是双锥相交法,它是确定卫星自旋轴方向的最基本方法。定义卫星自旋轴方向的单位矢量为 $\boldsymbol{A}$,其与参考天体 $\boldsymbol{C}_1$、$\boldsymbol{C}_2$ 方向的夹角分别为 θ_1 和 θ_2,两参考天体方向的夹角为 θ_{12},如图 3-15 所示。

根据自旋轴单位矢量 $\boldsymbol{A}$ 与两天体的夹角关系,得姿态确定方程为

$$\begin{cases} \boldsymbol{C}_1 \cdot \boldsymbol{A} = \cos\theta_1 \\ \boldsymbol{C}_2 \cdot \boldsymbol{A} = \cos\theta_2 \end{cases} \tag{3-20}$$

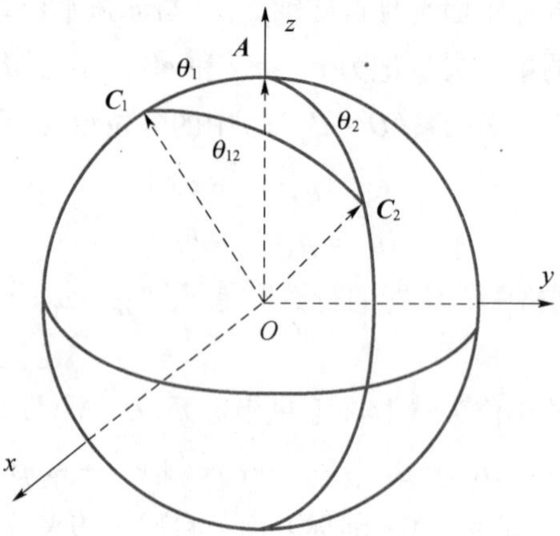

图 3-15　双矢量姿态确定示意图

$$\boldsymbol{A}\cdot\boldsymbol{A}=1 \tag{3-21}$$

其中,式(3-21)为单位矢量的模值约束方程。由于参考天体 $\boldsymbol{C}_1$、$\boldsymbol{C}_2$ 在地心惯性坐标系中的方向是确定的,且满足 $\boldsymbol{C}_1\neq\boldsymbol{C}_2$,因此可以作为确定自旋轴方向的基准坐标矢量。自旋轴矢量 $\boldsymbol{A}$ 在参考天体 $\boldsymbol{C}_1$、$\boldsymbol{C}_2$ 组成的非正交坐标系中的表达式为

$$\boldsymbol{A}=a_1\boldsymbol{C}_1+a_2\boldsymbol{C}_2+a_3(\boldsymbol{C}_1\times\boldsymbol{C}_2) \tag{3-22}$$

显然,坐标分量 a_1、a_2 和 a_3 完全确定了自旋轴 $\boldsymbol{A}$ 的方向。将式(3-22)代入式(3-20)和式(3-21),利用关系式

$$\begin{cases}\boldsymbol{C}_1\cdot\boldsymbol{C}_1=\boldsymbol{C}_2\cdot\boldsymbol{C}_2=1\\ \boldsymbol{C}_1\cdot\boldsymbol{C}_2=\cos\theta_{12}\\ \boldsymbol{C}_1\cdot(\boldsymbol{C}_1\times\boldsymbol{C}_2)=\boldsymbol{C}_2\cdot(\boldsymbol{C}_1\times\boldsymbol{C}_2)=0\\ (\boldsymbol{C}_1\times\boldsymbol{C}_2)\cdot(\boldsymbol{C}_1\times\boldsymbol{C}_2)=\sin^2\theta_{12}\end{cases}$$

可得

$$a_1+a_2\cos\theta_{12}=\cos\theta_1 \tag{3-23a}$$

$$a_1\cos\theta_{12}+a_2=\cos\theta_2 \tag{3-23b}$$

$$a_1^2+a_2^2+2a_1a_2\cos\theta_{12}+a_3^2\sin^2\theta_{12}=1 \tag{3-24}$$

由于矢量 $\boldsymbol{C}_1$、$\boldsymbol{C}_2$ 不共线，即 $\sin\theta_{12} \neq 0$，于是上式的解可写为

$$a_1 = \frac{1}{\sin^2\theta_{12}}(\cos\theta_1 - \cos\theta_2\cos\theta_{12}) \tag{3-25a}$$

$$a_2 = \frac{1}{\sin^2\theta_{12}}(\cos\theta_2 - \cos\theta_1\cos\theta_{12}) \tag{3-25b}$$

再根据式(3－24)可求得

$$\begin{aligned} a_3 &= \pm \frac{1}{\sin^2\theta_{12}}(1 - a_1^2 - a_2^2 - 2a_1a_2\cos\theta_{12})^{1/2} \\ &= \pm \frac{1}{\sin^2\theta_{12}}[\sin^2\theta_{12} - (\cos^2\theta_1 + \cos^2\theta_2 - 2\cos\theta_1\cos\theta_2\cos\theta_{12})]^{1/2} \end{aligned} \tag{3-26}$$

上式表明，如从姿态测量信息中只能获得夹角 θ_1 和 θ_2，则非线性测量方程式(3－20)和式(3－21)有双重姿态解，其中只有一个解是真值，还需判断真伪。

从式(3－25)还可以看出，所确定自旋轴方位的精度不仅取决于参考矢量的测量精度（即 θ_1 和 θ_2 的精度），还与两参考天体方向的夹角 θ_{12} 有关。如果矢量 $\boldsymbol{C}_1$、$\boldsymbol{C}_2$ 越靠近，则姿态信息的测量误差引起的姿态确定误差越大。

联合使用两个参考天体的方位信息就能得出一个重要的测量值，即自旋轴分别与两个参考天体方向组成的平面之间的二面角，或称两个天体之间的自旋转角。如以太阳、地球作为参考天体，此转角计算公式为式(3－13)，即第三种混合测量值

$$\lambda = \omega\left[\frac{1}{2}(t_1^{e_i} + t_1^{e_o}) - t_1^{s_1}\right]$$

有了参考天体矢量 $\boldsymbol{C}_1$、$\boldsymbol{C}_2$ 可人为构造第三个虚拟的单位参考矢量 $\boldsymbol{C}_3$，其垂直于 $\boldsymbol{C}_1$、$\boldsymbol{C}_2$，即

$$\boldsymbol{C}_3 = \frac{1}{\sin\theta_{12}}(\boldsymbol{C}_1 \times \boldsymbol{C}_2) \tag{3-27}$$

参考天体矢量 $\boldsymbol{C}_1$、$\boldsymbol{C}_2$ 和虚拟参考矢量 $\boldsymbol{C}_3$ 及自旋轴矢量 $\boldsymbol{A}$ 在天球坐标系下如图3－16所示。从姿态敏感器的信息中，能获得两天体 $\boldsymbol{C}_1$、$\boldsymbol{C}_2$ 之间的姿态转角 λ，

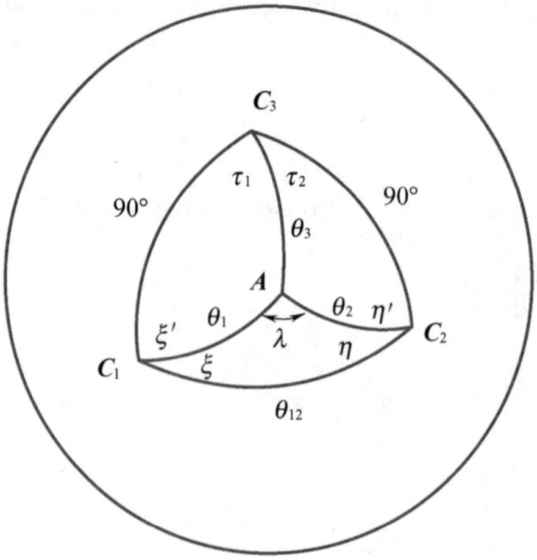

图 3－16　虚拟天体矢量 $\boldsymbol{C}_3$ 构建

通常将从 $\boldsymbol{C}_1$ 按卫星自旋方向转向 $\boldsymbol{C}_2$ 的姿态角符号定义为正。

定义自旋轴矢量 $\boldsymbol{A}$ 与虚拟天体矢量 $\boldsymbol{C}_3$ 的夹角为 θ_3，则在球面三角形 AC_2C_3 中，由边的余弦定理得

$$\cos\theta_3 = \sin\theta_2\cos\eta'$$

在球面三角形 AC_1C_2 中，由正弦公式得

$$\frac{\sin\lambda}{\sin\theta_{12}} = \frac{\sin\eta}{\sin\theta_1}$$

由于天体矢量 $\boldsymbol{C}_3$ 与 $\boldsymbol{C}_1$ 和 $\boldsymbol{C}_2$ 均正交，因此球面三角形 $C_1C_2C_3$ 为直角球面三角形，且其中两个角为直角，即 $\eta + \eta' = \xi + \xi' = 90°$，于是上式可表示为

$$\frac{\sin\lambda}{\sin\theta_{12}} = \frac{\cos\eta'}{\sin\theta_1}$$

于是，可得到自旋轴矢量 $\boldsymbol{A}$ 与虚拟天体矢量 $\boldsymbol{C}_3$ 的夹角 θ_3 满足：

$$\cos\theta_3 = \frac{1}{\sin\theta_{12}}\sin\theta_1\sin\theta_2\sin\lambda \tag{3-28}$$

式中：θ_3 只取正值。这样虽然 $\boldsymbol{C}_3$ 不代表某个真实天体，但它是确定的，围绕它可以画出假想天体的天体锥，卫星自旋轴必在三个天体锥的唯一的共同交线上，如图 3－17 所示。

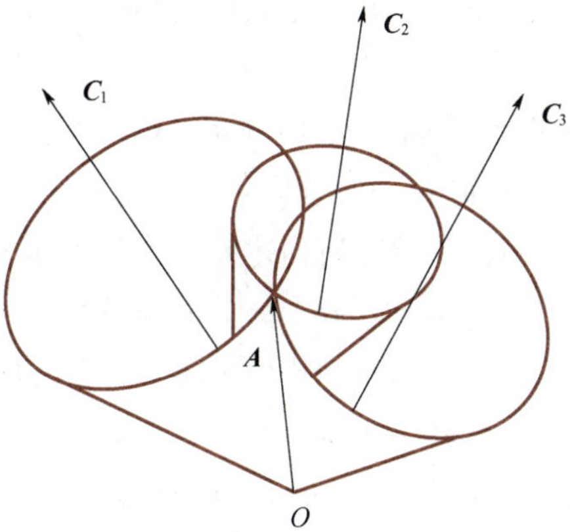

图 3－17 基于虚拟天体的双矢量姿态确定

从图 3－18 可以看出，在天体矢量 $\boldsymbol{C}_1$、$\boldsymbol{C}_2$ 之间绕真解 $\boldsymbol{A}$ 的姿态转角 λ 不等于绕伪解 $\boldsymbol{A}'$ 的转角 λ'，因此引用第三种测量值——转角 λ 确定姿态的唯一解的几何概念：转角 λ 的实际观测值可以起到判断天体锥相交的真伪解作用。

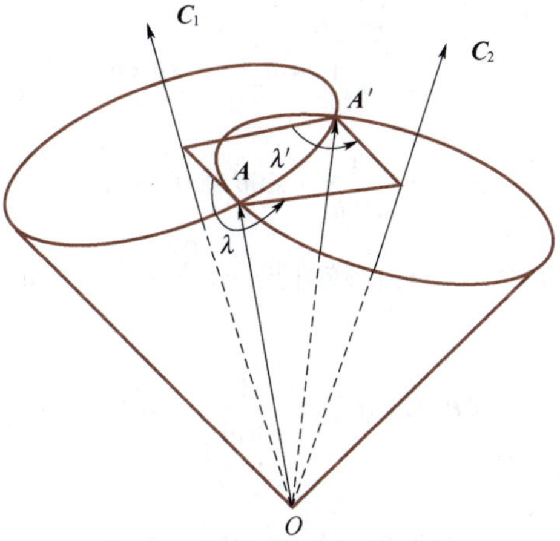

图 3－18 伪解剔除判断

考虑增加的虚拟天体矢量 $\boldsymbol{C}_3$，姿态确定方程为

$$\begin{cases} \boldsymbol{C}_1 \cdot \boldsymbol{A} = \cos\theta_1 \\ \boldsymbol{C}_2 \cdot \boldsymbol{A} = \cos\theta_2 \\ \boldsymbol{C}_3 \cdot \boldsymbol{A} = \cos\theta_3 \end{cases} \tag{3-29}$$

$$\boldsymbol{A} \cdot \boldsymbol{A} = 1 \tag{3-30}$$

在由天体矢量 $\boldsymbol{C}_1$、$\boldsymbol{C}_2$ 和 $\boldsymbol{C}_3$ 组成的非正交坐标系中，姿态 $\boldsymbol{A}$ 的方向可描述为

$$\begin{aligned}\boldsymbol{A} &= a'_1\boldsymbol{C}_1 + a'_2\boldsymbol{C}_2 + a'_3(\boldsymbol{C}_1 \times \boldsymbol{C}_2)\\ &= a'_1\boldsymbol{C}_1 + a'_2\boldsymbol{C}_2 + a'_3\sin\theta_{12}\boldsymbol{C}_3\end{aligned} \tag{3-31}$$

结论：对于式(3-22)和式(3-31)所描述姿态 $\boldsymbol{A}$ 的坐标分量有如下关系：

$$a_1 = a'_1,\ a_2 = a'_2,\ a_3^2 = a'^2_3$$

证明：将式(3-31)代入式(3-29)和式(3-30)，得姿态确定方程的展开式为

$$a'_1 + a'_2\cos\theta_{12} = \cos\theta_1 \tag{3-32a}$$

$$a'_1\cos\theta_{12} + a'_2 = \cos\theta_2 \tag{3-32b}$$

$$a'_3\sin\theta_{12} = \cos\theta_3 \tag{3-32c}$$

$$a'^2_1 + a'^2_2 + 2a'_1a'_2\cos\theta_{12} + a'^2_3\sin\theta_{12} = 1 \tag{3-33}$$

从式(3-32)可得唯一解为

$$a'_1 = \frac{1}{\sin^2\theta_{12}}(\cos\theta_1 - \cos\theta_2\cos\theta_{12}) \tag{3-34a}$$

$$a'_2 = \frac{1}{\sin^2\theta_{12}}(\cos\theta_2 - \cos\theta_1\cos\theta_{12}) \tag{3-34b}$$

$$a'_3 = \frac{1}{\sin^2\theta_{12}}(\sin\theta_1\sin\theta_2\cos\lambda) \tag{3-35}$$

由式(3-25)和式(3-34)比较可知，$a_1 = a'_1, a_2 = a'_2$。根据式(3-35)和式(3-28)可得出

$$a'_3 = \frac{1}{\sin^4\theta_{12}}\cos^2\theta_3\sin^2\theta_{12} = \frac{1}{\sin^4\theta_{12}}(\sin^2\theta_{12} - \sin^2\theta_3\sin^2\theta_{12}) \tag{3-36}$$

在图3-16所示的球面直角三角形 AC_1C_3 和 AC_2C_3 中，由边的余弦公式得

$$\begin{cases}\cos\theta_1 = \sin\theta_3\cos\tau_1\\ \cos\theta_2 = \sin\theta_3\cos\tau_2\end{cases} \tag{3-37}$$

在直角球面三角形 $C_1C_2C_3$ 中，有

$$\theta_{12} = \tau_1 + \tau_2 \tag{3-38}$$

利用式(3-37)和式(3-38)，得

$$\begin{aligned}
&\cos^2\theta_1+\cos^2\theta_2-2\cos\theta_1\cos\theta_2\cos\theta_{12}\\
&\quad=\sin^2\theta_3(\cos^2\tau_1+\cos^2\tau_2-2\cos^2\tau_1\cos^2\tau_2+\\
&\qquad 2\sin\tau_1\sin\tau_2\cos\tau_1\cos\tau_2)\\
&\quad=\sin^2\theta_3(\sin\tau_1\cos\tau_2+\cos\tau_1\sin\tau_2)^2\\
&\quad=\sin^2\theta_3\sin^2\theta_{12}
\end{aligned}\tag{3-39}$$

因此，由式(3－26)和式(3－39)关系，得

$$\begin{aligned}
a_3^2&=\frac{1}{\sin^4\theta_{12}}[\sin^2\theta_{12}-(\cos^2\theta_1+\cos^2\theta_2-2\cos\theta_1\cos\theta_2\cos\theta_{12})]\\
&=\frac{1}{\sin^4\theta_{12}}(\sin^2\theta_{12}-\sin^2\theta_3\sin^2\theta_{12})=a'^2_3
\end{aligned}$$

根据上述结论，由式(3－37)和式(3－33)可知，式(3－32)的解必满足式(3－33)。在实际工程测量中，由于不可避免地存在观测量 θ_1、θ_2 以及 θ_{12} 的误差，由式(3－29)求得的自旋轴 $\boldsymbol{A}$ 一般不满足式(3－30)的约束条件，因此实际工程上需要考虑约束方程式(3－30)的前提下进行多次观测，对姿态进行精确估值。

3.4　太阳－地球方式姿态确定算法

由于太阳和地球是在卫星上非常容易观测到的两个天体，因此在工程上常常通过对太阳矢量和天底矢量的测量来进行自旋卫星的姿态确定，相应的方法称为太阳－地球方式的姿态确定方法。具体的姿态确定算法可通过球面三角几何方法和代数方法来实现，对应算法分别有赤经、赤纬法和方向余弦法。

根据参考矢量测量可知，通过卫星上安装一个V形太阳敏感器和一个红外地球敏感器分别可获取两个脉冲，从而得到了全部的姿态信息。实际上4个脉冲信息中具有冗余度，针对部分脉冲信息丢失情况给出了相应的卫星自旋轴方位的确定方法。

地球同步轨道自旋卫星定点后，自旋轴在惯性空间保持稳定，自旋轴姿态在轨道系下方位的周期变化使得敏感器测量信息具有相应的反应特性，因此可利用卫星轨道位置信息和敏感器的测量信息变化（如红外地球敏感器扫描弦宽变化）进行卫星自旋轴的测量，该方法也可避免敏感器系统误差对姿态确定的影响。在本节最后介绍一种基于红外地球敏感器弦宽差分的自旋轴姿态

确定方法。

3.4.1 赤经赤纬法

通过天文参数和卫星轨道参数,可以计算得到太阳矢量 $\boldsymbol{S}$ 和天底矢量 $\boldsymbol{E}$。当两矢量均采用赤经、赤纬表示时,对于太阳矢量 $\boldsymbol{S}$ 和天底矢量 $\boldsymbol{E}$ 可表示为

$$\boldsymbol{S} = \begin{bmatrix} \cos\delta_s \cdot \cos\alpha_s \\ \cos\delta_s \cdot \sin\alpha_s \\ \sin\delta_s \end{bmatrix}, \boldsymbol{E} = \begin{bmatrix} \cos\delta_e \cdot \cos\alpha_e \\ \cos\delta_e \cdot \sin\alpha_e \\ \sin\delta_e \end{bmatrix}$$

式中: α_s、δ_s 分别为太阳矢量 $\boldsymbol{S}$ 的赤经、赤纬;α_e、δ_e 分别为天底矢量 $\boldsymbol{E}$ 的赤经、赤纬。由上述两矢量还可求出其夹角 θ_{se} ,即

$$\theta_{se} = \arccos(\boldsymbol{S} \cdot \boldsymbol{E})$$

由太阳方向测量和天底方向测量方法可知,从太阳敏感器和红外地球敏感器测量值分别可求得变量太阳角 θ_s 和天底角 θ_e。进而,由两敏感器测量可求出自旋轴 $\boldsymbol{A}$ 分别与太阳矢量 $\boldsymbol{S}$ 及地心矢量 $\boldsymbol{E}$ 所形成平面的二面角 λ_{se} 。

若自旋轴矢量 $\boldsymbol{A}$ 的赤经为 α、赤纬为 δ ,则有

$$\boldsymbol{A} = \begin{bmatrix} \cos\delta \cdot \cos\alpha \\ \cos\delta \cdot \sin\alpha \\ \sin\delta \end{bmatrix}$$

将赤道惯性坐标系平移到卫星上,且坐标系原点位于卫星质心,然后做一单位天球,如图 3-19 所示。

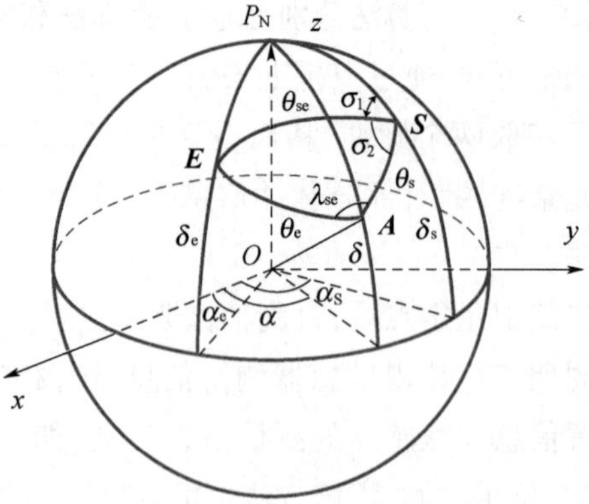

图 3-19 单位天球建立

（1）在球面三角形 ASE 中，由余弦公式

$$\cos\theta_e = \cos\theta_{se}\cos\theta_s + \sin\theta_{se}\sin\theta_s\cos\sigma_2$$

可得

$$\cos\sigma_2 = \frac{\cos\theta_e - \cos\theta_{se}\cos\theta_s}{\sin\theta_{se}\sin\theta_s} \tag{3-40a}$$

由正弦公式

$$\frac{\sin\sigma_2}{\sin\theta_e} = \frac{\sin\lambda_{se}}{\sin\theta_{se}}$$

可得

$$\sin\sigma_2 = \frac{\sin\lambda_{se}}{\sin\theta_{se}}\sin\theta_e \tag{3-40b}$$

由式(3-40a)和式(3-40b)可以求得 σ_2。

（2）在球面三角形 P_NSE 中，由余弦公式

$$\cos\left(\frac{\pi}{2} - \delta_e\right) = \cos\left(\frac{\pi}{2} - \delta_s\right)\cos\theta_{se} + \sin\left(\frac{\pi}{2} - \delta_s\right)\sin\theta_{se}\cos\sigma_1$$

可得

$$\cos\sigma_1 = \frac{\sin\delta_e - \sin\delta_s\cos\theta_{se}}{\cos\delta_s\sin\theta_{se}} \tag{3-41a}$$

由正弦公式

$$\frac{\sin(\alpha_s - \alpha_e)}{\sin\theta_{se}} = \frac{\sin\sigma_1}{\sin\left(\frac{\pi}{2} - \delta_e\right)}$$

可得

$$\sin\sigma_1 = \frac{\cos\delta_e\sin(\alpha_s - \alpha_e)}{\sin\theta_{se}} \tag{3-41b}$$

由式(3-41a)和式(3-41b)可以求得 σ_1。

（3）在球面三角形 P_NAS 中，由余弦公式

$$\cos\left(\frac{\pi}{2} - \delta\right) = \sin\delta = \cos\theta_s\cos\left(\frac{\pi}{2} - \delta_s\right) + \sin\theta_s\sin\left(\frac{\pi}{2} - \delta_s\right)\cos(\sigma_1 + \sigma_2)$$

可得

$$\sin\delta = \cos\theta_s\sin\delta_s + \sin\theta_s\cos\delta_s\cos(\sigma_1 + \sigma_2) \tag{3-42}$$

由赤纬范围 $-90° \leqslant \delta \leqslant 90°$，从上式可以直接确定自旋轴 $\boldsymbol{A}$ 的赤纬 δ。

由余弦公式

$$\cos\theta_s = \cos\left(\frac{\pi}{2}-\delta_s\right)\cos\left(\frac{\pi}{2}-\delta\right)+\sin\left(\frac{\pi}{2}-\delta_s\right)\sin\left(\frac{\pi}{2}-\delta\right)\cos(\sigma_s-\alpha)$$

可得

$$\cos(\sigma_s-\alpha)=\frac{\cos\theta_s-\sin\delta_s\sin\delta}{\cos\delta_s\cos\delta} \tag{3-43a}$$

由正弦公式

$$\frac{\sin(\alpha_s-\alpha)}{\sin\theta_s}=\frac{\sin(\sigma_1+\sigma_2)}{\sin\left(\frac{\pi}{2}-\delta\right)}$$

可得

$$\sin(\alpha_s-\alpha)=\frac{\sin\theta_s\sin(\sigma_1+\sigma_2)}{\cos\delta} \tag{3-43b}$$

由式(3－43a)和式(3－43b)可以求得自旋轴 $\boldsymbol{A}$ 的赤经 α 的唯一值。

3.4.2 方向余弦法

已知太阳矢量 $\boldsymbol{S}$ 和天底矢量 $\boldsymbol{E}$,结合式(3－28)可得自旋轴 $\boldsymbol{A}$ 的姿态确定方程为

$$\begin{cases}\boldsymbol{S}\cdot\boldsymbol{A}=\cos\theta_s\\ \boldsymbol{E}\cdot\boldsymbol{A}=\cos\theta_e\\ (\boldsymbol{S}\times\boldsymbol{E})\cdot\boldsymbol{A}=\cos\theta_3=\sin\theta_s\sin\theta_e\sin\lambda_{se}\end{cases} \tag{3-44}$$

式中:θ_s、θ_e 和 λ_{se} 分别为根据敏感器测量值求得的太阳角、天底角和二面角。

设三个矢量在赤道惯性坐标系中的表示为

$$\boldsymbol{A}=\begin{bmatrix}A_x\\A_y\\A_z\end{bmatrix},\quad \boldsymbol{S}=\begin{bmatrix}S_x\\S_y\\S_z\end{bmatrix},\quad \boldsymbol{E}=\begin{bmatrix}E_x\\E_y\\E_z\end{bmatrix}$$

将 $(\boldsymbol{S}\times)$ 表示为 $\tilde{\boldsymbol{S}}$,其中 $\tilde{\boldsymbol{S}}$ 为反对称阵,即

$$\tilde{\boldsymbol{S}}=\begin{bmatrix}0&-S_z&S_y\\S_z&0&-S_x\\-S_y&S_x&0\end{bmatrix}$$

则上述姿态确定方程可写成线性方程组，即

$$\boldsymbol{GA} = \boldsymbol{D} \tag{3-45}$$

其中：

$$\boldsymbol{G} = \begin{bmatrix} \boldsymbol{S}^{\mathrm{T}} \\ \boldsymbol{E}^{\mathrm{T}} \\ \tilde{\boldsymbol{S}}\boldsymbol{E} \end{bmatrix}, \quad \boldsymbol{D} = \begin{bmatrix} \cos\theta_{\mathrm{s}} \\ \cos\theta_{\mathrm{e}} \\ \sin\theta_{\mathrm{s}}\sin\theta_{\mathrm{e}}\sin\lambda_{\mathrm{se}} \end{bmatrix}$$

当矢量 $\boldsymbol{S}$、$\boldsymbol{E}$ 不共线时，矩阵 $\boldsymbol{G}$ 非奇异，因此式(3－45)可求得自旋轴 $\boldsymbol{A}$ 唯一解为

$$\boldsymbol{A} = \boldsymbol{G}^{-1}\boldsymbol{D} \tag{3-46}$$

即

$$\begin{bmatrix} A_x \\ A_y \\ A_z \end{bmatrix} = \begin{bmatrix} \boldsymbol{S}^{\mathrm{T}} \\ \boldsymbol{E}^{\mathrm{T}} \\ \tilde{\boldsymbol{S}}\boldsymbol{E} \end{bmatrix}^{-1} \cdot \begin{bmatrix} \cos\theta_{\mathrm{s}} \\ \cos\theta_{\mathrm{e}} \\ \sin\theta_{\mathrm{s}}\sin\theta_{\mathrm{e}}\sin\lambda_{\mathrm{se}} \end{bmatrix}$$

3.4.3　测量数据不全的定姿算法

1. 无红外弦宽的定姿方法

假设太阳敏感器输出正常并可根据输出值求得太阳角 θ_{s}，红外地球敏感器丢失了地球的扫入或扫出脉冲。由于红外地球敏感器输出信息不完整导致确定不出地中方向 $\boldsymbol{E}$，因而也确定不出二面角 λ_{se}。在此不妨以扫出脉冲丢失为例进行分析（与扫入脉冲丢失的分析相似），可以求出从太阳到红外扫入地球脉冲之间的空间角度为

$$\lambda_{\mathrm{si}} = \omega(t_1^{\mathrm{e_i}} - t_1^{\mathrm{s1}})$$

式中：ω 为根据太阳敏感器输出求出的卫星自旋角速度；t_1^{s1}、$t_1^{\mathrm{e_i}}$ 分别为在当圈太阳敏感器见太阳和红外地球敏感器扫入地球时刻。

在图 3－20 所示的球面三角形 ASE_{i} 中，由余弦定理可以求出

$$\cos\theta_{\mathrm{se_i}} = \cos\theta_{\mathrm{s}}\cos\gamma + \sin\theta_{\mathrm{s}}\sin\gamma\cos\lambda_{\mathrm{si}}$$

由于 θ_{se} 满足不等式 $\theta_{\mathrm{se}} - \rho \leqslant \theta_{\mathrm{se_i}} < \theta_{\mathrm{se}}$，因此可以由上式确定夹角 $\theta_{\mathrm{se_i}}$。这样有了两个矢量 $\boldsymbol{S}$ 和 $\boldsymbol{E}$，以及 $\boldsymbol{E}_{\mathrm{i}}$ 与矢量 $\boldsymbol{S}$ 和 $\boldsymbol{E}$ 的两个夹角 $\theta_{\mathrm{se_i}}$ 和 ρ，就可以由双锥相交法解出具有双重真伪的地平矢量 $\boldsymbol{E}_{\mathrm{i}}$。借助太阳－地平转角 λ_{si} 的实测

值,双重真伪中的每个地平矢量 $\boldsymbol{E}_{\mathrm{i}}$(作为参考矢量)都可与太阳矢量 $\boldsymbol{S}$ 联合确定自旋轴矢量 $\boldsymbol{A}$,所确定的姿态也具有双重真伪解。

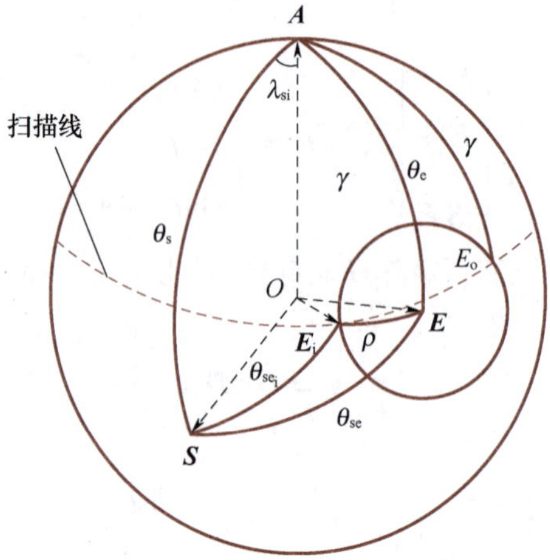

图 3-20　无红外弦宽定姿示意图

2. 丢失了一个太阳窄缝脉冲的定姿方法

在红外地球敏感器正常输出扫入和扫出脉冲,但 V 形狭缝太阳敏感器丢失一个太阳狭缝脉冲时,可用 θ_e/λ_{se} 方法求出双重真伪太阳角。

在图 3-20 所示的球面三角形 ASE 中,由余弦公式

$$\cos\theta_{se} = \cos\theta_s\cos\theta_e + \sin\theta_s\sin\theta_e\cos\lambda_{se}$$

可以求出双重真伪的太阳角,即

$$\cos\theta_s = \frac{\cos\theta_e\cos\theta_{se} \pm \sin\theta_e\cos\lambda_{se}\sqrt{\sin^2\theta_e\cos^2\lambda_{se} + \cos^2\theta_e - \cos^2\theta_{se}}}{\sin^2\theta_e\cos^2\lambda_{se} + \cos^2\theta_e}$$

$$\theta_s = \arccos\frac{\cos\theta_e\cos\theta_{se} \pm \sin\theta_e\cos\lambda_{se}\sqrt{\sin^2\theta_e\cos^2\lambda_{se} + \cos^2\theta_e - \cos^2\theta_{se}}}{\sin^2\theta_e\cos^2\lambda_{se} + \cos^2\theta_e}$$

如卫星上只有一个地球敏感器,即仅获取一个地球弦宽的数据,则上式中的天底角 θ_e 也是双重真伪的。如直接使用两锥相交法,对于自旋轴的姿态矢量将有 8 个解,但利用太阳-地心转角的实测值,可使姿态解减到 4 个。

从上述两个例子分析得知:当姿态信息不全时,得不到三个观测量,但至少要保证有其中两个任意的观测量以求出模糊的姿态解,然后再设法从模糊姿态解中判别出真姿态解。一般将每个模糊解集合与姿态的先验值比较,选出最接近于初始估计值的解,如没有可提供的先验估计值,可根据天底矢量在

空间转动的特点来剔除模糊解中分散的伪解。

3.4.4　基于红外地球敏感器弦宽差分的姿态确定

当同步轨道自旋卫星定点后，在轨道坐标系 $O-x_oy_oz_o$ 中，定义卫星自旋轴矢量 $\boldsymbol{A}$ 在 x_oOy_o 平面投影与自旋轴的夹角为滚动角 ϕ，与轴 y_o 的夹角为偏航角 ψ。根据自旋轴矢量 $\boldsymbol{A}$ 在惯性空间稳定定向的特性可知，自旋轴矢量 $\boldsymbol{A}$ 与轴 y_o 的夹角保持不变，该夹角记为 θ。

令 $t=0$ 时卫星的滚动角和偏航角为 ϕ_0、ψ_0，卫星在轨道上运动的角速度为 ω_0，则在时间 t 时刻卫星沿轨道转过的角度 $\beta(t)=\omega_0 t$，且 ϕ 和 ψ 随时间变化规律如下：

$$\begin{cases}\phi=\arctan\left[-\dfrac{(\cos^2\phi_0\sin^2\psi_0+\sin^2\phi_0)\sin[\beta(t)+\mu_0]}{D}\right]\\ \psi=\arctan[k\cos(\beta(t)+\mu_0)]\end{cases}\tag{3-47}$$

式中

$$D=\cos^2\phi_0[\cos^2\psi_0+\sin^2\psi_0\cos^2\beta(t)]+\sin^2\beta(t)\sin^2\phi_0-\frac{1}{2}\sin2\beta(t)\sin2\phi_0\sin\psi_0$$

$$\mu_0=\arctan\frac{\tan\phi_0}{\sin\psi_0}$$

$$k=\sqrt{\tan^2\psi_0+\frac{\tan^2\phi_0}{\cos^2\psi_0}}$$

从式(3-47)可知，当 $\beta(t)=-\mu_0$ 时，$\phi=0$ 且 ψ 达到最大值，当 $\beta(t)=90°-\mu_0$ 时，$\psi=0$ 且 ϕ 达到最大值，且随着卫星在轨道上的运动 ϕ 和 ψ 周期交替变化。

将卫星自旋轴矢量 $\boldsymbol{A}$ 在轨道系 z_oOy_o 面和 x_oOy_o 面内时的4个位置定义为特征点，分别记为特征点 a、b、c 和 d，如图3-21所示。当卫星运动到特征点 a 时，滚动角 ϕ 达到最大值 $\phi_0=\theta$，$\psi_0=0$。令在特征点 a 时，$t=0$，则式(3-47)可简化为

$$\phi=\arctan\left[-\frac{\cos\omega_0 t\sin\theta}{\sqrt{1-\sin^2\theta\cos^2\omega_0 t}}\right]$$

当考虑 θ 为小量时，则上式近似为

$$\phi\approx-\theta\cos\omega_0 t$$

由上可知，当卫星运动到特征点 b 时有，$\phi=0$，$\psi=\theta$。

由红外敏感器扫描弦宽式(3－9)，即

$$\cos\rho = \cos\gamma\cos\theta_e + \sin\gamma\sin\theta_e\cos\frac{\Phi}{2}$$

进行微分，得

$$\left(\sin\gamma\cos\theta_e\cos\frac{\Phi}{2} - \cos\gamma\sin\theta_e\right)d\theta_e = \frac{1}{2}\sin\gamma\sin\theta_e\sin\frac{\Phi}{2}d\Phi \quad (3-48)$$

当卫星处于特征点 b 时，有 $\theta_e=90°$，由式(3－9)和式(3－48)可得

$$d\theta_e = \frac{1}{2}\frac{\cos\rho\sin\dfrac{\Phi_B}{2}}{\sqrt{\cos^2\dfrac{\Phi_B}{2} - \cos^2\rho}}d\Phi \quad (3-49)$$

式中：Φ_B 为在特征点 b 的地球扫描弦宽，由于一般选择红外地球敏感器的安装角 $\gamma<90°$，因此 $\Phi_B < 2\rho$ 。

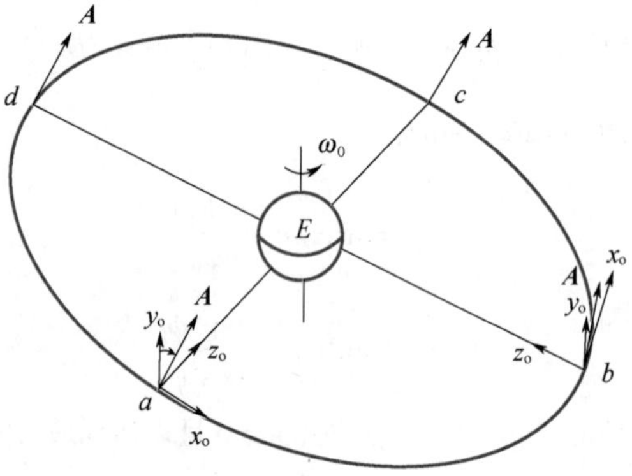

图 3－21　卫星自旋轴在轨道系下的变化情况

当获取特征点 a 或 c 的地球扫描弦宽 Φ_A 或 Φ_C 后，与特征点 b 弦宽 Φ_B 相减得到弦宽差分量 $\Delta\Phi = \Phi_A - \Phi_B$(或 $\Delta\Phi = \Phi_C - \Phi_B$)。考虑卫星定点后卫星滚动角 ϕ 与天底角 θ_e 互余的特性，且天底角变化量 $\Delta\theta_e$ 和弦宽变化量 $\Delta\Phi$ 均为小量，将 $\Delta\Phi$ 和天底角差分量 $\Delta\theta_e$ 代替式(3－49)中的微分变量 $d\Phi$ 和 $d\theta_e$，根据上式由 $\Delta\Phi$ 可求得天底角 θ_e 的极值，也就是求得滚动角 ϕ 的最大值，即 θ 。

在特征点 a，轨道法线 $\boldsymbol{N}$、地心矢量 $\boldsymbol{r}$ 和自旋轴矢量 $\boldsymbol{A}$ 之间关系为

$$\boldsymbol{N} \cdot \boldsymbol{A} = \cos\theta$$

$$\boldsymbol{r} \cdot \boldsymbol{A} = -\sin\theta$$

式中,地心矢量 $\boldsymbol{r}$ 在惯性坐标系下的方位可由卫星轨道参数升交点赤经 Ω、轨道倾角 i 和轨道幅角 u 求得。由上式可求得自旋轴 $\boldsymbol{A}$ 的经、纬度 α、δ 分别为

$$\alpha = \begin{cases} \arccos \dfrac{X}{\sqrt{X^2 + Y^2}} & Y > 0 \\ 2\pi - \arccos \dfrac{X}{\sqrt{X^2 + Y^2}} & Y \leqslant 0 \end{cases}$$

$$\delta = \arcsin Z$$

式中

$$X = \sin\theta[\cos\Omega\cos u - \sin\Omega\cos i\sin u] + \cos\theta\sin\Omega\sin i$$

$$Y = \sin\theta[\sin\Omega\cos u + \cos\Omega\cos i\sin u] - \cos\theta\cos\Omega\sin i$$

$$Z = \sin\theta\sin i\sin u + \cos\theta\cos i$$

3.5 姿态确定的几何限制

从姿态确定的几何概念上来看,自旋卫星的姿态确定就是寻求自旋轴单位矢量 $\boldsymbol{A}$ 在球心位于卫星质心的单位天球上的位置。首先寻找参考天体在单位天球上的位置,作为参考点,然后根据与自旋轴单位矢量相关联的每个测量值(如测出自旋轴单位矢量和参考单位矢量在天球上位置之间的弧长),可以在天球上画出一条或多条(多个参考天体)等测量曲线,每一条曲线都是可能的姿态位置的无限集合,或称可能姿态的轨迹。姿态确定的实质是,根据测量值在天球上求各测量值对应的可能姿态轨迹的交点。在实际工程技术中,没有一种测量值是准确的,总会存在一定的误差,单次测量可得出一条等观测量的姿态轨迹,多次测量可得出由多条姿态轨迹组成的轨迹带,而自旋姿态在天球的位置将落在轨迹带的相交区域内,轨迹带的宽度取决于观测量的不确定性。

假定两个参考矢量为太阳矢量 $\boldsymbol{S}$ 和天底矢量 $\boldsymbol{E}$,图3-22中画出了以太阳角 θ_s、天底角 θ_e 为观测量时,两条可能姿态的轨迹带。为了达到足够的姿态确定精度,期望两条轨迹带的相交区域很小,可以看作平面上的平行四边形,它的面积直接反映了姿态确定的不确定性,而平行四边形面积的大小取决于两

条轨迹带的宽度和两条轨迹带的相交角，简称相关角 $\theta_{s/e}$。

图 3－23 是图 3－22 中的姿态不确定区的扩展图，姿态不确定带的宽度是沿姿态可能轨迹的垂直方向测定的，因此，在图 3－22 中姿态不确定带的宽度等于太阳角 θ_s 和天底角 θ_e 观测量的误差。太阳角观测量是从太阳敏感器的测量值（两个姿态脉冲之间的时间间隔）中直接导出的，只要太阳落入敏感器的视场范围内，敏感器的测量误差引起太阳角 θ_s 观测量的误差与卫星姿态方向的关系不十分密切；但天底角 θ_e 观测量则不然，敏感器的测量值是两次穿过地平之间的地球弦宽，从中推导出天底角 θ_e 的计算精度与卫星相对于地球的姿态密切相关，相同的弦宽测量误差，在不同的天底角 θ_e 的情况下引起的天底角计算误差相当悬殊。

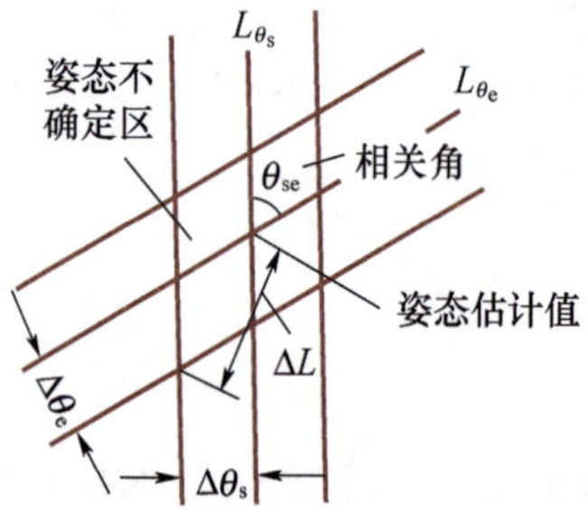

图 3－22　确定区示意图

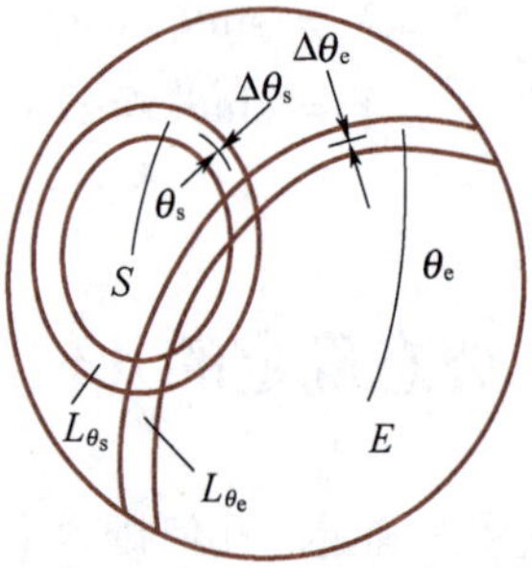

图 3－23　确定区局部图

再分析转角观测量决定的可能姿态轨迹。如图 3－24 所示，姿态处在转角值越大的区域，对应的等转角线分布越密；而在转角值越低的区域，对应的

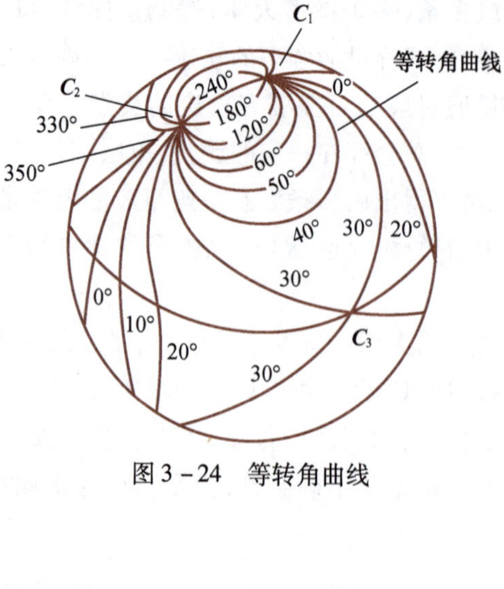

图 3－24　等转角曲线

等转角线分布越稀。这说明一个非常重要的现象，在不同的姿态测定几何的情况下，相同的测量误差引起的可能的姿态轨迹带的宽度不同。换句话说，姿态的不确定性，不仅与测量误差有关，还与测量几何条件有关。

因此，可以归纳为对于任何两种选取的观测量，姿态的不确定性取决于如下三个因素：

（1）测量值的误差范围；

（2）测量密度；

（3）两种观测量所对应的两条可能姿态轨迹的相关角。

在测量值不确定性给定的情况下，测量密度决定姿态不确定带的宽度，而相关角则决定这些姿态不确定带组合在一起产生的总的姿态不确定性。从图3－24中可以看出，当相关角为0°或180°时，两条轨迹带部分重合，姿态不确定最大。实质上，在此情况下两种观测之间的相关程度很高，而当相关角为90°或270°时，两条轨迹带的相交面积最小，即两种观测之间的相关性很低，因而姿态不确定性最小。以上叙述都是基于两条轨迹带相交的方法，如采用三条轨迹带相交的方法，姿态的不确定性情况将有进一步改善。

总之，姿态确定的精度不仅与测量仪器的误差有关，而且与测量几何有关且是密切关系。因此，在给定的测量误差情况下，确保获得较高的姿态确定精度，关键是选择良好的测量几何条件，避开不好的测量几何条件，使卫星的先验姿态处在高测量密度区和低相关区。所说测量几何，就是在天球上两个参考点和先验姿态点三者之间的相对位置。不难想象，在工程上测量几何的限制对飞行计划的安排起重要作用，因此必须具体分析姿态确定精度与测量几何的关系，从而得出测量几何的限制范围。

下面分析仍以太阳、地球作为两个参考天体，但得出的表达式适用于一切利用弧长或转角测量为基本手段的姿态确定问题。为便于分析，把太阳$\boldsymbol{S}$、地球$\boldsymbol{E}$、姿态$\boldsymbol{A}$三者在天球上几何关系用统一的符号表示，如图3－25所示，$\boldsymbol{N}$为第三个辅助参考点，θ_{N}为姿态距零点的弧长，按前述有

$$\boldsymbol{N} = \frac{1}{\sin\theta_{\mathrm{se}}}(\boldsymbol{S} \times \boldsymbol{E}) \qquad (3-50)$$

式中：$\boldsymbol{N}$为零点，θ_{se}为$\boldsymbol{S}$与$\boldsymbol{E}$的夹角。

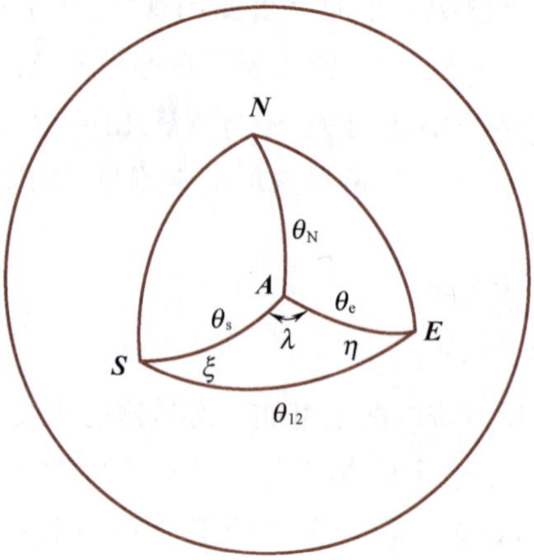

图 3－25　太阳、地球及自旋轴矢量图

3.5.1　测量密度

用符号 m 或 n 代表某种性质的测量，现令 m_1、m_2 是 m 测量的两个值，在天球上对应的等观测量轨迹为 L_{m_1}、L_{m_2}，又令 σ_{m_1,m_2} 为垂直于轨迹 L_{m_1}、L_{m_2} 方向上的弧长间距，则测量密度 dm 的定义为

$$\mathrm{d}m = \lim_{\sigma_{m_1,m_2}\to 0} \frac{|m_2 - m_1|}{\sigma_{m_1,m_2}} = |\nabla m| \tag{3-51}$$

又可称为当参考矢量的位置固定时等观测量轨迹在天球上的二维梯度。

如再令 m_1、m_2 为 m 测量的不确定性的两个极限值，并令 $U_m = |m_2 - m_1|$，则 σ_{m_1,m_2} 即为天球上姿态不确定带的宽度 ΔL_m，因此有

$$\Delta L_m = \frac{U_m}{\mathrm{d}m} \tag{3-52}$$

下面利用这一定义推导几种常用的典型测量密度公式。

1. 太阳角的测量密度

前面已经提到太阳角弧长可以直接测量，显然，太阳角对应的等观测量轨迹是均匀分布的，即任意两条等太阳角轨迹 L_{θ_s}、$L_{\theta_s+\Delta\theta_s}$ 之间的垂直弧长等于太阳角之差 $\Delta\theta_s$，如图 3－26 所示。当太阳位置固定时，一族等太阳角轨迹在天球上的二维梯度为

$$d\theta_s = |\nabla\theta_s| = \lim_{\Delta\theta_s \to 0} \frac{|\Delta\theta_s|}{|L_{\theta_s+\Delta\theta_s} - L_{\theta_s}|} = 1 \tag{3-53}$$

即太阳角的测量密度为1。

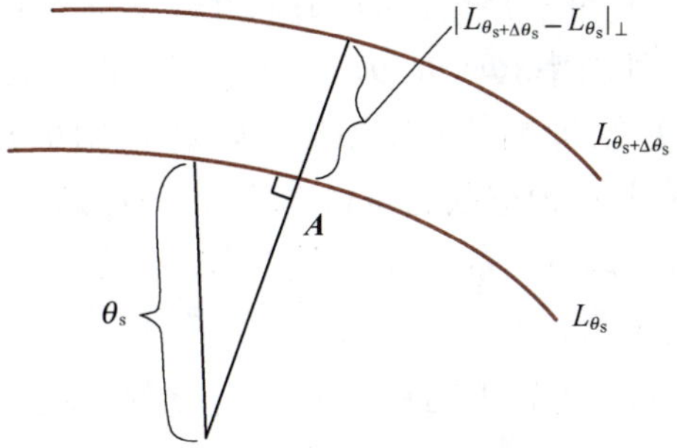

图3-26 等太阳角轨迹

2. 天底角的测量密度

同理，一族等天底角轨迹在天球上的二维梯度为

$$d\theta_e = |\nabla\theta_e| = 1$$

但是，天底角不是直接测量值，需通过地球弦宽测量值Φ求得。按测量密度的定义，地球弦宽的测量密度为

$$d\Phi = |\nabla\Phi| = |\nabla\theta_e| \left|\frac{\partial\Phi}{\partial\theta_e}\right| \tag{3-54}$$

将天底角的观测方程

$$\cos\rho = \cos\theta_e\cos\gamma + \sin\theta_e\sin\theta_e\sin\gamma\cos\frac{\Phi}{2}$$

微分后代入式(3-54)，得

$$d\Phi = \frac{2}{\sin\dfrac{\Phi}{2}}\left|\cot\gamma - \cot\theta_e\cos\frac{\Phi}{2}\right| \tag{3-55}$$

当测量几何满足条件

$$\cot\gamma = \cot\theta_e\cos\frac{\Phi}{2} \tag{3-56}$$

此时，地球弦宽的测量密度为0。

这时，弦宽测量值的小量不确定性在天球上对应一条很宽的姿态不确定带，因此测量几何条件式(3-56)决定着姿态在天球的奇点位置。根据前面叙

述的天底角天球上的测量几何图(图3－10),再根据球面直角三角形的公式,当球面三角形 AEE_i(或 AEE_0)中的 θ_e 弧和 ρ 弧的夹角为90°时,式(3－56)成立。这意味着,地球敏感器的轴沿地球圆盘的中心线进行扫描,如卫星处在同步高度 $\Phi=17.4°$,安装角 γ 是给定的,则可得奇点位置上的天底角数值。此时,在地球弦宽最大处斜率 $\partial\Phi/\partial\theta_e$ 为零,在此点附近天底角较大的变化对应弦宽测量值很小的变化,即测量密度很低。如果使用两只地球敏感器同时测量天底角,则情况不同,南地球弦宽和北地球弦宽的测量密度都不会出现等于零的几何条件(读者可以自己推导弦宽测量密度公式)。

3. 二面角 λ 的测量密度

由图3－27可知,在等转角轨迹 L_λ 和 $L_{\lambda+\Delta\lambda}$ 之间,姿态不确定带的宽度从 A 点垂直于 $L_\lambda L_{\lambda+\Delta\lambda}$ 上的 A' 点之间的弧长,即 $\widehat{AA'}$。设 B 点是 θ_e 弧的延长线与轨迹 $L_{\lambda+\Delta\lambda}$ 的交点,显然弧长 $\widehat{AB}$ 的方向是等天底角轨迹的梯度方向,AA' 是等转角轨迹的梯度方向,$\angle BAA'$ 是这两种轨迹之间的相关角(见下节定义),记为 $\theta_{e/\lambda}$,弧长 $\widehat{AB}$ 等于天底角在等 η 角方向的变化量 $\widehat{AB}=\Delta\theta_e|_{\eta=\mathrm{const}}$,因此转角的变化对应轨迹带的宽度为

$$AA'=|L_{\lambda+\Delta\lambda}-L_\lambda|_\perp=\widehat{AB}\cos\angle BAA'=\Delta\theta_e\cos\theta_{e/\lambda}$$

由此导出转角测量密度为

$$\mathrm{d}\lambda=|\nabla_\lambda|=\lim_{\Delta\lambda\to 0}\frac{|\Delta\lambda|}{|L_{\lambda+\Delta\lambda}-L_\lambda|_\perp}=\left|\frac{1}{\cos\theta_{e/\lambda}}\left(\frac{\partial\lambda}{\partial\theta_e}\right)_{\eta=\mathrm{const}}\right| \quad (3-57)$$

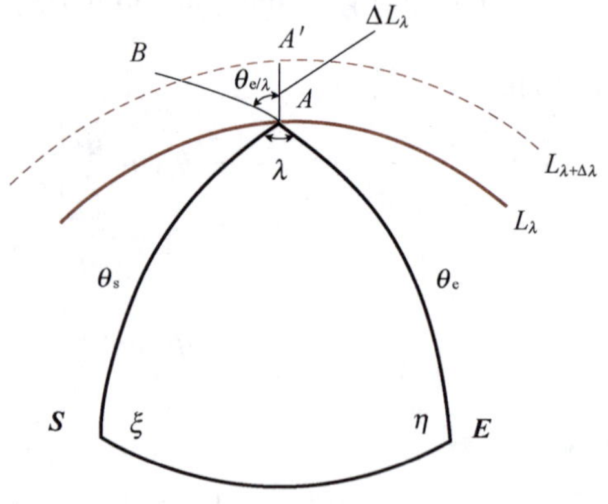

图3－27　等转角线图

从球面三角形 ASE 的三角等式

$$\cot\theta_{se}\sin\theta_e = \cot\lambda\sin\eta + \cos\theta_e\cos\eta$$

微分得到

$$\left|\left(\frac{\partial\lambda}{\partial\theta_e}\right)_{\eta=\text{const}}\right| = \left|\frac{\sin\lambda}{\tan\theta_s}\right|$$

再根据相关角公式

$$|\cos\theta_{e/\lambda}| = \frac{|\cos\theta_s|}{\sqrt{\cos^2\theta_s + \cot^2\xi}}$$

得二面角 λ 测量密度的计算公式

$$d\lambda = \frac{|\sin\lambda|\sqrt{\cos^2\theta_s + \cot^2\xi}}{|\sin\theta_s|} \tag{3-58}$$

再利用图 3-25 中球面三角形 SAN 和 EAN 中的关系，分别有

$$\cos\theta_N = \sin\theta_s\sin\xi$$

$$\cos\theta_N = \sin\theta_e\sin\eta$$

结合球面三角正弦公式，λ 角测量密度公式可简化成

$$d\lambda = \left|\frac{\sin\lambda\sin\theta_N}{\sin\theta_s\sin\xi}\right| = \left|\frac{\sin\theta_{se}\sin\theta_{N\mu}}{\sin\theta_s\sin\theta_e}\right| \tag{3-59}$$

由于太阳的 θ_s 弧与地球的 θ_e 弧相对于等转角轨迹是对称的，因此可用同样方法将 λ 角的测量密度表示成 θ_e、η 角的函数

$$d\lambda = \frac{|\sin\lambda|\sqrt{\cos^2\theta_e + \cot^2\eta}}{|\sin\theta_e|} \tag{3-60}$$

利用同样办法可简化为

$$d\lambda = \left|\frac{\sin\lambda\sin\theta_N}{\sin\theta_s\sin\eta}\right| = \left|\frac{\sin\theta_{se}\sin\theta_N}{\sin\theta_e\sin\theta_s}\right| \tag{3-61}$$

从上述 $d\lambda$ 的公式可得出结论：当姿态处在零位（$\theta_N = 0°, \xi = \theta_s = 90°, \eta = \theta_e = 90°$）或太阳与地球在同一方向上（$\theta_{se} = 0°$ 或 $180°$），λ 角的测量密度为0；而姿态在太阳与地球中间处，转角测量密度最高。

3.5.2 相关角

两条等观测量的轨迹 L_m、L_n 之间的相关角定义：在轨迹相交点从 L_m 的正梯度方向按逆时针转到 L_n 正梯度方向的转角，用 $\theta_{m/n}$ 表示。其中，正梯度为 θ_m

或 θ_n 增长的方向。根据这一定义

$$\theta_{m/n} = 2\pi - \theta_{n/m} \tag{3-62}$$

从几何角度来看，就其对姿态不确定性的影响而言，相关角也可以简单地看作在相交点处两条轨迹的切线之间的锐角。

等太阳角轨迹与等天底角轨迹之间的相关角 $\theta_{s/e}$ 显得最直观。等于两圆轨迹交点处两个圆半径之间的夹角（图 3－28），这个角等于二面角 λ。

$$\theta_{s/e} = \lambda$$

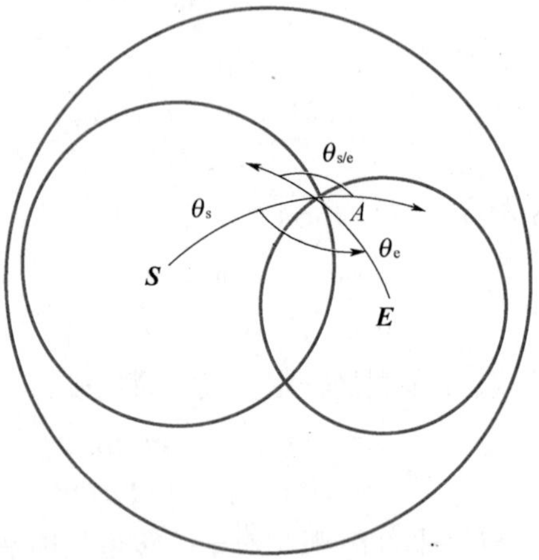

图 3－28　二面角示意图

等太阳角轨迹与等转角轨迹之间的相关角比较复杂，在此只给出结果：

$$\tan\theta_{e/\lambda} = \frac{-\tan\theta_e}{\tan\theta_s \sin\lambda} + \cot\lambda = \frac{-\cot\eta}{\cos\theta_e} \tag{3-63}$$

$$\tan\theta_{e/\lambda} = \frac{-\tan\theta_s}{\tan\theta_e \sin\lambda} + \cot\lambda = \frac{-\cot\xi}{\cos\theta_s} \tag{3-64}$$

再观察姿态确定中的基本测量三角形，对照图 3－25 球面三角形 NAE、NAS 和式（3－36）、式（3－64），不难得出

$$\angle EAN = \theta_{s/\lambda}$$

$$\angle EAS = \theta_{e/\lambda}$$

因此，当姿态落在包含太阳 S 和零点 N 的大圆上，由 $\xi = 90°$，$\theta_{e/\lambda} = 0$，这意味着等地球角 θ_e 轨迹与等转角 λ 轨迹相切，在此大圆上，地球角观测量和转角观测量给出的姿态信息（可能姿态的区域）相同，得不到可利用的大圆垂直

方向上的姿态信息。同理，当姿态在地球 E 和零点 N 的大圆上，情况类同。这两个大圆都是奇点区。

3.5.3 姿态确定的几何限制

在工程应用中，一般是选择好的测量几何条件来得到期望的姿态确定精度，有了上述分析，关于定姿的几何限制问题就显得比较清晰而容易理解。

姿态确定精度决定于三因素：测量的不确定性 U_m、U_n，测量密度 dm、dn，相关角 $\theta_{m/n}$、$\theta_{m/p}$、$\theta_{p/n}$。测量密度越低或相关角越小，姿态确定的方差越大，无法确定姿态。在天球上满足这些条件的点称为奇点，显然，应该避开在奇点附近的劣等测量几何区。

参照太阳、地球及姿态在天球上的几何关系图，并根据相关角的公式可以列出4种姿态确定方法的奇点分布，见表3-1。

表3-1 4种姿态确定方法的奇点分布

方 法	奇点分布	几何意义
θ_s/θ_e	$\theta_{s/e}=0,180°$	$\boldsymbol{A}$、$\boldsymbol{S}$、$\boldsymbol{E}$ 三矢量共面
θ_s/λ	$(\theta_{s/\lambda})=0,180°$ 或 $\theta_N=0,180°$	$\boldsymbol{A}$、$\boldsymbol{E}$、$\boldsymbol{N}$ 三矢量共面 $\boldsymbol{A}$、$\boldsymbol{N}$ 二矢量共线
$\theta_e/\lambda_e/\lambda$	$(\theta_{e/\lambda})=0,180°$ 或 $\theta_N=0,180°$	$\boldsymbol{A}$、$\boldsymbol{S}$、$\boldsymbol{N}$ 三矢量共面 $\boldsymbol{A}$、$\boldsymbol{N}$ 二矢量共线
$\theta_s/\theta_e/\lambda$	$\theta_{s/e}=0,180°$ 及 $\theta_{se}=0,180°$	$\boldsymbol{S}$、$\boldsymbol{E}$ 二矢量共线

从表3-1可以看出，第四种方法——利用三个观测量确定姿态的方法的奇点分布最小，当太阳和地球共线时，两根参考矢量合二为一，失去以双矢量确定姿态的前提。

虽然第四种方法是最理想的，但在工作实践中必须考虑丢失部分姿态信息的情况，即必须考虑前三种方法的实际应用，姿态确定的几何限制就是根据前三种方法的奇点分布在天球上划出的劣等几何区。

3.6 卫星自旋轴常用的姿态确定（几何确定）过程

1. 确定方法

自旋轴确定方法为双锥相交法，即利用两个参考天体矢量与卫星自旋轴矢量形成两个天体锥的锥面相交线来确定自旋轴姿态，但由于存在两条交线，必须去伪存真。常用的参考天体是太阳和地球，一般用太阳－地球方式来确定自旋轴姿态。

2. 实施步骤

（1）以卫星质心为球心建立单位天球。

（2）平移赤道惯性坐标系至卫星质心上。

（3）求太阳矢量、天底矢量的赤经、赤纬及其夹角 α_s、δ_s、α_e、δ_e、θ_{se}。

（4）求出太阳方向矢量与自旋轴矢量的夹角

$$\theta_s = \operatorname{arccot}[\cot I \sin(\mu_s - F)]$$

式中：F 为两条狭缝之间的开角；μ_s 为太阳连续穿越两个狭缝时间内的卫星转角，可表示成

$$\mu_s = \omega(t_1^{S_2} - t_1^{S_1})$$

$$\omega = \frac{2\pi}{t_2^{S_1} - t_1^{S_1}}$$

其中：$t_1^{S_1}$、$t_1^{S_2}$ 为太阳敏感器两条狭缝在同一圈内见到太阳的时间；$t_2^{S_1}$、$t_2^{S_2}$ 为太阳敏感器两条狭缝在下一圈内见到太阳的时间。

（5）求二面角（太阳－自旋轴平面与地心自旋轴平面之间的夹角）：

$$\lambda_{se} = \omega\left[\frac{1}{2}(t_1^{e_i} + t_1^{e_o}) - t_1^{S_1}\right]$$

式中：$t_1^{e_i}$、$t_1^{e_o}$ 分别为卫星自旋的某一周内光轴穿入、穿出地球的时间。

（6）求天底角：

$$\theta_e = \arctan\left[\frac{\cos\theta_s\cos\rho - \cos\gamma\cos\theta_{se}}{\cos\theta_{se}\sin\gamma\cos\Phi/2 - \cos\rho\sin\theta_s\cos\lambda_{se}}\right]$$

式中：$\rho = \arcsin\dfrac{R_e}{r}$（$R_e$ 为地球半径，r 为卫星的地心距）；γ 为地球敏感器的安装角；Φ 为地球敏感器穿越地球的弦宽。

（7）求自旋轴矢量的赤经和赤纬 α、δ：

$$\sin\delta = \cos\theta_s\sin\delta_s + \sin\theta_s\cos\delta_s\cos(\sigma_1 + \sigma_2)$$

$$\tan(\alpha_s - \alpha) = \frac{\sin\theta_s\sin(\sigma_1 + \sigma_2)\cos\delta_s}{\cos\theta_s - \sin\delta_s\sin\delta}$$

由上两式可确定赤经和赤纬 α、δ 的唯一值。其中，所需要用到的角度 σ_1、σ_2 正

弦和余弦如下式：

$$\sin\sigma_1 = \frac{\cos\delta_e \sin(\alpha_s - \alpha_e)}{\sin\theta_{se}}$$

$$\cos\sigma_1 = \frac{\sin\delta_e - \sin\delta_s \cos\theta_{se}}{\cos\delta_s \sin\theta_{se}}$$

$$\sin\sigma_2 = \frac{\sin\lambda_{se}}{\sin\theta_{se}}\sin\theta_e$$

$$\cos\sigma_2 = \frac{\cos\theta_e - \cos\theta_{se}\cos\theta_s}{\sin\theta_{se}\sin\theta_s}$$

3.7　卫星自旋轴姿态确定实例

"风云二号"(FY－2)地球静止轨道气象卫星采用自旋稳定卫星平台，FY－2 02 星和 03 星分别定点于东经 104.5°和 85.8°，向亚太地区各国实时提供全景云图。FY－2 C 星于 2004 年 10 月成功并在轨稳定运行。

3.7.1　卫星控制系统介绍

1. 控制系统组成

为了保证卫星有效应用，需要对卫星进行姿态控制。在姿态控制前，首先要进行姿态测量，然后根据姿态测量信息进行姿态确定，并根据姿态保持范围计算姿态控制量，最后由地面对卫星姿态实施控制。卫星控制分系统由太阳敏感器、红外地平仪、自旋线路、消旋线路、综合线路、二次电源和章动阻尼器等组成，如图 3－29 所示。

2. 控制系统主要指标

(1) 转移轨道：正常自旋转速不小于 25r/min，主动章动控制精度 0.4°，姿态确定精度 0.15°(1σ)，卫星自旋轴姿态控制精度 1.0°，远地点发动机点火前自旋轴姿态精度 1.0°。

(2) 漂移轨道：姿态确定精度 0.1°(1σ)，姿态控制精度 0.5°。

(3) 同步轨道：额定自旋转速(98＋1)r/min，姿态确定精度为 0.07°(1σ)，姿态控制精度为 0.5°；短期姿态稳定度为 0.6s 内姿态变化小于 3.5μrad，长期姿态稳定度为 25min 内姿态变化小于 35μrad；消旋指向精度为

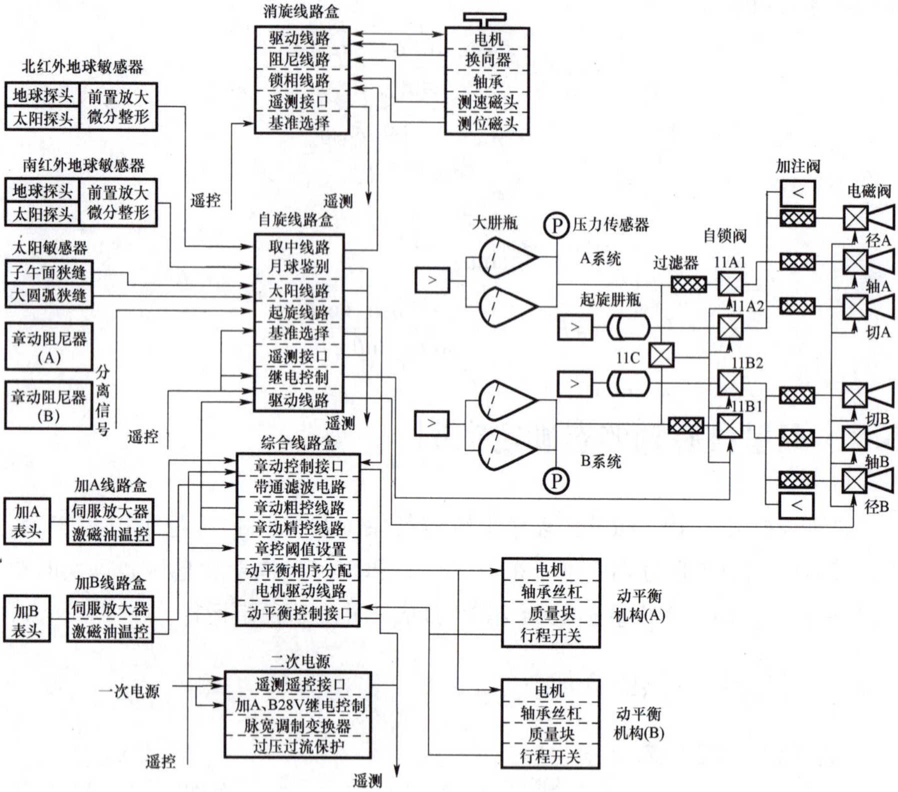

图 3-29　FY-2 卫星控制分系统组成

0.4°，提供扫描同步器用的地中信号精度为0.15°。

3. 控制系统姿态敏感器配置

FY-2 卫星的姿态测量敏感器由太阳敏感器和红外地球敏感器组成。

1）太阳敏感器

太阳敏感器由子午面狭缝和呈一定角度倾斜的大圆弧狭缝，共两狭缝组成V形结构。当太阳入射狭缝时，狭缝的硅光电元件输出脉冲信号，经处理后得到卫星自旋轴与太阳矢量夹角。此外，子午面狭缝输出脉冲还作为自旋轴姿态测量和姿态控制的基准。

2）红外地球敏感器

红外地球敏感器工作波段为14μm～16μm，视场为1.5°×1.5°。星上共安装了南、北两个红外地球敏感器，其与自旋轴分别成95°和85°夹角安装。地球敏感器随卫星自旋对地球扫描，敏感器扫过地球时输出脉冲经过处理后形成地球中心脉冲（地中脉冲）和地球弦宽信号。为削除太阳、月亮等天体形成的伪信号，敏感器设计有太阳保护及月球鉴别措施。地中信号用于消旋控制系统的天线指地基准，以及自旋轴的姿态测量和姿态控制的基准。

3.7.2　姿态确定在轨应用情况

1. 太阳角计算

根据2003年6月29日遥测下传数据 $t_1^{S_1}=0.055925\text{s}$，$t_1^{S_2}=0.056274\text{s}$，$t_2^{S_1}=0.056274\text{s}$，计算出

$$\omega=\frac{2\pi}{t_2^{S_1}-t_1^{S_1}}=99.08(\text{r/min})$$

进一步根据卫星太阳敏感器两狭缝的夹角 $I=45°$ 和两狭缝隔开的圆周角 $F=24.35°$，计算出太阳角为

$$\theta_S=\operatorname{arccot}(\cot I\sin(\omega(t_1^{S_2}-t_1^{S_1})-F))=112.25°$$

2. 基于太阳-地球的定姿情况

根据基于太阳敏感器测量得到的太阳角和基于红外地球敏感器测量得到的天底角，采用双锥相交法确定自旋轴姿态。

太阳矢量在惯性坐标系的方位为

$$\boldsymbol{S}=\begin{bmatrix}\cos\delta_s\cdot\cos\alpha_s\\ \cos\delta_s\cdot\sin\alpha_s\\ \sin\delta_s\end{bmatrix}$$

式中：α_s、δ_s 分别为太阳矢量 $\boldsymbol{S}$ 的赤经、赤纬。

天底矢量 $\boldsymbol{E}$ 在惯性坐标系的方位为

$$\boldsymbol{E}=\begin{bmatrix}-\sin i\sin\Omega\\ \sin i\cos\Omega\\ -\cos i\end{bmatrix}$$

式中：i、Ω 分别为卫星轨道倾角和升交点赤经。

由于卫星在轨道上的天周期运动，一天内有中午、子夜两个时间段太阳和地球几乎与卫星在同一直线上，根据双矢量姿态确定的几何限制条件，将导致姿态无法确定或姿态误差大，因此姿态确定需要避开上述两个时间段。图3-30为2003年春分24h二面角变化情况，由此可知，姿态测量选择在当天的19:30和7:30左右最佳，而应尽量避开12:30和0:30这两个时间段。

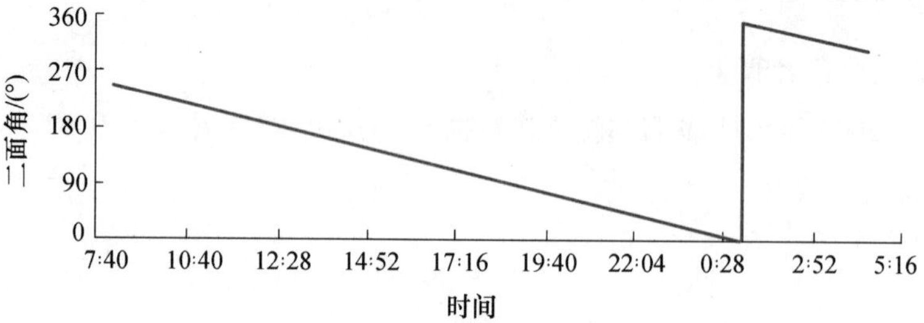

图3-30 太阳矢量与天底矢量夹角

根据2003年6月26日8:15的“风云”二号双星遥测数据，确定的卫星自旋轴姿态见表3-2所列。

表3-2 卫星姿态确定数据

FY-2卫星	i/(°)	Ω/(°)	ω/(°)	M/(°)	θ_s/(°)	θ_e/(°)	λ_{se}/(°)	α/(°)	δ/(°)
03星	0.255	302.212	259.365	180.32	112.37	90.12	250.196	83.7315	-89.218
02星	2.902	86.478	351.102	283.87	112.45	90.17	270.23	164.939	-87.159

第4章
三轴稳定卫星姿态测量与确定

三轴稳定卫星姿态控制系统是由姿态敏感器、控制器和执行机构连同卫星对象组成的星上自动闭合的控制系统。三轴稳定卫星上的姿态敏感器能直接测量某个选定的参考天体或目标在星体坐标系中的方向或与该方向有关的信息。根据天文资料和卫星的轨道数据,可知选用的参考天体在空间参考坐标系中的方向,比较同一参考天体在两个坐标系中的方向可得出卫星在空间参考坐标系中的方向。

4.1 三轴稳定卫星参考矢量测量的敏感器

4.1.1 地球敏感器

有别于自旋稳定卫星应用的地球敏感器,三轴稳定卫星的地球敏感器多用圆锥扫描式、摆动扫描式、辐射平衡式(静态)三种。辐射平衡式地球敏感器的优点在于,没有运动部件,适合长寿命飞行任务。法国 SODREN 公司研制这种类型的敏感器。这种敏感器由于测量探头采用直流桥式热电堆,其微弱信号需经直流到交流变换,然后进行交流放大,最后再变成直流输出,提高信噪比的难度很大。在20世纪60年代初期这种敏感器只能达到0.5°,目前技术已有较大发展,SODREN 公司的 STA04 型已达到0.04°的水平,STD01 更达

0.025°高水平,质量2.5kg,STA04已用于Telecom1卫星上。我国“风云”一号卫星所用静态地球敏感器的精度为1°左右。目前这种敏感器存在两个技术困难:一是仪器各部分之间的温度梯度所产生的热交换;二是地球辐射圆盘随地球季节变化的不均匀性与不稳定性。

1. 摆动扫描式红外地球敏感器

摆动扫描式红外地球敏感器主要有意大利伽利略公司生产的单地平摆动扫描式和以美国洛克希德公司为代表的双地平摆动式红外地球敏感器。摆动扫描式红外地球敏感器具有下列主要优点:

(1) 由于对地球信号进行交流调制,因此减小了背景辐射和温度变化对探测器的影响,从而降低了敏感器的误差。

(2) 对地球辐射的大范围变化不敏感,特别是视场扫描沿纬度方向,使得纬度效应误差大大减小,从而降低了敏感器的系统误差。

(3) 由于这种敏感器选用了无摩擦的挠性枢轴结构形式,因此使敏感器的可靠性及寿命大大提高。

同步轨道三轴稳定通信卫星OTS采用了伽利略公司研制的这种地球敏感器,其运行部件由无刷电机驱动,扫描频率为5Hz,寿命在8年以上,视场扫描范围为5°~11°,精度可达到随机误差小于0.03°、系统误差小于0.03°。中国的“东方红”三号卫星也选用了这种形式红外地球敏感器。

单地平摆动扫描式两轴红外地球敏感器是一种相对于地球中心测量俯仰角和滚动角的姿态敏感器。敏感器对来自地平的14μm~16.26μm波段的入射能量进行调制(机电调制)。敏感器光学系统包括4束笔形型射束组成的复合视场。在正常情况下,这种射束沿着南北纬度45°的扫描路径对地平进行扫描,扫描路径包括空间断和地面段,测量原理如图4-1所示。

扫描中检测出空地和地空穿越信息,整个敏感器主要有红外探头及回路模拟通道、扫描机构及驱动电路、扫描角读出装置和处理电路组成。

红外探头的作用是从同步卫星轨道高度将地球圆盘聚集在4个热敏电阻红外探测器上,这4个探测器装在入射物镜的焦平面上,如图4-2所示。复合视场由4个基本视场组成,这4个基本视场在扫描处于零姿态时,从同步高度沿南北纬45°扫描红外地平。每个基本视场为1.3°×1.3°,其对角线分别平行于俯仰轴和滚动轴。在物镜与红外探测器之间加了一红外滤光片,其光学

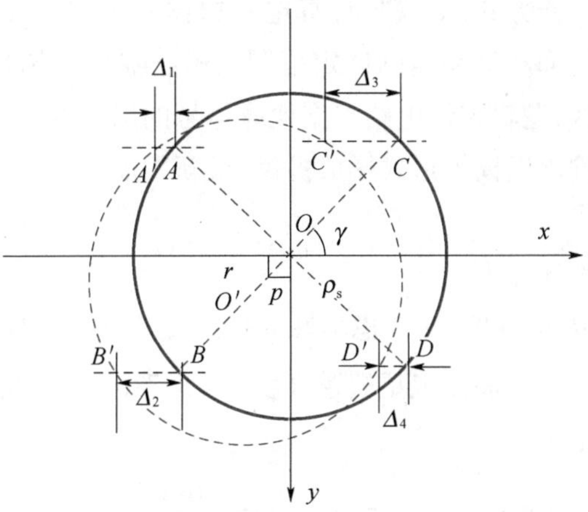

图4-1　红外地平仪扫描方式示意图

波段为14～16.26μm。回路模拟通道用来处理红外探测器的输出信号以获得穿越信号。

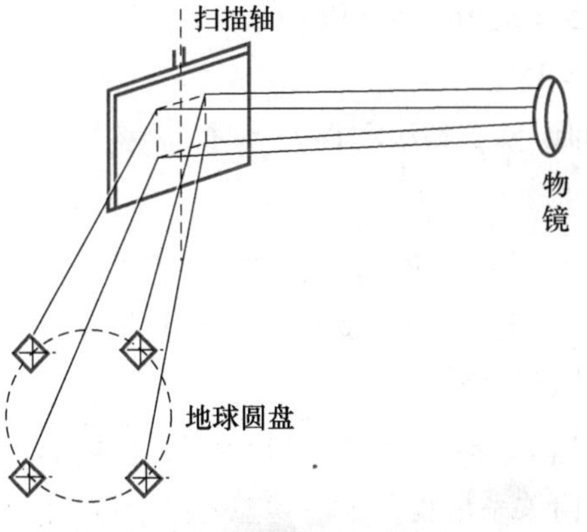

图4-2　红外地平仪基本扫描图

扫描机构和驱动电路由5Hz正弦振荡器产生驱动信号，通过功率放大和光栅速度反馈电路形成扫描电机驱动信号，由扫描电机来驱动扫描镜使得复合视场以5Hz频率沿俯仰轴方向扫描。在精指向期间扫描幅度为±5°（反射镜为±2.5°），在捕获期间为±11°（反射镜为±5.5°）。

扫描角读出装置采用增量数字编码测量扫描角，同时也提供基准脉冲。

处理电路主要包括逻辑控制电路和模拟计算电路。逻辑控制电路决定敏感器在捕获区的工作方式，而模拟计算电路根据基本方程处理角度脉冲以获得姿态信息。在俯仰和滚动角的确定范围内敏感器传递函数是线性的，而此范围之外是捕获区，逻辑控制电路根据地球信号的出现及响应得到姿态信息。俯仰角和滚动角输出以模拟形式形成提供，最新发展是通过模/数变换器以数字形式提供。

基本方程的推导如下：

设地球半径 $R_e = 6378\text{km}$，考虑地球周边二氧化碳层高度 20km，则地球的平均半径 $\overline{R} = 6418\text{km}$。假设卫星轨道高度 $H = 35786\text{km}$，因此卫星在此轨道高度上的地球半张角为

$$\rho_s = \arcsin \frac{\overline{R}}{R + H} = \arcsin \frac{6418}{6378 + 35786} = 8.73°$$

当卫星姿态无误差时（初始零位），4 个探头的扫描中心点 A、B、C 和 D 就是它们的水平穿越点，其坐标位置满足如下方程组：

$$\begin{cases} X_i^2 + Y_i^2 = \rho_s^2 \\ Y_i = \pm \rho_s \sin\gamma = \pm 0.707\rho_s \end{cases}, \qquad i = A、B、C、D$$

式中：γ 为纬度角，$\gamma = 45°$。

当卫星存在俯仰误差 p 和滚动误差 r 时，穿越点 A'、B'、C' 和 D' 满足如下方程组：

$$(X_i + p)^2 + (Y_i + r)^2 = \rho_s^2$$
$$Y_i + r = \pm \rho_s \sin\gamma = \pm 0.707\rho_s$$

检测出参考点和穿越点的坐标差为

$$\Delta_1 = X_A - X_{A'}, \Delta_2 = X_B - X_{B'}, \Delta_3 = X_C - X_{C'}, \Delta_4 = X_D - X_{D'}$$

由图 4-1 中所示几何关系可得

$$\begin{cases} \Delta_1 = p + \sqrt{\rho_s^2 - (\rho_s \sin\gamma + r)^2} - \sqrt{\rho_s^2 (1 - \sin^2\gamma)^2} \\ \Delta_2 = p + \sqrt{\rho_s^2 - (\rho_s \sin\gamma - r)^2} - \sqrt{\rho_s^2 (1 - \sin^2\gamma)^2} \\ \Delta_3 = p - \sqrt{\rho_s^2 - (\rho_s \sin\gamma + r)^2} + \sqrt{\rho_s^2 (1 - \sin^2\gamma)^2} \\ \Delta_4 = p - \sqrt{\rho_s^2 - (\rho_s \sin\gamma - r)^2} + \sqrt{\rho_s^2 (1 - \sin^2\gamma)^2} \end{cases} \tag{4-1}$$

由此可得关系式

$$f(p) = 2(\Delta_1 + \Delta_3) = 2(\Delta_2 + \Delta_4) = 4p \tag{4-2}$$

$$f(r)=2(\Delta_2-\Delta_1)=2(\Delta_3-\Delta_4)$$
$$=2\left[\sqrt{\rho_s^2-(\rho_s\sin\gamma-r)^2}-\sqrt{\rho_s^2-(\rho_s\sin\gamma+r)^2}\right] \quad (4-3)$$

把 $\rho_s=8.73°$ 和 $\gamma=45°$ 代入上式，得

$$f(r)=2\left[\sqrt{38.1064+12.3461r-r^2}-\sqrt{38.1064-12.3461r-r^2}\right]$$

按一般电路考虑，俯仰、滚动通道输出饱和电压均为 ±10V，按比例因子 4V/(°)，俯仰角 p 和滚动角 r 的饱和限幅值为 ±2.5°。

当滚动误差较小时（±1°以内），则由上述 $f(r)$ 表达式有 $f(r)\approx 4r$，此时可解出

$$\begin{cases} p=\dfrac{\Delta_1+\Delta_3}{2}=\dfrac{\Delta_2+\Delta_4}{2} \\ r=\dfrac{\Delta_2-\Delta_1}{2}=\dfrac{\Delta_3-\Delta_4}{2} \end{cases} \quad (4-4)$$

对于非同步轨道高度情况，只是地球半张角有变化，上式性质不变。

2. 圆锥扫描式红外地球敏感器

圆锥扫描式红外地球敏感器由红外头部和处理电路两部分组成。红外头部包括红外探测系统、视线扫描机构、视线扫描驱动电机、视线角位置测量机构、码盘组合、动定光栅、基准信号发生器和太阳保护探头等。处理电路包括电机驱动电路、偏置电路、前置放大电路、光栅信号处理电路、地球信号处理电路、数字处理电路、基准信号处理电路和太阳信号处理电路等。

红外地球敏感器的扫描原理是其光轴形成是用电机驱动反射镜绕红外探头转动形成一个圆锥面，圆锥的对称轴称为圆锥的扫描轴。由于敏感器的红外探测元件对于地球和冷空间的不同响应，因而当敏感器视场的光轴在扫描穿入或穿出地球边缘时，敏感器就分别输出脉冲信号，将扫入脉冲和扫出脉冲以 t_{in} 和 t_{out} 表示。另外，在敏感器上设置基准信号发生器，当扫描机构驱动的扫描自旋轴与红外视场光轴确定的半平面扫过该基准点时，敏感器基准信号发生器就给出参考脉冲信号 t_{ref}。

4.1.2　射频敏感器

为了提高卫星的姿态控制精度，卫星的姿态控制常两级控制方式。星本体采用粗控，对于有效载荷部分如果是通信雷达，则可采用雷达原理和天线混

为一体来测定姿态,其中发展出一种装置为射频敏感器。

射频敏感器是从雷达定向法发展起来的。为了避免一般雷达序列回波脉冲随机变化等因素造成信号起伏引起误差的缺点,可采用单脉冲定向法,一般称为单脉冲雷达。单脉冲定向就是只需要一个回波脉冲就可以给出目标角的全部信息。因为只用一个脉冲来定向,所以回波信号的起伏不会对角坐标的测量精度产生显著影响。

从提取目标角信息方式来看,单脉冲定向法可分为振幅定向法和相位定向法。与之相对应的射频敏感器可分为比幅单脉冲射频敏感器和比相单脉冲射频敏感器(又称干涉仪)。

图 4-3 给出两个相互叠加的天线方向图,两个波束中心线相对等强信号方向偏离的角度分别为 $\pm\theta_0$。当等强信号方向与信标方向重合时,两方向图接收的回波信号振幅相等,其差值等于零。当信标方向偏离等强信号 θ 角时,则两个方向图接收到的信号幅度不同,两个信号的幅度差值表示目标相对等强信号方向的偏移量,其符号则表示等强信号相对目标的偏离方向。

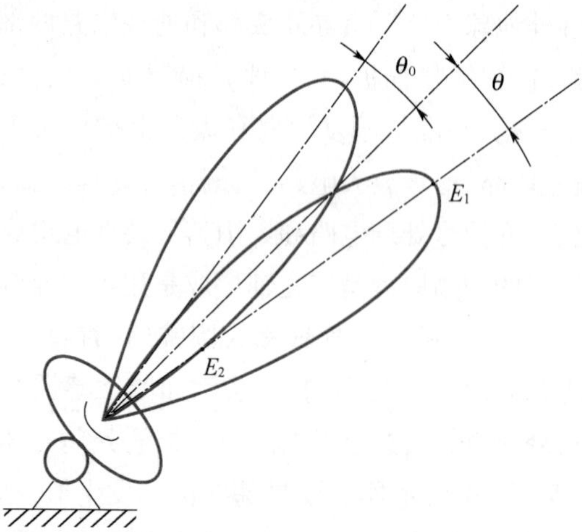

图 4-3 射频敏感器工作原理

不失一般性,仅从平面姿态测量进行讨论。设加在天线系统输入端的信号为

$$E(t) = E_m e^{i\omega t} \tag{4-5}$$

当天线等强信号偏离信标方向 θ 角时,经两路传输到天线输出端的信

号为

$$\begin{cases} E_1(t,\theta) = E_m G_1(\theta) e^{i\omega t} = E_m G(\theta_0 - \theta) e^{i\omega t} \\ E_2(t,\theta) = E_m G_2(\theta) e^{i\omega t} = E_m G(\theta_0 + \theta) e^{i\omega t} \end{cases} \quad (4-6)$$

式中：$G_1(\theta)$，$G_2(\theta)$分别为波束1、2的振幅方向图。

经如图4-4所示变频、对数中放和检波后，加到减法电路输入端的信号分别为

$$\begin{cases} U_1(\theta) = \ln(K_1 E_m G(\theta_0 - \theta)) \\ U_2(\theta) = \ln(K_2 E_m G(\theta_0 + \theta)) \end{cases} \quad (4-7)$$

式中：K_1、K_2 分别为支路1、2的信号传输系数。

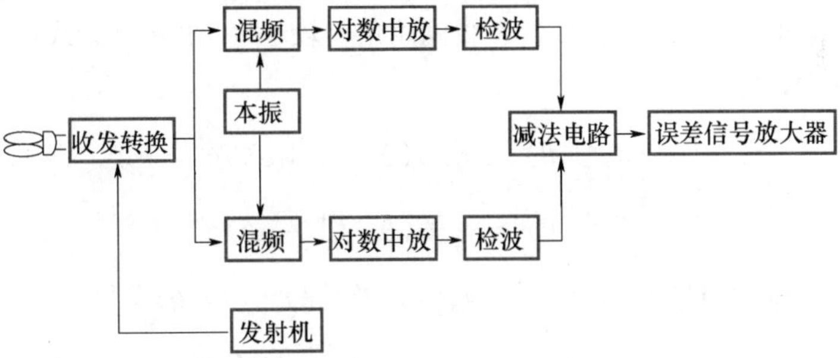

图4-4 单脉冲比幅射频敏感器系统

经减法电路输出端后输出信号为

$$S(\theta) = \ln \frac{K_1 G(\theta_0 - \theta)}{K_2 G(\theta_0 + \theta)} \quad (4-8)$$

当两个接收支路的传输系数 $K_1 = K_2 = K$ 时，且误差角很小时，式(4-8)可以写成

$$\begin{aligned} S(\theta) &= \ln \frac{G(\theta_0)(1 - \mu\theta)}{G(\theta_0)(1 + \mu\theta)} = \ln \frac{(1 - \mu\theta)}{(1 + \mu\theta)} \\ &= 2\left[\mu\theta + \frac{(\mu\theta)^3}{3} + \frac{(\mu\theta)^5}{5} + \cdots\right] \approx 2\mu\theta \end{aligned} \quad (4-9)$$

式中：$G(\theta_0)$为天线等强信号方向的增益系数；μ 为天线方向图在工作点的斜率。

单脉冲比幅射频敏感器是一种最简单的单脉冲结构，其必须使两个支路的线性保持一致，否则将影响其精度。和差式比幅单脉冲结构可以克服上述

结构的缺点,其系统构成如4-5所示。差信号的振幅确定了角误差的大小,而和信号与差信号的相位差则确定角误差的符号,即目标相对等强信号的偏移方向。

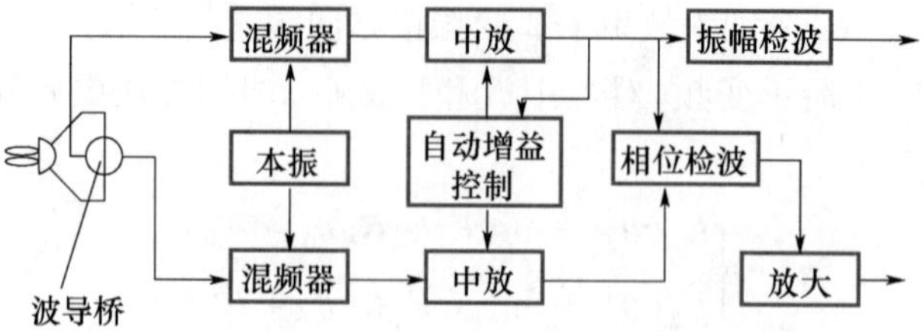

图4-5　和差式单脉冲比幅射频敏感器系统

对于平面姿态测量问题,当天线偏离角 θ 较小时,由两个天线所接收到的信号分别为

$$\begin{cases} E_1(t,\theta) = E_m G(\theta_0)(1+\mu\theta)e^{i\omega t} \\ E_2(t,\theta) = E_m G(\theta_0)(1-\mu\theta)e^{i\omega t} \end{cases} \tag{4-10}$$

在波导桥输出端的和信号 $E_\Sigma(t,\theta)$ 及差信号 $E_-(t,\theta)$ 分别为

$$\begin{cases} E_\Sigma(t,\theta) = \dfrac{1}{\sqrt{2}}[E_1(t,\theta) + E_2(t,\theta)] = \sqrt{2}E_m G(\theta_0)e^{i\omega t} \\ E_-(t,\theta) = \dfrac{1}{\sqrt{2}}[E_1(t,\theta) - E_2(t,\theta)] = \sqrt{2}E_m G(\theta_0)\mu\theta e^{i\omega t} \end{cases} \tag{4-11}$$

如图4-6所示,考虑到自动增益控制系统的作用,经过混频器和中频放大后的和、差信号的归一化值分别为

$$\begin{cases} U_\Sigma(t,\theta) = e^{i(\omega t+\psi_1)} \\ U_-(t,\theta) = \dfrac{K_1}{K_2}\mu\theta e^{i(\omega t+\psi_2)} \end{cases} \tag{4-12}$$

式中:K_1、K_2 分别为和、差支路的电压增益;ψ_1、ψ_2 分别为信号通过和、差支路的相移。

则相位检波的输出电压为

$$U_\theta = \frac{2K_\psi K_1}{K_2}\mu\theta\cos(\psi_1 - \psi_2) \tag{4-13}$$

式中:K_ψ 为相位检波器的传输系数。

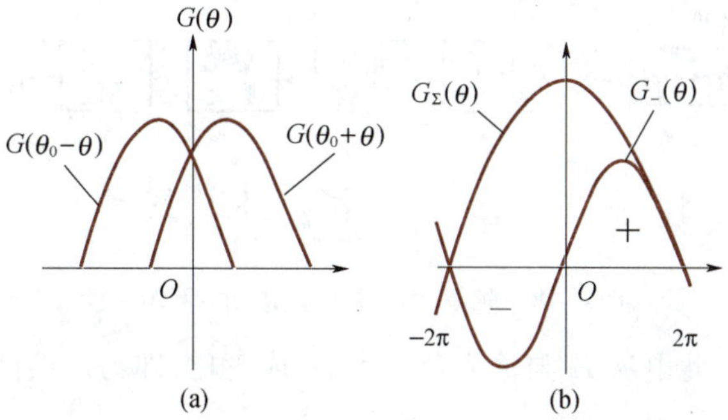

图4－6 在一个姿态平面振幅和差波形示意图

（a）波束方向；（b）和－差方向。

4.1.3 惯性姿态敏感器

惯性姿态敏感器可提供卫星滚动、俯仰和偏航三个通道的姿态测量，通常由三个正交的陀螺仪组成。

1. 机械陀螺

单自由度液浮速率积分陀螺是传统机械陀螺中最典型的一种，其组成如图4－7所示。当由角速度输入时，陀螺力反馈再平衡回路工作原理框图如图4－8所示。

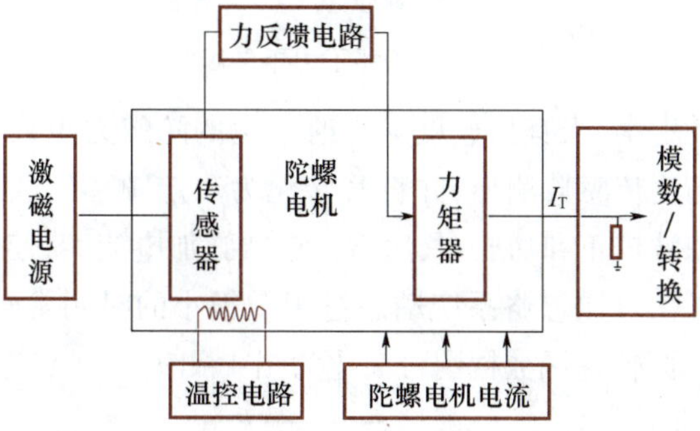

图4－7 单通道液浮速率积分陀螺组成示意图

当捷联于卫星的陀螺随卫星一起转动时，即有一个角速度输入 ω_i，陀螺输出轴上将产生一个于输入角速度成正比的陀螺力矩 $H\omega_i$，而力反馈电路将自动给陀螺力矩器施加一个电流 I_T，其产生的电磁力矩正好与陀螺力矩平衡，如图

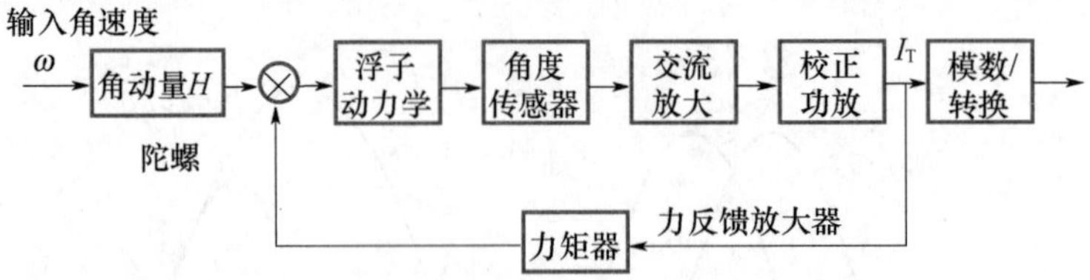

图 4-8　陀螺力反馈再平衡回路工作原理

4-9 所示。因此电流 I_T 与输入角速度 ω_i 成正比,即力反馈回路实现下述力矩平衡方程式:

$$K_T I_T = H\omega_i + M_d \tag{4-14}$$

式中:M_d 为陀螺干扰力矩。当 $\omega_i = 0$ 时有 $I_T = I_0 = \dfrac{M_d}{K_T}$,即为零位电流。

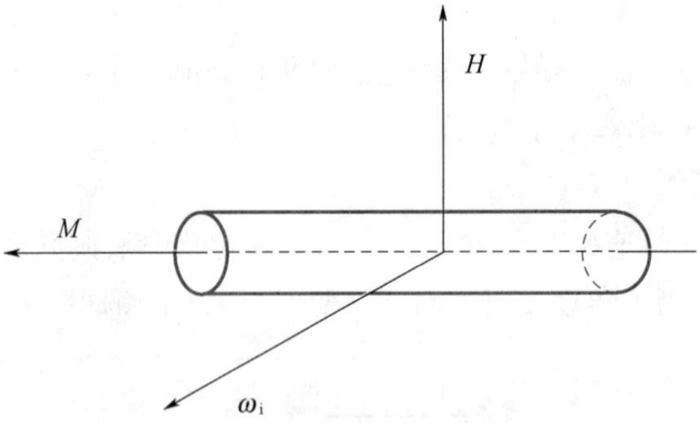

图 4-9　浮子力矩平衡图

根据浮子动力学,当有角速度输入时产生的陀螺力矩致使浮子发生角偏移。该偏移被角度传感器测出,并将其转化为一定频率的载波信号经交流放大、相敏解调、滤波校正和功放,最后给力矩器施加电流 I_T,使其产生一电磁力矩与陀螺力矩平衡。如忽略系统动态过程中很小的时间常数 τ(浮子动力学的时间常数)等,则传递函数框图可简化为图 4-10。

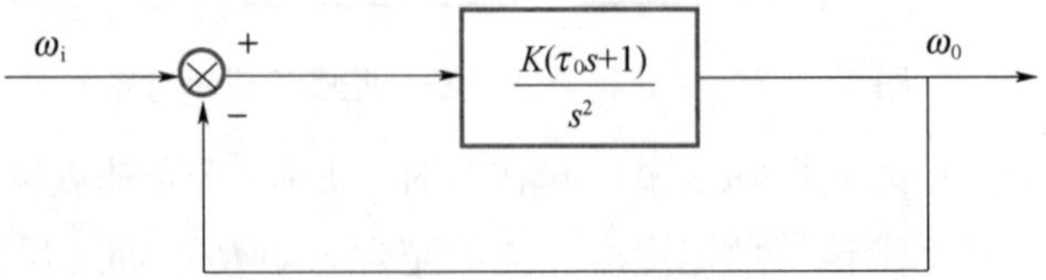

图 4-10　浮子动力学传递函数

为提高机械陀螺的测量精度，需要从如下两方面入手：

(1) 提高陀螺仪的精度，即减小干扰力矩 M_d。对于液浮陀螺，通常对陀螺进行温控，使液浮黏度降低；再者改进加工和装配工艺。

(2) 提高陀螺电路精度。

另外，用于飞行器上必须考虑减小仪器的质量和功耗，并考虑其可靠性，一般进行冗余设计。

2. 光学陀螺

光学陀螺是一种基于萨格奈克效应实现高精度旋转角速度测量的传感器，其中光纤陀螺在卫星姿态确定系统得到广泛应用。干涉式光纤陀螺的主体是一个萨格奈克干涉仪，由宽带光源、光纤耦合器、光探测器、Y 分支多功能集成光学芯片和光纤线圈组成。

萨格奈克效应是由法国人萨格奈克于1913年首先提出来的一种光学效应，它发生于环形光路中。可以从两个方面对其进行理解：一方面，观测者相对于惯性参考平面静止，由于光纤环的旋转使两束光之间产生光程差，进而产生萨格奈克相移；另一方面，在瞬态观察整个光纤陀螺系统，两束光之间没有光程差，但由于多普勒频移使两束光的传播常数发生变化，由此产生相移。本质上，萨格奈克效应揭示了同一光路中沿相反方向传播的两束光之间产生的光程差与其所绕轴的旋转角速度之间的关系，萨格奈克效应如图4-11所示。

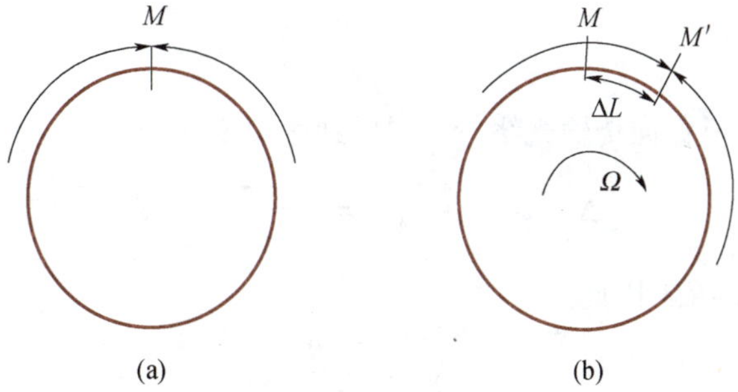

图4-11　萨格奈克效应
(a) 静止状态；(b) 旋转状态。

从光源发出的光被分成强度相等的两束光后由 M 点进入环形光路，其中一束沿顺时针方向传播，另一束沿逆时针方向传播。这两束光绕行一周后，又

在 M 处会合。假定环形光路中介质的折射率为 1，则环路相对惯性空间无旋转时，两束沿相反方向传播的光在绕行一周后所经历的光程相等，都等于环行光路的周长，即

$$L_{CW} = L_{CCW} = 2\pi R \tag{4-15}$$

式中：L_{CW} 为沿顺时针方向光束所经历的光程；L_{CCW} 为沿逆时针方向光束所经历的光程；R 为光路半径。

这两束光绕行一周所用时间相等，都等于光程 L 除以真空中的光速 c，即

$$t_{CW} = t_{CCW} = \frac{L}{c} = \frac{2\pi R}{c} \tag{4-16}$$

当环形光路以角速度 Ω 绕垂直轴沿顺时针方向旋转时，这两束光绕行一周重新回到 M 点处所走的光程就不再相等，同时它们所花费的时间也不再相等。沿顺时针方向传输的光绕行一周后到达 M'（M 点旋转后的位置点）时多走了 $R\Omega t_{CW}$ 一段距离，其实际光程为

$$L_{CW} = 2\pi R + R\Omega t_{CW} \tag{4-17}$$

则其绕行一周的时间为

$$t_{CW} = \frac{2\pi R}{c - R\Omega} \tag{4-18}$$

沿逆时针方向传输的光绕行一周后到达 M' 的实际光程为

$$L_{CCW} = 2\pi R - R\Omega t_{CCW} \tag{4-19}$$

则其绕行一周的时间为

$$t_{CCW} = \frac{2\pi R}{c + R\Omega} \tag{4-20}$$

两束沿相反方向传输光绕行一周后到达 M' 的时间差为

$$\Delta t = t_{CW} - t_{CCW} = \frac{4\pi R^2}{c^2 - (R\Omega)^2}\Omega \tag{4-21}$$

实际上 $c \gg R\Omega$，因此

$$\Delta t \approx \frac{4\pi R^2}{c^2}\Omega \tag{4-22}$$

以上仅考虑一圈的情况，如果采用多匝光线，则两相反方向的传输光的时间差为

$$\Delta t \approx \frac{4\pi N R^2}{c^2}\Omega \tag{4-23}$$

式中：N 为光纤线匝的匝数。

沿顺时针和逆时针光波之间的相位差为

$$\phi_s = \frac{2\pi c}{\bar{\lambda}}\Delta t \approx \frac{4\pi Rl}{\bar{\lambda} c}\Omega \tag{4-24}$$

式中：$l=2\pi NR$，为光纤的长度；$\bar{\lambda}$ 为光源的平均波长。

由上可知，由萨格奈克效应产生的相位差与旋转角速度成正比，且其精度与光纤的长度 l 和 $\bar{\lambda}$ 相关。

对于光线陀螺还有如下结论：

(1) 萨格奈克效应是一种与介质无关的纯空间延迟，光纤折射率对萨格奈克相移没有影响；

(2) 萨格奈克相移仅与闭合光路的面积或光纤线圈的长度直径乘积成正比，与闭合光路的形状、旋转轴的位置无关。

4.1.4　太阳敏感器

太阳敏感器测量太阳相对敏感器的方位，它在卫星上的安装方式和星体坐标之间的关系根据姿态测量的要求而定。太阳敏感器的基准坐标为 $O-x_s y_s z_s$，单个敏感器的瞄准轴与 z_s 轴一致，在与 z_s 轴垂直的平面上有一条狭缝，垂直于 x_s 轴或 y_s 轴。

为便于说明，图 4-12 给出了两个太阳敏感器的测角原理。其中一个敏感器的狭缝与 x_s 垂直，另一个敏感器的狭缝与 y_s 垂直。敏感器的入射太阳光是一束平行于太阳视线 OS 的平行光，光线通过狭缝后再经过内部光学玻璃折射，在敏感器的底部分别形成两条明线 l_x 和 l_y，它们偏离基准线的距离分别是 X_s 和 Y_s。该值可以通过底部的码盘读出，因此 X_s（或 Y_s）为单个敏感器的直接测量值，与狭缝垂直的 X_s 轴或 Y_s 轴称为该敏感器的测量轴。

太阳线条偏离的距离与太阳视线方向角度的关系从图中可以导出。令太阳视线在敏感器坐标内的方位角和余仰角分别为 α 和 δ，太阳视线经过折射后落到 O' 点。根据光学折射原理，有

$$\begin{cases} \sin\delta = n\sin\delta' \\ \alpha = \alpha' \end{cases} \tag{4-25}$$

式中：n 为折射系数。

根据图中的几何关系可知，折射角的正切为

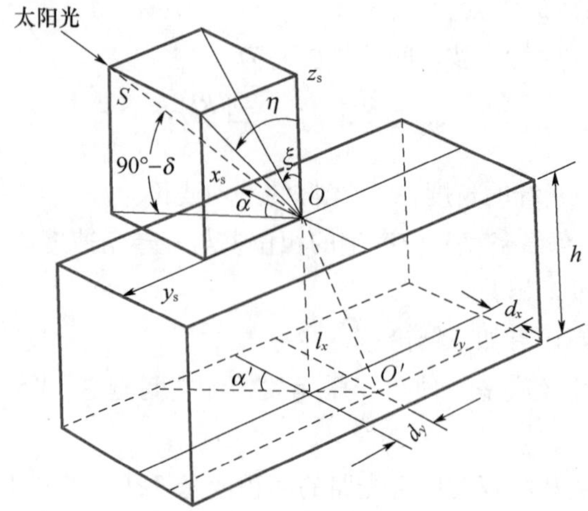

图 4－12　太阳敏感器工作原理

$$\tan\delta' = \frac{1}{h}(d_{sx}^2 + d_{sy}^2)^{1/2} \tag{4-26}$$

由以上式可导出太阳矢量的方位角和仰角与测量值之间的关系为

$$\begin{cases} \tan\delta = \dfrac{h(d_{sx}^2 + d_{sy}^2)^{1/2}}{[h^2 - (n^2-1)(d_{sx}^2 + d_{sy}^2)]^{1/2}} \dfrac{1}{h} \\ \tan\alpha = \dfrac{d_{sy}}{d_{sx}} \end{cases} \tag{4-27}$$

令太阳矢量在 x_sOz_s 平面上的投影和 y_s 轴的夹角为 ξ，在 y_sOz_s 平面上的投影和 y_s 轴的夹角为 η，这些太阳矢量投影的夹角和方位角、仰角的关系为

$$\begin{cases} \tan\xi = \tan\delta\cos\alpha \\ \tan\eta = \tan\delta\cos\alpha \end{cases} \tag{4-28}$$

由上述公式可知，当 d_{sx}、$d_{sy} \leqslant h$ 时，测角公式可简化为

$$\begin{cases} \tan\xi = \dfrac{nd_{sx}}{[h^2 - (n^2-1)(d_{sx}^2 + d_{sy}^2)]^{1/2}} \approx \dfrac{nd_{sx}}{h} \\ \tan\eta = \dfrac{nd_{sy}}{[h^2 - (n^2-1)(d_{sx}^2 + d_{sy}^2)]^{1/2}} \approx \dfrac{nd_{sy}}{h} \end{cases} \tag{4-29}$$

从上式可以看出，太阳敏感器的测量值不是太阳矢量的方位角和仰角，而是太阳矢量在基准面 x_sOz_s 面或 y_sOz_s 面上的投影与瞄准轴 z_s 之间的夹角。

4.1.5 星敏感器

星敏感器通过对恒星辐射的敏感来测量航天器中某一个基准轴与已知恒星视线之间的夹角。星敏感器实际上是一种安装在卫星上测量卫星与恒星间角距的望远镜,它可以通过对恒星的测量直接确定探头光轴在惯性空间的方位。由于恒星的张角非常小(0.005~0.04″),因此需要精度极高的测量仪器来完成,即星敏感器来担当此任务。

星敏感器比太阳敏感器的精度要高 1 个数量级,但其数据量大需专用的计算机来处理,而且还要对恒星进行识别,即将测得的恒星方位和星光强度与星表中的数据进行比较,以确定其准确性。因此,其结构和质量一般都比太阳敏感器大,且价格昂贵。星敏感器有星图仪和星跟踪器两种类型。

星跟踪器可分为框架式、电子扫描式和 CCD 三种。其中 CCD 星敏感器是最有发展前途的一种类型,在国际上,TRW 公司和 BBRC 公司研制的星敏感器达到应用阶段,其精度可达到 5″(1σ)左右。CCD 星敏感器工作原理是利用电荷耦合器件图像列阵作为监测器,典型的监测器由 448 个垂直像素和 380 个水平像素作用在 8.8mm×11.4mm 图像面积上。为使监测器能正常工作需制冷到 0℃以下。这种星敏感器的突出优点是能跟踪多颗星。近些年已发展利用高性能阵列成像器件(APS)、专用集成电路(ASIC)、可编程门阵列器件(FPGA)和高性能数据处理器研制出更小、更轻、更低功耗和更高精度的星敏感器。在三轴稳定卫星中多采用双探头方案,以达到热备份的功能。

星敏感器主要由光学系统、图像传感器电路和控制与数据处理电路构成。其中,图像传感器部分包括 CCD 焦平面组件、驱动电路、时序信号发生器和视频信号处理器;控制与数据处理电路包括数字信号处理器(星像存储器、星像地址发生器、程序存储器、星表存储器、CPU)与接口电路等硬件和连通性分析、细分算法、星识别、姿态计算即坐标转换等软件。星敏感器通过拍照天空中的星图、提取星点、计算星点坐标及星图识别,坐标变换后确定星敏感器光轴在惯性空间的方向矢量,由此方向矢量和星敏感器与卫星本体的安装角,就可以计算出卫星的三轴姿态。星敏感器工作原理框如图 4-13 所示。

光学系统完成星空的光学成像,将星空成像在光学焦平面上;CCD 探测器置于光学焦平面上,完成光电转换,将星像转变成视频电信号输出;视频处理

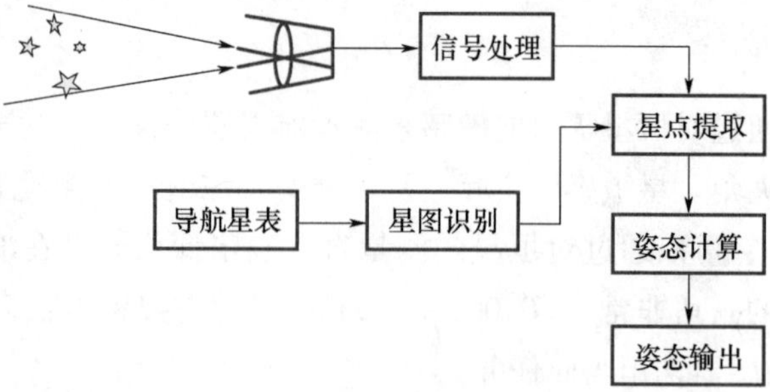

图 4-13　星敏感器工作原理框图

器完成视频处理,包括降噪处理、偏置、增益调节;最后进行 A/D 转换,输出数字图像。星敏感器信号处理单元工作原理如图 4-14 所示。

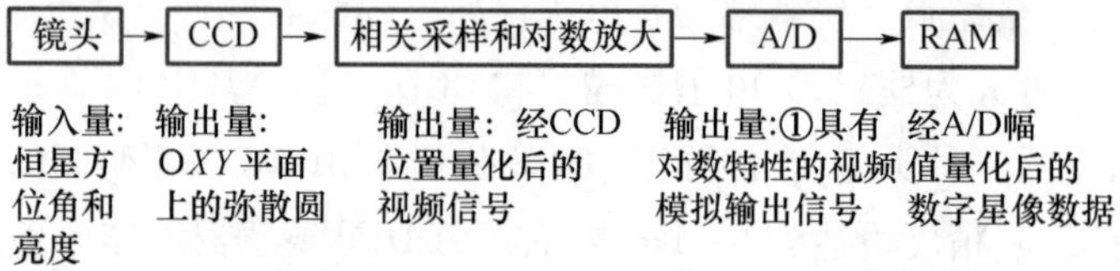

图 4-14　星敏感器信号处理单元工作原理

4.1.6　紫外敏感器

紫外敏感器是一种利用硅成像阵列的三轴姿态敏感器,具有组合视场。其综合多种光学敏感器的功能,由于没有活动部件,其可靠性高,在很窄的紫外波段中(270mm~300nm)观测地球边缘特征,并同时观测几颗恒星来确定卫星的滚动、俯仰和偏航三轴姿态。当太阳进入视场时,也可用太阳确定偏航。

紫外敏感器主要利用一个反射式视场压缩器和一个球形透镜,透镜上有一个中心光栅遮光板及衍射图。在弯曲的成像面上放置光线视场展平器的曲面,曲面上有一层能将紫外光转变为可见光的转像膜,通过增强器成像于 CCD 阵列上。

地心方向矢量在敏感器测量坐标系中的坐标可用星光方向测量的方法,求出透镜中心与像心连线和敏感器光轴之间的夹角 θ_s,即

$$\cos\theta_s = \frac{f}{\sqrt{P_x^2 + P_y^2 + f^2}} \tag{4-30}$$

式中:f 为透镜焦距;P_x、P_y 为星光在焦平面的坐标。

令敏感器光轴 OZ_p 与地心方向矢量的夹角为 θ,即

$$\theta = \theta_s + \Delta\theta$$

式中:$\Delta\theta$ 为光路的偏转。对于同轴结构的敏感器,中心视场 $\Delta\theta = 0°$,环形视场 $\Delta\theta = 45°$。

采用紫外敏感器进行姿态确定的过程与星敏感器类似,一般分为两种方法:

(1) 区域天球星图识别。利用卫星粗姿态,轨道参数和敏感器视场的几何关系可以确定紫外敏感器光轴在惯性空间的指向,以及 CCD 视场在整个天球上的范围。其优点是,星图识别过程可在天球某个局部区域内进行,从而大大减少星表检索和星像匹配的计算量。

(2) 全天球星图识别。需建立测量的星像与导航星表中恒星间的一一对应关系。

完成星图识别后,根据紫外敏感器在赤道惯性坐标系中的视场范围,从导航星表中找出此范围内可观测到的恒星。可建立如下的坐标转换关系:

$$\boldsymbol{V}^s = \boldsymbol{C}_{sI} V^I \tag{4-31}$$

式中:$\boldsymbol{V}^I = [V_1^I \quad V_2^I \quad \cdots \quad V_n^I]$,为参考矢量矩阵,$V_i^I$ 为标号为 i 恒星方向矢量在惯性坐标系中的坐标;$\boldsymbol{V}^s = [V_1^s \quad V_2^s \quad \cdots \quad V_n^s]$为星光矢量在紫外敏感器观测坐标系中的观测值所构成的矩阵 $\boldsymbol{C}_{sI}$ 为惯性坐标系到敏感器坐标系的方向余弦矩阵。若 $n=2$,则为双矢量定姿;若 $n>2$,则为多矢量定姿。可用 QUEST 算法求解 Wahla 问题的最优估计。

4.1.7　地磁姿态敏感器

地磁姿态敏感器的测量依据是测量卫星所在位置的地磁场矢量,如为三轴稳定卫星,则应测出卫星所在位置的地球磁场矢量在卫星本体坐标系中的三个分量。即用地磁获得卫星相对于地球的姿态信息。最常用的是磁通门式磁强计,下面简述其工作原理。

它是由探头和线路两部分组成,这里只叙述其探头工作原理。探头由两个磁芯、一个初级线圈和一个次级线圈组成,如图 4-15 所示。

磁芯由初级线圈施加激磁,初级线圈的绕法使两个磁芯中的磁通量方向相反。激磁的波形是磁芯中的磁通量以恒定的速率上升和下降,激磁的大小

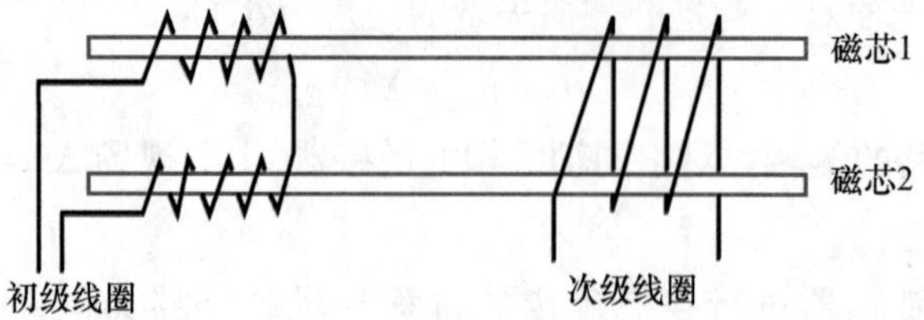

图 4-15　探头结构原理

则应是磁芯中的磁通量以恒定速率上升或下降。激磁的大小则应使磁芯在无外部磁场(“零位”状态)时两个方向均达到饱和,这样,在“零位”状态下,两个磁芯中的励磁磁通都将呈正、负半周等宽的梯形波,即两个磁芯中的磁通量的相位互差 180°,如图 4-16 所示。

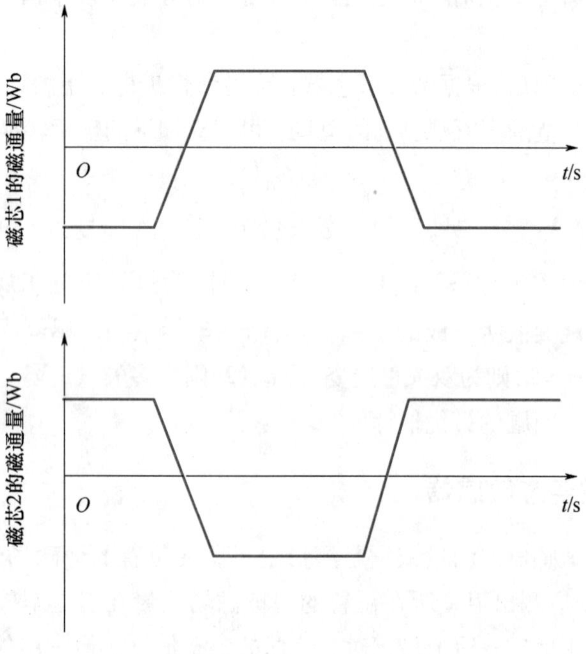

图 4-16　“零位”状态下两个磁芯中磁通量的波形

一个不随时间变化的外部磁场对磁芯中的磁通量起到了偏置作用,由于两个磁芯中的激磁磁通量相位互差 180°,外部磁场对两个磁芯的偏置具有不同的性质,当外部磁场为正向时,两个磁芯中的磁通量都是正半周变宽而负半周变窄。但两者较宽的半周和较窄的半周互差 180°,如图 4-17(a)所示,当外部磁场为负向时，两个磁芯中的磁通量都是正半周变窄而负半周变宽，但两者较宽的半周和较窄的半周互差180°，如图4-17(b)所示。

次级线圈的磁通量是两个磁芯中的磁通量之和，在零位状态下，由于两个磁芯中磁通量波形相同，振幅相等，相位互差180°，两者之和的瞬时值等于零，有外部磁场时，两个磁芯中磁通量之和不等于零，具体波形如图4-17(a)和图4-17(b)所示。

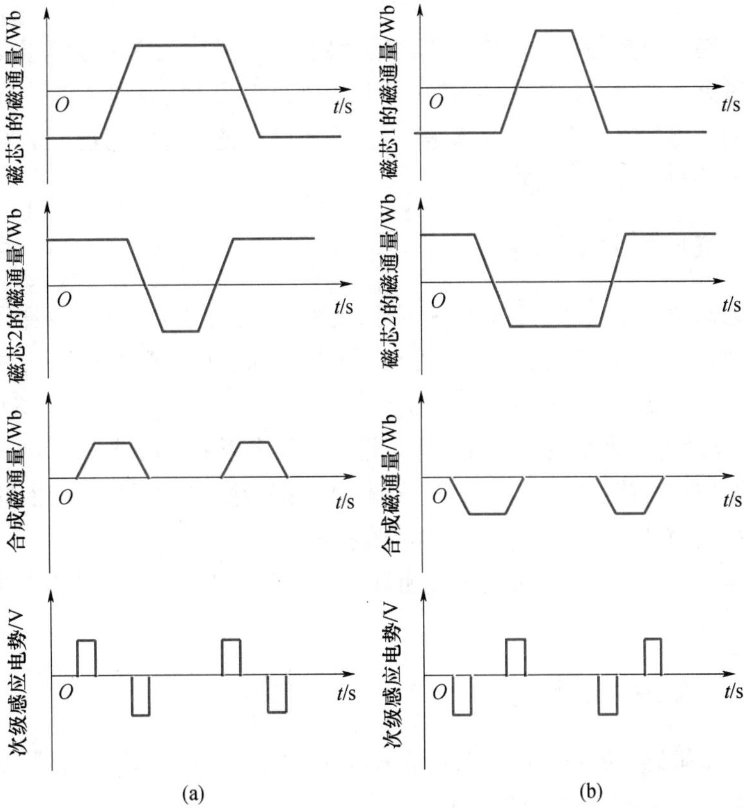

图4-17　合成磁通量与次级感应电势波形示意图

由图4-17可见，两个磁芯的合成磁通量具有如下性质：

(1) 合成磁通量也呈梯形波。

(2) 其频率2倍于激磁磁通量的频率。

(3) 外部磁场为正向时，合成磁通量的瞬时值均为正；外部磁场为负向时,合成磁通量的瞬时值均为负。

(4) 合成磁通量的峰-峰值随外部磁场的增强而变大。

由此可见,合成磁通量的波形的极化和峰-峰值分别包含了外部磁场的方向和大小信息。

4.2 参考矢量测量

三轴稳定卫星即卫星星体处于三轴稳定状态,所以能方便地测量参考天体在星敏感器坐标系的方向,并通过安装矩阵求解出参考天体在星本体坐标系的方向。除把参考天体作为参考矢量外,还可以把一些空间场(如地磁场、无线电波等)作为参考基准。

4.2.1 天底方向的测量

由地球敏感器测量天底方向相对于敏感器基准坐标的方向,不管是何种形式的地球敏感器,其基本原理都是利用地球边缘区(二氧化碳层)内外红外热辐射值的陡变获得地球地平的信息。

中、低轨道三轴稳定卫星的天底矢量的测量多用圆锥扫描式红外地平仪,其基本原理与自旋稳定卫星天底矢量测量的红外地平仪类似,前者借助卫星自旋来扫描,而后者则是敏感器自身带有扫描装置。

地球同步轨道卫星的天底矢量测量多用摆动扫描式红外地平仪(其原理如4.1.1节中所述)。

4.2.2 太阳方向的测量

用太阳敏感器测量太阳相对于敏感器的方位。太阳矢量在敏感器测量坐标系(简称敏感器坐标系)的方向余弦为

$$\begin{cases} S_x = \sin\delta\cos\alpha \\ S_y = \sin\delta\sin\alpha \\ S_z = \cos\delta \end{cases}$$

式中:α、δ 分别为太阳矢量在敏感器坐标系下的方位角和仰角。

对比太阳敏感器的测角式(4-28),有

$$\begin{cases}\tan\xi = \dfrac{S_x}{S_z} = \tan\delta\cos\alpha \\ \tan\eta = \dfrac{S_y}{S_z} = \tan\delta\sin\alpha\end{cases}$$

故可知

$$\frac{S_x}{S_z} = m_x, \frac{S_y}{S_z} = m_y \tag{4-32}$$

可代表敏感器测量值。因而,可得由测量值描述的太阳矢量在敏感器测量坐标中的方向为

$$\boldsymbol{S}_{\mathrm{s}} = \frac{1}{\sqrt{m_x^2 + m_y^2 + 1}}\begin{bmatrix} m_x \\ m_y \\ 1 \end{bmatrix}$$

再由敏感器的安装矩阵 $\boldsymbol{M}$,可求得太阳矢量在星体坐标系的观测矢量为

$$\boldsymbol{S}_{\mathrm{b}} = \boldsymbol{M}^{\mathrm{T}}\boldsymbol{S}_{\mathrm{s}}$$

在轨道坐标系中太阳矢量 $\boldsymbol{S}_{\mathrm{o}}$ 可由轨道参数和太阳年历导出,即

$$\boldsymbol{S}_{\mathrm{o}} = \boldsymbol{C}_{\mathrm{oI}}\boldsymbol{S}_{\mathrm{i}}$$

式中:$\boldsymbol{S}_{\mathrm{i}}$ 为太阳矢量在惯性坐标系的方位;$\boldsymbol{C}_{\mathrm{oI}}$ 为轨道坐标系与惯性坐标系的方向余弦矩阵。

由此,太阳敏感器提供的姿态测量矢量测量方程为

$$\boldsymbol{S}_{\mathrm{s}} = \boldsymbol{M}\boldsymbol{C}_{\mathrm{bo}}\boldsymbol{S}_{\mathrm{o}}$$

式中:$\boldsymbol{C}_{\mathrm{bo}}$ 为姿态矩阵。

考虑姿态对地定向的姿态小偏差,太阳在本体坐标系的矢量可写成

$$\boldsymbol{S}_{\mathrm{b}} = \boldsymbol{C}_{\mathrm{bo}}\boldsymbol{S}_{\mathrm{o}} = \begin{bmatrix} S_x^{\mathrm{o}} + \psi S_y^{\mathrm{o}} - \theta S_z^{\mathrm{o}} \\ -\psi S_x^{\mathrm{o}} + S_y^{\mathrm{o}} + \phi S_z^{\mathrm{o}} \\ \theta S_x^{\mathrm{o}} - \phi S_y^{\mathrm{o}} + S_z^{\mathrm{o}} \end{bmatrix} \tag{4-33}$$

式中:S_x^{o}、S_y^{o}、S_z^{o} 为 $\boldsymbol{S}_{\mathrm{o}}$ 的三个分量。

为获得最佳的测量灵敏度,太阳敏感器的测量轴应与被测姿态的转轴平行,这样,构成如图4-18所示的太阳敏感器的典型三种安装方式:

(1) 测量俯仰角:瞄准轴平行于星体的偏航轴,测量轴平行于星体的滚动轴。

（2）测量滚动角：瞄准轴平行于星体的偏航轴，测量轴平行于星体的俯仰轴。

（3）测量偏航角：瞄准轴平行于星体的俯仰轴，测量轴平行于星体的滚动轴。

参照式（4-32）和式（4-33），三种安装方式的测量模型的观测方程为

$$\begin{cases} m_\theta = \dfrac{S_x^o + \psi S_y^o - \theta S_z^o}{\theta S_x^o - \phi S_y^o + S_z^o} \\ m_\phi = \dfrac{-\psi S_x^o + S_y^o + \phi S_z^o}{\theta S_x^o - \phi S_y^o + S_z^o} \\ m_\psi = \dfrac{S_x^o + \psi S_y^o - \theta S_z^o}{-\psi S_x^o + S_y^o + \phi S_z^o} \end{cases} \tag{4-34}$$

式中：m_θ、m_ϕ、m_ψ 为图4-18所示太阳敏感器①、②、③的测量值。

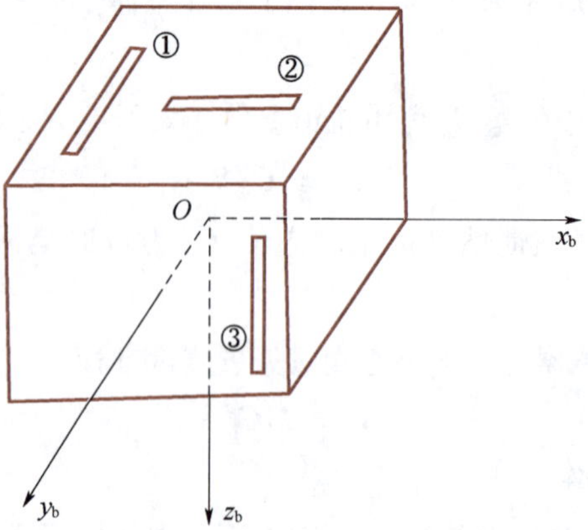

图4-18　太阳敏感器的三种典型安装方式

4.2.3　星光方向的测量

星光方向的测量多用安装在三轴稳定卫星的恒星敏感器来完成，它是由镜头光学系统和CCD光敏元件所组成。一般称CCD星敏感器，它可以在星体上建立如图4-19所示的测量坐标系 $O-x_py_pz_p$（z_p 轴沿光轴方向，x_p 轴垂直于光轴并与CCD行扫描的方向一致，x_py_p 与 z_p 成右手坐标系）。

基于星敏感器的测量模型，由CCD阵列的测量数据，经数据处理可以得到星像中心的位置坐标（P_x，P_y），则恒星方向矢量 $\boldsymbol{V}$ 在测量坐标上的坐标为

$$\boldsymbol{V}_{\mathrm{p}} = \frac{1}{\sqrt{P_x^2 + P_y^2 + f^2}}\begin{bmatrix} P_x \\ P_y \\ f \end{bmatrix}$$

式中:f 为光学系统的焦距。

由已知星敏感器在卫星本体上的安装矩阵 $\boldsymbol{M}$ 就可以求得恒星方向矢量 $\boldsymbol{V}$ 在卫星本体坐标系的坐标为

$$\boldsymbol{V}_{\mathrm{B}} = \boldsymbol{M}^{\mathrm{T}}\boldsymbol{V}_{\mathrm{p}}$$

由观测几何知,恒星在星体坐标系的观测方程为

$$\boldsymbol{V}_{\mathrm{B}} = \boldsymbol{C}_{\mathrm{bI}}\boldsymbol{V}_{\mathrm{i}}$$

式中:$\boldsymbol{V}_{\mathrm{i}}$ 为恒星在赤道惯性坐标系中的方向(由星历表给出);$\boldsymbol{C}_{\mathrm{bi}}$ 为星体相对于赤道惯性坐标系的姿态矩阵。

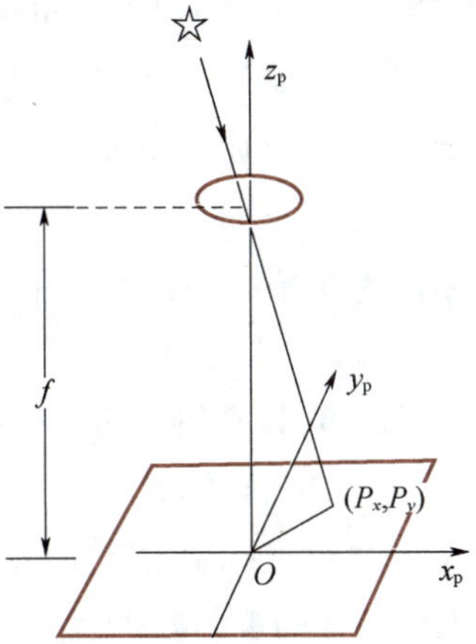

图 4-19　星敏感器测量模型

4.2.4　地磁场方向的测量

卫星所处的当地地磁场的磁感应强度,可用沿星本体三轴正交安装的三个磁通门式磁强计分别测量当地磁场的磁感应强度在三轴上的分量(B_x,B_y,B_z),从而得到星体坐标系的磁场观测矢量 $\boldsymbol{B}_{\mathrm{b}}$。

卫星所处的当地地磁场的磁感应强度的近似表达式(地磁场模型)为

$$\boldsymbol{B}_{\mathrm{e}} = \frac{\mu_{\mathrm{e}}}{r^3}[\boldsymbol{Z}_{\mathrm{m}} - 3(\boldsymbol{Z}_{\mathrm{m}} \cdot \boldsymbol{E})\boldsymbol{E}] \tag{4-35}$$

式中：μ_e 为地球磁矩总强度（在 $7.9\times10^{15}\text{Wb}\cdot\text{m}\sim8.1\times10^{15}\text{Wb}\cdot\text{m}$ 范围内变化）；$\boldsymbol{E}$ 为卫星-地心矢量；$\boldsymbol{Z}_m$ 为磁耦极子矢量，且

$$\boldsymbol{E}=\begin{bmatrix}0\\0\\1\end{bmatrix}\qquad \boldsymbol{Z}_m=\boldsymbol{C}_{oI}\boldsymbol{C}_{Ie}\begin{bmatrix}\sin 11.5^\circ\cos 289.3^\circ\\ \sin 11.5^\circ\sin 289.3^\circ\\ \cos 11.5^\circ\end{bmatrix}$$

其中：$\boldsymbol{C}_{oI}$为赤道惯性坐标系相对于卫星轨道坐标系的转移矩阵；$\boldsymbol{C}_{Ie}$为地球固连坐标系相对于赤道惯性坐标系的转移矩阵。其分别为

$$\begin{aligned}\boldsymbol{C}_{oI}&=\boldsymbol{R}_z(\omega+f)\boldsymbol{R}_x(i)\boldsymbol{R}_z(\Omega)\\&=\begin{bmatrix}\cos(\omega+f)&\sin(\omega+f)&0\\-\sin(\omega+f)&\cos(\omega+f)&0\\0&0&1\end{bmatrix}\begin{bmatrix}1&0&0\\0&\cos i&\sin i\\0&-\sin i&\cos i\end{bmatrix}\begin{bmatrix}\cos\Omega&\sin\Omega&0\\-\sin\Omega&\cos\Omega&0\\0&0&1\end{bmatrix}\end{aligned}$$

式中：ω 为近地点幅角；f 为真近点角；i 为轨道倾角；Ω 为升交点赤经。

$$\boldsymbol{C}_{Ie}=\begin{bmatrix}\cos(G_0+\omega_e t)&-\sin(G_0+\omega_e t)&0\\ \sin(G_0+\omega_e t)&\cos(G_0+\omega_e t)&0\\0&0&1\end{bmatrix}$$

式中：ω_e 为地球自旋速率；G_0 为初始时刻格林尼治恒星时角；$G_0+\omega_e t$ 为格林尼治恒星时角。

引用地磁场模型和轨道根数可以获得轨道坐标系的磁场参考矢量为

$$\boldsymbol{B}_o=\boldsymbol{C}_{oe}\boldsymbol{B}_e$$

式中：$\boldsymbol{C}_{oe}$为地球坐标系相对于轨道坐标系的转换矩阵。

于是，姿态确定用地磁场矢量的观测方程为

$$\boldsymbol{B}_b=\boldsymbol{C}_{bo}\boldsymbol{C}_{oe}\boldsymbol{B}_e$$

式中：$\boldsymbol{C}_{bo}$为相对于轨道坐标的姿态矩阵。

4.2.5 无线电信标方向的测量

用人造目标（卫星天线系统地面接收站或导航卫星，如 GPS 发射的电波）作为卫星姿态测定的参考基准，并测得该信标波束相对于卫星天线坐标方向，以 GPS 的导航星为例（图 4-20），若接收其发来的电波，则必须在用户星上装有接收天线和接收机。为了确定用户星的姿态，必须在用户星上安装多副天线和天线接收机（最少 3 副天线）。

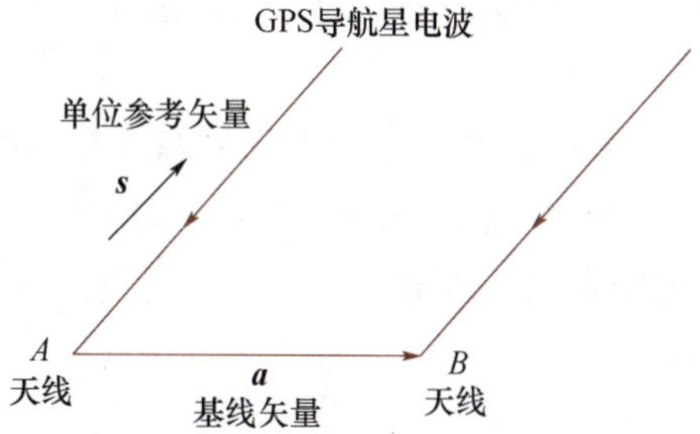

图 4－20　GPS 导航星参考矢量确定卫星姿态原理图

根据单脉冲比相原理，用户星接收到的是 N 个 GPS 导航星载波信号的距离差（即相位差），其相位差包含信标周期的整数倍和单个周期的相位差两个部分。

则测量方程可以表示为

$$2\pi K + \Delta\phi = 2\pi \frac{\boldsymbol{a} \cdot \boldsymbol{s}}{\lambda} \tag{4-36}$$

式中：λ 为 GPS 载波波长；$\boldsymbol{s}$ 为单位参考矢量；$\boldsymbol{a}$ 为用户星接收天线基线矢量；K 为整数波长的模糊解。

为了确定用户星的 3 个姿态角，至少要在用户星上安装 3 副天线以构成两条基线，一般正交安装为宜。由于两条基线在用户星星体坐标系中的安装位置已知，即两条基线在参考坐标系中的方向余弦，就可以用双矢量定姿原理确定出用户星在参考坐标系中的姿态。

4.2.6　惯性参考方向的测量

前面介绍的参考方向测量都是测量外部参考目标相对于卫星的方位，从而获得星体在参考坐标系中姿态信息。此外，也可考虑在星体内部寻求参考基准，储存在高速旋转的陀螺转子中的角动量就可以作为这种参考矢量。在理想情况下，角动量在惯性空间是定向的，一个两自由度陀螺，将其陀螺转子的角动量设置在轨道法线上，其内、外框架轴安装在星体滚动轴和偏航轴方向上，则陀螺内外框架上的角度传感器可直接测量星体的滚动角和偏航角。

实际上，由于陀螺内部的各种干扰力矩使陀螺转子角动量方向不断漂移，长时间后将失去作为参考基准的作用，借助于滚动红外地平仪测得的滚动角与陀螺敏感器测得的滚动角相比较，将其差值反馈到陀螺受感器上，来修正陀螺转子的漂移,使陀螺转子角动量的方向与轨道法线保持平行,称这种陀螺系统为轨道陀螺罗盘。

一般用两只单自由度速率陀螺组成陀螺罗盘系统,测量轨道角速度矢量在星体坐标系的方向,陀螺罗盘系统的输出即为卫星姿态相对于轨道坐标系的滚动角和偏航角,如图 4-21 所示。

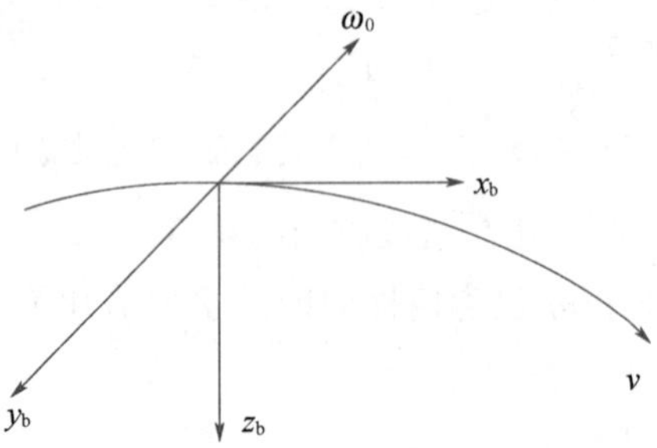

图 4-21　卫星在轨飞行示意图

陀螺的测量方程为

$$J\ddot{\alpha} + C\dot{\alpha} + K\alpha = h\omega + M_d$$

式中:α 为陀螺转子转角;J 为陀螺转子惯量;$K\alpha$ 为力矩器产生的反馈电磁力矩,其与转子转角成正比;$h\omega$ 为陀螺力矩,h 为陀螺转子的角动量,ω 为卫星本体转速沿陀螺输入轴的分量;M_d 为陀螺内部的干扰力矩。

当陀螺转子进入稳定过程后,其测量方程为

$$K\alpha = h\omega + M_d$$

通过上式两端对时间积分得到的测量角为

$$\theta_g = \frac{1}{h}\int K\alpha \mathrm{d}t = \theta + \frac{1}{h}\int M_d \mathrm{d}t$$

式中:θ_g 为陀螺测角值,正比于浮子力矩器的力矩积分,也等于卫星姿态转角 θ 和陀螺漂移的积分之和。

在卫星对地定向的三轴姿态处于小偏差假设条件下,陀螺罗盘框图如图 4-22所示。两只陀螺的角动量轴都平行于星体的俯仰轴,一只陀螺的输入轴平行于星体的滚动轴,称为滚动陀螺;另一只陀螺的输入轴平行于星体的偏航轴,称为偏航陀螺。

陀螺测量的是卫星相对于惯性空间的转速在星体坐标系中的各轴分量,

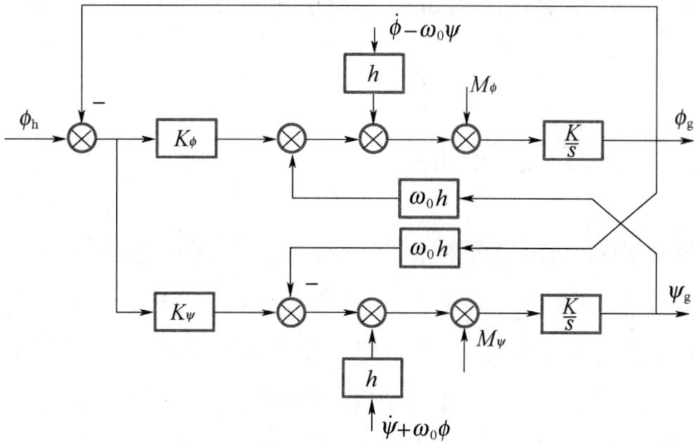

图 4－22 陀螺罗盘原理框图

它等于星体相对于轨道坐标的转速与轨道坐标转速之和。在小偏差情况下，卫星相对于惯性空间的转速表达式为

$$\omega = \begin{bmatrix} \omega_x \\ \omega_y \\ \omega_z \end{bmatrix} = \begin{bmatrix} \dot{\phi} \\ \dot{\theta} \\ \dot{\psi} \end{bmatrix} + \begin{bmatrix} 1 & \psi & -\theta \\ -\psi & 1 & \dot{\phi} \\ \theta & -\phi & 1 \end{bmatrix} \begin{bmatrix} 0 \\ -\omega_0 \\ 0 \end{bmatrix} = \begin{bmatrix} \dot{\phi} - \omega_0\psi \\ \dot{\theta} - \omega_0 \\ \dot{\psi} + \omega_0\phi \end{bmatrix}$$

式中：ω_x、ω_z 为陀螺测量输入。

把滚动红外地平仪的测量值 ϕ_h 作为参考基准，把滚动陀螺的积分输出 ϕ_g 作为反馈，其误差量通过放大器（K_ϕ，K_ψ）分别输给两只陀螺转子的力矩器；与此同时，两只陀螺的积分输出又交叉反馈叠加到转子的力矩器，从而构成陀螺罗盘系统。在稳态情况下，有下列平衡式

$$\begin{cases} -\phi_g + \phi_h = 0 \\ \omega_0 h\psi_g + h(-\omega_0\psi) + M_\phi = 0 \end{cases}$$

其测角误差为

$$\begin{aligned} \Delta\phi &= \phi_g - \phi = \phi_h - \phi = \Delta\phi_h \\ \Delta\psi &= \psi_g - \psi = \frac{-M_\phi}{\omega_0 h} = -\frac{d_\phi}{\omega_0} \end{aligned} \tag{4-37}$$

式中：d_ϕ 为滚动陀螺漂移。

由此可知，陀螺罗盘系统滚动角测量的稳态系统误差即为滚动红外地平

仪的系统误差;偏航角测量的系统误差仅决定于滚动陀螺的漂移,而与系统参数无关。

4.3 卫星三轴姿态的确定

卫星三轴姿态的确定就是根据姿态敏感器的测量估计算出所需的卫星姿态参数或姿态矩阵。由于这些被测的参考天体(或目标)方向与参考坐标轴不一定一致,且敏感器的测量轴也可能与星体坐标轴不平行,因此在这种情况下敏感器的输出值不能直接代表卫星的姿态参数。但这些被测的参考矢量在参考坐标系中的方向是已知的,通过对比同一参考矢量在两个坐标系中的方向余弦,可以建立一组包含有姿态参数的线性方程式。若仅观测一个参考矢量时,则只能得到两个独立的测量值,而待求未知变量为三个独立的姿态参数,因此必须观测两个参考矢量才能唯一地确定姿态矩阵。

4.3.1 双矢量姿态确定方法

设在空间有两个不平行的两个矢量 $\boldsymbol{U}$、$\boldsymbol{V}$,即 $\boldsymbol{U}\times\boldsymbol{V}\neq\boldsymbol{0}$,并依此两个矢量建立单位矢量 $\boldsymbol{q}$、$\boldsymbol{r}$、$\boldsymbol{p}$ 的一个新的正交坐标系,其中新的坐标矢量为

$$\begin{cases}\boldsymbol{q}=\boldsymbol{U}\\ \boldsymbol{r}=\dfrac{\boldsymbol{U}\times\boldsymbol{V}}{|\boldsymbol{U}\times\boldsymbol{V}|}\\ \boldsymbol{p}=\boldsymbol{q}\times\boldsymbol{r}\end{cases}$$

若 $\boldsymbol{U}$、$\boldsymbol{V}$ 在星体坐标系测得的矢量为 $\boldsymbol{U}_{\mathrm{b}}$、$\boldsymbol{V}_{\mathrm{b}}$,在天体参考系中测得的矢量为 $\boldsymbol{U}_{\mathrm{r}}$、$\boldsymbol{V}_{\mathrm{r}}$,因此很易得出 $\boldsymbol{q}$、$\boldsymbol{r}$、$\boldsymbol{p}$ 三个正交的单位矢量分别在星体坐标系和参考坐标系中的方向余弦阵 $\boldsymbol{M}_{\mathrm{b}}$、$\boldsymbol{M}_{\mathrm{r}}$,即

$$\begin{cases}\boldsymbol{M}_{\mathrm{b}}=[\boldsymbol{q}_{\mathrm{b}}\ \vdots\ \boldsymbol{r}_{\mathrm{b}}\ \vdots\ \boldsymbol{p}_{\mathrm{b}}]\\ \boldsymbol{M}_{\mathrm{r}}=[\boldsymbol{q}_{\mathrm{r}}\ \vdots\ \boldsymbol{r}_{\mathrm{r}}\ \vdots\ \boldsymbol{p}_{\mathrm{r}}]\end{cases}$$

则姿态方向余弦阵 $\boldsymbol{C}_{\mathrm{br}}$ 与 $\boldsymbol{M}_{\mathrm{b}}$、$\boldsymbol{M}_{\mathrm{r}}$ 具有如下关系:

$$\boldsymbol{C}_{\mathrm{br}}\boldsymbol{M}_{\mathrm{r}}=\boldsymbol{M}_{\mathrm{b}}$$

即有

$$\boldsymbol{C}_{\mathrm{br}}=\boldsymbol{M}_{\mathrm{b}}\boldsymbol{M}_{\mathrm{r}}^{-1}=\boldsymbol{M}_{\mathrm{b}}\boldsymbol{M}_{\mathrm{r}}^{\mathrm{T}}\tag{4-38}$$

由于两矢量 $\boldsymbol{U}$、$\boldsymbol{V}$ 的不平行性,从而保证了 $\boldsymbol{M}_{\mathrm{r}}$ 可逆性。

4.3.2　双矢量确定姿态的精度估计

已知参考矢量 $\boldsymbol{V}_1$、$\boldsymbol{V}_2$ 的观测矢量为 $\boldsymbol{U}_1$、$\boldsymbol{U}_2$。由于敏感器具有测量误差，故如图 4-23 所示，观测矢量 $\boldsymbol{U}_1$、$\boldsymbol{U}_2$ 不与 $\boldsymbol{V}_1$、$\boldsymbol{V}_2$ 重合，而是分别位于以 $\boldsymbol{V}_1$、$\boldsymbol{V}_2$ 为轴的锥面上，其锥角分别记为 α_1、α_2。

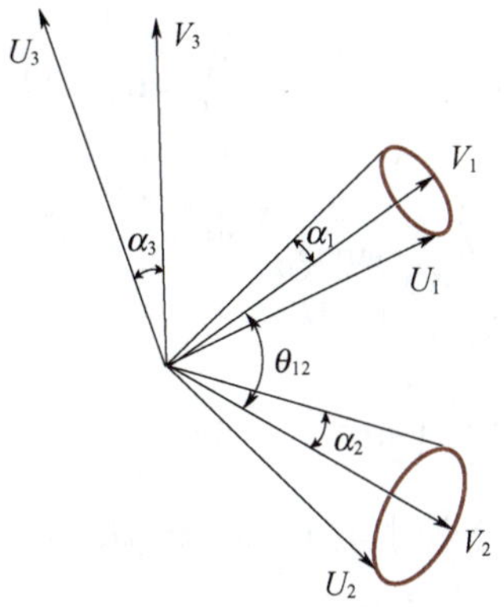

图 4-23　双矢量定姿精度分析示意图

在两个锥面上各选取一个观测矢量 $\boldsymbol{U}'_1$、$\boldsymbol{U}'_2$，然后建造两个矢量 $\boldsymbol{V}_3$、$\boldsymbol{U}_3$，其中 $\boldsymbol{V}_3$ 垂直于 $\boldsymbol{V}_1$、$\boldsymbol{V}_2$，$\boldsymbol{U}_3$ 垂直于 $\boldsymbol{U}'_1$、$\boldsymbol{U}'_2$。于是，矢量 $\boldsymbol{V}_1$、$\boldsymbol{V}_2$ 和 $\boldsymbol{V}_3$ 构成一个新的非正交参考坐标系，$\boldsymbol{U}'_1$、$\boldsymbol{U}'_2$ 和 $\boldsymbol{U}_3$ 组成另一个非正交的星体固连坐标系。

分析这两个坐标系间的关系，就可以说明由于测量误差引起的姿态确定误差。为了简化分析，用绕欧拉轴的转角 $\boldsymbol{\Phi}$ 来表示这两个坐标系间的相对转移。依式(2-23)，得

$$\sin^2\frac{\Phi}{2} = \frac{1}{2}\left(\sin^2\frac{\alpha_1}{2} + \sin^2\frac{\alpha_2}{2} + \sin^2\frac{\alpha_3}{2}\right)$$

式中：α_3 为矢量 $\boldsymbol{V}_3$ 与 $\boldsymbol{U}_3$ 的夹角。

令参考矢量 $\boldsymbol{V}_1$、$\boldsymbol{V}_2$ 间的夹角为 θ_{12}，当测量误差较小时，即 α_1、α_2 较小时，有如下近似等式：

$$|\boldsymbol{U}_1 \times \boldsymbol{U}'_2| \approx |\boldsymbol{V}_1 \times \boldsymbol{V}_2| = \sin\theta_{12}$$

$$\boldsymbol{V}_1 \cdot \boldsymbol{U}'_2 \approx \boldsymbol{V}_2 \cdot \boldsymbol{U}'_1 \cong \cos\theta_{12}$$

利用这些近似值，根据图 4-23 所示的几何关系，可以推导出矢量 $\boldsymbol{V}_3$ 和 $\boldsymbol{U}'_3$ 之间的角度关系为

$$\cos\alpha_3 = \boldsymbol{V}_3 \cdot \boldsymbol{U}_3 \approx \frac{\boldsymbol{V}_1 \times \boldsymbol{V}_2}{\sin\theta_{12}} \cdot \frac{\boldsymbol{U'}_1 \times \boldsymbol{U'}_2}{\sin\theta_{12}}$$

$$= \frac{1}{\sin^2\theta_{12}}[(\boldsymbol{V}_1 \cdot \boldsymbol{U'}_1)(\boldsymbol{V}_2 \cdot \boldsymbol{U'}_2) - (\boldsymbol{V}_1 \cdot \boldsymbol{U'}_2)(\boldsymbol{V}_2 \cdot \boldsymbol{U'}_1)]$$

$$\approx \frac{1}{\sin^2\theta_{12}}(\cos\alpha_1\cos\alpha_2 - \cos^2\theta_{12})$$

将上式进行三角变换,并考虑$\sin^2\frac{\alpha_1}{2}\sin^2\frac{\alpha_2}{2}\approx 0$,可得

$$\sin^2\frac{\alpha_3}{2} \approx \frac{1}{\sin^2\theta_{12}}\left(\sin^2\frac{\alpha_1}{2} + \sin^2\frac{\alpha_2}{2}\right)$$

将上式代入式(2-23),得

$$\sin^2\frac{\Phi}{2} \approx \frac{1}{2}\left(\sin^2\frac{\alpha_1}{2} + \sin^2\frac{\alpha_2}{2}\right)(1 + \csc^2\theta_{12})$$

考虑误差较小时,即锥角较小时,可得如下近似式:

$$\Phi^2 \approx \frac{1}{2}(\alpha_1^2 + \alpha_2^2)(1 + \csc^2\theta_{12}) \tag{4-39}$$

由上述分析可知,参考矢量的测量误差可引起姿态确定误差,其误差包括两部分:

(1) 测量误差,即锥角 α_1、α_2;

(2) 参考矢量之间的几何关系。当两个参考矢量 $\boldsymbol{V}_1$、$\boldsymbol{V}_2$ 正交时(θ_{12} = 90°),确定误差最小,两个参考矢量的夹角越小(接近于零)或越大(接近于180°)姿态确定误差就越大。

4.3.3 基于太阳和地球的姿态确定

利用双矢量定姿原理,前提是滚动-偏航和俯仰太阳敏感器同时见到太阳,从而可以用太阳-地球来确定卫星的三轴姿态。

设 $\boldsymbol{E}_o$、$\boldsymbol{E}_b$ 分别为地心单位矢量在当地轨道坐标系和卫星本体坐标系中的投影,$\boldsymbol{S}_o$、$\boldsymbol{S}_b$ 分别为太阳单位矢量在轨道坐标系和在卫星本体坐标系中的投影。

根据正交坐标系原则,建立4个新的矢量分别为

$$\boldsymbol{A}_o = \boldsymbol{S}_o \times \boldsymbol{E}_o \qquad \boldsymbol{B}_o = \boldsymbol{S}_o \times \boldsymbol{A}_o$$

$$\boldsymbol{A}_{\mathrm{b}} = \boldsymbol{S}_{\mathrm{b}} \times \boldsymbol{E}_{\mathrm{b}} \qquad \boldsymbol{B}_{\mathrm{b}} = \boldsymbol{S}_{\mathrm{b}} \times \boldsymbol{A}_{\mathrm{b}}$$

再将上述4个新的矢量单位化,然后构成它们在本体坐标系和当地轨道坐标系中的方向余弦矩阵,即

$$\boldsymbol{M}_{\mathrm{b}} = [\boldsymbol{S}_{\mathrm{b}} \quad \boldsymbol{A}'_{\mathrm{b}} \quad \boldsymbol{B}'_{\mathrm{b}}] = \left[\boldsymbol{S}_{\mathrm{b}} \quad \frac{\boldsymbol{A}_{\mathrm{b}}}{|\boldsymbol{A}_{\mathrm{b}}|} \quad \frac{\boldsymbol{B}_{\mathrm{b}}}{|\boldsymbol{B}_{\mathrm{b}}|}\right]$$

$$\boldsymbol{M}_{\mathrm{o}} = [\boldsymbol{S}_{\mathrm{o}} \quad \boldsymbol{A}'_{\mathrm{o}} \quad \boldsymbol{B}'_{\mathrm{o}}] = \left[\boldsymbol{S}_{\mathrm{o}} \quad \frac{\boldsymbol{A}_{\mathrm{o}}}{|\boldsymbol{A}_{\mathrm{o}}|} \quad \frac{\boldsymbol{B}_{\mathrm{o}}}{|\boldsymbol{B}_{\mathrm{o}}|}\right]$$

而矢量 $\boldsymbol{A}_{\mathrm{b}}$ 和 $\boldsymbol{A}_{\mathrm{o}}$ 实际上是同一矢量在不同坐标系上的投影,它们的模是相等的,因而有

$$|\boldsymbol{A}_{\mathrm{b}}| = |\boldsymbol{A}_{\mathrm{o}}|, \quad |\boldsymbol{B}_{\mathrm{b}}| = |\boldsymbol{B}_{\mathrm{o}}|$$

矩阵 $\boldsymbol{M}_{\mathrm{b}}$ 与 $\boldsymbol{M}_{\mathrm{o}}$ 之间有如下关系:

$$\boldsymbol{M}_{\mathrm{b}} = \boldsymbol{C}_{\mathrm{bo}}\boldsymbol{M}_{\mathrm{o}}$$

则有姿态余弦矩阵:

$$\begin{aligned}
\boldsymbol{C}_{\mathrm{bo}} &= \boldsymbol{M}_{\mathrm{a}}\boldsymbol{M}_{\mathrm{o}}^{-1} = \boldsymbol{M}_{\mathrm{a}}\boldsymbol{M}_{\mathrm{o}}^{\mathrm{T}} \\
&= [\boldsymbol{S}_{\mathrm{b}} \quad \boldsymbol{A}'_{\mathrm{b}} \quad \boldsymbol{B}'_{\mathrm{b}}][\boldsymbol{S}_{\mathrm{o}} \quad \boldsymbol{A}'_{\mathrm{o}} \quad \boldsymbol{B}'_{\mathrm{o}}]^{\mathrm{T}} \\
&= [\boldsymbol{S}_{\mathrm{b}} \quad \boldsymbol{A}_{\mathrm{b}} \quad \boldsymbol{B}_{\mathrm{b}}]\begin{bmatrix} 1 & & \\ & \dfrac{1}{|\boldsymbol{A}_{\mathrm{o}}|^2} & \\ & & \dfrac{1}{|\boldsymbol{B}_{\mathrm{o}}|^2} \end{bmatrix}[\boldsymbol{S}_{\mathrm{o}} \quad \boldsymbol{A}_{\mathrm{o}} \quad \boldsymbol{B}_{\mathrm{o}}]^{\mathrm{T}}
\end{aligned}$$

再根据卫星姿态为小姿态角的姿态转换矩阵

$$\boldsymbol{C}_{\mathrm{bo}} = \begin{bmatrix} 1 & \psi & -\theta \\ -\psi & 1 & \phi \\ \theta & \phi & 1 \end{bmatrix}$$

可联立求解出三个姿态角 ϕ、θ 和 ψ。

4.3.4　偏航角的确定

由前述可知,对于三轴稳定卫星姿态确定,必须观测两个参考矢量,因此一般取地球和太阳为参考矢量。为了获得两个参考天体的测量值,最常用的是地球敏感器和太阳敏感器,其中地球敏感器获得滚动和俯仰角,通过太阳敏

感器和地球敏感器测量信息联合求解得到偏航角。此外,也可采用地球敏感器和路标等信息进行偏航角确定。

1. 基于地球和太阳的偏航角确定

为获取卫星的姿态参数,有时仅有卫星坐标系和参考矢量坐标系是不够的,还需要有辅助的敏感器坐标系联合确定姿态。卫星偏航角的获取也是如此,它需星体坐标系、地球指向姿态参考系、太阳指向参考系和敏感器本身坐标系联合来确定。

针对静止同步轨道卫星,给出如下地球指向姿态参考系和太阳指向参考系。

1）地球指向姿态参考系($O-x_{ep}y_{ep}z_{ep}$)

原点在卫星质心上,z_{ep}轴指向地心,y_{ep}轴在当地水平面指向南且在当地子午面上,x_{ep}轴平行于赤道平面且在当地水平面指向东。

2）太阳指向参考系

原点在卫星质心,其由地球指向姿态参考系 $O-x_{ep}y_{ep}z_{ep}$经过两次欧拉角旋转获得,即首先绕 z_{ep} 轴转 θ_{sp},然后再绕 y_{ep} 轴转 θ_{se},其中 θ_{se} 为星－地和星－太阳之间的夹角,θ_{sp}为太阳矢量 $\boldsymbol{S}$ 到当地水平面的投影 S_{xy}和 x_{ep}之间的夹角,如图 4－24 所示。

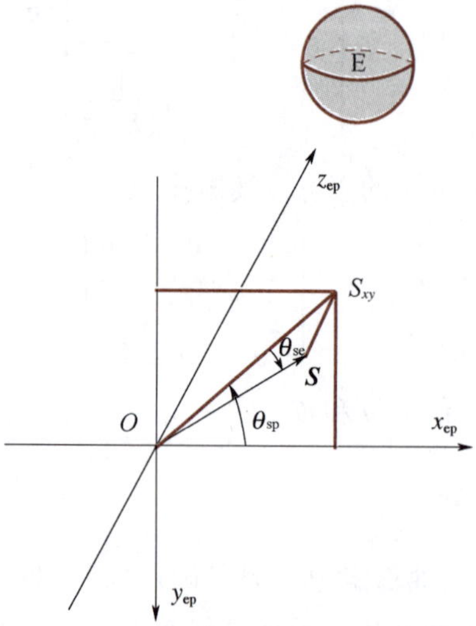

图 4－24　太阳矢量在地球指向坐标系的方位

不难求得太阳单位矢量 **S** 在地球指向姿态参考系 $O-x_{ep}y_{ep}z_{ep}$ 中坐标为

$$\boldsymbol{S}_{ep} = \begin{bmatrix} \sin\theta_{se} \cdot \cos\theta_{sp} \\ \sin\theta_{se} \cdot \sin\theta_{sp} \\ \cos\theta_{se} \end{bmatrix} \tag{4-40}$$

由于变轨策略（如建立四级点火姿态）需使星体转一个偏航偏置角 ψ_o（离开地球指向姿态参考系），此时单位太阳矢量在星体坐标系中的坐标为

$$\boldsymbol{S}_b(\psi_o) = \begin{bmatrix} S_{bx} \\ S_{by} \\ S_{bz} \end{bmatrix} = \begin{bmatrix} \sin\theta_{se} \cdot \cos\alpha_o \\ -\sin\theta_{se} \cdot \sin\alpha_o \\ \cos\theta_{se} \end{bmatrix} \tag{4-41}$$

式中：$\alpha_o = \psi_o - \theta_{sp}$，为星体－太阳矢量在平面 x_bOy_b 上的投影和 x_b 轴之间的夹角。

太阳敏感器的安装坐标系及其在星体上的安装如图4－25所示。

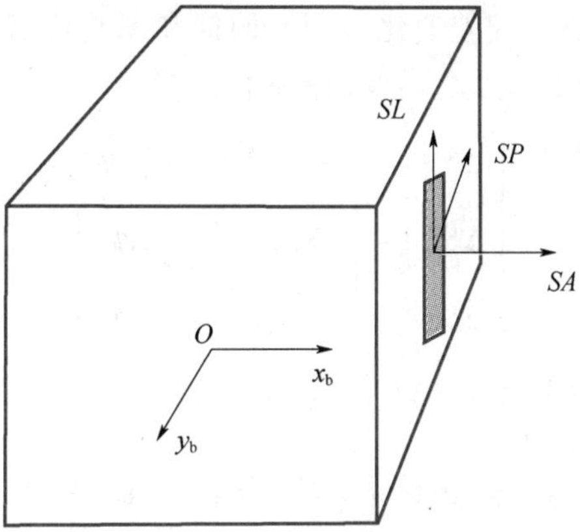

图4－25　太阳敏感器安装示意图

SA—太阳敏感器的光轴；*SP*—太阳敏感器的测量轴；*SL*—太阳敏感器的窄缝轴。

太阳矢量 **S** 在 *SA*－*SP* 测量平面上的投影和 *SA* 轴的夹角（即实际测量输出）为

$$\alpha_{ss} = \arctan\frac{S_{sy}}{S_{sx}} \tag{4-42}$$

即 α_{ss} 为 S_{sy} 和 S_{sx} 的函数，其中 S_{sy} 和 S_{sx} 分别为太阳敏感器在 *SP* 和 *SA* 轴上的测量值。

若太阳敏感器在标称位置时 α_{ss} 的测量标称值为 α_0^*，则当太阳敏感器旋转一个小角度后新的角度测量值 α_{ss} 为标称值加上偏差值，即

$$\alpha_{ss} = \alpha_0^* + \Delta\alpha_0^* \tag{4-43}$$

偏差值 $\Delta\alpha_0^*$ 可通过对式(4-42)两边求偏导得到，即

$$\Delta\alpha_0^* = \frac{1}{1+(S_{sy}/S_{sx})^2}\cdot\left[\frac{1}{S_{sx}}\cdot(\Delta S_{sy}) - \frac{S_{sy}}{S_{sx}^2}(\Delta S_{sx})\right] \tag{4-44}$$

式中：ΔS_{sx}、ΔS_{sy} 为太阳敏感器旋转后的输出变化量。

对于图4-25所示的太阳敏感器的安装构型，有

$$\begin{bmatrix} S_{sx} \\ S_{sy} \\ S_{sz} \end{bmatrix} = \begin{bmatrix} S_{bx} \\ -S_{by} \\ -S_{bz} \end{bmatrix} \tag{4-45}$$

对于星体坐标系小偏差变化(滚动、俯仰和偏航角偏差分别记为 $\Delta\phi$、$\Delta\theta$ 和 $\Delta\psi$)，太阳矢量在星体坐标系各轴投影的增量为

$$\begin{bmatrix} \Delta S_{bx} \\ \Delta S_{by} \\ \Delta S_{bz} \end{bmatrix} = \begin{bmatrix} -S_{bz}\Delta\theta + S_{by}\Delta\psi \\ S_{bz}\Delta\phi - S_{bx}\Delta\psi \\ -S_{by}\Delta\phi + S_{bx}\Delta\theta \end{bmatrix} \tag{4-46}$$

把式(4-41)和式(4-45)代入式(4-42)，得

$$\alpha_0^* = \arctan\left(-\frac{S_{by}}{S_{bx}}\right) = \alpha_0 = \psi_0 - \theta_{sp}$$

由式(4-43)~式(4-45)，得

$$\alpha_{ss} = (\psi_0 - \theta_{sp}) + \frac{1}{1+(-S_{by}/S_{bx})^2}\cdot\left[\frac{1}{S_{bx}}\cdot(-\Delta S_{by}) + \frac{S_{by}}{S^2_{bx}}(\Delta S_{bx})\right]$$

利用式(4-46)和式(4-41)，根据上式可以获得偏航角偏差为

$$\Delta\psi = \alpha_{ss} - (\psi_0 - \theta_{sp}) + \frac{\cos\alpha_0}{\tan\theta_{se}}\cdot\Delta\Phi - \frac{\sin\alpha_0}{\tan\theta_{se}}\cdot\Delta\theta \tag{4-47}$$

式中：α_{ss} 为太阳敏感器的输出信息；$\Delta\phi$、$\Delta\theta$ 为从红外地球敏感器获得的滚动

和俯仰姿态偏差信息。

2. 基于地球和陆标的偏航角确定

从测量几何的角度,无线电地面站等效于陆标的作用,卫星上的射频敏感器接收地面站发来的目标波束,相当于一个光学敏感器接收陆标的光学辐射,两者获得都是路标参考矢量在星上敏感器坐标系中的方向。

根据地面站的位置 σ 和卫星在静止轨道上的位置,参看图 4-26 可以导出地面目标波束源(即陆标参考矢量)在轨道坐标系中的方位角 α_0 和俯仰角 β_0,因此陆标参考矢量的方向余弦阵为

$$\boldsymbol{L}_{\mathrm{Fo}} = \begin{bmatrix} \sin\alpha_0\cos\beta_0 \\ -\sin\beta_0 \\ \cos\alpha_0\cos\beta_0 \end{bmatrix} \tag{4-48}$$

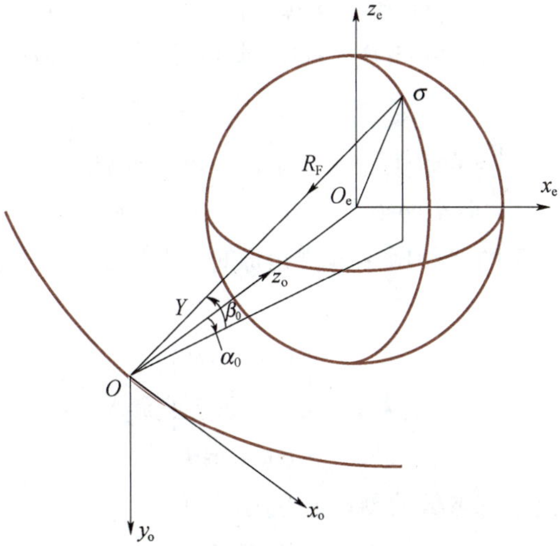

图 4-26　陆标在轨道坐标系下的方位

当卫星姿态偏差为零时,星上天线的瞄准轴应与地面站发来的目标波中心线共线,令天线瞄准轴为天线坐标系 $O-x_sy_sz_s$ 的 z_s 轴,天线坐标系在星体坐标系 $O-x_by_bz_b$ 中的安装方位定义为,将星体坐标系分别绕 y_b 轴和 x_a 轴转过 α_a 角和 β_a 角(相当于两次欧拉角旋转,如图 4-27 所示)。

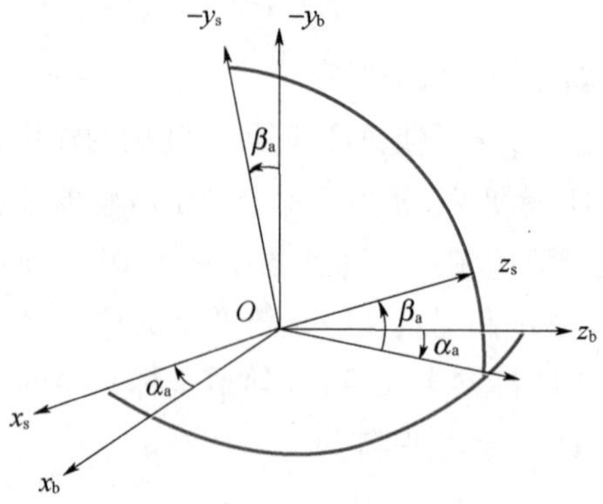

图 4-27 天线坐标系与星体坐标系的姿态关系

根据天线安装方位定义，天线坐标系与星体坐标系的转移矩阵为

$$
\begin{aligned}
\boldsymbol{C}_{ab} &= \boldsymbol{R}_x(\beta_a)\boldsymbol{R}_y(\alpha_a) \\
&= \begin{bmatrix} 1 & 0 & 0 \\ 0 & \cos\beta_a & \sin\beta_a \\ 0 & -\sin\beta_a & \cos\beta_a \end{bmatrix} \begin{bmatrix} \cos\alpha_a & 0 & -\sin\alpha_a \\ 0 & 1 & 0 \\ \sin\alpha_a & 0 & \cos\alpha_a \end{bmatrix} \\
&= \begin{bmatrix} \cos\alpha_a & 0 & -\sin\alpha_a \\ \sin\alpha_a\sin\beta_a & \cos\beta_a & \cos\alpha_a\sin\beta_a \\ \sin\alpha_a\cos\beta_a & -\sin\beta_a & \cos\alpha_a\cos\beta_a \end{bmatrix}
\end{aligned}
\tag{4-49}
$$

由图 4-28 所示的射频敏感器测角原理，可得目标波束在上述天线坐标系中的方向余弦为

$$
\boldsymbol{L}_{Fs} = \begin{bmatrix} \sin\alpha\cos\beta \\ -\sin\beta \\ \cos\alpha\cos\beta \end{bmatrix} \tag{4-50}
$$

利用上述三式得出姿态参数的测量方程为

$$
\boldsymbol{L}_{Fs} = \boldsymbol{C}_{ab}\boldsymbol{C}_{bo}\boldsymbol{L}_{Fo}
$$

式中：$\boldsymbol{C}_{bo}$为卫星姿态方向余弦矩阵。

当姿态误差为零时，无线电波束应对准地面站，因此有等式 $\alpha_a=\alpha_0$，$\beta_a=\beta_0$，应用小角度欧拉角姿态矩阵近似式表达式展开成偏航角计算的方程为

$$
\begin{aligned}
\sin\alpha\cos\beta &= -\psi\cos\alpha_0\sin\beta_0 - \theta\cos^2\alpha_0\cos\beta_0 \\
-\sin\beta &= -\psi\sin\alpha_0\cos^2\beta_0 + \phi\cos\alpha_0\cos^2\beta_0
\end{aligned}
\tag{4-51}
$$

由于 α_0、β_0 一般都较小，上式中变量 ψ 的系数也相应地较小，因此该方式下偏航角的确定精度相比地球 - 太阳方式精度要低。

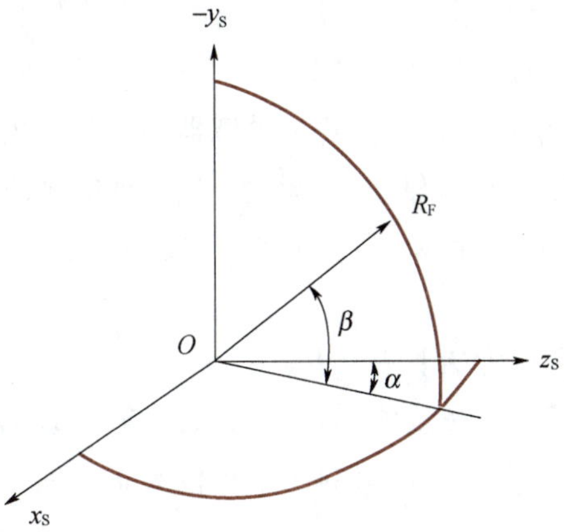

图 4 - 28　射频敏感器测角原理

4.3.5　基于星敏感器测量的姿态确定

1. 星敏感器坐标系的建立

通过测量宇宙中的导航星在航天器中的方位，确定出星敏感器探头光轴在惯性空间的方位，导航星定义为事先选定的、位置是已知的，是能用 CCD 相机测到的恒星。

可在航天器上建立起星敏感器坐标系 $O_T - x_T y_T z_T$，以镜头光轴为 z_T 轴，CCD 像元的水平读出方向为 x_T 轴，垂直读出方向为 y_T 轴，这样构成的右手定则的直角坐标系。记星敏感器探头的 z_T 轴和 x_T 轴在航天器本体坐标系安装方位的单位矢量分别为

$$\boldsymbol{e}_{bz} = (e_{bzx} \quad e_{bzy} \quad e_{bzz})^T$$
$$\boldsymbol{e}_{bx} = (e_{bxx} \quad e_{bxy} \quad e_{bxz})^T \tag{4-52}$$

星敏感器探头的 $\boldsymbol{z}_T$ 和 $\boldsymbol{x}_T$ 轴在惯性坐标系的方位的单位矢量分别为

$$\boldsymbol{e}_{Iz} = (e_{Izx} \quad e_{Izy} \quad e_{Izz})^T$$
$$\boldsymbol{e}_{Ix} = (e_{Ixx} \quad e_{Ixy} \quad e_{Ixz})^T \tag{4-53}$$

2. 星敏感器定姿原理

对于具有两个探头（多为互相垂直安装）的星敏感器，或两个单探头的星

敏感器,共可得出四个测量单位矢量 $\boldsymbol{e}_{mz1}$、$\boldsymbol{e}_{mx1}$、$\boldsymbol{e}_{mz2}$、$\boldsymbol{e}_{mx2}$,其中 $\boldsymbol{e}_{mz1}$、$\boldsymbol{e}_{mz2}$ 为光轴矢量,$\boldsymbol{e}_{mx1}$、$\boldsymbol{e}_{mx2}$ 为横轴矢量。

双矢量定姿有两个量即可,一般选举精度较高的两个,当两个探头的测量值都有时取 $\boldsymbol{e}_{mz1}$、$\boldsymbol{e}_{mz2}$,即只取两个探头的光轴矢量;若只有一个探头有测量值时,则取该探头的两个单位矢量。若星敏感器在卫星的安装方式上保证与探头 1 的横轴与另一探头的 z_T 轴重合,无论上述哪种情况,测得的两个矢量都是两个光轴的矢量方向,只是精度上有差异,故这种安装方式可以简化定姿算法。

星敏感器定姿可分为如下三个步骤:

(1) 依据星敏感器的测量值和轨道信息,计算星敏感器探头在当时轨道坐标系中的单位矢量,即将测量出的光轴单位矢量从惯性坐标系转到当时轨道坐标系。

设星敏感器测量出的两个光轴在惯性坐标系中的单位矢量为 $\boldsymbol{e}_{I1}$、$\boldsymbol{e}_{I2}$,在卫星当时轨道坐标系的单位矢量为 $\boldsymbol{e}_{o1}$、$\boldsymbol{e}_{o2}$,下面来求出 $\boldsymbol{e}_{I1}$,$\boldsymbol{e}_{I2}$ 和 $\boldsymbol{e}_{o1}$,$\boldsymbol{e}_{o2}$ 之间的关系。

卫星的瞬时位置可以用三个量确定,即轨道升交点赤经 Ω、轨道倾角 i 和轨道幅角 $u=\omega+f$。从惯性坐标系转到卫星所在的当地轨道坐标系的转动方法是惯性坐标系 $O-x_Ix_Iz_I$ 先绕 z_I 轴转 Ω 角,得到坐标系 $O-x_1y_1z_1$,然后 $O-x_1y_1z_1$ 绕 x_1 轴转 i 角得坐标系 $O-x_2y_2z_2$,$O-x_2y_2z_2$ 绕 z_2 轴转 u 角得坐标系 $O-x_3y_3z_3$。设光轴在坐标系 $O-x_3y_3z_3$ 中的单位矢量为 $\boldsymbol{e}'_{o1}$ 和 $\boldsymbol{e}'_{o2}$,则有

$$(\boldsymbol{e}'_{o1}\quad \boldsymbol{e}'_{o2})=\begin{bmatrix}\cos U & \sin U & 0\\ -\sin U & \cos U & 0\\ 0 & 0 & 1\end{bmatrix}\begin{bmatrix}1 & 0 & 0\\ 0 & \cos i & \sin i\\ 0 & -\sin i & \cos i\end{bmatrix}\begin{bmatrix}\cos\Omega & \sin\Omega & 0\\ -\sin\Omega & \cos\Omega & 0\\ 0 & 0 & 1\end{bmatrix}(\boldsymbol{e}_{I1},\boldsymbol{e}_{I2})\tag{4-54}$$

由以上可知,$O-x_3y_3z_3$ 中的 y_3 轴是坐标系 $O-x_oy_oz_o$ 中的 $-x_o$ 轴,z_3 轴是坐标系 $O-x_oy_oz_o$ 中的 y_o 轴,x_3 轴是坐标系 $O-x_oy_oz_o$ 的 $-z_o$ 轴,因此可得

$$e_{o1x}=-e'_{o1y},\quad e_{o1y}=e'_{o1z},\quad e_{o1z}=-e'_{o1x}$$

$$e_{o2x}=-e'_{o2y},\quad e_{o2y}=e'_{o2z},\quad e_{o2z}=-e'_{o2x}$$

(2) 根据星敏感器探头在航天器本体的安装方位,计算星敏感器探头在航天器本体坐标系中的单位矢量。星敏感器探头在航天器本体坐标系中的单

位矢量 $\boldsymbol{e}_{b1}$、$\boldsymbol{e}_{b2}$ 是由星敏感器在航天器中的安装方式所决定的，是事先已知的常量。

(3) 求解航天器姿态角。由矢量 $\boldsymbol{e}_{b1}$、$\boldsymbol{e}_{b2}$ 和 $\boldsymbol{e}_{o1}$、$\boldsymbol{e}_{o2}$ 可以导出两个单位矢量 $\boldsymbol{e}_{b3}$ 和 $\boldsymbol{e}_{o3}$，即

$$\boldsymbol{e}_{b3} = \boldsymbol{e}_{b1} \times \boldsymbol{e}_{b2}$$

$$\boldsymbol{e}_{o3} = \boldsymbol{e}_{o1} \times \boldsymbol{e}_{o2}$$

可以看出，矢量 $\boldsymbol{e}_{b1}$、$\boldsymbol{e}_{b2}$、$\boldsymbol{e}_{b3}$ 是三个正交矢量在航天器本体坐标系的投影，矢量 $\boldsymbol{e}_{o1}$、$\boldsymbol{e}_{o2}$、$\boldsymbol{e}_{o3}$ 是卫星三轴姿态角为 ϕ、θ 和 ψ 时三个矢量在当地轨道坐标系中的投影。

因此矢量 $\boldsymbol{e}_{b1}$、$\boldsymbol{e}_{b2}$、$\boldsymbol{e}_{b3}$ 和 $\boldsymbol{e}_{o1}$、$\boldsymbol{e}_{o2}$、$\boldsymbol{e}_{o3}$ 之间可以建立如下关系：

$$[\boldsymbol{e}_{b1} \quad \boldsymbol{e}_{b2} \quad \boldsymbol{e}_{b3}] = \begin{bmatrix} 1 & \psi & -\theta \\ -\psi & 1 & \phi \\ \theta & -\phi & 1 \end{bmatrix} [\boldsymbol{e}_{o1} \quad \boldsymbol{e}_{o2} \quad \boldsymbol{e}_{o3}] \tag{4-55}$$

由于矢量 $\boldsymbol{e}_{o1}$ 和 $\boldsymbol{e}_{o2}$ 都是单位矢量，且互相正交，因此它们叉乘得到的矢量 $\boldsymbol{e}_{o3}$ 也是单位矢量，且与它们正交，所以有

$$[\boldsymbol{e}_{o1} \quad \boldsymbol{e}_{o2} \quad \boldsymbol{e}_{o3}]^{-1} = [\boldsymbol{e}_{o1} \quad \boldsymbol{e}_{o2} \quad \boldsymbol{e}_{o3}]^{\mathrm{T}}$$

因此，从当地轨道坐标系到航天器本体坐标系的转换矩阵为

$$\begin{aligned} \boldsymbol{C}_{bo} &= \begin{bmatrix} 1 & \psi & -\theta \\ -\psi & 1 & \phi \\ \theta & -\phi & 1 \end{bmatrix} = [\boldsymbol{e}_{b1} \quad \boldsymbol{e}_{b2} \quad \boldsymbol{e}_{b3}][\boldsymbol{e}_{o1} \quad \boldsymbol{e}_{o2} \quad \boldsymbol{e}_{o3}]^{-1} \\ &= [\boldsymbol{e}_{b1} \quad \boldsymbol{e}_{b2} \quad \boldsymbol{e}_{b3}][\boldsymbol{e}_{o1} \quad \boldsymbol{e}_{o2} \quad \boldsymbol{e}_{o3}]^{\mathrm{T}} \end{aligned} \tag{4-56}$$

从而可以求出卫星的三个姿态角 ϕ、θ 和 ψ。

4.3.6　用 GPS 确定卫星三轴姿态

设在星体上安装三个不共线的 GPS 接收天线 A、B、C，其安装位置在星体坐标中的坐标分别为 $(R_{AX}, R_{AY}, R_{AZ})^{\mathrm{T}}$、$(R_{BX}, R_{BY}, R_{BZ})^{\mathrm{T}}$、$(R_{CX}, R_{CY}, R_{CZ})^{\mathrm{T}}$。由此可选两条基线 AB、AC，其方向矢量在星体坐标系中的坐标为

$$\boldsymbol{l}_{AB} = \begin{bmatrix} l_{ABX} \\ l_{ABY} \\ l_{ABZ} \end{bmatrix} = \frac{1}{\sqrt{(R_{BX}-R_{AX})^2 + (R_{BY}-R_{AY})^2 + (R_{BZ}-R_{AZ})^2}} \begin{bmatrix} R_{BX}-R_{AX} \\ R_{BY}-R_{AY} \\ R_{BZ}-R_{AZ} \end{bmatrix}$$

$$\boldsymbol{l}_{AC}=\begin{bmatrix} l_{ACX} \\ l_{ACY} \\ l_{ACZ} \end{bmatrix}=\frac{1}{\sqrt{(R_{CX}-R_{AX})^2+(R_{CY}-R_{AY})^2+(R_{CZ}-R_{AZ})^2}}\begin{bmatrix} R_{CX}-R_{AX} \\ R_{CY}-R_{AY} \\ R_{CZ}-R_{AZ} \end{bmatrix}$$

若天线 A、B、C 分别跟踪接收某颗 GPS 的导航星 G_1 的信号,利用干涉测量原理可以精确地测量到导航星到星体天线 A、B、C 的相位差(即距离差)。再利用 AB、AC 基线的长度便可以求出导航星方向矢量,G_1 与基线 AB、CA 之间的夹角为 α_{1AB}、α_{1AC}。

设 $\boldsymbol{G}_1$(单位矢量)在卫星本体坐标系坐标为

$$\boldsymbol{G}_1=(G_{1bx}\quad G_{1by}\quad G_{1bz})^{\mathrm{T}}$$

有如下关系式:

$$\begin{cases} l_{ABX}G_{1bx}+l_{ABY}G_{1by}+l_{ABZ}G_{1bz}=\cos\alpha_{1AB} \\ l_{ACX}G_{1bx}+l_{ACY}G_{1by}+l_{ACZ}G_{1bz}=\cos\alpha_{1AC} \end{cases}$$

由此求得

$$G_{1b}=\begin{bmatrix} G_{1bx} \\ G_{1by} \\ G_{1bz} \end{bmatrix}=k_1\begin{bmatrix} l_{ABX} \\ l_{ABY} \\ l_{ABZ} \end{bmatrix}+k_2\begin{bmatrix} l_{ACX} \\ l_{ACY} \\ l_{ACZ} \end{bmatrix}\pm k_3\begin{bmatrix} l_{ABY}l_{ACZ}-l_{ABZ}l_{ACY} \\ l_{ABZ}l_{ACX}-l_{ABX}l_{ACZ} \\ l_{ABX}l_{ACY}-l_{ABY}l_{ACY} \end{bmatrix} \quad (4-57)$$

式中

$$k_1=\frac{\cos\alpha_{1AB}-P\cos\alpha_{1AC}}{1-P^2}$$

$$k_2=\frac{\cos\alpha_{1AC}-P\cos\alpha_{1AB}}{1-P^2}$$

$$k_3=\frac{\sqrt{\sin^2\alpha_{1AB}\sin^2\alpha_{1AC}-(P-\cos\alpha_{1AB}\cos\alpha_{1AC})^2}}{\sqrt{1-P^2}}$$

$$P=l_{ABX}l_{ACX}+l_{ABY}l_{ACY}+l_{ABZ}l_{ACZ}$$

上式中有真伪解,根据天线的安装位置和接收范围剔除伪解。

由导航星 G_1 发送的天线信号可以确定该导航星的位置矢量在地心赤道坐标系中的坐标记为$(R_{G_1X},R_{G_1Y},R_{G_1Z})$,由用户星接收到的 4 颗导航星发送的信号经过处理可以确定用户星的位置和速度,将其位置矢量在地心赤道惯性坐标系中的坐标记为(R_{SX},R_{SY},R_{SZ}),则由用户星指向导航星 G_1 的方向矢量 $\boldsymbol{G}_1$ 在地心赤道惯性坐标系中的坐标为

$$\boldsymbol{G}_{1I}=\begin{bmatrix}G_{1Ix}\\G_{1Iy}\\G_{1Iz}\end{bmatrix}=\frac{1}{\sqrt{(R_{G_1x}-R_{Sx})^2+(R_{G_1y}-R_{Sy})^2+(R_{G_1z}-R_{Sz})^2}}\begin{bmatrix}R_{G_1x}-R_{Sx}\\R_{G_1y}-R_{Sy}\\R_{G_1z}-R_{Sz}\end{bmatrix}\tag{4-58}$$

式(4－57)和式(4－58)分别给出了导航星 G_1 对应的方向矢量 $\boldsymbol{G}_1$ 在卫星本体坐标系和地心赤道惯性坐标系中的坐标。类似地，由天线 A、B、C 接收另一颗导航星 G_2 的信号，可以给出相应的方向矢量 $\boldsymbol{G}_2$ 在星体坐标系和赤道惯性坐标系的坐标。以 $\boldsymbol{G}_1$、$\boldsymbol{G}_2$ 作为姿态测量的参考矢量，由双矢量定姿原理可以确定卫星本体坐标系相对于地心赤道惯性坐标系的姿态矩阵 $\boldsymbol{C}_{bi}$，根据需要通过转换阵还可以求出卫星相对于轨道坐标系的姿态矩阵 $\boldsymbol{C}_{bo}$。

4.3.7　基于 QUEST 的三轴姿态确定方法

对于已知的参考矢量 $\boldsymbol{V}_{I,k}$，通过姿态敏感器测量得到的对应观测矢量为 $\boldsymbol{V}_{S,k}$，对于卫星姿态方向余弦阵 $\boldsymbol{C}$，有

$$\boldsymbol{V}_{S,k}=\boldsymbol{C}\boldsymbol{V}_{I,k}\qquad(k=1,\cdots,n)$$

卫星三轴姿态确定问题可等价为 Wahla 问题，即求解正交矩阵 $\boldsymbol{C}^*$，使得指标函数

$$J(\boldsymbol{C})=\frac{1}{2}\sum_{k=1}^{n}\alpha_k\left|\boldsymbol{V}_{S,k}-\boldsymbol{C}\boldsymbol{V}_{I,k}\right|^2\tag{4-59}$$

达到最小，其中 $\alpha_k\geqslant 0$ 为加权因子，一般选取 $\sum_{k=1}^{n}\alpha_k=1$。

重新定义 $\hat{J}(\boldsymbol{C})=1-J(\boldsymbol{C})$，则极小值问题转换为极大值问题，且有

$$\hat{J}(\boldsymbol{C})=\sum_{k=1}^{n}\alpha_k\boldsymbol{V}_{S,k}^{T}\boldsymbol{C}\boldsymbol{V}_{I,k}$$

记 $\boldsymbol{B}=\sum_{k=1}^{n}\alpha_k\boldsymbol{V}_{S,k}\boldsymbol{V}_{I,k}^{T}$，则有

$$\hat{J}(\boldsymbol{C})=\sum_{k=1}^{n}\alpha_k\mathrm{tr}(\boldsymbol{V}_{S,k}^{T}\boldsymbol{C}\boldsymbol{V}_{I,k})=\sum_{k=1}^{n}\alpha_k\mathrm{tr}(\boldsymbol{C}\boldsymbol{B}^{T})\tag{4-60}$$

将由式(2－30)四元数与方向余弦阵关系，即

$$\boldsymbol{C}(\boldsymbol{q})=(q_4{}^2-\boldsymbol{q}_v^{T}\boldsymbol{q}_v)\boldsymbol{I}+2\boldsymbol{q}_v\boldsymbol{q}_v^{T}-2q_4\tilde{\boldsymbol{Q}}$$

式中：$\tilde{\boldsymbol{Q}}$ 为斜对称阵，即

$$\tilde{\boldsymbol{Q}} = \begin{bmatrix} 0 & -q_3 & q_2 \\ q_3 & 0 & -q_1 \\ -q_2 & q_1 & 0 \end{bmatrix}$$

则式(4－60)可表示为

$$\hat{J}(\boldsymbol{q}) = (q_4^2 - \boldsymbol{Q}\boldsymbol{Q})\mathrm{tr}(\boldsymbol{B}^{\mathrm{T}}) + 2\mathrm{tr}(\boldsymbol{Q}\boldsymbol{Q}^{\mathrm{T}}\boldsymbol{B}^{\mathrm{T}}) + 2q_4\mathrm{tr}(\boldsymbol{Q}\boldsymbol{B}^{\mathrm{T}})$$

记

$$\sigma = \mathrm{tr}(\boldsymbol{B}) = \sum_{k=1}^{n} \alpha_k \boldsymbol{V}_{\mathrm{S},k}^{\mathrm{T}} \boldsymbol{V}_{\mathrm{I},k}$$

$$\boldsymbol{S} = \boldsymbol{B} + \boldsymbol{B}^{\mathrm{T}} = \sum_{k=1}^{n} \alpha_k (\boldsymbol{V}_{\mathrm{S},k}\boldsymbol{V}_{\mathrm{I},k}^{\mathrm{T}} + \boldsymbol{V}_{\mathrm{I},k}\boldsymbol{V}_{\mathrm{S},k}^{\mathrm{T}})$$

$$\boldsymbol{Z} = \sum_{k=1}^{n} \alpha_k \boldsymbol{V}_{\mathrm{S},k} \times \boldsymbol{V}_{\mathrm{I},k}$$

则 $\hat{J}(\boldsymbol{q})$ 可表示如下简洁的二次型形式，即

$$\hat{J}(\boldsymbol{q}) = \boldsymbol{q}^{\mathrm{T}}\boldsymbol{K}\boldsymbol{q}$$

式中

$$\boldsymbol{K} = \begin{bmatrix} \boldsymbol{S} - \sigma\boldsymbol{I} & \boldsymbol{Z} \\ \boldsymbol{Z}^{\mathrm{T}} & \sigma \end{bmatrix}$$

对于 $|\boldsymbol{q}| = 1$ 的约束方程，引入的拉格朗日算子 λ 后，则指标函数为

$$\hat{J}'(\boldsymbol{q}) = \boldsymbol{q}^{\mathrm{T}}\boldsymbol{K}\boldsymbol{q} + \lambda(\boldsymbol{q}^{\mathrm{T}}\boldsymbol{q} - 1)$$

于是由 $\hat{J}'(\boldsymbol{q})$ 对 $\boldsymbol{q}$ 的偏导为零可知最优解 $\boldsymbol{q}^*$ 满足：

$$\boldsymbol{K}\boldsymbol{q}^* = \lambda\boldsymbol{q}^* \tag{4-61}$$

由式(4－61)可知，λ 也为 $\boldsymbol{K}$ 的特征值，因此与矩阵 $\boldsymbol{K}$ 的最大特征值 $\lambda_{\max}$ 所对应的特征矢量即为式(4－59)的最优解 $\boldsymbol{q}^*$。式(4－61)可用 Gibbs 参数表示为

$$\boldsymbol{g}^* = [(\lambda_{\max} + \sigma)\boldsymbol{I} - \boldsymbol{S}]^{-1}\boldsymbol{Z} \tag{4-62}$$

$$\lambda_{\max} = \sigma + \boldsymbol{Z}^{\mathrm{T}}\boldsymbol{g}^* \tag{4-63}$$

式中：Gibbs 参数 $\boldsymbol{g}^*$ 为 $\lambda = \lambda_{\max}$ 时的最优解，从而求得姿态四元数最优解 $\boldsymbol{q}^*$，即

$$q^* = \frac{1}{\sqrt{1 + |g^*|^2}}\begin{bmatrix} g^* \\ 1 \end{bmatrix} \tag{4-64}$$

由式(4-62)代入式(4-64),得

$$\lambda_{max} = \sigma + Z^T[(\lambda_{max} + \sigma)I - S]^{-1}Z \tag{4-65}$$

由

$$\lambda_{max} = 1 - \frac{1}{2}\sum_{k=1}^{n}\alpha_k |V_{S,k} - C^* V_{I,k}|^2$$

可知 λ_{max} 近似等于 1,因此将 $\lambda_{max} = 1$ 代入矩阵$[(\lambda + \sigma)I - S]$,在该矩阵非奇异情况下(即姿态欧拉角不接近 $\pm\pi$)可由式(4-65)求得姿态解,该姿态确定误差为测量误差的 2 阶小量。

根据矩阵特征多项式运算有

$$[(\lambda_{max} + \sigma)I - S]^{-1} = \vartheta^{-1}(\alpha I + \beta S + S^2) \tag{4-66}$$

式中:$\alpha = \lambda_{max}^2 - \sigma^2 + \kappa$;$\beta = \lambda_{max} - \sigma$;$\vartheta = (\lambda_{max} + \sigma)\alpha - \Delta$;$\kappa = \mathrm{tr}(\mathrm{adj}(S))$,为 S 的伴随阵的迹;$\Delta = \det S$ 为 S 的行列式。

由式(4-65)和式(4-65)联合可得求解 λ_{max} 的特征多项式

$$\lambda^4 + a_2\lambda^2 + a_1\lambda + a_0 = 0 \tag{4-67}$$

式中

$$a_2 = -2\sigma^2 + \kappa - Z^T Z$$

$$a_1 = -\Delta - Z^T S Z$$

$$a_0 = (\sigma^2 - \kappa)(\sigma^2 + Z^T Z) + \sigma\Delta + \sigma Z^T S Z - Z^T S^2 Z$$

对于式(4-65),可采用 Newton-Raphson 迭代方法求解 $\lambda = \lambda_{max}$,迭代的初值可选为 $\lambda = 1$。由最大特征值 λ_{max} 可求得

$$X^* = (\alpha I + \beta S + S^2)Z \tag{4-68}$$

于是可得到姿态四元数最优解为

$$q^* = \frac{1}{\sqrt{\vartheta^2 + |X^*|^2}}\begin{bmatrix} X^* \\ \vartheta \end{bmatrix} \tag{4-69}$$

4.3.8　利用轨道罗盘确定卫星三轴姿态

由红外敏感器测量可以得到卫星相对于轨道坐标系的滚动角和俯仰角,

但不能得到卫星偏航角。由速率陀螺能够测量卫星本体相对惯性空间的姿态运动角速度，利用卫星在轨道运行过程中滚动角与偏航角之间的运动耦合关系，通过对输入轴分别沿滚动轴和偏航轴的速率陀螺的测量值，以及红外地球敏感器给出的滚动角测量值的处理，经过一定过渡过程后可以估计出卫星的偏航角。这种由陀螺和红外地球敏感器构成的确定卫星三轴姿态的系统称为轨道罗盘。

假设轨道坐标系 $O-x_b y_b z_b$ 在惯性空间中的角速度为 ω_0，方向沿轨道负法线方向（即 $-\boldsymbol{y}_b$ 方向），卫星的三轴姿态为 ϕ、θ、ψ（均为小量），则卫星相对惯性空间在本体坐标系下的表示为

$$\begin{bmatrix}\omega_x\\\omega_y\\\omega_z\end{bmatrix}\approx\begin{bmatrix}\dot{\phi}\\\dot{\theta}\\\dot{\psi}\end{bmatrix}+\begin{bmatrix}1&\psi&-\theta\\-\psi&1&\phi\\\theta&-\phi&1\end{bmatrix}\begin{bmatrix}0\\-\omega_0\\0\end{bmatrix}=\begin{bmatrix}\dot{\phi}-\omega_0\psi\\\dot{\theta}-\omega_0\\\dot{\psi}+\omega_0\phi\end{bmatrix}$$

即有

$$\begin{bmatrix}\dot{\phi}\\\dot{\theta}\\\dot{\psi}\end{bmatrix}\approx\begin{bmatrix}\omega_0\psi+\omega_x\\\omega_0+\omega_y\\-\omega_0\phi+\omega_z\end{bmatrix}$$

由上可知，当姿态角 ϕ、θ、ψ 为小量时，θ 分别与 ϕ 和 ψ 的运动是独立的，而 ϕ 和 ψ 的运动是耦合的。假设轨道角速度 ω_0 恒定，且 $\omega_x=\omega_z=0$，则滚动角与俯仰角的运动轨迹为

$$\phi(t)=\phi(t_0)\cos\omega_0(t-t_0)+\psi(t_0)\sin\omega_0(t-t_0)$$
$$\psi(t)=-\phi(t_0)\sin\omega_0(t-t_0)+\psi(t_0)\cos\omega_0(t-t_0)$$

当 $t-t_0=\dfrac{2}{\pi\omega_0}$ 时，有

$$\phi(t)=\psi(t_0),\psi(t)=\phi(t_0)$$

因此根据上述关系式可知，由红外地球敏感器给出的当前时刻滚动轴的测量值可以估计出 1/4 轨道周期的偏航角。当 ω_x 与 ω_z 不恒为零时，利用安装在卫星本体上的速率陀螺可对其进行测量。不妨设三个速率陀螺的输入轴分别沿卫星本体轴，其测量值分别为 g_x、g_y 和 g_z，则有

$$\begin{cases} g_x = \omega_x + N_{gx} \\ g_y = \omega_y + N_{gy} \\ g_z = \omega_z + N_{gz} \end{cases}$$

式中：N_{gx}、N_{gy}、N_{gz}为三轴上陀螺的测量误差。

于是根据姿态运动学方程和陀螺测量方程有

$$\begin{bmatrix} \dot{\phi} \\ \dot{\theta} \\ \dot{\psi} \end{bmatrix} = \begin{bmatrix} \omega_0\psi + g_x - N_{gx} \\ \omega_0 + g_y - N_{gy} \\ -\omega_0\phi + g_z - N_{gz} \end{bmatrix}$$

记滚动红外敏感器和俯仰红外敏感器的输出分别为 ϕ_H、θ_H，则

$$\phi_H = \phi + N_{\phi H}$$

$$\theta_H = \theta + N_{\theta H}$$

式中：$N_{\phi H}$、$N_{\theta H}$为两红外敏感器的测量误差。

根据上述两组方程，利用状态观测器的设立方法，可给出滚动、俯仰和偏航轴的姿态角估计器，即

$$\begin{cases} \dot{\hat{\phi}} = \omega_0\hat{\psi} + g_x + K_\phi(\phi_H - \hat{\phi}) \\ \dot{\hat{\psi}} = -\omega_0\hat{\phi} + g_z + K_\psi(\phi_H - \hat{\phi}) \\ \dot{\hat{\theta}} = \omega_0 + g_y + K_\theta(\theta_H - \hat{\theta}) \end{cases} \tag{4-70}$$

轨道罗盘给出的姿态角的估计误差相对于陀螺和红外地球敏感器的测量误差具有如下传递函数关系：

$$\begin{cases} \hat{\phi} - \phi = \dfrac{s}{\Delta(s)}N_{gx} + \dfrac{\omega_0}{\Delta(s)}N_{gz} + \dfrac{K_\phi s + \omega_0 K_\psi}{\Delta(s)}N_{\phi H} \\ \hat{\psi} - \psi = \dfrac{K_\psi + \omega_0}{\Delta(s)}N_{gx} + \dfrac{s + K_\phi}{\Delta(s)}N_{gz} + \dfrac{K_\psi s - \omega_0 K_\phi}{\Delta(s)}N_{\phi H} \\ \hat{\theta} - \theta = \dfrac{1}{s + K_\theta}N_{gy} + \dfrac{K_\theta}{s + K_\theta}N_{\theta H} \end{cases}$$

式中

$$\Delta(s) = s^2 + K_\phi s + \omega_0(K_\psi + \omega_0)$$

若选取合适的增益系数使得 $\Delta(s)$ 稳定和 $(s+K_\theta)$ 稳定，则估计误差渐近趋于零。

4.4 卫星三轴姿态几何定姿应用实例

4.4.1 中、低轨道卫星对地三轴姿态的确定

对于用外部参考矢量作为参考基准的天体，迄今为止多用地球和太阳这两个易于观测的天体，此时将地心方向矢量 $\boldsymbol{E}$ 和太阳方向矢量 $\boldsymbol{S}$ 作为从卫星质心观测到的外部参考矢量，由安装在卫星上的地球敏感器和太阳敏感器测得的姿态信息数据，结合卫星的轨道参数和太阳的星历数据便可确定卫星当时的对地三轴姿态。

根据描述三轴稳定姿态的欧拉角法可以表示出卫星本体坐标系相对于轨道坐标系的姿态矩阵，根据两种转动的次序（$\boldsymbol{z}_\mathrm{b}\to\boldsymbol{y}_\mathrm{b}\to\boldsymbol{x}_\mathrm{b}$，$\boldsymbol{z}_\mathrm{b}\to\boldsymbol{x}_\mathrm{b}\to\boldsymbol{y}_\mathrm{b}$）给出两种形式的姿态矩阵为

$$
\left\{\begin{aligned}
\boldsymbol{C}_{\mathrm{bo}(Z-Y-X)} &= \begin{bmatrix} 1 & 0 & 0 \\ 0 & \cos\phi_1 & \sin\phi_1 \\ 0 & -\sin\phi_1 & \cos\phi_1 \end{bmatrix} \begin{bmatrix} \cos\theta_1 & 0 & -\sin\theta_1 \\ 0 & 1 & 0 \\ \sin\theta_1 & 0 & \cos\theta_1 \end{bmatrix} \begin{bmatrix} \cos\psi & \sin\psi & 0 \\ -\sin\psi & \cos\psi & 0 \\ 0 & 0 & 1 \end{bmatrix} \\
&= \begin{bmatrix} \cos\theta_1\cos\psi & \cos\theta_1\sin\psi & -\sin\theta_1 \\ \sin\phi_1\sin\theta_1\cos\psi - \cos\phi_1\sin\psi & \sin\phi_1\sin\theta_1\sin\psi + \cos\phi_1\cos\psi & \sin\phi_1\cos\theta_1 \\ \cos\phi_1\sin\theta_1\cos\psi + \sin\phi_1\sin\psi & \cos\phi_1\sin\theta_1\sin\psi - \sin\phi_1\cos\psi & \cos\phi_1\cos\theta_1 \end{bmatrix} \qquad (4-71) \\
\boldsymbol{C}_{\mathrm{bo}(Z-X-Y)} &= \begin{bmatrix} \cos\theta_2 & 0 & -\sin\theta_2 \\ 0 & 1 & 0 \\ \sin\theta_2 & 0 & \cos\theta_2 \end{bmatrix} \begin{bmatrix} 1 & 0 & 0 \\ 0 & \cos\phi_2 & \sin\phi_2 \\ 0 & -\sin\phi_2 & \cos\phi_2 \end{bmatrix} \begin{bmatrix} \cos\psi & \sin\psi & 0 \\ -\sin\psi & \cos\psi & 0 \\ 0 & 0 & 1 \end{bmatrix} \\
&= \begin{bmatrix} \cos\theta_2\cos\psi - \sin\phi_2\sin\theta_2\sin\psi & \cos\theta_2\sin\psi + \sin\phi_2\sin\theta_2\cos\psi & -\cos\phi_2\sin\theta_2 \\ -\sin\psi\cos\phi_2 & \cos\phi_2\cos\psi & \sin\phi_2 \\ \sin\theta_2\cos\psi + \sin\phi_2\cos\theta_2\sin\psi & \sin\theta_2\sin\psi - \sin\phi_2\cos\theta_2\cos\psi & \cos\phi_2\cos\theta_2 \end{bmatrix} \qquad (4-72)
\end{aligned}\right.
$$

上述两式中的欧拉转角 ϕ_1、ϕ_2 为滚动角，θ_1、θ_2 为俯仰角，ψ 为偏航角。

当卫星本体坐标系的 z_b 轴与地心矢量 $\boldsymbol{E}$ 之间的夹角为小量时，则姿态矩阵对应的欧拉角与转动次序无关，即在一阶近似的条件下，其滚动角 ϕ_1 与 ϕ_2、俯仰角 θ_1 与 θ_2 均为小量且分别相等，故其滚动角和俯仰角统一用 ϕ、θ 来表示，其姿态矩阵可表示为

$$\boldsymbol{C}_{bo}=\begin{bmatrix}\cos\psi & \sin\psi & -\theta\\ -\sin\psi & \cos\psi & \phi\\ \theta\cos\psi+\phi\sin\psi & \theta\sin\psi-\phi\cos\psi & 1\end{bmatrix}\tag{4-73}$$

太阳－地球方式确定卫星三轴姿态的过程：先用地球敏感器的测量数据直接确定卫星滚动角、俯仰角 ϕ、θ，然后由太阳敏感器的测量数据结合红外地球敏感器测量的滚动角、俯仰角数据，再结合卫星的轨道参数和太阳的星历数据来确定卫星的偏航角 ψ。

1. 滚动角和俯仰角计算

依圆锥扫描式红外地球敏感器的测量原理可知，在扫描机构的驱动下，其敏感器视场的光轴在空间的轨迹形成一个圆锥。该空间锥的方位相对于敏感器固定，称为扫描锥，此空间锥的对称轴称为扫描自旋轴，如图 4－29 所示。

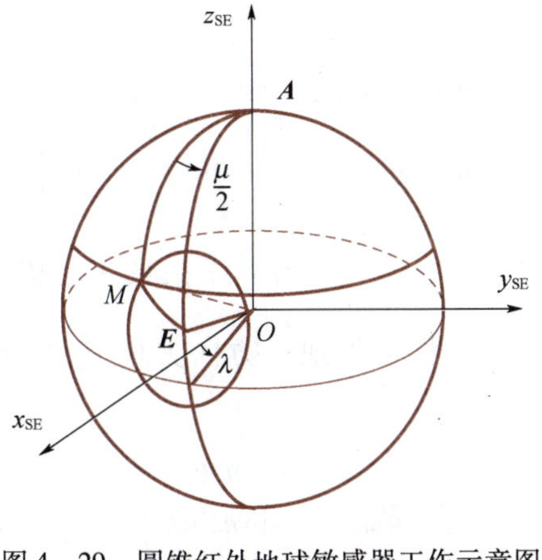

图 4－29　圆锥红外地球敏感器工作示意图

当光轴扫描穿入或穿出地球边缘时，由于敏感器的红外探测元件对地球（二氧化碳层）和冷空间的红外辐射的不同响应，则敏感器分别给出脉冲信号，用 t_i 和 t_o 表示穿入和穿出的时刻。另外，在红外地球敏感器上设置一个固定的基准点，扫描机构上安装相应的敏感元件，当扫描机构驱动的扫描自旋轴与

红外视场光轴确定的半平面扫过该基准点时,敏感器也给出脉冲信号,用 t_r 表示此时刻。

图 4-29 中的 $O-x_{SE}y_{SE}z_{SE}$ 为建立起的地球敏感器测量坐标系,其原点 O 取自红外扫描锥的顶点,$\boldsymbol{z}_{SE}$ 轴选取扫描自旋轴的方向,$\boldsymbol{x}_{SE}$ 轴垂直于扫描自旋轴,并使敏感器的基准点位于 $\boldsymbol{x}_{SE}Oz_{SE}$ 平面内,以右手正交定则决定 $\boldsymbol{y}_{SE}$ 轴。

由上述三个脉冲时刻的测量值 t_i、t_o 和 t_r,可求得敏感器圆锥扫描地球的弦宽 μ 和地心方向矢量 $\boldsymbol{E}$ 在敏感器测量坐标系 $x_{SE}Oy_{SE}$ 平面中的投影与 $\boldsymbol{x}_{SE}$ 轴的夹角 λ,即

$$\mu = \omega_{rot}(t_o - t_i)$$

$$\lambda = \frac{\mu}{2} - \omega_{rot}(t_r - t_i)$$

式中:ω_{rot}为扫描角速度。

从卫星质心看,地球圆盘(红外辐射圆盘)的视角半径为

$$\sin\rho = \frac{R_E + h_I}{r}$$

式中:r 为从卫星到地心的距离;R_E 为地球半径;h_I 为地球大气二氧化碳吸收层的等效高度。

在天球上,依球面三角的余弦定理有

$$\cos\rho = \cos\gamma\cos\eta + \sin\gamma\sin\eta\cos\frac{\mu}{2}$$

在球面三角形 AME 中,三个边弧长为 $AM=\gamma$,$AE=\eta$,$ME=\rho$,夹角 $\angle MAE=\frac{\mu}{2}$。

由上式可以求出 η,这样可把地心方向矢量 $\boldsymbol{E}$ 在敏感器测量坐标系表示为

$$\boldsymbol{E}_{SE} = \begin{bmatrix} \sin\eta\cos\lambda \\ \sin\eta\sin\lambda \\ \cos\eta \end{bmatrix} \tag{4-74}$$

根据要求,地球敏感器可在星体上有不同的安装方式,构成不同的安装矩阵 $\boldsymbol{D}$,依此就可把地心方向矢量 $\boldsymbol{E}$ 从测量坐标系转换到星体坐标系来表示,即

$$\boldsymbol{E}_B = \boldsymbol{D}^T\boldsymbol{E}_{SE}$$

下面分述三种不同的安装矩阵,求出地心矢量 $\boldsymbol{E}$ 在星体坐标系的三种表

示形式,并结合 $\boldsymbol{E}$ 在轨道坐标系的表示转换成星体坐标系表示,由两种途径转换成 $\boldsymbol{E}_{\mathrm{B}}$ 进行比较,即可求出卫星的滚动角和俯仰角。

(1) 假设敏感器的测量坐标系的 $\boldsymbol{x}_{\mathrm{SE}}$、$\boldsymbol{z}_{\mathrm{SE}}$ 轴与星体本体坐标系的 $\boldsymbol{z}_{\mathrm{B}}$,$\boldsymbol{x}_{\mathrm{B}}$ 轴相一致(一般称为滚动红外地球敏感器),则其安装矩阵为

$$\boldsymbol{D}_{\mathrm{SEB}_1} = \begin{bmatrix} 0 & 0 & 1 \\ 0 & -1 & 0 \\ 1 & 0 & 0 \end{bmatrix} \tag{4-75}$$

则地心矢量 $\boldsymbol{E}$ 在本体坐标系的坐标为

$$\boldsymbol{E}_{\mathrm{B}} = \boldsymbol{D}_{\mathrm{SEB}_1}^{\mathrm{T}} \boldsymbol{E}_{\mathrm{SE}} = \begin{bmatrix} \cos\eta_1 \\ -\sin\eta_1 \sin\lambda_1 \\ \sin\eta_1 \cos\lambda_1 \end{bmatrix} \tag{4-76}$$

地心矢量 $\boldsymbol{E}$ 在轨道坐标系中的坐标为

$$\boldsymbol{E}_{\mathrm{o}} = [0 \quad 0 \quad 1]^{\mathrm{T}} \tag{4-77}$$

则地心矢量 $\boldsymbol{E}$ 在本体坐标系的坐标为

$$\boldsymbol{E}_{\mathrm{B}} = \boldsymbol{C}_{\mathrm{bo}(Z-Y-X)} \boldsymbol{E}_{\mathrm{o}} = \begin{bmatrix} -\sin\theta_1 \\ \sin\phi_1 \cos\theta_1 \\ \cos\phi_1 \cos\theta_1 \end{bmatrix} \tag{4-78}$$

比较地心矢量 $\boldsymbol{E}$ 在本体系下的两个表达形式式(4-76)和式(4-78),就可以由滚动红外地球敏感器的测量值 λ_1、η_1 直接给出卫星姿态矩阵 $\boldsymbol{C}_{\mathrm{bo}(Z-Y-X)}$ 中的欧拉角 ϕ_1、θ_1,即

$$\begin{cases} \phi_1 = -\lambda_1 \\ \theta_1 = \eta_1 - \dfrac{\pi}{2} \end{cases} \tag{4-79}$$

(2) 假设敏感器的测量坐标系的 $\boldsymbol{x}_{\mathrm{SE}}$、$\boldsymbol{z}_{\mathrm{SE}}$ 轴与星体坐标系的 $\boldsymbol{z}_{\mathrm{B}}$、$\boldsymbol{y}_{\mathrm{B}}$ 轴一致(一般称为俯仰红外地球敏感器),则其对应的安装矩阵为

$$\boldsymbol{D}_{\mathrm{SEB}_2} = \begin{bmatrix} 0 & 0 & 1 \\ 1 & 0 & 0 \\ 0 & 1 & 0 \end{bmatrix} \tag{4-80}$$

则地心矢量 $\boldsymbol{E}$ 在本体坐标系的坐标为

$$\boldsymbol{E}_{\mathrm{B}} = \boldsymbol{D}_{\mathrm{SEB}_2}^{\mathrm{T}} \boldsymbol{E}_{\mathrm{SE}} = \begin{bmatrix} \cos\eta_2 \\ \sin\eta_2\cos\lambda_2 \\ \sin\eta_2\sin\lambda_2 \end{bmatrix} \tag{4-81}$$

再把地心矢量 $\boldsymbol{E}$ 由轨道坐标系按 $z_{\mathrm{B}} \to \boldsymbol{x}_{\mathrm{B}} \to \boldsymbol{y}_{\mathrm{B}}$ 转换求出地心矢量 $\boldsymbol{E}$ 在本体坐标系的坐标为

$$\boldsymbol{E}_{\mathrm{B}} = \boldsymbol{C}_{\mathrm{bo}(Z-X-Y)} \boldsymbol{E}_{\mathrm{o}} = \begin{bmatrix} -\cos\phi_2\sin\theta_2 \\ \sin\phi_2 \\ \cos\phi_2\cos\theta_2 \end{bmatrix} \tag{4-82}$$

比较两个地心矢量 $\boldsymbol{E}$ 在星本体系下的两个表达式式(4－80)和式(4－81),可由俯仰红外地球敏感器的测量值 λ_2、η_2 直接给出卫星姿态矩阵 $\boldsymbol{C}_{\mathrm{bo}(z-x-y)}$ 中的欧拉角 ϕ_2、θ_2,即

$$\begin{cases} \phi_2 = -\eta_2 + \dfrac{\pi}{2} \\ \theta_2 = -\lambda_2 \end{cases} \tag{4-83}$$

对于对地定向的三轴稳定卫星,在轨运行的大部分时间里星本体 z_{B} 轴与地心方向矢量 $\boldsymbol{E}$ 之间的夹角为小量,如采用上述两种安装方式,就可以直接由红外地球敏感器的测量值来表示卫星的滚动角 ϕ 和俯仰角 θ,即

$$\begin{cases} \phi = -\lambda_1 \\ \theta = -\lambda_2 \end{cases} \tag{4-84}$$

从此可以看出,λ_1、λ_2 仅与敏感器输出脉冲时刻有关,而与卫星轨道参数无关。

(3) 两个红外地球敏感器的测量坐标重合,但两个扫描圆锥的半锥角不等(设为 γ_1、γ_2)。在此种安装方式下两个敏感器的 λ 和 η 角相等,同样根据球面三角形的余弦定理得出

$$\cos\rho = \cos\gamma_1\cos\eta + \sin\gamma_1\sin\eta\cos\frac{\mu_1}{2}$$

$$\cos\rho = \cos\gamma_2\cos\eta + \sin\gamma_2\sin\eta\cos\frac{\mu_2}{2}$$

从上两式可以解得 η(在解的过程中消去了 ρ,因此这种安装方式导出的测量值 λ、η 均与卫星的轨道参数无关),然后用前述算法从 λ、η 求出滚动角 ϕ_1(或 ϕ_2)和俯仰角 θ_1(或 θ_2)。

2. 偏航角计算

首先，如图4－30所示建立数字式太阳敏感器的测量坐标系 $O-x_{SS}y_{SS}z_{SS}$，其中，z_{SS}轴沿码盘平面的法线方向，$\boldsymbol{x}_{SS}$轴沿太阳光入射的狭缝方向，依右手正交定确定$\boldsymbol{y}_{SS}$轴，则太阳方向矢量在测量坐标系中的坐标为

$$\boldsymbol{S}_{SS} = [S_{SSX} \quad S_{SSY} \quad S_{SSZ}]^{T} \tag{4-85}$$

基于太阳敏感器的测量模型，太阳敏感器的测量值满足

$$\tan\alpha = \frac{S_{SSY}}{S_{SSZ}} \tag{4-86}$$

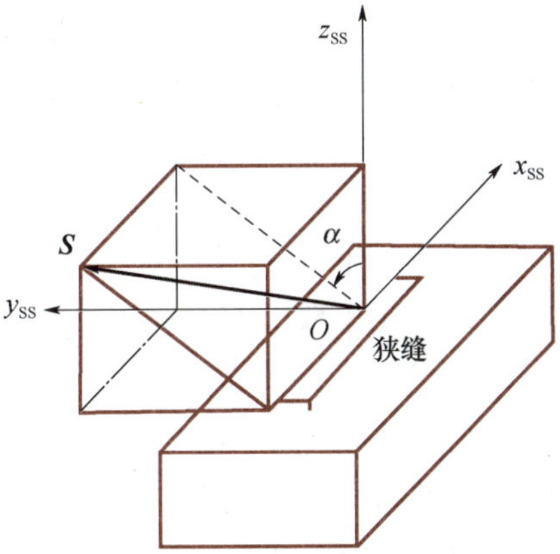

图4－30　数字太阳敏感器测量图

前面已经介绍过，根据太阳星历表数据可以计算出测量时刻太阳在黄道上的经度，依此可以确定太阳方向矢量 $\boldsymbol{S}$ 在地心赤道惯性坐标系中的坐标 $\boldsymbol{S}_{I}$，一般用赤经 α_S 和赤纬 δ_S 表示，即

$$\boldsymbol{S}_{I} = \begin{bmatrix} \cos\delta_s\cos\alpha_s \\ \cos\delta_s\sin\alpha_s \\ \sin\delta_s \end{bmatrix} \tag{4-87}$$

然后，再根据测量时刻的轨道根数求出轨道坐标系相对于地心赤道惯性坐标系的转换矩阵，即

$$\boldsymbol{C}_{oi} = \begin{bmatrix} 0 & 1 & 0 \\ 0 & 0 & -1 \\ -1 & 0 & 0 \end{bmatrix}\begin{bmatrix} \cos u & \sin u & 0 \\ -\sin u & \cos u & 0 \\ 0 & 0 & 1 \end{bmatrix} \times \begin{bmatrix} 1 & 0 & 0 \\ 0 & \cos i & \sin i \\ 0 & -\sin i & \cos i \end{bmatrix}\begin{bmatrix} \cos\Omega & \sin\Omega & 0 \\ -\sin\Omega & \cos\Omega & 0 \\ 0 & 0 & 1 \end{bmatrix} \tag{4-88}$$

式中:i 为轨道倾角;Ω 为升交点赤经;u 为轨道幅角。

于是,可导出太阳方向矢量 $\boldsymbol{S}$ 在轨道坐标系中的坐标 $\boldsymbol{S}_{\mathrm{o}}$,即

$$\boldsymbol{S}_{\mathrm{o}} = \boldsymbol{C}_{\mathrm{oI}}\boldsymbol{S}_{\mathrm{I}} \tag{4-89}$$

把太阳矢量由轨道坐标系转换成测量坐标系的表达式为

$$\boldsymbol{S}_{\mathrm{SS}} = \boldsymbol{D}_{\mathrm{SSB}}\boldsymbol{C}_{\mathrm{bo}}\boldsymbol{S}_{\mathrm{o}} \tag{4-90}$$

式中:$\boldsymbol{S}_{\mathrm{o}}$ 可由测量时刻的太阳星历数据和卫星轨道根数通过赤道惯性坐标系到轨道坐标系的转换求出;$\boldsymbol{C}_{\mathrm{bo}}$ 为姿态矩阵(如按照 $\boldsymbol{z}_{\mathrm{B}} \to \boldsymbol{y}_{\mathrm{B}} \to \boldsymbol{x}_{\mathrm{B}}$ 转换顺序,则卫星的滚转角 ϕ_1、俯仰角 θ_1 可由红外地球敏感器的测量值求出,只有偏航角 ψ 为待求量);$\boldsymbol{D}_{\mathrm{SSB}}$ 为安装矩阵,由太阳敏感器相对于星本体的安装结构来决定,即

$$\boldsymbol{D}_{\mathrm{SSB}} = \begin{bmatrix} S_{AX} & S_{AY} & S_{AZ} \\ S_{BX} & S_{BY} & S_{BZ} \\ S_{CX} & S_{CY} & S_{CZ} \end{bmatrix} \tag{4-91}$$

太阳矢量在轨道系下坐标 $\boldsymbol{S}_{\mathrm{o}}$ 又可表示为三轴分量形式,即

$$\boldsymbol{S}_{\mathrm{o}} = [S_{\mathrm{o}X} \quad S_{\mathrm{o}Y} \quad S_{\mathrm{o}Z}]^{\mathrm{T}} \tag{4-92}$$

记

$$\boldsymbol{C}_{yx}(\theta_1,\phi_1) = \begin{bmatrix} 1 & 0 & 0 \\ 0 & \cos\phi_1 & \sin\phi_1 \\ 0 & -\sin\phi_1 & \cos\phi_1 \end{bmatrix}\begin{bmatrix} \cos\theta_1 & 0 & -\sin\theta_1 \\ 0 & 1 & 0 \\ \sin\theta_1 & 0 & \cos\theta_1 \end{bmatrix}$$

将式(4-91)、式(4-92)、式(4-71)代入式(4-90),可得

$$S_{\mathrm{SS}Y} = [S_{BX} \quad S_{BY} \quad S_{BZ}]\, C_{\mathrm{bo}(Z-Y-X)}\begin{bmatrix} S_{\mathrm{o}X} \\ S_{\mathrm{o}Y} \\ S_{\mathrm{o}Z} \end{bmatrix}$$

$$= [S_{BX} \quad S_{BY} \quad S_{BZ}]\, C_{yx}(\theta_1,\phi_1)\begin{bmatrix} S_{\mathrm{o}X} & S_{\mathrm{o}Y} & 0 \\ S_{\mathrm{o}Y} & -S_{\mathrm{o}X} & 0 \\ 0 & 0 & S_{\mathrm{o}Z} \end{bmatrix}\begin{bmatrix} \cos\psi \\ \sin\psi \\ 1 \end{bmatrix} \tag{4-93}$$

$$S_{SSZ}=[S_{CX}\quad S_{CY}\quad S_{CZ}]\,C_{bo(Z-Y-X)}\begin{bmatrix}S_{oX}\\S_{oY}\\S_{oZ}\end{bmatrix}$$

$$=[S_{CX}\quad S_{CY}\quad S_{CZ}]\,C_{yx}(\theta_1,\phi_1)\begin{bmatrix}S_{oX}&S_{oY}&0\\S_{oY}&-S_{oX}&0\\0&0&S_{oZ}\end{bmatrix}\begin{bmatrix}\cos\psi\\\sin\psi\\1\end{bmatrix}\qquad(4-94)$$

将式(4－93)和式(4－94)代入式(4－86)，可得

$$A_1\cos\psi+A_2\sin\psi+A_3=0\qquad(4-95)$$

求解此方程便可以求得卫星的偏航角为

$$\psi=-\arcsin\frac{A_3}{\sqrt{A_1^2+A_2^2}}-\arctan\frac{A_1}{A_2}\qquad(4-96)$$

式中：系数A_1、A_2、A_3可由下式给出，即

$$\begin{bmatrix}A_1\\A_2\\A_3\end{bmatrix}=\begin{bmatrix}S_{oX}&S_{oY}&0\\S_{oY}&-S_{oX}&0\\0&0&S_{oZ}\end{bmatrix}\times$$

$$\begin{bmatrix}\cos\theta_1&0&\sin\theta_1\\0&1&0\\-\sin\theta_1&0&\cos\theta_1\end{bmatrix}\begin{bmatrix}1&0&0\\0&\cos\phi_1&-\sin\phi_1\\0&\sin\phi_1&\cos\phi_1\end{bmatrix}\left\{\begin{bmatrix}S_{BX}\\S_{BY}\\S_{BZ}\end{bmatrix}-\tan\alpha\begin{bmatrix}S_{CX}\\S_{CY}\\S_{CZ}\end{bmatrix}\right\}$$

若欧拉转动顺序为$z_B\to x_B\to y_B$时，偏航角ψ仍可由(4－95)求得，只是所对应的A_1、A_2、A_3系数有所改变。若滚动角ϕ和俯仰角都为小量时，两种欧拉角的转换顺序求出的滚动角、俯仰角相同，则两种转换方式求偏航角所对应系数A_1、A_2、A_3相同，即

$$\begin{bmatrix}A_1\\A_2\\A_3\end{bmatrix}=\begin{bmatrix}S_{oX}&S_{oY}&0\\S_{oY}&-S_{oX}&0\\0&0&S_{oZ}\end{bmatrix}\begin{bmatrix}1&0&\theta\\0&1&-\phi\\-\theta&\phi&1\end{bmatrix}\left\{\begin{bmatrix}S_{BX}\\S_{BY}\\S_{BZ}\end{bmatrix}-\tan\alpha\begin{bmatrix}S_{CX}\\S_{CY}\\S_{CZ}\end{bmatrix}\right\}$$

(4－97)

4.4.2　地球同步轨道卫星对地三轴的姿态确定

下面介绍中国“东方红”三号地球同步轨道广播通信卫星在远地点点火模

式中建立远地点点火姿态的偏航姿态的确定问题。

在远地点变轨过程中，卫星由倾角约28.5°的大椭圆轨道进入零倾角的地球静止轨道，为保持远地点发动机的推力方向，要求对卫星进行三轴控制。由于变轨过程中卫星的轨道平面在不断变化，轨道坐标系相对于惯性空间变化的规律不易准确得到，因而不适宜采用一般的轨道坐标系作为卫星姿态确定的参考坐标系，为此重新定义一个参考坐标系 $O-x_Ry_Rz_R$，其中 $\boldsymbol{z}_R$ 轴指向地心方向，$\boldsymbol{y}_R$ 轴位于当地子午面内且指向南，$\boldsymbol{x}_R$ 轴构成右手正交系，一般称为“东南”坐标系。

远地点发动机工作期间，其推力矢量的标称方向沿卫星本体 $\boldsymbol{x}_B$ 轴，卫星的标称姿态定义为，卫星本体 $\boldsymbol{z}_B$ 轴指向地心，且本体坐标系相对于参考坐标系绕 $\boldsymbol{z}_B$ 轴转过给出的偏航角 ψ_0（由远地点变轨策略决定）。考虑到卫星的实际姿态相对于标称姿态的偏差，其姿态矩阵可认为是在标称姿态矩阵的基础上再分别绕卫星本体 $\boldsymbol{x}_B$、$\boldsymbol{y}_B$、$\boldsymbol{z}_B$ 轴作小角度 $\Delta\phi$、$\Delta\theta$、$\Delta\psi$ 转动得到新的转换阵，即

$$\boldsymbol{C}_{BR}=\begin{bmatrix}1 & \Delta\psi & -\Delta\theta\\ -\Delta\psi & 1 & \Delta\phi\\ \Delta\theta & -\Delta\phi & 1\end{bmatrix}\begin{bmatrix}\cos\psi_0 & \sin\psi_0 & 0\\ -\sin\psi_0 & \cos\psi_0 & 0\\ 0 & 0 & 1\end{bmatrix} \tag{4-98}$$

由于地心矢量的偏差都是小角度，故 $\Delta\phi$、$\Delta\theta$ 可由摆动红外地球敏感器直接测出（具体测量方法见4.1.1节），其主要问题是如何测出偏航角偏差 $\Delta\psi$。

根据上述给出的新的参考坐标系定义，由测量时刻卫星的轨道参数 i、Ω 和 u 可以求出新的参考系相对于地心赤道惯性坐标系的转换矩阵 $\boldsymbol{C}_{RI}$，由此可将太阳方向矢量 $\boldsymbol{S}$ 在地心赤道惯性坐标系的坐标 $\boldsymbol{S}_I$ 转换为在新的参考坐标系中的坐标 $\boldsymbol{S}_R$。为了计算方便，将 $\boldsymbol{S}_R$ 由方位角 θ_{se} 和 θ_{sp} 来表示，其中 θ_{se} 是太阳方向矢量 $\boldsymbol{S}$ 与地心方向矢量 $\boldsymbol{E}$ 的夹角，θ_{sp} 是太阳方向矢量 $\boldsymbol{S}$ 在参考坐标系的 x_ROy_R 平面中的投影与 $\boldsymbol{x}_R$ 轴的夹角（规定偏向 $\boldsymbol{y}_R$ 轴方向为正）。显然，太阳矢量相对于参考坐标系的方向余弦为

$$\boldsymbol{S}_R=\begin{bmatrix}\sin\theta_{se}\cos\theta_{sp}\\ \sin\theta_{se}\sin\theta_{sp}\\ \cos\theta_{se}\end{bmatrix} \tag{4-99}$$

太阳敏感器在星体的安装方式为光轴 $\boldsymbol{z}_{SS}$ 与星体 $\boldsymbol{x}_B$ 轴一致，窄缝轴 $\boldsymbol{x}_{SS}$ 与

卫星本体 z_B 轴一致，故其安装矩阵为

$$\boldsymbol{D}_{SSB} = \begin{bmatrix} 0 & 0 & 1 \\ 0 & -1 & 0 \\ 1 & 0 & 0 \end{bmatrix} \tag{4-100}$$

根据上述的转换关系，可得如下的转换式：

$$\boldsymbol{S}_{SS} = \boldsymbol{D}_{SSB}\boldsymbol{C}_{BR}\boldsymbol{S}_R \tag{4-101}$$

分解得

$$\begin{cases} S_{SSY} = \sin\theta_{se}\sin(\psi_0 - \theta_{sp}) - \Delta\phi\cos\theta_{se} + \Delta\psi\sin\theta_{se}\cos(\psi_0 - \theta_{sp}) \\ S_{SSZ} = \sin\theta_{se}\cos(\psi_0 - \theta_{sp}) - \Delta\theta\cos\theta_{se} - \Delta\psi\sin\theta_{se}\sin(\psi_0 - \theta_{sp}) \end{cases} \tag{4-102}$$

卫星在标称姿态情况下，即 $\Delta\phi=0, \Delta\theta=0, \Delta\psi=0$，偏航角为 ψ。对应的 S_{SSY}和 S_{SSZ}的标称值为

$$\begin{cases} S_{SSY0} = \sin\theta_{se}\sin(\psi_0 - \theta_{sp}) \\ S_{SSZ0} = \sin\theta_{se}\cos(\psi_0 - \theta_{sp}) \end{cases} \tag{4-103}$$

标称姿态下太阳敏感器的测量值可写为

$$\alpha_0 = \arctan\frac{S_{SSY0}}{S_{SSZ0}} = \arctan\frac{\sin\theta_{se}\sin(\psi_0 - \theta_{sp})}{\sin\theta_{se}\cos(\psi_0 - \theta_{sp})} = \psi_0 - \theta_{sp}$$

当相对于标称姿态的姿态误差量为小量时，其太阳敏感器测量值 α 与 α_0 的差值可以写成 $\Delta\phi$、$\Delta\theta$、$\Delta\psi$ 的线性函数，即

$$\alpha - \alpha_0 = \left[\frac{\partial\alpha}{\partial\phi}\right]_0 \Delta\phi + \left[\frac{\partial\alpha}{\partial\theta}\right]_0 \Delta\theta + \left[\frac{\partial\alpha}{\partial\psi}\right]_0 \Delta\psi \tag{4-104}$$

其中偏导数的下标"0"表示在标称姿态下取值，由式(4－102)及

$$\alpha = \arctan\frac{S_{SSY}}{S_{SSZ}} \tag{4-105}$$

可以导出

$$\left[\frac{\partial\alpha}{\partial\phi}\right]_0 = -\frac{\cos\alpha_0}{\tan\theta_{se}}$$

$$\left[\frac{\partial\alpha}{\partial\theta}\right]_0 = \frac{\sin\alpha_0}{\tan\theta_{se}}$$

$$\left[\frac{\partial\alpha}{\partial\psi}\right]_0 = 1$$

将以上三式代入式(4－104),得

$$\alpha - \alpha_0 = -\frac{\cos\alpha_0}{\tan\theta_{se}}\Delta\phi + \frac{\sin\alpha_0}{\tan\theta_{se}}\Delta\theta + \Delta\psi$$

最后推导出 $\Delta\psi$ 的关系式为

$$\Delta\psi = \alpha - \alpha_0 + \frac{\Delta\phi\cos\alpha_0 - \Delta\theta\sin\alpha_0}{\tan\theta_{se}} \tag{4-106}$$

4.5 基于地球扁率的圆锥红外地球敏感器算法

圆锥扫描红外地球敏感器广泛应用于对地定向三轴稳定卫星,测量星体的滚动角和俯仰角。扫描式红外地球敏感器利用空间扫描的红外视场扫入和扫出地球边缘时,敏感到的地球红外辐射相对于空间背景辐射的变化确定地平,由此确定卫星的姿态。然而,地球的实际形状近似为绕极轴的旋转椭球,而红外地球敏感器的地球测量模型是标准球体,因此由地球扁率的测量模型必然给姿态确定带来一定的误差。

考虑地球扁率的红外地球敏感器姿态确定方法基本利用卫星的位置、扫描视场以及扫入、扫出点之间的空间几何关系推导扁率误差修正算法,具体方法有两类:一是直接建立椭球条件下的红外地球敏感器测量模型;二是通过测量模型之间的差异修正红外地球敏感器的测量值。

4.5.1 红外地球敏感器的椭球测量模型误差修正

地球的椭球模型在惯性坐标系下可近似描述为

$$x^2 + y^2 + (1-2f)z^2 = R_e^2 \tag{4-107}$$

式中:f 为地球扁率;R_e 为地球赤道面半径。

记卫星 S 在惯性系系的坐标为 x_s、y_s、z_s,从 S 向地球引切线矢量 $\boldsymbol{L}$ 与椭球面交于 P,则过 P 点的椭球法平面 Π 的方程可描述为

$$x_s x + y_s y + z_s(1-2f)z - R_e^2 = 0 \tag{4-108}$$

平面 Π 在地球椭球面上截出的椭圆即为卫星上观测到的地球轮廓线。记天底矢量 $\boldsymbol{r}$ 与地球椭球面和平面 Π 分别相交于点 S' 和 S^*,以 S^* 为原点定义当地地平坐标系,其 x^* 轴指向当地北,y^* 轴指向当地东,如图 4－31 所示。

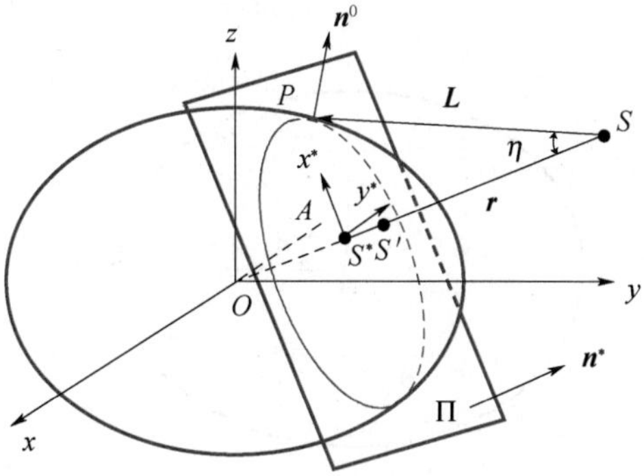

图 4－31　地球椭球面与地平平面

已知卫星的轨道倾角 i、轨道幅角 u，则星下点地理纬度 φ 和轨道面与子午面夹角 χ 的关系为

$$\sin\varphi = \sin i \sin u, \cot\chi = \tan i \cos u$$

地心到点 S' 的距离 R 与 φ 关系为

$$R^2 = R_e^2(1 - 2f\sin^2\varphi) \tag{4-109}$$

忽略 f 的二阶小量，则 O 到平面 Π 的距离 d 与 OS^* 的距离 D 相等，即

$$d = D = \frac{R^2}{r} \tag{4-110}$$

式中：r 天底矢量 $\boldsymbol{r}$ 的距离。

由式(4－107)可知，图 4－32 中轮廓椭圆上任意 P 点在 $x^*S^*y^*$ 平面上的极坐标(ρ_{s^*}, σ)表达式为

$$\rho_{s^*} = \rho_0\left\{1 + f\left[\left(\frac{R_e^2}{r^2 - R_e^2}\right)\sin^2\varphi - \cos^2\varphi\sin^2\sigma\right]\right\} \tag{4-111}$$

式中

$$\rho_0 = \frac{R_e}{r}\sqrt{r^2 - R_e^2}$$

由式(4－109)和式(4－110)计算出卫星距地平平面高度为

$$h = h_0\left[1 + 2f\left(\frac{R_e^2}{r^2 - R_e^2}\right)\sin^2\varphi\right] \tag{4-112}$$

式中

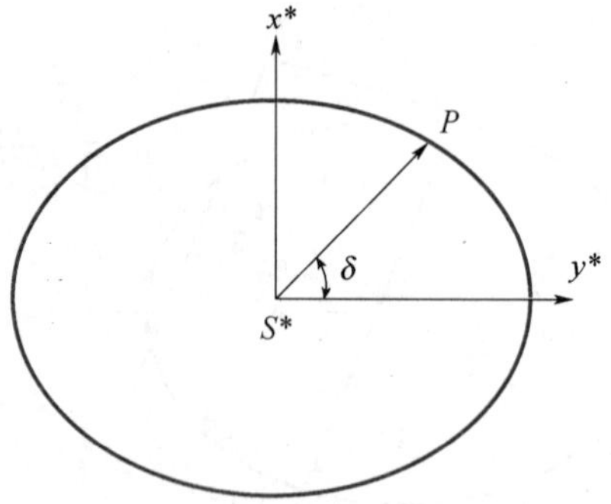

图 4-32　地平轮廓椭圆和穿越点方位角

$$h_0 = \frac{r^2 - R_e^2}{r}$$

利用点 P、S 计算矢量 $\boldsymbol{L}$ 的长度为

$$\boldsymbol{L} = \sqrt{h^2 + \rho_{S*}^2 + 4fh\rho_{S*}\cos\varphi\sin\varphi\sin\sigma} \tag{4-113}$$

根据图 4-31 的三角形 SPS^* 应用余弦定理和式(4-112)、式(4-113)，对于切线矢量与天底矢量之间的夹角 η 有

$$\cos\eta = \cos\eta_0[1 + fF(\varphi,\sigma)] \tag{4-114}$$

式中

$$\eta_0 = \arccos\frac{\sqrt{r^2 - R_e^2}}{r}$$

$F(\varphi,\sigma)$ 定义为

$$F(\varphi,\sigma) = \frac{R_e^4}{r^2(r^2 - R_e^2)}\left[\sin^2\varphi + \frac{r^2 - R_e^2}{R_e^2}\cos^2\varphi\sin^2\sigma + \frac{2\sqrt{r^2 - R_e^2}}{R_e}\cos\varphi\cos\varphi\sin\sigma\right]$$

假设红外地球敏感器的扫描轴安装在星体 $O-x_by_bz_b$ 的 x_bOy_b 平面，且与 y_b 轴夹角为 α 和与 x_b 轴夹角为 $\frac{\pi}{2}-\alpha$，当红外扫入扫出地球点分别为 P_1 和 P_2，如图 4-33 所示，β_1 和 β_2 分别为扫入角和扫出角，γ 为扫描半锥角，η_1 和 η_2 分别为地平穿入矢量 $\boldsymbol{L}_1$ 和地平穿出矢量 $\boldsymbol{L}_2$ 与地心矢量的夹角。

记 $\boldsymbol{L}_1$、$\boldsymbol{L}_2$ 在轨道坐标系的表示为 $\boldsymbol{L}_1^o$、$\boldsymbol{L}_2^o$，星体三轴滚动角、俯仰角分别为 ϕ、θ，则 $\boldsymbol{L}_1^o$、$\boldsymbol{L}_2^o$ 为 ϕ、θ、η_1、η_2、β_1、β_2、α、γ 的函数，由 $\cos\eta_1$、$\cos\eta_2$ 与 $\boldsymbol{L}_1^o$、$\boldsymbol{L}_2^o$ 的关系可得出

$$\begin{cases}\phi=-\dfrac{1}{\sin\beta_1+\sin\beta_2}\left\{\sin\alpha\left(\cos\beta_2-\cos\beta_1+\dfrac{\cos\eta_1-\cos\eta_2}{\sin\gamma}\right)+\right.\\ \qquad\left.\dfrac{\sin\alpha}{\cos\gamma}[\sin\gamma\sin(\beta_1+\beta_2)-\sin\beta_1\cos\eta_2-\sin\beta_2\cos\eta_1]\right\}\\ \theta=\dfrac{1}{\sin\beta_1+\sin\beta_2}\left\{\cos\alpha\left(\cos\beta_2-\cos\beta_1+\dfrac{\cos\eta_1-\cos\eta_2}{\sin\gamma}\right)-\right.\\ \qquad\left.\dfrac{\cos\alpha}{\sin\gamma}[\sin\gamma\sin(\beta_1+\beta_2)-\sin\beta_1\cos\eta_2-\sin\beta_2\cos\eta_1]\right\}\end{cases}\tag{4-115}$$

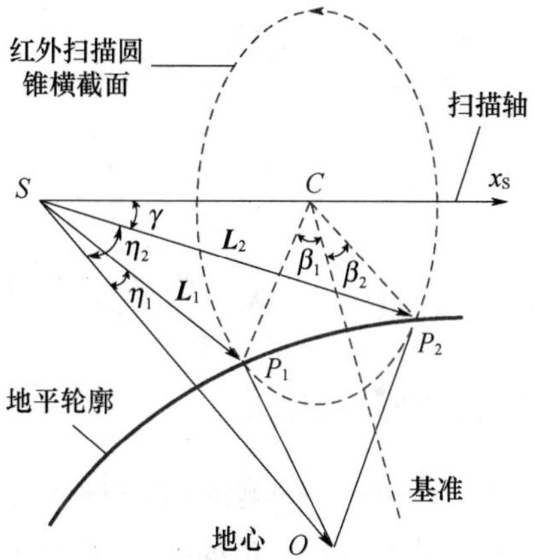

图4－33　扫描圆锥面和地平穿越点

当不考虑地球扁率时，对应的姿态记为 ϕ_0、θ_0，并忽略 $\beta_1-\beta_2$ 的二阶小量，由式(4－115)有

$$\begin{cases}\phi_0=\dfrac{\beta_1-\beta_2}{2}\cos\alpha+\left[\tan\gamma\cos\dfrac{\beta_1+\beta_2}{2}-\dfrac{\cos\eta_0}{\cos\gamma}\right]\sin\alpha\\ \theta_0=\dfrac{\beta_1-\beta_2}{2}\sin\alpha-\left[\tan\gamma\cos\dfrac{\beta_1+\beta_2}{2}-\dfrac{\cos\eta_0}{\cos\gamma}\right]\cos\alpha\end{cases}\tag{4-116}$$

星体的滚动角和俯仰角可表示为

$$\begin{cases}\phi=\phi_0+\Delta\phi\\ \theta=\theta_0+\Delta\theta\end{cases}\tag{4-117}$$

在此直接给出式中修正量 $\Delta\phi$、$\Delta\theta$ 计算公式（推导参见文献[70]）为

$$\begin{cases}\Delta\phi = \dfrac{f\cos\eta_0}{2}\Big[\dfrac{\cos\alpha}{\sin\gamma\sin\beta_0}\times \\ \qquad (F(\varphi,\sigma_1) - F(\varphi,\sigma_2)) - \dfrac{\sin\alpha}{\cos\gamma}(F(\varphi,\sigma_1) + F(\varphi,\sigma_2))\Big] \\ \Delta\theta = \dfrac{f\cos\eta_0}{2}\Big[\dfrac{\sin\alpha}{\sin\gamma\sin\beta_0}\times \\ \qquad (F(\varphi,\sigma_1) - F(\varphi,\sigma_2)) + \dfrac{\cos\alpha}{\cos\gamma}(F(\varphi,\sigma_1) + F(\varphi,\sigma_2))\Big]\end{cases} \tag{4-118}$$

式中

$$\sin\beta_0 = \frac{\sqrt{R_e^2 - r^2\cos^2\gamma}}{r\sin\gamma}$$

$$\sigma_1 = \alpha - \chi - \arcsin\frac{\sqrt{R_e^2 - r^2\cos^2\gamma}}{R_e}$$

$$\sigma_2 = \alpha - \chi + \arcsin\frac{\sqrt{R_e^2 - r^2\cos^2\gamma}}{R_e}$$

4.5.2 红外地球敏感器测量值修正

利用扁率误差对红外地球敏感器的测量值进行修正。首先计算椭球体和假想球体两种模型下红外地球敏感器扫描角的差值,再以该差值作为补偿量对实际扫描角进行修正,从而得到假想球体模型下的扫描角,如图 4-34 所示。

除了惯性坐标系 $O-x_Iy_Iz_I$、卫星本体坐标系 $O-x_by_bz_b$ 和敏感器测量坐标系 $O-x_{SE}y_{SE}z_{SE}$ 外,还需定义一个辅助坐标系 $O-x_Ay_Az_A$。辅助坐标系 $O-x_Ay_Az_A$ 由敏感器自旋扫描轴 z_{SE} 与地心方向到卫星质心的单位矢量 $\boldsymbol{r}$ 决定,其三个坐标轴分别为

$$\boldsymbol{x}_A = \boldsymbol{z}_{SE} \qquad \boldsymbol{y}_A = \frac{\boldsymbol{x}_A\times\boldsymbol{r}}{|\boldsymbol{x}_A\times\boldsymbol{r}|} \qquad \boldsymbol{z}_A = \boldsymbol{x}_A\times\boldsymbol{y}_A$$

辅助坐标系 $O-x_Ay_Az_A$ 与惯性坐标系的方向余弦阵 $\boldsymbol{C}_{AI}$ 可根据 z_{SE} 和 $\boldsymbol{r}$ 在惯性系坐标来确定。

红外视场方向以单位矢量 $\boldsymbol{V}^0$ 表示,地心方向单位矢量以 $\boldsymbol{r}$ 表示,其在地心赤道惯性坐标系下其坐标分别记为 $\boldsymbol{V}_I = [V_{Ix} \quad V_{Iy} \quad V_{Iz}]^T$ 和 $\boldsymbol{r}_I = [r_{Ix} \quad r_{Iy} \quad r_{Iz}]^T$,若 $\boldsymbol{V}^0$ 在辅助坐标系 $O-x_Ay_Az_A$ 下的方位角 β,则在坐标系对

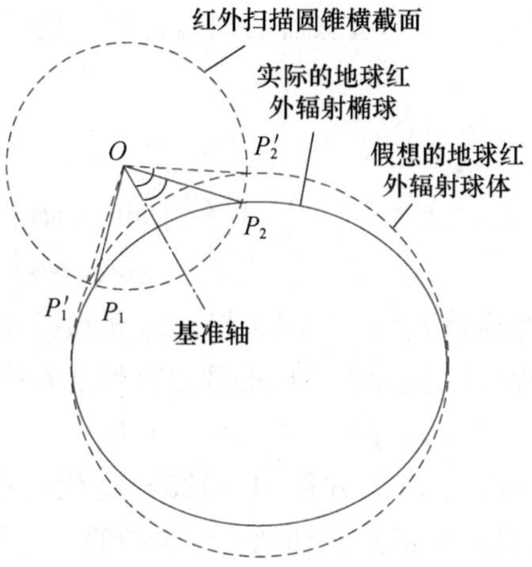

图4-34　扫描角的扁率误差

应的坐标分别为

$$\boldsymbol{V}_{\mathrm{A}} = \begin{bmatrix} \sin\gamma\cos\beta \\ -\sin\gamma\sin\beta \\ \cos\gamma \end{bmatrix} \qquad \boldsymbol{r}_{\mathrm{A}} = \begin{bmatrix} -\sin\eta \\ 0 \\ -\cos\eta \end{bmatrix}$$

在地心赤道惯性坐标系中，描述红外视场的射线可由以下参数方程给出：

$$\begin{cases} x = pV_{\mathrm{I}x} + rr_{\mathrm{I}x} \\ y = pV_{\mathrm{I}y} + rr_{\mathrm{I}y} \\ z = pV_{\mathrm{I}z} + rr_{\mathrm{I}z} \end{cases} \tag{4-119}$$

式中：r 为地心至卫星的距离；p 为参变量。

地球椭球表面的描述方程为

$$x^2 + y^2 + \frac{z^2}{(1-f)^2} = R_{\mathrm{e}}^2 \tag{4-120}$$

式中：R_{e} 为地球红外辐射椭球在赤道的半径；f 为地球椭球的扁率。

联立式(4-119)和式(4-120)，得到关于(p/r)的二次方程

$$A(p/r)^2 + 2B(p/r) + C = 0 \tag{4-121}$$

式中

$$A = 1 + gV_{\mathrm{I}z}^2$$

$$B = -\cos\gamma\cos\eta - \sin\gamma\sin\eta\cos\beta + g(r_{\mathrm{I}x}V_{\mathrm{I}z})$$

$$C = \cos^2\rho + gr_{\mathrm{I}z}^2$$

其中，$g=\dfrac{1}{(1-f)^2}-1$；η 为地球敏感器的扫描转轴与地星矢量的夹角；V_{Iz} 为扫描角 β 的函数，即

$$V_{\mathrm{Iz}}(\beta)=[0\quad 0\quad 1]\boldsymbol{C}_{\mathrm{AI}}^{\mathrm{T}}\begin{bmatrix}\cos\gamma\\ \sin\gamma\sin\beta\\ \sin\gamma\cos\beta\end{bmatrix} \tag{4-122}$$

红外扫描视场与地球相切于两点（扫入点和扫出点），对应于方程（4－121）有重根的情形，基于二次方程的根的理论有如下方程，即

$$\Delta(\beta)=B^2-CA=0 \tag{4-123}$$

可采用 Newton－Raphson 法求解方程（4－123），迭代的初始值可以选取为红外扫入和扫出假想球体模型的点在辅助坐标系中的方位角，即

$$\beta_{\mathrm{SPHE\_in}}=-\arccos\frac{\cos\rho-\cos\gamma\cos\eta}{\sin\gamma\sin\eta} \tag{4-124}$$

$$\beta_{\mathrm{SPHE\_out}}=\arccos\frac{\cos\rho-\cos\gamma\cos\eta}{\sin\gamma\sin\eta} \tag{4-125}$$

实际上，选作迭代初值的 $\beta_{\mathrm{SPHE\_in}}$ 和 $\beta_{\mathrm{SPHE\_out}}$ 在数值大小上为红外探头扫到实际地球红外辐射椭球弦宽的 1/2。通过迭代可求出任意精度的椭球模型下的 $\beta_{\mathrm{OBLA\_in}}$ 和 $\beta_{\mathrm{OBLA\_out}}$，与假想球体之间的误差为

$$\mathrm{d}\beta_{\mathrm{In}}=\beta_{\mathrm{OBLA\_in}}-\beta_{\mathrm{SPHE-in}} \tag{4-126}$$

$$\mathrm{d}\beta_{\mathrm{out}}=\beta_{\mathrm{OBLA\_out}}-\beta_{\mathrm{SPHE\_out}} \tag{4-127}$$

由于地球扁率很小，因此扫描角误差的一阶分量就能满足一定精度要求，所以修正值可选用用误差值的一阶分量，即

$$\mathrm{d}\beta_{\mathrm{In}}=-\frac{g\left[\cos\rho V_{\mathrm{Iz}}(\beta_{\mathrm{SPHE\_in}})+r_{\mathrm{Iz}}\right]^2}{2\cos\rho\sin\gamma\sin\eta'\sin\beta_{\mathrm{SPHE\_in}}} \tag{4-128}$$

$$\mathrm{d}\beta_{\mathrm{out}}=-\frac{g\left[\cos\rho V_{\mathrm{Iz}}(\beta_{\mathrm{SPHE\_out}})+r_{\mathrm{Iz}}\right]^2}{2\cos\rho\sin\gamma\sin\eta'\sin\beta_{\mathrm{SPHE\_out}}} \tag{4-129}$$

将红外探头扫入、扫出地球红外辐射椭球的点在敏感器测量坐标系 $O-x_{\mathrm{SE}}y_{\mathrm{SE}}z_{\mathrm{SE}}$ 的方位角测量值分别记为 $\alpha_{\mathrm{OBLA\_in}}$、$\alpha_{\mathrm{OBLA\_out}}$，红外探头扫入、扫出半球为 R_e 假想球形地球模型的点在敏感器测量坐标系 $O-x_{\mathrm{SE}}y_{\mathrm{SE}}z_{\mathrm{SE}}$ 的方位角分别记作 $\alpha_{\mathrm{SPHE\_in}}$、$\alpha_{\mathrm{SPHE\_out}}$，则有

$$\mathrm{d}\beta_{\mathrm{In}}=\alpha_{\mathrm{OBLA\_in}}-\alpha_{\mathrm{SPHE\_in}}=\beta_{\mathrm{OBLA\_in}}-\beta_{\mathrm{SPHE\_in}}$$

$$\mathrm{d}\beta_{\mathrm{out}}=\alpha_{\mathrm{OBLA\_out}}-\alpha_{\mathrm{SPHE\_out}}=\beta_{\mathrm{OBLA\_out}}-\beta_{\mathrm{SPHE\_out}}$$

因此，根据计算得到的修正量 $d\beta_{in}$、$d\beta_{out}$ 和测量值分别记为 α_{OBLA_in}、α_{OBLA_out} 可求出

$$\alpha_{SPHE\_in} = \alpha_{OBLA\_in} - d\beta_{ln} \tag{4-130}$$

$$\alpha_{SPHE\_out} = \alpha_{OBLA\_out} - d\beta_{out} \tag{4-131}$$

由此可求出地心矢量在敏感器测量坐标系的方位角为

$$\lambda = \frac{1}{2}(\alpha_{SPHE\_in} + \alpha_{SPHE\_out})$$

记 $\Phi_{SPHE} = \alpha_{SPHE\_out} - \alpha_{SPHE\_in}$，则根据红外敏感器测量方程

$$\cos\rho = \cos\gamma\cos\eta + \sin\gamma\sin\eta\cos\frac{\Phi_{SPHE}}{2}$$

可求出 η，然后根据 λ 和 η 以及红外地球敏感器的安装可确定出星体的滚动角和俯仰角。

4.6　三轴稳定卫星几何定姿过程

1. 选择姿态确定方案

（1）中等定姿精度：

$$0.1° < \Delta\phi, \Delta\theta, \Delta\psi < 1°$$

一般选择太阳－地球定姿方式。

（2）高精度定姿：

$$\Delta\phi, \Delta\theta, \Delta\psi < 0.1°$$

对于地球同步卫星（中继星）多采用两级控制，故姿态测定也采用两级方案：第一级确定星体姿态，采用太阳－地球方式；第二级确定跟踪天线指向，采用无线电射频测定方式。

对于太阳同步轨道卫星（遥感卫星），具有全天区星图识别能力多采用恒星与卫星内部惯性基准；具有局部天区星图识别能力多采用太阳－地球方式与恒星及卫星内部惯性基准。

（3）精度较差的小卫星。由于多为近地卫星，可利用地球磁环境变化测定姿态。

（4）具有一定精度的导航星定姿。

（5）卫星姿态快速机动定姿，采用卫星内部惯性基准。

2. 选择姿态敏感器

（1）中等定姿精度。针对太阳－地球方式，中低轨道卫星多用圆锥扫描式红外地球敏感器和数字式太阳敏感器；地球同步轨道卫星多用摆动扫描式红外地球敏感器和数字式太阳敏感器。

（2）高精度定姿：

① 对于地球同步卫星的中继星，可采用两级姿态确定：第一级星体定姿采用摆动扫描式红外地球敏感器和数字式太阳敏感器；第二级采用射频敏感器测定跟踪天线指向误差。

② 对于太阳同步轨道的对地观测卫星，局部天区星图识别采用数字式太阳敏感器、圆锥扫描式红外地球敏感器、陀螺、星敏感器；全天区星图识别只采用星敏感器和陀螺。

（3）低精度的小卫星，多采用磁通门式磁强计。

（4）潜在应用导航星定姿。在用户星上加装一组天线（大于或等于3副天线形成两条以上的基线）和相对应的接收机。

（5）快速姿态机动卫星的定姿。一般选用按要求事先标定好的惯性姿态敏感器（短时间使用漂移影响不大）。

3. 选择参考坐标系

依据双矢量定姿原理，根据选择的外界参考基准不同而选择不同的参考坐标系，如地球指向参考坐标系、太阳指向参考坐标系、赤道惯性坐标系。

4. 建立测量坐标系，并适当地选择敏感器的安装矩阵

对于地球同步卫星，太阳敏感器不同的安装方式对偏航角来说可求出不同的联合定姿表达式，对于太阳同步轨道卫星，用圆锥扫描式红外地平仪的不同安装方式可求出不同的滚动和俯仰姿态表达式。适当的安装可简化定姿表达式并给出明确的物理意义。

5. 建立星体坐标系与参考坐标系和测量坐标系的转换关系

由于测量敏感器在卫星本体上安装形式不同，测量敏感器所建立起来的测量坐标系与星体坐标系的转换关系也不同，即具有不同的转换矩阵。

6. 利用双矢量定姿原理算法求解姿态矩阵

对于三轴稳定的卫星来说，若测出三个独立的姿态参数，必须至少观测两个参考矢量，且该参考矢量不平行，才能求解出姿态矩阵。

第 5 章 姿态确定的状态估计

5.1 概述

前几章介绍的姿态确定有明确的几何意义,但这些方法要求参考矢量的参数足够精确,否则参考矢量的参数不精确或参考矢量的不确定性会对姿态确定精度带来较大的影响。参考矢量的不确定性主要包括卫星轨道参数误差、姿态敏感器安装偏差和信号处理误差等(统称系统误差)。用基于简单球面几何和代数方法的姿态确定方法没有建立包括这些系统误差在内的姿态确定模型,以及没有加权处理不同精度的测量值的手段,但这些在高精度姿态确定要求的场合是非常重要的。

与几何确定处理方法不同在于,状态估计法能提供统计最优解,且被估计量不仅限于姿态参数,参考矢量、观测矢量中的一些不确定参数也可列入被估计量,这样在一定程度上能剔除某些不确定因素的影响,提高姿态确定的精度。

在状态估计法中定义三个矢量:

(1) 状态矢量 $\boldsymbol{X}$:状态矢量包含要确定的姿态参数,必要时还包含精确姿态确定所必需的其他变量,如敏感器的系统误差,以及轨道参数等。状态矢量是 n 维的矢量,其元素在处理时间间隔内可以是常数,如敏感器的系统误差,

也可以随时间变化,这时状态矢量的传播由一组常微分方程给出,即

$$\dot{\boldsymbol{X}} = \boldsymbol{f}(\boldsymbol{X},t) \tag{5-1}$$

(2)观测矢量 $\boldsymbol{Y}$:由姿态敏感器测量值组成的 m 维矢量,这些元素可以直接从姿态敏感器输出得到,也可以是从敏感器输出数据处理后出现的导出量。

(3)观测模型矢量 $\boldsymbol{Z}$:观测模型矢量也是一个 m 维矢量,是根据状态矢量元素估计值解算观测模型,得出的观测矢量的预测量。这个观测模型是根据姿态敏感器的硬件模型、测量几何以及选定的状态矢量元素建立起来的,具体形式为

$$\boldsymbol{Z} = \boldsymbol{g}(\boldsymbol{X},t) \tag{5-2}$$

利用上述三个矢量获得状态矢量的估计值的解算程序,取决于应用何种状态估计法,即采用分组估计还是递推估计。一般先确定状态矢量的先验初值$\hat{\boldsymbol{X}}_0$,根据观测模型公式得出观测模型矢量$\hat{\boldsymbol{Z}}_0$,然后与观测矢量$\boldsymbol{Y}_0$ 进行比较,根据相应误差选择一个新的状态估计量$\hat{\boldsymbol{X}}_1$,再比较观测模型矢量与观测矢量的误差,不断地重复此过程,最后得到一个最优的状态估计量 $\hat{\boldsymbol{X}}$,使观测模型矢量与观测矢量之间的误差为最小。在分组估计中是用同一个观测矢量(一组观测的集合)重复上述过程,递推估计是用新的观测矢量$\boldsymbol{Y}_1$ 以及新的状态估计量$\hat{\boldsymbol{X}}_1$ 重复上述过程,其解算流程如图 5-1 所示,通常把这套最优状态估计的算法称为估计或滤波,最常见的是最小二乘估计和卡尔曼滤波。

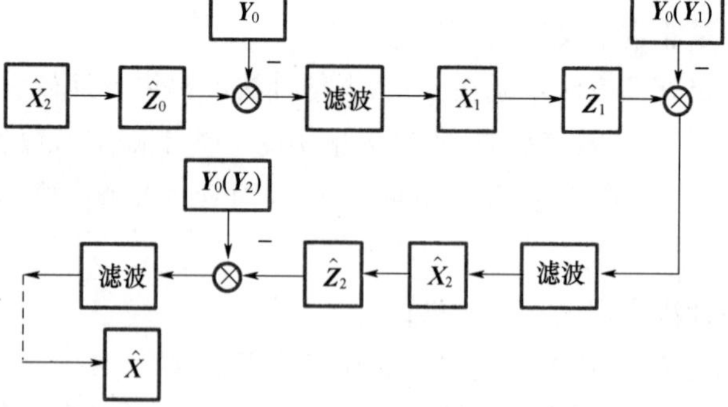

图 5-1　滤波解算流程

状态矢量 $\boldsymbol{X}$ 的元素包括如下三类：

(1) 与敏感器性能有关的参数。如敏感器的偏置误差，这些参数对姿态确定精度起重要影响。敏感器偏差与敏感器的类型有关，有些偏差在整个飞行任务期间可保持不变（如红外地平仪的热探头偏差），有些偏差则可能随时间而变化（如磁强计的剩磁偏差和陀螺仪的漂移参数等）。

(2) 轨道参数误差。轨道信息对于姿态确定往往是必不可少的，敏感器利用这些轨道数据就产生与卫星在轨道位置（如红外地平仪和磁强计等）有关的测量值，虽然在状态矢量中可以包含任何轨道参数，但最普通的参数是轨道跟踪误差（它度量卫星与预定轨道位置的偏差），因为这个参数是最大的误差源。

(3) 姿态参数与姿态传播参数。有时在这些参数的传播模型中包含有动力学模型的成分，在动力学模型中，状态矢量的某些元素可能包含与力矩有关的参数，在任一时刻的卫星模型姿态要通过动力学方程的积分求出，在运动学模型中与姿态传播的有关状态矢量不包含力矩参数。

如果要全面考虑各种因素对高精度姿态确定的影响，状态矢量元素可能相当多，实际上这既不现实也没必要，因为有些状态矢量对数据的影响是冗余的，有些状态矢量也无法建立起对数据影响的模型。通常，选择状态矢量的原则如下：

(1) 相对于姿态的变化，状态矢量应明显地影响观测模型矢量。

(2) 状态矢量能代表一个实际的物理量（或是描述物理过程的数学参数），并且这些元素是可观的。

(3) 状态矢量的值在整个观测期间内大致保持常值，或者按某一动力学传播。

下面以姿态确定的太阳－地球方式为例说明姿态估计法的应用，选择自旋姿态的赤经 α、赤纬 δ 作为最简单的状态矢量，即

$$\boldsymbol{X} = \begin{bmatrix} \alpha \\ \delta \end{bmatrix}$$

并假设在姿态确定过程中为常值，观测矢量由太阳角 θ_s、地球的弦宽 $\boldsymbol{\Phi}$ 和太阳－地心转角 $\boldsymbol{\lambda}$ 三者组成，有

$$\boldsymbol{Y}_k = \begin{bmatrix} \theta_s(k) \\ \boldsymbol{\Phi}(k) \\ \lambda(k) \end{bmatrix}$$

式中:k 表示第 k 次测量的结果,观测模型矢量$\boldsymbol{Z}_k$ 是根据状态量 $\boldsymbol{X}$ 和第 k 次测量时刻的参考矢量通过计算得出。

根据第 3 章给出的测量几何关系式得到的观测模型矢量为

$$\boldsymbol{Z}_k = \boldsymbol{g}_k(X,k) = \begin{bmatrix} g_s(\alpha,\delta,k) \\ g_\Phi(\alpha,\delta,k) \\ g_\lambda(\alpha,\delta,k) \end{bmatrix} \tag{5-3}$$

式中各函数可按上述的几何关系式求出。

(1) 利用 $\boldsymbol{S} \cdot \boldsymbol{A} = \cos\theta_s$,可求得

$$\begin{aligned} g_s(\alpha,\delta,k) &= \theta_s(k) = \arccos(\boldsymbol{S} \cdot \boldsymbol{A}) \\ &= \arccos[S_x(k)\cos\alpha\cos\delta + S_y(k)\sin\alpha\cos\delta + S_z(k)\sin\delta] \end{aligned}$$

式中

$$\boldsymbol{S} = \begin{bmatrix} \cos\delta_s\cos\alpha_s \\ \cos\delta_s\sin\alpha_s \\ \sin\delta_s \end{bmatrix} = \begin{bmatrix} S_x \\ S_y \\ S_z \end{bmatrix}$$

$$\boldsymbol{A} = \begin{bmatrix} A_x \\ A_y \\ A_z \end{bmatrix} = \begin{bmatrix} \cos\delta\cos\alpha \\ \cos\delta\sin\alpha \\ \sin\delta \end{bmatrix}$$

(2) 利用 $\cos\rho = \cos\gamma\cos\theta_e + \sin\gamma\sin\theta_e\cos\dfrac{\Phi}{2}$,可求得

$$\Phi = 2\arccos\left(\frac{\cos\rho - \cos\gamma\cos\theta_e}{\sin\gamma\sin\theta_e}\right)$$

即

$$g_\Phi(\alpha,\delta,k) = \Phi(k) = 2\arccos\left[\frac{\cos\rho(k) - \cos\gamma\cos\theta_e(k)}{\sin\gamma\sin\theta_e(k)}\right]$$

(3) 利用 $\cos\theta_{se} = \cos\theta_s\cos\theta_e + \sin\theta_s\sin\theta_e\cos\lambda$,可求得

$$\lambda = \arccos\left(\frac{\cos\theta_{se} - \cos\theta_s\cos\theta_e}{\sin\theta_s\sin\theta_e}\right)$$

即

$$g_{\lambda}(\alpha,\delta,k)=\lambda(k)=\arccos\left[\frac{\cos\theta_{se}(k)-\cos\theta_{s}(k)\cos\theta_{e}(k)}{\sin\theta_{s}(k)\sin\theta_{e}(k)}\right]$$

对于上面关系式中的辅助几何关系，利用 $\boldsymbol{E}\cdot\boldsymbol{A}=\cos\theta_{e}$，可求得

$$\cos\theta_{e}(k)=-\gamma_{x}(k)\cos\alpha\cos\delta-\gamma_{y}(k)\sin\alpha\cos\delta-\gamma_{z}(k)\sin\delta$$

式中

$$\boldsymbol{E}=-\begin{bmatrix}\gamma_{x}\\\gamma_{y}\\\gamma_{z}\end{bmatrix}$$

$$\sin\rho(k)=\frac{R_{e}}{\gamma(k)}$$

利用 $\boldsymbol{E}\cdot\boldsymbol{S}=\cos\theta_{se}$，可求得

$$\cos\theta_{se}(k)=-\left[\gamma_{x}(k)S_{x}(k)+\gamma_{y}(k)S_{y}(k)+\gamma_{z}(k)S_{z}(k)\right]$$

采用分组最小二乘估计法时，但得到一组 N 次测量结果后可组成一个 $3N$ 维观测矢量 $\boldsymbol{Y}$ 和相应的观测模型矢量 $\boldsymbol{Z}$，即

$$\boldsymbol{Y}=\begin{bmatrix}\boldsymbol{Y}_{1}\\\boldsymbol{Y}_{2}\\\vdots\\\boldsymbol{Y}_{N}\end{bmatrix},\boldsymbol{Z}=\begin{bmatrix}\boldsymbol{Z}_{1}\\\boldsymbol{Z}_{2}\\\vdots\\\boldsymbol{Z}_{N}\end{bmatrix}\tag{5-4}$$

最小二乘估计要求最优状态估值 $\hat{\boldsymbol{X}}=(\hat{\alpha},\hat{\delta})^{\mathrm{T}}$，使得观测矢量与观测模型矢量之残差的平方加权和为最小，其最优指标函数为

$$L(\boldsymbol{X})=\frac{1}{2}(\boldsymbol{Y}-\boldsymbol{Z})^{\mathrm{T}}\boldsymbol{W}(\boldsymbol{Y}-\boldsymbol{Z})$$

式中：$\boldsymbol{W}$ 为 $3N\times3N$ 阶对称、非负定的权系数矩阵，在各测量值是独立的情况下，$\boldsymbol{W}$ 可选为对角矩阵

$$\boldsymbol{W}=\begin{bmatrix}\boldsymbol{W}_{1} & & & & \\ & \boldsymbol{W}_{2} & & & \\ & & \cdot & & \\ & & & \cdot & \\ & & & & \cdot \\ & & & & & W_{N}\end{bmatrix}\tag{5-5}$$

其中：各小块阵 $\boldsymbol{W}_{k}(k=1,\cdots,N)$ 为对角阵，即

$$W_k = \begin{bmatrix} \sigma_s^{-2}(k) & & \\ & \sigma_{\Phi}^{-2}(k) & \\ & & \lambda_{\lambda}^{-2}(k) \end{bmatrix} \tag{5-6}$$

式中：$\sigma_s^2(k)$、$\sigma_{\Phi}^2(k)$与$\sigma_{\lambda}^2(k)$为第k次测量的方差。

要求最优指标函数$L(\boldsymbol{X})$极小的必要条件是最优指标函数对变量$\boldsymbol{X}$的一阶偏导为0，因此最优估计$\hat{\boldsymbol{X}}$应满足：

$$\frac{\partial L(\boldsymbol{X})}{\partial \boldsymbol{X}} = -(\boldsymbol{Y}-\boldsymbol{Z})^{\mathrm{T}}\boldsymbol{W}\boldsymbol{G} = 0 \tag{5-7}$$

式中：$\boldsymbol{G}$为$3N\times2$阶矩阵，其表达式为

$$\boldsymbol{G} = \left[\frac{\partial g_1}{\partial \boldsymbol{X}}\ \frac{\partial g_2}{\partial \boldsymbol{X}}\cdots\ \frac{\partial g_N}{\partial \boldsymbol{X}}\right]^{\mathrm{T}} \tag{5-8}$$

矩阵中各元素为3×2阶的子矩阵，即

$$\frac{\partial \boldsymbol{g}_i}{\partial \boldsymbol{X}} = \begin{bmatrix} \dfrac{\partial g_s(i)}{\partial\alpha}, \dfrac{\partial g_s(i)}{\partial\delta} \\ \dfrac{\partial g_{\Phi}(i)}{\partial\alpha}, \dfrac{\partial g_{\Phi}(i)}{\partial\delta} \\ \dfrac{\partial g_{\lambda}(i)}{\partial\alpha}, \dfrac{\partial g_{\lambda}(i)}{\partial\delta} \end{bmatrix}$$

$$\boldsymbol{Z}(\boldsymbol{X}) = \boldsymbol{Z}(\hat{\boldsymbol{X}}_0) + \boldsymbol{G}_0(\boldsymbol{X}-\hat{\boldsymbol{X}}_0) \tag{5-9}$$

式中：$\boldsymbol{G}_0$的下标表示$\boldsymbol{G}$中各元素在$\boldsymbol{X}=\hat{\boldsymbol{X}}_0$处取值。

如果初始先验值$\hat{\boldsymbol{X}}_0$与最优估计值$\hat{\boldsymbol{X}}$非常接近，则将式(5-9)代入式(5-7)即可求得最优估计为

$$\hat{\boldsymbol{X}} = \hat{\boldsymbol{X}}_0 + (\boldsymbol{G}_0^{\mathrm{T}}\boldsymbol{W}\boldsymbol{G}_0)^{-1}\boldsymbol{G}_0^{\mathrm{T}}\boldsymbol{W}[\boldsymbol{Y}_0 - \boldsymbol{Z}(\hat{\boldsymbol{X}}_0)] \tag{5-10}$$

在一般情况下上述表达式不是最优解，应用迭代法求解式(5-7)，即将式(5-10)得出的估计作为第一次迭代的结果，标记为$\hat{\boldsymbol{X}}_1$，并用此估值作为下次迭代中将观测矢量函数$\boldsymbol{g}$进行线性化的基准，用类似的方法求出第二次迭代的结果$\hat{\boldsymbol{X}}_2$，以此类推，迭代方程为

$$\hat{\boldsymbol{X}}_{k+1} = \hat{\boldsymbol{X}}_k + (\boldsymbol{G}_k^{\mathrm{T}}\boldsymbol{W}\boldsymbol{G}_k)^{-1}\boldsymbol{G}_k^{\mathrm{T}}\boldsymbol{W}[\boldsymbol{Y}_0 - \boldsymbol{Z}(\hat{\boldsymbol{X}}_k)] \tag{5-11}$$

式(5-11)就是分组最小二乘估计中微分修正的基本关系式，每次迭代都是用同一观测矢量$\boldsymbol{Y}$与得出的观测模型矢量$\boldsymbol{Z}(\hat{\boldsymbol{X}}_k)$进行比较，然后修正已得

出的状态估计$\hat{X}_k$ 直到微分修正接近于$\mathbf{0}(\hat{X}_{k+1}-\hat{X}_k\approx\mathbf{0})$和指标函数$L(X)$不再减小为止,这时就可以认为$\hat{X}_{k+1}$已收敛到最优估计。根据观测模型矢量的定义,矩阵中的各偏导数(略去符号i)为

$$\begin{cases}\dfrac{\partial g_{\mathrm{s}}}{\partial\alpha}=\dfrac{\partial\theta_{\mathrm{s}}}{\partial\alpha},\dfrac{\partial g_{\mathrm{s}}}{\partial\delta}=\dfrac{\partial\theta_{\mathrm{s}}}{\partial\delta}\\ \dfrac{\partial g_{\Phi}}{\partial\alpha}=\dfrac{\partial\Phi}{\partial\theta_{\mathrm{e}}}\dfrac{\partial\theta_{\mathrm{e}}}{\partial\alpha},\dfrac{\partial g_{\Phi}}{\partial\delta}=\dfrac{\partial\Phi}{\partial\theta_{\mathrm{e}}}\dfrac{\partial\theta_{\mathrm{e}}}{\partial\delta}\\ \dfrac{\partial g_{\lambda}}{\partial\alpha}=\dfrac{\partial\lambda}{\partial\theta_{\mathrm{s}}}\dfrac{\partial\theta_{\mathrm{s}}}{\partial\alpha}+\dfrac{\partial\lambda}{\partial\theta_{\mathrm{e}}}\dfrac{\partial\theta_{\mathrm{e}}}{\partial\alpha}\\ \dfrac{\partial g_{\lambda}}{\partial\delta}=\dfrac{\partial\lambda}{\partial\theta_{\mathrm{s}}}\dfrac{\partial\theta_{\mathrm{s}}}{\partial\delta}+\dfrac{\partial\lambda}{\partial\theta_{\mathrm{e}}}\dfrac{\partial\theta_{\mathrm{e}}}{\partial\delta}\end{cases}$$

利用上面推导的几何关系式,很易求得上述各偏导数。

求解式(5-7)最简单的方法是将其观测模型矢量公式中的观测矢量$\boldsymbol{Z}_i$的非线性函数$\boldsymbol{g}_i$ 线性化。设状态矢量先验初值为$\hat{X}_0$,把$\boldsymbol{g}_i$ 的每个元素展开成$\hat{X}_0$ 的泰勒级数,并舍去高阶项,得

$$\boldsymbol{Z}_k(\boldsymbol{X})=\boldsymbol{g}_k(\hat{\boldsymbol{X}}_0)+\left(\frac{\partial\boldsymbol{g}_k}{\partial\boldsymbol{X}}\right)_{X=\hat{X}_0}(\boldsymbol{X}-\hat{\boldsymbol{X}}_0)\tag{5-12}$$

式中:$\dfrac{\partial\boldsymbol{g}_k}{\partial\boldsymbol{X}}$是式(5-3)的偏导数矩阵。

下面进一步说明应用状态估计法消除参考矢量的系统误差对姿态估计精度的影响。在姿态确定的太阳-地球方式中,主要系统误差反映在地球敏感器输出的姿态信息中,例如,由于地球边缘的辐射梯度不陡,以及电子线路的带宽限制使敏感器产生的穿入脉冲与穿出脉冲发生时延,令其时延各为τ_1、τ_2,则实际测得的地球弦宽Φ'和太阳-地球转角λ'分别为

$$\Phi'=\Phi+(\tau_2-\tau_1),\lambda'=\lambda+\frac{1}{2}(\tau_1+\tau_2)\tag{5-13}$$

式中:Φ、λ 为按理想几何关系(测量或计算)的弦宽和转角;τ_1、τ_2 为时延,是时间的线性函数,即

$$\tau_1=a_1+b_1\Delta t,\tau_2=a_2+b_2\Delta t\tag{5-14}$$

其中:a_1、b_1、a_2、b_2 为待定的常值;Δt 为实际脉冲的时间宽度。

在这种情况下,如仍按上述三个估计器模型$\boldsymbol{X}$、$\boldsymbol{Y}$、$\boldsymbol{Z}$ 进行状态估计,则式

(5－11)中观测矢量 $\boldsymbol{Y}$ 受弦宽 Φ'、转角 λ' 的影响，观测模型矢量 $\boldsymbol{Z}$ 是按弦宽 Φ 和转角 λ 的几何公式计算而得，显然两者是不一致的，这会导致式(5－11)的迭代过程不收敛，得不出姿态的最优估计。

针对上述问题改进的方法是，将待定的参数 a_1、b_1、a_2、b_2 作为待估计的状态量而引入状态矢量，将状态矢量扩充为六维，即

$$\boldsymbol{X}=[\alpha \quad \delta \quad a_1 \quad b_1 \quad a_2 \quad b_2]^{\mathrm{T}}$$

观测矢量 $\boldsymbol{Y}$ 和观测模型矢量 $\boldsymbol{Z}$ 的组成不变，但后者包含的弦宽和转角元素应按式(5－13)计算。在求最优估计的迭代方程中的偏导数矩阵 $\boldsymbol{G}$ 的各元素 $\frac{\partial \boldsymbol{g}_i}{\partial \boldsymbol{X}}$ 应扩充为 3×6 阶，其中除原有的元素式(5－14)外还应包含观测模型矢量对新状态量 a_1、b_1、a_2、b_2 的偏导数。这样处理后，迭代过程中的微分校正量将更为适当，使观测模型矢量逐步逼近观测矢量，因而提高了姿态估计的精度。

分组估计法的主要优点是实现简单。另外，所有观测残差可以同时观测，由此可以容易地剔除无效的野值。通常，当观测残差的绝对值大于残差的加权均方根值的 3 倍时，就可剔除这次观测。

采用推广卡尔曼滤波方法时，其观测矢量为

$$\boldsymbol{Y}=\begin{bmatrix}\Phi \\ \theta_{\mathrm{s}} \\ \lambda_{\mathrm{se}}\end{bmatrix} \tag{5-15}$$

观测模型矢量为

$$\boldsymbol{Z}=\begin{bmatrix}2\arccos\left(\dfrac{\cos\rho-\cos\gamma\cos\theta_{\mathrm{e}}}{\sin\theta_{\mathrm{e}}\sin\gamma}\right)+\mu_1 \\ \arccos(S_x\cos\alpha\cos\delta+S_y\sin\alpha\cos\delta+S_z\sin\delta) \\ \arccos\left(\dfrac{\cos\theta_{\mathrm{se}}-\cos\theta_{\mathrm{s}}\cos\theta_{\mathrm{e}}}{\sin\theta_{\mathrm{s}}\sin\theta_{\mathrm{e}}}\right)+\mu_2\end{bmatrix} \tag{5-16}$$

式中：μ_1、μ_2 分别为红外弦宽和地中的系统误差。

选择状态矢量为

$$\boldsymbol{X}=\begin{bmatrix}\alpha \\ \delta \\ \mu_1 \\ \mu_2\end{bmatrix} \tag{5-17}$$

系统动力学方程为

$$\boldsymbol{X}_k = \boldsymbol{X}_{k-1}$$

量测方程为

$$\boldsymbol{Y}_k = \boldsymbol{Z}_k(\boldsymbol{X}_k) + \boldsymbol{V}_k$$

式中：$\boldsymbol{V}_k$ 为随机噪声。

推广卡尔曼滤波给出最优状态估计递推公式为

$$\begin{cases} \hat{\boldsymbol{X}}_k = \hat{\boldsymbol{X}}_{k-1} + \boldsymbol{K}_k[\boldsymbol{Y}_k - \boldsymbol{Z}(\boldsymbol{X}_{k-1}, k)] \\ \boldsymbol{K}_k = \boldsymbol{P}_{k-1}\boldsymbol{H}_k^{\mathrm{T}}(\boldsymbol{H}_k\boldsymbol{P}_{k-1}\boldsymbol{H}_k^{\mathrm{T}} + \boldsymbol{R}_k)^{-1} \\ \boldsymbol{P}_k = \boldsymbol{P}_{k-1} - \boldsymbol{K}_k\boldsymbol{H}_k\boldsymbol{P}_{k-1} \end{cases} \tag{5-18}$$

式中

$$\boldsymbol{H}_k = \left.\frac{\partial \boldsymbol{Z}}{\partial \boldsymbol{X}}\right|_{X=\hat{X}_{k-1}} = \begin{bmatrix} \dfrac{\partial \Phi}{\partial \theta_{\mathrm{e}}}\dfrac{\partial \theta_{\mathrm{e}}}{\partial \alpha} & \dfrac{\partial \Phi}{\partial \theta_{\mathrm{e}}}\dfrac{\partial \theta_{\mathrm{e}}}{\partial \delta} & 1 & 0 & 0 \\ \dfrac{\partial \theta_{\mathrm{s}}}{\partial \alpha} & \dfrac{\partial \theta_{\mathrm{s}}}{\partial \delta} & 0 & 0 & 0 \\ \dfrac{\partial \lambda_{\mathrm{se}}}{\partial \alpha} & \dfrac{\partial \lambda_{\mathrm{se}}}{\partial \delta} & 0 & 0 & 1 \end{bmatrix}_{X=\hat{X}_{k-1}} \tag{5-19}$$

$\boldsymbol{R}_k$ 为模型观测方差阵，即

$$\boldsymbol{R}_k = \begin{bmatrix} \sigma_1^2 & 0 & 0 \\ 0 & \sigma_2^2 & 0 \\ 0 & 0 & \sigma_3^2 \end{bmatrix} \tag{5-20}$$

$\boldsymbol{P}_k$ 为预计误差方差阵（也称误差协方差阵）。

只要给出初值$\hat{\boldsymbol{X}}_0$、$\boldsymbol{P}_0$、$\boldsymbol{R}_k$、$\hat{\mu}_1(0)$、$\hat{\mu}_2(0)$，就能得出各个时刻的姿态滤波数值。

最后应指出，在高精度姿态测定的场合，姿态的不确定性主要受系统误差支配而不受随机误差支配，因此希望状态估计能获得尽可能多的系统误差参数。换言之，将系统误差分离出来，参数组合的相关性越高，分离系统误差的可能性越小。在相同测量几何条件下重复测量只能减小随机噪声的影响，而不能提供区分各种敏感器系统误差的信息。如在不同几何条件下进行多次测量，则每次测量值都提供新的信息。可以设想，几何条件变动越大，可以求解的参数的数量越大。因此，进行状态估计时应使用含有尽可能多的各种几何关系数据。

5.2 最小二乘估计

最小二乘估计是德国人高斯早在 18 世纪初首先提出的，至今仍广泛使用。它的出发点是把被估计量作为静态参数考虑，是一个不随时间变化的、未知的 n 维状态矢量，即 $\boldsymbol{X}(t)=\boldsymbol{X}$，其量测量 $\boldsymbol{Y}$ 是 m 维量测矢量，并给出如下与量测量的关系：

$$\boldsymbol{Y}_i = \boldsymbol{h}_i\boldsymbol{X} + \boldsymbol{V}_i \quad (i = 1,2\cdots) \tag{5-21}$$

式中：$\boldsymbol{Y}_i$ 为第 i 次量测；$\boldsymbol{h}_i$ 为第 i 次量测矩阵（$m\times n$ 维）；$\boldsymbol{V}_i$ 为第 i 次量测噪声（是平均值为 $\boldsymbol{0}$ 的 m 维量测误差矢量）。

5.2.1 批处理的最小二乘法

将式(5-21)改写成矩阵形式，即

$$\boldsymbol{Y} = \boldsymbol{H}\boldsymbol{X} + \boldsymbol{V} \tag{5-22}$$

式中

$$\boldsymbol{Y} = \begin{bmatrix} \boldsymbol{Y}_1 \\ \boldsymbol{Y}_2 \\ \vdots \\ \boldsymbol{Y}_k \end{bmatrix}, \boldsymbol{H} = \begin{bmatrix} \boldsymbol{h}_1 \\ \boldsymbol{h}_2 \\ \vdots \\ \boldsymbol{h}_k \end{bmatrix}, \boldsymbol{V} = \begin{bmatrix} \boldsymbol{V}_1 \\ \boldsymbol{V}_2 \\ \vdots \\ \boldsymbol{V}_k \end{bmatrix}$$

根据表达状态估计的定义，显然 $\boldsymbol{HX}=\boldsymbol{Z}$ 是观测模型矢量。当 $km\geqslant 0$ 时，选择 $\boldsymbol{X}$ 的一个估计为 $\hat{\boldsymbol{X}}$，使得性能指标

$$L(\hat{\boldsymbol{X}}) = (\boldsymbol{Y} - \boldsymbol{H}\hat{\boldsymbol{X}})^{\mathrm{T}}(\boldsymbol{Y} - \boldsymbol{H}\hat{\boldsymbol{X}})$$

或

$$L_W(\hat{\boldsymbol{X}}) = (\boldsymbol{Y} - \boldsymbol{H}\hat{\boldsymbol{X}})^{\mathrm{T}}\boldsymbol{W}(\boldsymbol{Y} - \boldsymbol{H}\hat{\boldsymbol{X}})$$

达到极小，其中 $\boldsymbol{W}$ 是 $km\times km$ 的对称正定加权矩阵，则称上述的估计 $\hat{\boldsymbol{X}}$ 为 $\boldsymbol{X}$ 的最小二乘估计或加权最小二乘估计，并记为$\hat{\boldsymbol{X}}_{\mathrm{LS}}$或$\hat{\boldsymbol{X}}_{\mathrm{LSW}}$。因为 $L(\hat{\boldsymbol{X}})$ 或 $L_W(\hat{\boldsymbol{X}})$ 是一个标量函数，且上述最小二乘估计只是一个确定性求极小值的问题，所以可利用极小值的必要条件，即 $L(\hat{\boldsymbol{X}})$ 或 $L_W(\hat{\boldsymbol{X}})$ 对 $\boldsymbol{X}$ 的梯度（一阶导数）为 0 的

方法求得$\hat{\boldsymbol{X}}_{\mathrm{LS}}$或$\hat{\boldsymbol{X}}_{\mathrm{LSW}}$。

由此,对上述的二次型性能指标求一阶导数,得

$$\frac{\partial L(\hat{\boldsymbol{X}})}{\partial \hat{\boldsymbol{X}}} = -2\,\boldsymbol{H}^{\mathrm{T}}(\boldsymbol{Y}-\boldsymbol{H}\hat{\boldsymbol{X}})$$

或

$$\frac{\partial L_W(\hat{\boldsymbol{X}})}{\partial \hat{\boldsymbol{X}}} = -2\,\boldsymbol{H}^{\mathrm{T}}\boldsymbol{W}(\boldsymbol{Y}-\boldsymbol{H}\hat{\boldsymbol{X}})$$

令以上两式分别等于0,可求得

$$\hat{\boldsymbol{X}}_{\mathrm{LS}} = \hat{\boldsymbol{X}}_{\mathrm{LS}}(\boldsymbol{Y}) = (\boldsymbol{H}^{\mathrm{T}}\boldsymbol{H})^{-1}\boldsymbol{H}^{\mathrm{T}}\boldsymbol{Y} \tag{5-23}$$

或

$$\hat{\boldsymbol{X}}_{\mathrm{LSW}} = \hat{\boldsymbol{X}}_{\mathrm{LSW}}(\boldsymbol{Y}) = (\boldsymbol{H}^{\mathrm{T}}\boldsymbol{W}\boldsymbol{H})^{-1}\boldsymbol{H}^{\mathrm{T}}\boldsymbol{W}\boldsymbol{Y} \tag{5-24}$$

显然,估计值$\hat{\boldsymbol{X}}_{\mathrm{LS}}$、$\hat{\boldsymbol{X}}_{\mathrm{LSW}}$是量测值$\boldsymbol{Y}$的线性函数,故最小二乘估计(或加权最小二乘估计)为线性估计。

若量测噪声$\boldsymbol{V}$是零均值、方差为$\boldsymbol{R}$的随机矢量,记估计误差$\tilde{\boldsymbol{X}}=\boldsymbol{X}-\hat{\boldsymbol{X}}$,则有

$$E\{\hat{\boldsymbol{X}}\} = (\boldsymbol{H}^{\mathrm{T}}\boldsymbol{H})^{-1}\boldsymbol{H}^{\mathrm{T}}E\{\boldsymbol{Y}\} = (\boldsymbol{H}^{\mathrm{T}}\boldsymbol{H})^{-1}\boldsymbol{H}^{T}E\{\boldsymbol{H}\boldsymbol{X}+\boldsymbol{V}\} = \boldsymbol{X}$$

$$\begin{aligned}
E\{\tilde{\boldsymbol{X}}\tilde{\boldsymbol{X}}^{\mathrm{T}}\} &= E\{(\boldsymbol{X}-\hat{\boldsymbol{X}})(\boldsymbol{X}-\hat{\boldsymbol{X}})^{\mathrm{T}}\} \\
&= (\boldsymbol{H}^{\mathrm{T}}\boldsymbol{H})^{-1}E\{(\boldsymbol{H}^{\mathrm{T}}\boldsymbol{H}\boldsymbol{X}-\boldsymbol{H}^{\mathrm{T}}\boldsymbol{H}\hat{\boldsymbol{X}})(\boldsymbol{H}^{\mathrm{T}}\boldsymbol{H}\boldsymbol{X}-\boldsymbol{H}^{\mathrm{T}}\boldsymbol{H}\hat{\boldsymbol{X}})^{\mathrm{T}}\}(\boldsymbol{H}^{\mathrm{T}}\boldsymbol{H})^{-\mathrm{T}} \\
&= (\boldsymbol{H}^{\mathrm{T}}\boldsymbol{H})^{-1}\boldsymbol{H}^{\mathrm{T}}E\{\boldsymbol{V}\boldsymbol{V}^{\mathrm{T}}\}\boldsymbol{H}(\boldsymbol{H}^{\mathrm{T}}\boldsymbol{H})^{-\mathrm{T}} \\
&= (\boldsymbol{H}^{\mathrm{T}}\boldsymbol{H})^{-1}\boldsymbol{H}^{\mathrm{T}}\boldsymbol{R}\boldsymbol{H}(\boldsymbol{H}^{\mathrm{T}}\boldsymbol{H})^{-1}
\end{aligned}$$

由以上关系式可知,最小二乘估计具有如下性质:

(1) 最小二乘是无偏估计,即

$$E\{\hat{\boldsymbol{X}}\} = \boldsymbol{X} \text{ 或 } E\{\tilde{\boldsymbol{X}}\} = 0$$

(2) 最小二乘估计的均方差阵为

$$E\{\tilde{\boldsymbol{X}}\tilde{\boldsymbol{X}}^{\mathrm{T}}\} = (\boldsymbol{H}^{\mathrm{T}}\boldsymbol{H})^{-1}\boldsymbol{H}^{\mathrm{T}}\boldsymbol{R}\boldsymbol{H}(\boldsymbol{H}^{\mathrm{T}}\boldsymbol{H})^{-1}$$

5.2.2　递推最小二乘法

记前k次量测方程为

$$\overline{\boldsymbol{Y}}_k = \overline{\boldsymbol{H}}_k\boldsymbol{X} + \overline{\boldsymbol{V}}_k \tag{5-25}$$

式中

$$\overline{\boldsymbol{Y}}_k = \begin{bmatrix} \boldsymbol{Y}_1 \\ \boldsymbol{Y}_2 \\ \vdots \\ \boldsymbol{Y}_k \end{bmatrix}, \overline{\boldsymbol{H}}_k = \begin{bmatrix} \boldsymbol{h}_1 \\ \boldsymbol{h}_2 \\ \vdots \\ \boldsymbol{h}_k \end{bmatrix}, \overline{\boldsymbol{V}}_k = \begin{bmatrix} \boldsymbol{V}_1 \\ \boldsymbol{V}_2 \\ \vdots \\ \boldsymbol{V}_k \end{bmatrix}$$

则前$(k+1)$次量测方程为

$$\overline{\boldsymbol{Y}}_{k+1} = \overline{\boldsymbol{H}}_{k+1}\boldsymbol{X} + \overline{\boldsymbol{V}}_{k+1} \tag{5-26}$$

式中

$$\overline{\boldsymbol{Y}}_{k+1} = \begin{bmatrix} \overline{\boldsymbol{Y}}_k \\ \boldsymbol{Y}_{k+1} \end{bmatrix}, \overline{\boldsymbol{H}}_{k+1} = \begin{bmatrix} \overline{\boldsymbol{H}}_k \\ \boldsymbol{h}_{k+1} \end{bmatrix}, \overline{\boldsymbol{V}}_{k+1} = \begin{bmatrix} \overline{\boldsymbol{V}}_k \\ \boldsymbol{V}_{k+1} \end{bmatrix}$$

对于前k次量测,采用前一节给出的最小二乘法可得

$$\hat{\boldsymbol{X}}_k = (\overline{\boldsymbol{H}}_k^{\mathrm{T}} \overline{H}_k)^{-1} \overline{\boldsymbol{H}}_k^{\mathrm{T}} \overline{\boldsymbol{Y}}_k \tag{5-27}$$

同理,对前$(k+1)$次量测可得

$$\hat{\boldsymbol{X}}_{k+1} = (\overline{\boldsymbol{H}}_{k+1}^{\mathrm{T}} \overline{\boldsymbol{H}}_{k+1})^{-1} \overline{\boldsymbol{H}}_{k+1}^{\mathrm{T}} \overline{\boldsymbol{Y}}_{k+1} \tag{5-28}$$

令$\boldsymbol{P}_k = (\overline{\boldsymbol{H}}_k^{\mathrm{T}} \overline{\boldsymbol{H}}_k)^{-1}$,对于$\boldsymbol{P}_{k+1}$,有

$$\begin{aligned} \boldsymbol{P}_{k+1} &= (\overline{\boldsymbol{H}}_{k+1}^{\mathrm{T}} \overline{\boldsymbol{H}}_{k+1})^{-1} = (\overline{\boldsymbol{H}}_k^{\mathrm{T}} \overline{\boldsymbol{H}}_k + \boldsymbol{h}_{k+1}^{\mathrm{T}} \boldsymbol{h}_{k+1})^{-1} \\ &= (\boldsymbol{P}_k^{-1} + \boldsymbol{h}_{k+1}^{\mathrm{T}} \boldsymbol{h}_{k+1})^{-1} \end{aligned} \tag{5-29}$$

由矩阵反演公式

$$(\boldsymbol{A}_{11} - \boldsymbol{A}_{12}\boldsymbol{A}_{22}^{-1}\boldsymbol{A}_{21})^{-1} = \boldsymbol{A}_{11}^{-1} + \boldsymbol{A}_{11}^{-1}\boldsymbol{A}_{12}(\boldsymbol{A}_{22} - \boldsymbol{A}_{21}\boldsymbol{A}_{11}^{-1}\boldsymbol{A}_{12})^{-1}\boldsymbol{A}_{21}\boldsymbol{A}_{11}^{-1} \tag{5-30}$$

式(5-29)可变形为

$$\boldsymbol{P}_{k+1} = \boldsymbol{P}_k - \boldsymbol{P}_k\boldsymbol{h}_{k+1}^{\mathrm{T}}(\boldsymbol{I} + \boldsymbol{h}_{k+1}\boldsymbol{P}_k\boldsymbol{h}_{k+1}^{\mathrm{T}})^{-1}\boldsymbol{h}_{k+1}\boldsymbol{P}_k \tag{5-31}$$

利用式(5-31)关系,由式(5-27)和式(5-28)得到$\hat{\boldsymbol{X}}$的递推形式为

$$\begin{aligned} \hat{\boldsymbol{X}}_{k+1} &= \boldsymbol{P}_{k+1}\overline{\boldsymbol{H}}_{k+1}^{\mathrm{T}}\overline{\boldsymbol{Y}}_{k+1} = \boldsymbol{P}_{k+1}[\overline{\boldsymbol{H}}_k^{\mathrm{T}} \quad \boldsymbol{h}_{k+1}^{\mathrm{T}}]\begin{bmatrix} \overline{\boldsymbol{Y}}_k \\ \boldsymbol{Y}_{k+1} \end{bmatrix} \\ &= \boldsymbol{P}_{k+1}\overline{\boldsymbol{H}}_k^{\mathrm{T}}\overline{\boldsymbol{Y}}_k + \boldsymbol{P}_{k+1}\boldsymbol{h}_{k+1}^{\mathrm{T}}\boldsymbol{Y}_{k+1} \\ &= \hat{\boldsymbol{X}}_k - \boldsymbol{P}_{k+1}\boldsymbol{h}_{k+1}^{\mathrm{T}}\boldsymbol{h}_{k+1}\hat{\boldsymbol{X}}_k + \boldsymbol{P}_{k+1}\boldsymbol{h}_{k+1}^{\mathrm{T}}\boldsymbol{Y}_{k+1} \\ &= \hat{\boldsymbol{X}}_k + \boldsymbol{P}_{k+1}\boldsymbol{h}_{k+1}^{\mathrm{T}}(\boldsymbol{Y}_{k+1} - \boldsymbol{h}_{k+1}\hat{\boldsymbol{X}}_k) \end{aligned} \tag{5-32}$$

5.3　最小方差估计

设 $\boldsymbol{X}$ 为 n 维随机矢量，$\boldsymbol{Y}$ 为 m 维量测矢量，有关系式

$$\boldsymbol{Y}=\boldsymbol{H}(\boldsymbol{X})+\boldsymbol{V} \tag{5-33}$$

式中：$\boldsymbol{V}$ 为随机误差。

最小方差估计指使指标函数

$$L(\boldsymbol{X})=E\{(\boldsymbol{X}-\hat{\boldsymbol{X}})^{\mathrm{T}}(\boldsymbol{X}-\hat{\boldsymbol{X}})\}$$

达到最小的估计 $\hat{\boldsymbol{X}}_{\mathrm{MV}}(\boldsymbol{Y})$。

指标函数采用概率密度函数来表示，即

$$\begin{aligned}L(\boldsymbol{X})&=\int_{-\infty}^{+\infty}\int_{-\infty}^{+\infty}(\boldsymbol{x}-\hat{\boldsymbol{X}}_{\mathrm{MV}})^{\mathrm{T}}(\boldsymbol{x}-\hat{\boldsymbol{X}}_{\mathrm{MV}})p(\boldsymbol{x},\boldsymbol{y})\mathrm{d}\boldsymbol{x}\mathrm{d}\boldsymbol{y}\\&=\int_{-\infty}^{+\infty}p_y(\boldsymbol{y})\int_{-\infty}^{+\infty}(\boldsymbol{x}-\hat{\boldsymbol{X}}_{\mathrm{MV}})^{\mathrm{T}}(\boldsymbol{x}-\hat{\boldsymbol{X}}_{\mathrm{MV}})p(\boldsymbol{x}/\boldsymbol{y})\mathrm{d}\boldsymbol{x}\mathrm{d}\boldsymbol{y}\end{aligned}$$

式中：$p(\boldsymbol{x},\boldsymbol{y})$、$p(\boldsymbol{x}/\boldsymbol{y})$ 分别为 $\boldsymbol{X}=\boldsymbol{x},\boldsymbol{Y}=\boldsymbol{y}$ 的联合概率密度函数和条件概率密度函数；$p_y(\boldsymbol{y})$ 为 $\boldsymbol{Y}=\boldsymbol{y}$ 边缘概率密度函数。

为使 $L(\boldsymbol{X})$ 达到最小，则仅需

$$g=\int_{-\infty}^{+\infty}(\boldsymbol{x}-\hat{\boldsymbol{X}}_{\mathrm{MV}})^{\mathrm{T}}(\boldsymbol{x}-\hat{\boldsymbol{X}}_{\mathrm{MV}})p(\boldsymbol{x}/\boldsymbol{y})\mathrm{d}\boldsymbol{x}$$

为最小。

将上式中的 $\boldsymbol{x}-\hat{\boldsymbol{X}}_{\mathrm{MV}}$ 用 $\boldsymbol{x}-E\{\boldsymbol{X}/\boldsymbol{Y}\}+E\{\boldsymbol{X}/\boldsymbol{Y}\}-\hat{\boldsymbol{X}}_{\mathrm{MV}}$ 代替后将乘积展开，则有

$$\begin{aligned}g=&\int_{-\infty}^{+\infty}(\boldsymbol{x}-E\{\boldsymbol{X}/\boldsymbol{Y}\})^{\mathrm{T}}(\boldsymbol{x}-E\{\boldsymbol{X}/\boldsymbol{Y}\})p(\boldsymbol{x}/\boldsymbol{y})\mathrm{d}\boldsymbol{x}+\\&(E\{\boldsymbol{X}/\boldsymbol{Y}\}-\hat{\boldsymbol{X}}_{\mathrm{MV}})^{\mathrm{T}}(E\{\boldsymbol{X}/\boldsymbol{Y}\}-\hat{\boldsymbol{X}}_{\mathrm{MV}})\int_{-\infty}^{+\infty}p(\boldsymbol{x}/\boldsymbol{y})\mathrm{d}\boldsymbol{x}+\\&(E\{\boldsymbol{X}/\boldsymbol{Y}\}-\hat{\boldsymbol{X}}_{\mathrm{MV}})^{\mathrm{T}}\int_{-\infty}^{+\infty}(\boldsymbol{x}-E\{\boldsymbol{X}/\boldsymbol{Y}\})p(\boldsymbol{x}/\boldsymbol{y})\mathrm{d}\boldsymbol{x}+\\&\int_{-\infty}^{+\infty}(\boldsymbol{x}-E\{\boldsymbol{X}/\boldsymbol{Y}\})^{\mathrm{T}}p(\boldsymbol{x}/\boldsymbol{y})\mathrm{d}\boldsymbol{x}(E\{\boldsymbol{X}/\boldsymbol{Y}\}-\hat{\boldsymbol{X}}_{\mathrm{MV}})\\=&\int_{-\infty}^{+\infty}(\boldsymbol{x}-E\{\boldsymbol{X}/\boldsymbol{Y}\})^{\mathrm{T}}(\boldsymbol{x}-E\{\boldsymbol{X}/\boldsymbol{Y}\})p(\boldsymbol{x}/\boldsymbol{y})\mathrm{d}\boldsymbol{x}+\end{aligned}$$

$$(E\{\boldsymbol{X}/\boldsymbol{Y}\} - \hat{\boldsymbol{X}}_{\mathrm{MV}})^{\mathrm{T}}(E\{\boldsymbol{X}/\boldsymbol{Y}\} - \hat{\boldsymbol{X}}_{\mathrm{MV}})$$

因此,要使 g 最小,则上式右端的第二项为 0,有

$$\hat{\boldsymbol{X}}_{\mathrm{MV}}(\boldsymbol{Y}) = E\{\boldsymbol{X}/\boldsymbol{Y}\} \tag{5-34}$$

即最小方差估计等于量测为某一具体实现条件下的条件均值。

最小方差估计具有如下性质:

(1) 最小方差估计是 $\boldsymbol{X}$ 的无偏估计,即

$$\begin{aligned} E\{\hat{\boldsymbol{X}}_{\mathrm{MV}}(\boldsymbol{Y})\} &= E\{\boldsymbol{X}/\boldsymbol{Y}\} \\ &= \int_{-\infty}^{+\infty}\int_{-\infty}^{+\infty}\boldsymbol{x}\cdot p(\boldsymbol{x}/\boldsymbol{y})\mathrm{d}\boldsymbol{x}\cdot p_Y(\boldsymbol{y})\mathrm{d}\boldsymbol{y} \\ &= \int_{-\infty}^{+\infty}\int_{-\infty}^{+\infty}\boldsymbol{x}\cdot p(\boldsymbol{x},\boldsymbol{y})\mathrm{d}\boldsymbol{x}\mathrm{d}\boldsymbol{y} = \int_{-\infty}^{+\infty}\boldsymbol{x}\int_{-\infty}^{+\infty}p(\boldsymbol{x},\boldsymbol{y})\mathrm{d}\boldsymbol{y}\mathrm{d}\boldsymbol{x} = E[\boldsymbol{X}] \end{aligned}$$

(2) 若被估计矢量 $\boldsymbol{X}$ 和量测矢量 $\boldsymbol{Y}$ 均服从正态分布,且有

$$E\{\boldsymbol{X}\} = \boldsymbol{m}_X, E\{\boldsymbol{Y}\} = \boldsymbol{m}_Y, \mathrm{cov}\{\boldsymbol{X},\boldsymbol{Y}\} = \boldsymbol{C}_{XY}$$

则 $\boldsymbol{X}$ 的最小方差估计为

$$\hat{\boldsymbol{X}}_{\mathrm{MV}}(\boldsymbol{Y}) = \boldsymbol{m}_X + \boldsymbol{C}_{XY}\boldsymbol{C}_Y^{-1}(\boldsymbol{Y} - \boldsymbol{m}_Y)$$

由上可知,最小方差估计 $\hat{\boldsymbol{X}}_{\mathrm{MV}}(\boldsymbol{Y})$ 为量测矢量 $\boldsymbol{Y}$ 的线性估计,且最小方差估计误差的方差为

$$\mathrm{var}[\boldsymbol{X} - \hat{\boldsymbol{X}}_{\mathrm{MV}}(\boldsymbol{Y})] = \boldsymbol{C}_X - \boldsymbol{C}_{XY}\boldsymbol{C}_Y^{-1}\boldsymbol{C}_{YX}$$

当量测量 $\boldsymbol{Y}$ 与被估计量 $\boldsymbol{X}$ 满足线性关系时,即

$$\boldsymbol{Y} = \boldsymbol{H}\boldsymbol{X} + \boldsymbol{V}$$

其中,测量噪声 $\boldsymbol{V}$ 的均值和方差为 $E\{\boldsymbol{V}\}=0$,$\mathrm{var}\{\boldsymbol{V}\}=\boldsymbol{C}_V$,估计量 $\boldsymbol{X}$ 的均值和方差为 $E\{\boldsymbol{X}\}=\boldsymbol{m}_X$,$\mathrm{var}\{\boldsymbol{X}\}=\boldsymbol{C}_X$,且 $\boldsymbol{V}$ 和 $\boldsymbol{X}$ 不相关,则 $\boldsymbol{X}$ 的最小方差估计为

$$\hat{\boldsymbol{X}}_{\mathrm{MV}}(\boldsymbol{Y}) = \boldsymbol{m}_X + \boldsymbol{C}_X\boldsymbol{H}^{\mathrm{T}}(\boldsymbol{H}\boldsymbol{C}_X\boldsymbol{H}^{\mathrm{T}} + \boldsymbol{C}_V)^{-1}(\boldsymbol{Y} - \boldsymbol{H}\boldsymbol{m}_X)$$

估计误差的方差为

$$\mathrm{var}\{\boldsymbol{X} - \hat{\boldsymbol{X}}_{\mathrm{MV}}(\boldsymbol{Y})\} = \boldsymbol{C}_X - \boldsymbol{H}^{\mathrm{T}}(\boldsymbol{H}\boldsymbol{C}_X\boldsymbol{H}^{\mathrm{T}} + \boldsymbol{C}_V)^{-1}\boldsymbol{H}\boldsymbol{C}_X$$

5.4 线性最小方差估计

对于式(5-33),如果线性估计 $\hat{\boldsymbol{X}}_{\mathrm{L}}(\boldsymbol{Y})=\boldsymbol{a}+\boldsymbol{B}\boldsymbol{Y}$ 使得指标函数

$$L(\hat{\boldsymbol{X}}_{\mathrm{L}}) = E\{(\boldsymbol{X}-\hat{\boldsymbol{X}}_{\mathrm{L}})^{\mathrm{T}}(\boldsymbol{X}-\hat{\boldsymbol{X}}_{\mathrm{L}})\}$$

则称$\hat{\boldsymbol{X}}_{\mathrm{L}}(\boldsymbol{Y})$为$\boldsymbol{X}$在$\boldsymbol{Y}$上的线性最小方差估计。

不妨记线性最小方差估计$\hat{\boldsymbol{X}}_{\mathrm{L}}(\boldsymbol{Y})=\boldsymbol{a}_{\mathrm{L}}+\boldsymbol{B}_{\mathrm{L}}\boldsymbol{Y}$,且令$\boldsymbol{Z}=\boldsymbol{X}-\boldsymbol{B}_{\mathrm{L}}\boldsymbol{Y}-\boldsymbol{a}_{\mathrm{L}}$,则

$$\begin{aligned}
L(\boldsymbol{X}) &= E\{(\boldsymbol{X}-\boldsymbol{B}_{\mathrm{L}}\boldsymbol{Y}-\boldsymbol{a}_{\mathrm{L}})^{\mathrm{T}}(\boldsymbol{X}-\boldsymbol{B}_{\mathrm{L}}\boldsymbol{Y}-\boldsymbol{a}_{\mathrm{L}})\}\\
&= E\{\boldsymbol{Z}^{\mathrm{T}}\boldsymbol{Z}\} = \mathrm{tr}(\boldsymbol{Z}\boldsymbol{Z}^{\mathrm{T}})\\
&= \mathrm{tr}((\boldsymbol{Z}-E\{\boldsymbol{Z}\}+E\{\boldsymbol{Z}\})(\boldsymbol{Z}-E\{\boldsymbol{Z}\}+E\{\boldsymbol{Z}\})^{\mathrm{T}})\\
&= \mathrm{tr}(\boldsymbol{C}_Z+E\{\boldsymbol{Z}\}\cdot E\{\boldsymbol{Z}^{\mathrm{T}}\})\\
&= \mathrm{tr}(\boldsymbol{C}_Z)+E\{\boldsymbol{Z}^{\mathrm{T}}\}\cdot E\{\boldsymbol{Z}\}
\end{aligned}$$

式中

$$E\{\boldsymbol{Z}\} = E\{\boldsymbol{X}-\boldsymbol{B}_{\mathrm{L}}\boldsymbol{Y}-\boldsymbol{a}_{\mathrm{L}}\} = \boldsymbol{m}_X-\boldsymbol{B}_{\mathrm{L}}\boldsymbol{m}_Y-\boldsymbol{a}_{\mathrm{L}}$$

$$\begin{aligned}
\boldsymbol{C}_Z &= E\{(\boldsymbol{Z}-E\{\boldsymbol{Z}\})\cdot(\boldsymbol{Z}-E\{\boldsymbol{Z}\})^{\mathrm{T}}\}\\
&= E\{[(\boldsymbol{X}-\boldsymbol{m}_X)-\boldsymbol{B}_{\mathrm{L}}(\boldsymbol{Y}-\boldsymbol{m}_Y)]\cdot[(\boldsymbol{X}-\boldsymbol{m}_X)-\boldsymbol{B}_{\mathrm{L}}(\boldsymbol{Y}-\boldsymbol{m}_Y)]^{\mathrm{T}}\}\\
&= \boldsymbol{C}_X+\boldsymbol{B}_{\mathrm{L}}\boldsymbol{C}_Y(\boldsymbol{B}_{\mathrm{L}})^{\mathrm{T}}-\boldsymbol{C}_{XY}(\boldsymbol{B}_{\mathrm{L}})^{\mathrm{T}}-\boldsymbol{B}_{\mathrm{L}}\boldsymbol{C}_{YX}
\end{aligned}$$

于是有

$$\begin{aligned}
L(\boldsymbol{X}) &= \mathrm{tr}(\boldsymbol{C}_X+\boldsymbol{B}_{\mathrm{L}}\boldsymbol{C}_Y(\boldsymbol{B}_{\mathrm{L}})^{\mathrm{T}}-\boldsymbol{C}_{XY}(\boldsymbol{B}_{\mathrm{L}})^{\mathrm{T}}-\boldsymbol{B}_{\mathrm{L}}\boldsymbol{C}_{YX})+\\
&\quad(\boldsymbol{m}_X-\boldsymbol{B}_{\mathrm{L}}\boldsymbol{m}_Y-\boldsymbol{a}_{\mathrm{L}})^{\mathrm{T}}\cdot(\boldsymbol{m}_X-\boldsymbol{B}_{\mathrm{L}}\boldsymbol{m}_Y-\boldsymbol{a}_{\mathrm{L}})\\
&= \mathrm{tr}((\boldsymbol{B}_{\mathrm{L}}-\boldsymbol{C}_{XY}\boldsymbol{C}_Y^{-1})\boldsymbol{C}_Y(\boldsymbol{B}_{\mathrm{L}}-\boldsymbol{C}_{XY}\boldsymbol{C}_Y^{-1})^{\mathrm{T}}+\boldsymbol{C}_X-\boldsymbol{C}_{XY}\boldsymbol{C}_Y^{-1}\boldsymbol{C}_{YX})+\\
&\quad(\boldsymbol{m}_X-\boldsymbol{B}_{\mathrm{L}}\boldsymbol{m}_Y-\boldsymbol{a}_{\mathrm{L}})^{\mathrm{T}}\cdot(\boldsymbol{m}_X-\boldsymbol{B}_{\mathrm{L}}\boldsymbol{m}_Y-\boldsymbol{a}_{\mathrm{L}})\\
&= \mathrm{tr}((\boldsymbol{B}_{\mathrm{L}}-\boldsymbol{C}_{XY}\boldsymbol{C}_Y^{-1})\boldsymbol{C}_Y(\boldsymbol{B}_{\mathrm{L}}-\boldsymbol{C}_{XY}\boldsymbol{C}_Y^{-1})^{\mathrm{T}})+\mathrm{tr}(\boldsymbol{C}_X-\boldsymbol{C}_{XY}\boldsymbol{C}_Y^{-1}\boldsymbol{C}_{YX})+\\
&\quad(\boldsymbol{m}_X-\boldsymbol{B}_{\mathrm{L}}\boldsymbol{m}_Y-\boldsymbol{a}_L)^{\mathrm{T}}\cdot(\boldsymbol{m}_X-\boldsymbol{B}_{\mathrm{L}}\boldsymbol{m}_Y-\boldsymbol{a}_{\mathrm{L}})
\end{aligned}$$

由上式可知,要使$L(\boldsymbol{X})$达到最小值,则需等式右端第1项和第3项均为0,即有

$$\boldsymbol{B}_{\mathrm{L}}-\boldsymbol{C}_{XY}\boldsymbol{C}_Y^{-1} = \boldsymbol{0}$$

$$\boldsymbol{m}_X-\boldsymbol{B}_{\mathrm{L}}\boldsymbol{m}_Y-\boldsymbol{\alpha}_{\mathrm{L}} = \boldsymbol{0}$$

由此解之得

$$\boldsymbol{a}_{\mathrm{L}} = \boldsymbol{m}_X+\boldsymbol{C}_{XY}\boldsymbol{C}_Y^{-1}\boldsymbol{m}_Y$$

$$\boldsymbol{B}_{\mathrm{L}} = \boldsymbol{C}_{XY}\boldsymbol{C}_Y^{-1}$$

即

$$\hat{\boldsymbol{X}}_{\mathrm{L}}(\boldsymbol{Y}) = \boldsymbol{m}_X+\boldsymbol{C}_{XY}\boldsymbol{C}_Y^{-1}(\boldsymbol{Y}-\boldsymbol{m}_Y) \tag{5-35}$$

此外,将$L(\boldsymbol{X})$相对于$\boldsymbol{a}$和$\boldsymbol{B}$求导。根据$L(\boldsymbol{X})$是矢量$\boldsymbol{a}$和$\boldsymbol{B}$的标量函

数,由微分运算和期望运算可以交换,也不难推导出$\boldsymbol{a}_{\mathrm{L}}$ 和$\boldsymbol{B}_{\mathrm{L}}$。

估计量 $\boldsymbol{X}$ 的线性最小方差估计误差 $\boldsymbol{X}-\hat{\boldsymbol{X}}_{\mathrm{L}}(\boldsymbol{Y})$ 的方差为

$$\mathrm{var}\{\boldsymbol{X}-\hat{\boldsymbol{X}}_{\mathrm{L}}(\boldsymbol{Y})\}=\boldsymbol{C}_X-\boldsymbol{C}_{XY}\boldsymbol{C}_Y^{-1}\boldsymbol{C}_{YX}$$

由上式可知,若被估计矢量 $\boldsymbol{X}$ 和量测矢量 $\boldsymbol{Z}$ 均服从正态分布,则线性最小方差估计与最小方差估计是相同的,即最小线性估计不仅在线性估计中精度最优,而且在所有的估计中也是精度最优的。

线性最小方差估计具有如下性质:

(1) 线性最小方差估计是 $\boldsymbol{X}$ 的无偏估计,即 $E\{\hat{\boldsymbol{X}}_{\mathrm{L}}(\boldsymbol{Y})\}=E\{\boldsymbol{X}\}$;

(2) 已知 $\boldsymbol{X}$ 在 $\boldsymbol{Y}$ 的线性最小方差估计$\hat{\boldsymbol{X}}_{\mathrm{L}}(\boldsymbol{Y})$,则变量 $\boldsymbol{FX}+\boldsymbol{e}$ 上的线性最小方差估计为 $\boldsymbol{F}\hat{\boldsymbol{X}}_{\mathrm{L}}(\boldsymbol{Y})+\boldsymbol{e}$;

(3) 已知 $\boldsymbol{X}$ 在 $\boldsymbol{Y}$ 的线性最小方差估计$\hat{\boldsymbol{X}}_{\mathrm{L}}(\boldsymbol{Y})$,若 $\boldsymbol{Y}$ 与 $\boldsymbol{Z}$ 不相关,则 $\boldsymbol{X}$ 的线性最小方差估计为

$$\hat{\boldsymbol{X}}_{\mathrm{L}}(\boldsymbol{Y},\boldsymbol{Z})=\hat{\boldsymbol{X}}_{\mathrm{L}}(\boldsymbol{Y})+\hat{\boldsymbol{X}}_{\mathrm{L}}(\boldsymbol{Z})-E\{\boldsymbol{X}\}$$

5.5 正交投影

若随机矢量 $\boldsymbol{X}$、$\boldsymbol{Y}$ 满足

$$E\{\boldsymbol{X}\cdot\boldsymbol{Y}^{\mathrm{T}}\}=\boldsymbol{0}$$

则称 $\boldsymbol{X}$ 与 $\boldsymbol{Y}$ 正交。

若随机矢量 $\boldsymbol{X}$、$\boldsymbol{Y}$ 的协方差为 $\boldsymbol{0}$,即

$$\mathrm{cov}\{\boldsymbol{X},\boldsymbol{Y}\}=E\{(\boldsymbol{X}-E\{\boldsymbol{X}\})\cdot(\boldsymbol{X}-E\{\boldsymbol{X}\})^{\mathrm{T}}\}=\boldsymbol{0}$$

则称 $\boldsymbol{X}$ 与 $\boldsymbol{Y}$ 不相关。

若随机矢量 $\boldsymbol{X}$、$\boldsymbol{Y}$ 的联合概率分布密度满足

$$p(\boldsymbol{x},\boldsymbol{y})=p_X(\boldsymbol{x})\cdot p_Y(\boldsymbol{y})$$

则称 $\boldsymbol{X}$ 与 $\boldsymbol{Y}$ 相互独立。

对于随机矢量 $\boldsymbol{X}$、$\boldsymbol{Y}$,上述三者的关系如下:

(1) 若 $\boldsymbol{X}$、$\boldsymbol{Y}$ 的数学期望至少有一个为 $\boldsymbol{0}$,则正交与不相关等价。

(2) 若 $\boldsymbol{X}$、$\boldsymbol{Y}$ 相互独立,则其一定不相关;反之则不一定成立,只有当 $\boldsymbol{X}$、$\boldsymbol{Y}$ 满足正态分布时成立。

(3) 当 $\boldsymbol{X}$、$\boldsymbol{Y}$ 满足正态分布且数学期望至少一个为 $\boldsymbol{0}$，则正交、不相关与独立三者等价。

对于随机矢量 $\boldsymbol{X}$、$\boldsymbol{Y}$，如果存在矢量 $\bar{\boldsymbol{a}}$ 和矩阵 $\bar{\boldsymbol{B}}$，使得对于任意的矢量 $\boldsymbol{a}$ 和矩阵 $\boldsymbol{B}$ 均满足

$$E\{(\boldsymbol{X}-\bar{\boldsymbol{B}}\boldsymbol{Y}-\bar{\boldsymbol{a}})\cdot(\boldsymbol{B}\boldsymbol{Y}+\boldsymbol{a})^{\mathrm{T}}\}=\boldsymbol{0}$$

则称 $\bar{\boldsymbol{B}}\boldsymbol{Y}+\bar{\boldsymbol{a}}$ 为 $\boldsymbol{X}$ 在 $\boldsymbol{Y}$ 上的正交投影。

由于

$$\begin{aligned}&E\{(\boldsymbol{X}-\bar{\boldsymbol{B}}\boldsymbol{Y}-\bar{\boldsymbol{a}})\cdot(\boldsymbol{B}\boldsymbol{Y}+\boldsymbol{a})^{\mathrm{T}}\}\\&\quad=E\{[(\boldsymbol{X}-\bar{\boldsymbol{B}}\boldsymbol{Y}-\bar{\boldsymbol{a}})\cdot\boldsymbol{Y}^{\mathrm{T}}]\}\cdot\boldsymbol{B}^{\mathrm{T}}+E\{(\boldsymbol{X}-\bar{\boldsymbol{B}}\boldsymbol{Y}-\bar{\boldsymbol{a}})\}\cdot\boldsymbol{a}^{\mathrm{T}}\end{aligned}$$

因此正交投影可表示为

$$E\{(\boldsymbol{X}-\bar{\boldsymbol{B}}\boldsymbol{Y}-\bar{\boldsymbol{a}})\cdot\boldsymbol{Y}^{\mathrm{T}}\}=\boldsymbol{0} \tag{5-36}$$

$$E\{\boldsymbol{X}-\bar{\boldsymbol{B}}\boldsymbol{Y}-\bar{\boldsymbol{a}}\}=\boldsymbol{0} \tag{5-37}$$

由上可知，正交投影具有如下特性：

(1) 正交投影为关于量测矢量 $\boldsymbol{Y}$ 与常值矢量 $\bar{\boldsymbol{a}}$ 的线性组合。正交投影可作为 $\boldsymbol{X}$ 的估计 $\hat{\boldsymbol{X}}(\boldsymbol{Y})$，且该估计可以用 $\boldsymbol{Y}$ 线性表示，即存在非随机的矢量 $\bar{\boldsymbol{a}}$ 和矩阵 $\bar{\boldsymbol{B}}$ 使得

$$\hat{\boldsymbol{X}}(\boldsymbol{Y})=\bar{\boldsymbol{a}}+\bar{\boldsymbol{B}}\boldsymbol{Y} \tag{5-38}$$

(2) 无偏性，即

$$E\{\hat{\boldsymbol{X}}(\boldsymbol{Y})\}=E\{\boldsymbol{X}\} \tag{5-39}$$

(3) $\boldsymbol{X}-\hat{\boldsymbol{X}}(\boldsymbol{Y})$ 与 $\boldsymbol{Y}$ 正交，即

$$E\{(\boldsymbol{X}-\hat{\boldsymbol{X}}(\boldsymbol{Y}))\cdot\boldsymbol{Y}^{\mathrm{T}}\}=\boldsymbol{0} \tag{5-40}$$

对于线性最小方差估计 $\hat{\boldsymbol{X}}_{\mathrm{LMV}}(\boldsymbol{Y})$，具有如下结论：线性最小方差估计 $\hat{\boldsymbol{X}}_{\mathrm{LMV}}(\boldsymbol{Y})$ 是被估计量 $\boldsymbol{X}$ 在观测 $\boldsymbol{Y}$ 上的正交投影；反之亦然。即

$$\hat{\boldsymbol{X}}_{\mathrm{LMV}}(\boldsymbol{Y})=\boldsymbol{a}_{\mathrm{L}}+\boldsymbol{B}_{\mathrm{L}}\boldsymbol{Y}=\bar{\boldsymbol{a}}+\bar{\boldsymbol{B}}\boldsymbol{Y} \tag{5-41}$$

并记为 $\hat{\boldsymbol{X}}_{\mathrm{LMV}}(\boldsymbol{Y})=\hat{E}(\boldsymbol{X}|\boldsymbol{Y})$。

记估计误差 $\tilde{\boldsymbol{X}}=\boldsymbol{X}-\hat{\boldsymbol{X}}_{\mathrm{LMV}}(\boldsymbol{Y})$，则根据线性最小方差估计 $\hat{\boldsymbol{X}}_{\mathrm{LMV}}(\boldsymbol{Y})$ 表达式，有

$$\tilde{\boldsymbol{X}}=(\boldsymbol{X}-E\{\boldsymbol{X}\})-\boldsymbol{C}_{XY}\boldsymbol{C}_{Y}^{-1}(\boldsymbol{Y}-E\{\boldsymbol{Y}\})$$

由于

$$
\begin{aligned}
\operatorname{cov}\{\tilde{\boldsymbol{X}},\boldsymbol{Y}\} &= E\{\tilde{\boldsymbol{X}}\cdot\boldsymbol{Y}^{\mathrm{T}}\} - E\{\tilde{\boldsymbol{X}}\}\cdot E\{\boldsymbol{Y}^{\mathrm{T}}\} \\
&= E\{[(\boldsymbol{X}-E\{\boldsymbol{X}\}) - \boldsymbol{C}_{XY}\boldsymbol{C}_Y^{-1}(\boldsymbol{Y}-E\{\boldsymbol{Y}\})]\cdot\boldsymbol{Y}^{\mathrm{T}}\} \\
&= E\{(\boldsymbol{X}\boldsymbol{Y}^{\mathrm{T}} - E\{\boldsymbol{X}\}\boldsymbol{Y}^{\mathrm{T}}) - \boldsymbol{C}_{XY}\boldsymbol{C}_Y^{-1}(\boldsymbol{Y}\boldsymbol{Y}^{\mathrm{T}} - E\{\boldsymbol{Y}\}\boldsymbol{Y}^{\mathrm{T}})\} \\
&= E\{\boldsymbol{X}\boldsymbol{Y}^{\mathrm{T}}\} - E\{\boldsymbol{X}\}\cdot E\{\boldsymbol{Y}^{\mathrm{T}}\} - \boldsymbol{C}_{XY}\boldsymbol{C}_Y^{-1}(E\{\boldsymbol{Y}\boldsymbol{Y}^{\mathrm{T}}\} - E\{\boldsymbol{Y}\}\cdot E\{\boldsymbol{Y}^{\mathrm{T}}\}) \\
&= E\{\boldsymbol{X}\boldsymbol{Y}^{\mathrm{T}}\} - E\{\boldsymbol{X}\}\cdot E\{\boldsymbol{Y}^{\mathrm{T}}\} - \boldsymbol{C}_{XY} = \boldsymbol{0}
\end{aligned}
\tag{5-42}
$$

且由于线性最小方差估计$\hat{\boldsymbol{X}}_{\mathrm{LMV}}(\boldsymbol{Y})$是无偏的，即

$$E\{\tilde{\boldsymbol{X}}\} = E\{\boldsymbol{X}-\hat{\boldsymbol{X}}_{\mathrm{LMV}}(\boldsymbol{Y})\} = \boldsymbol{0}$$

由上可知，随机矢量$\tilde{\boldsymbol{X}}=\boldsymbol{X}-\hat{\boldsymbol{X}}_{\mathrm{LMV}}(\boldsymbol{Y})$的数学期望为$\boldsymbol{0}$，且$\tilde{\boldsymbol{X}}$与$\boldsymbol{Y}$为不相关与正交是等价，由此有$\tilde{\boldsymbol{X}}$与$\boldsymbol{Y}$正交。

随机矢量$\boldsymbol{X}$本来并不与$\boldsymbol{Y}$正交，但是从$\boldsymbol{X}$中减去一个由$\boldsymbol{Y}$的线性函数所构成的随机矢量$\hat{\boldsymbol{X}}_{\mathrm{LMV}}(\boldsymbol{Y})$就与$\boldsymbol{Y}$正交了。因此，$\hat{\boldsymbol{X}}_{\mathrm{LMV}}(\boldsymbol{Y})$是$\boldsymbol{X}$在$\boldsymbol{Y}$上的正交投影，并记为

$$\hat{\boldsymbol{X}}_{\mathrm{LMV}}(\boldsymbol{Y}) = \hat{E}\{\boldsymbol{X}\mid\boldsymbol{Y}\}$$

从几何角度看，把线性最小方差估计$\hat{\boldsymbol{X}}_{\mathrm{LMV}}(\boldsymbol{Y})$看作被估计矢量$\boldsymbol{X}$在观测矢量(空间)上的正交投影。显然，如果把$\boldsymbol{X}$看作被估计矢量，而把$\boldsymbol{Y}$看作观测矢量，则由线性最小方差估计表达式看出，线性最小方差估计$\hat{\boldsymbol{X}}_{\mathrm{LMV}}(\boldsymbol{Y})$正好满足正交投影定义的三个条件，可见正交投影是存在的。

反之可证明，满足正交投影的定义的三个特性的$\hat{\boldsymbol{X}}(\boldsymbol{Y})$也只能是线性最小方差估计$\hat{\boldsymbol{X}}_{\mathrm{LMV}}(\boldsymbol{Y})$，即必有

$$\hat{\boldsymbol{X}}(\boldsymbol{Y}) = \hat{E}(\boldsymbol{X}\mid\boldsymbol{Y}) = \hat{\boldsymbol{X}}_{\mathrm{LMV}}(\boldsymbol{Y})$$

由正交投影定义的特性式(5-38)和式(5-39)得

$$E\{\hat{\boldsymbol{X}}(\boldsymbol{Y})\} = \bar{\boldsymbol{a}} + \bar{\boldsymbol{B}}\cdot E\{\boldsymbol{Y}\} = E\{\boldsymbol{X}\}$$

因此有

$$E\{\boldsymbol{X}\} - \bar{\boldsymbol{B}}\cdot E\{\boldsymbol{Y}\} = \bar{\boldsymbol{a}}$$

于是有

$$
\begin{aligned}
\hat{\boldsymbol{X}}(\boldsymbol{Y}) &= \bar{\boldsymbol{a}} + \bar{\boldsymbol{B}}\boldsymbol{Y} = E\{\boldsymbol{X}\} - \bar{\boldsymbol{B}}\cdot E\{\boldsymbol{Y}\} + \bar{\boldsymbol{B}}\cdot\boldsymbol{Y} \\
&= E\{\boldsymbol{X}\} + \bar{\boldsymbol{B}}\cdot(\boldsymbol{Y}-E\{\boldsymbol{Y}\})
\end{aligned}
\tag{5-43}
$$

而由正交投影的特性式(5-39)和式(5-40)得

$$
\begin{aligned}
E\{(\boldsymbol{X}-\hat{\boldsymbol{X}}(\boldsymbol{Y}))\cdot\boldsymbol{Y}^{\mathrm{T}}\} &= \mathrm{cov}\{(\boldsymbol{X}-\hat{\boldsymbol{X}}(\boldsymbol{Y}))\cdot\boldsymbol{Y}^{\mathrm{T}}\}\\
&= E\{(\boldsymbol{X}-\hat{\boldsymbol{X}}(\boldsymbol{Y}))\cdot(\boldsymbol{Y}-E(\boldsymbol{Y}))^{\mathrm{T}}\}\\
&= E\{[\boldsymbol{X}-E\{\boldsymbol{X}\}-\overline{\boldsymbol{B}}(\boldsymbol{Y}-E\{\boldsymbol{Y}\})]\cdot(\boldsymbol{Y}-E\{\boldsymbol{Y}\})^{\mathrm{T}}\}\\
&= \boldsymbol{C}_{XY}-\overline{\boldsymbol{B}}\cdot\boldsymbol{C}_{Y}=\boldsymbol{0}
\end{aligned}
$$

由此可解得

$$
\overline{\boldsymbol{B}}=\boldsymbol{C}_{XY}\cdot\boldsymbol{C}_{Y}^{-1} \tag{5-44}
$$

将式(5-44)代入式(5-43)得式(5-41),从而证明满足正交投影三个特性估计 $\hat{\boldsymbol{X}}(\boldsymbol{Y})$ 即为线性最小方差估计 $\hat{\boldsymbol{X}}_{\mathrm{LMV}}(\boldsymbol{Y})$,因此正交投影是唯一的。

正交投影具有如下重要性质:

(1) 设 $\boldsymbol{X}$、$\boldsymbol{Y}$ 是具有前二阶矩的随机矢量,则 $\boldsymbol{X}$ 在 $\boldsymbol{Y}$ 上的正交投影唯一等于基于 $\boldsymbol{Y}$ 的 $\boldsymbol{X}$ 之线性最小方差估计,即

$$
\begin{aligned}
\hat{E}(\boldsymbol{X}\mid\boldsymbol{Y}) &= \hat{\boldsymbol{X}}_{\mathrm{LMV}}(\boldsymbol{Y})\\
&= E\{\boldsymbol{X}\}+\boldsymbol{C}_{XY}\cdot\boldsymbol{C}_{Y}^{-1}(\boldsymbol{Y}-E\{\boldsymbol{Y}\})
\end{aligned} \tag{5-45}
$$

(2) 设 $\boldsymbol{X}$、$\boldsymbol{Y}$ 是具有前二阶矩的随机矢量,$\boldsymbol{A}$ 为非随机矩阵,其列数等于 $\boldsymbol{X}$ 维数,则

$$
\hat{E}(\boldsymbol{A}\boldsymbol{X}\mid\boldsymbol{Y})=\boldsymbol{A}\cdot\hat{E}(\boldsymbol{X}\mid\boldsymbol{Y}) \tag{5-46}
$$

证明:由式(5-46)有

$$
\begin{aligned}
\hat{E}(\boldsymbol{A}\boldsymbol{X}\mid\boldsymbol{Y}) &= E\{\boldsymbol{A}\cdot\boldsymbol{X}\}+\mathrm{cov}\{\boldsymbol{A}\boldsymbol{X},\boldsymbol{Y}\}\cdot\boldsymbol{C}_{Y}^{-1}(\boldsymbol{Y}-E\{\boldsymbol{Y}\})\\
&= \boldsymbol{A}\cdot E\{\boldsymbol{X}\}+\boldsymbol{A}\cdot\boldsymbol{C}_{XY}\cdot\boldsymbol{C}_{Y}^{-1}(\boldsymbol{Y}-E\{\boldsymbol{Y}\})\\
&= \boldsymbol{A}\cdot\hat{E}(\boldsymbol{X}\mid\boldsymbol{Y})
\end{aligned}
$$

(3) 信息更新定理:设 $\boldsymbol{X}$、$\boldsymbol{Y}^{k-1}$、$\boldsymbol{Y}^{k}$ 是三个具有前二阶矩阵的随机矢量,记

$$
\boldsymbol{Y}^{k}=\begin{bmatrix}\boldsymbol{Y}^{k-1}\\ \boldsymbol{Y}(k)\end{bmatrix},\quad \boldsymbol{Y}^{k-1}=\begin{bmatrix}(\boldsymbol{Y}(1)\\ \boldsymbol{Y}(2)\\ \vdots\\ \boldsymbol{Y}(k-1))\end{bmatrix}
$$

则

$$
\begin{aligned}
\hat{E}(\boldsymbol{X}\mid\boldsymbol{Y}^{k}) &= \hat{E}(\boldsymbol{X}\mid\boldsymbol{Y}^{k-1})+\hat{E}(\tilde{\boldsymbol{X}}\mid\tilde{\boldsymbol{Y}}(k))\\
&= \hat{E}(\boldsymbol{X}\mid\boldsymbol{Y}^{k-1})+E\{\tilde{\boldsymbol{X}}\cdot(\tilde{\boldsymbol{Y}}(k))^{\mathrm{T}}\}\,[E\{\tilde{\boldsymbol{Y}}(k)\,\tilde{\boldsymbol{Y}}^{\mathrm{T}}(k)\}]^{-1}\cdot\tilde{\boldsymbol{Y}}(k)
\end{aligned} \tag{5-47}
$$

式中

$$\tilde{\boldsymbol{X}} = \boldsymbol{X} - \hat{E}(\boldsymbol{X} \mid \boldsymbol{Y}^{k-1})$$

$$\tilde{\boldsymbol{Y}}(k) = \boldsymbol{Y}(k) - \hat{E}(\boldsymbol{Y}(k) \mid \boldsymbol{Y}^{k-1})$$

上述正交投影的几何意义如图 5－2 所示。

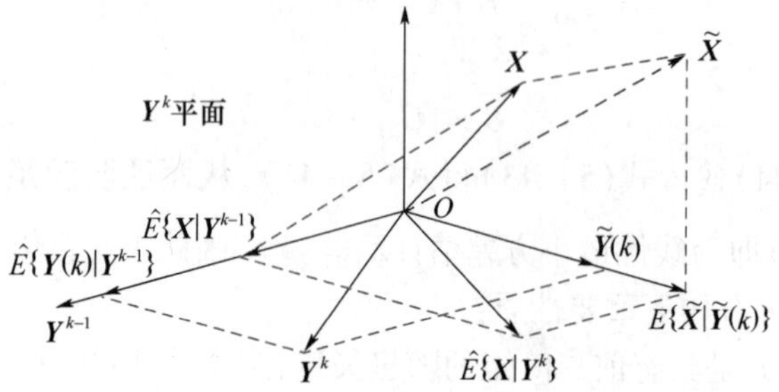

图 5－2　投影性质的几何意义

证明: 由于正交投影是无偏的,因此有

$$E\{\tilde{\boldsymbol{X}}\} = \boldsymbol{0}, E\{\tilde{\boldsymbol{Y}}^k\} = \boldsymbol{0}$$

这样,式(5－47)中第二个关系等式可以直接利用式(5－43)和式(5－44)推导求得。由于正交投影是唯一的,因此为了证明式(5－47)中第一个关系等式

$$\hat{E}(\boldsymbol{X} \mid \boldsymbol{Y}^k) = \hat{E}(\boldsymbol{X} \mid \boldsymbol{Y}^{k-1}) + \hat{E}(\tilde{\boldsymbol{X}} \mid \tilde{\boldsymbol{Y}}(k))$$

只要证明

$$\hat{\boldsymbol{X}}(\boldsymbol{Y}^k) = \hat{E}(\boldsymbol{X} \mid \boldsymbol{Y}^{k-1}) + E\{\tilde{\boldsymbol{X}} \cdot \tilde{\boldsymbol{Y}}^{\mathrm{T}}(k)\} \cdot [E\{\tilde{\boldsymbol{Y}}(k) \cdot \tilde{\boldsymbol{Y}}^{\mathrm{T}}(k)\}]^{-1} \cdot \tilde{\boldsymbol{Y}}(k)$$

是 $\boldsymbol{X}$ 在 $\boldsymbol{Y}^k$ 上的正交投影,也就是要验证 $\hat{\boldsymbol{X}}(\boldsymbol{Y}^k)$ 满足式(5－38)～式(5－40)即可。

(1) 由于 $\hat{E}(\boldsymbol{X} \mid \boldsymbol{Y}^{k-1})$ 和 $\hat{E}(\boldsymbol{Y}^k \mid \boldsymbol{Y}^{k-1})$ 都可由 $\boldsymbol{Y}^{k-1}$ 线性表示,从而 $\tilde{\boldsymbol{Y}}(k) = \boldsymbol{Y}(k) - \hat{E}(\boldsymbol{Y}^k \mid \boldsymbol{Y}^{k-1})$

也可由其线性表示,所以 $\hat{\boldsymbol{X}}(\boldsymbol{Y})$ 也可由 $\boldsymbol{Y}^k$ 线性表示,于是 $\hat{\boldsymbol{X}}(\boldsymbol{Y}^k)$ 满足式(5－38)。

(2) 由于正交投影是无偏的,因此有

$$\begin{aligned} E\{\hat{\boldsymbol{X}}(\boldsymbol{Y}^k)\} &= E\{\hat{E}(\boldsymbol{X} \mid \boldsymbol{Y}^{k-1})\} + E\{\tilde{\boldsymbol{X}} \cdot \tilde{\boldsymbol{Y}}^{\mathrm{T}}(k)\} \cdot \\ &\quad [E\{\tilde{\boldsymbol{Y}}(k) \cdot \tilde{\boldsymbol{Y}}^{\mathrm{T}}(k)\}]^{-1} E\{\tilde{\boldsymbol{Y}}(k)\} \\ &= E\{\boldsymbol{X}\} \end{aligned}$$

所以 $\hat{\boldsymbol{X}}(\boldsymbol{Y}^k)$ 也是无偏的,从而满足式(5－39)。

(3) 由式(5-40)可知,$\tilde{X}$ 和 $\tilde{Y}(k)$ 均与 $\boldsymbol{Y}^{k-1}$ 正交,而由式(5-38)可知,$\hat{E}(\boldsymbol{Y}^k|\boldsymbol{Y}^{k-1})$ 可由 $\boldsymbol{Y}^{k-1}$ 线性表示,因此有

$$E\{\tilde{\boldsymbol{X}}\cdot(\hat{E}(\boldsymbol{Y}(k)\mid \boldsymbol{Y}^{k-1}))^{\mathrm{T}}\}=\boldsymbol{0}$$

$$E\{\tilde{\boldsymbol{Y}}\cdot(\hat{E}(\boldsymbol{Y}(k)\mid \boldsymbol{Y}^{k-1}))^{\mathrm{T}}\}=\boldsymbol{0}$$

于是有

$$\begin{aligned}E\{\tilde{\boldsymbol{X}}\cdot\boldsymbol{Y}^{\mathrm{T}}(k)\}&=E\{\tilde{\boldsymbol{X}}\cdot(\tilde{\boldsymbol{Y}}(k)+\hat{E}(\boldsymbol{Y}(k)\mid \boldsymbol{Y}^{k-1}))^{\mathrm{T}}\}\\&=E\{\tilde{\boldsymbol{X}}\cdot\tilde{\boldsymbol{Y}}^{\mathrm{T}}(k)\}+E\{\tilde{\boldsymbol{X}}\}\cdot[\hat{E}(\boldsymbol{Y}(k)\mid \boldsymbol{Y}^{k-1})]^{\mathrm{T}}\\&=E\{\tilde{\boldsymbol{X}}\cdot\tilde{\boldsymbol{Y}}^{\mathrm{T}}(k)\}\end{aligned}\tag{5-48}$$

$$\begin{aligned}E\{\tilde{\boldsymbol{Y}}(k)\cdot(\boldsymbol{Y}(k))^{\mathrm{T}}\}&=E\{\tilde{\boldsymbol{Y}}(k)\cdot(\tilde{\boldsymbol{Y}}(k)+\hat{E}(\boldsymbol{Y}(k)\mid \boldsymbol{Y}^{k-1}))^{\mathrm{T}}\}\\&=E\{\tilde{\boldsymbol{Y}}(k)\cdot\tilde{\boldsymbol{Y}}^{\mathrm{T}}(k)\}\end{aligned}\tag{5-49}$$

在式(5-48)和式(5-49)的推导过程中考虑了 $\boldsymbol{Y}(k)$ 的表示式和 $\tilde{X}$、$\tilde{Y}(k)$ 均与 $\boldsymbol{Y}^{k-1}$ 正交特点。另由

$$\begin{aligned}&E\{[\boldsymbol{X}-\hat{\boldsymbol{X}}(\boldsymbol{Y}^k)](\boldsymbol{Y}(k)^{\mathrm{T}})\}\\&=E\{\boldsymbol{X}(\boldsymbol{Y}(k))^{\mathrm{T}}\}-E\{\hat{\boldsymbol{X}}(\boldsymbol{Y}^k)(\boldsymbol{Y}(k))^{\mathrm{T}}\}\\&=E\{\boldsymbol{X}(\boldsymbol{Y}(k))^{\mathrm{T}}-\hat{E}(\boldsymbol{X}\mid \boldsymbol{Y}^{k-1})E\{(\boldsymbol{Y}(k))^{\mathrm{T}}\}-E\{\tilde{\boldsymbol{X}}\cdot\boldsymbol{Y}^{\mathrm{T}}_{(k)}\}\\&\quad[E\{\tilde{\boldsymbol{Y}}(k)\boldsymbol{Y}^{\mathrm{T}}(k)\}]^{-1}E\{\tilde{\boldsymbol{Y}}(k)\boldsymbol{Y}^{\mathrm{T}}(k)\}\}\\&=E\{\boldsymbol{X}(\boldsymbol{Y}(k))^{\mathrm{T}}\}-\hat{E}(\boldsymbol{X}\mid \boldsymbol{Y}^{k-1})E\{(\boldsymbol{Y}(k))^{\mathrm{T}}\}-E\{\tilde{\boldsymbol{X}}\cdot\boldsymbol{Y}^{\mathrm{T}}(k)\}=\boldsymbol{0}\end{aligned}$$

从而说明了 $\boldsymbol{X}-\hat{\boldsymbol{Y}}(\boldsymbol{Y}^k)$ 与 $\boldsymbol{Y}^k$ 正交。

综上所述,因此 $\hat{\boldsymbol{X}}(\boldsymbol{Y})$ 满足了正交投影定义及其三个特性,由此可得

$$\begin{aligned}\hat{\boldsymbol{X}}(\boldsymbol{Y})&=\hat{E}(\boldsymbol{X}\mid \boldsymbol{Y}^{k-1})+E\{\tilde{\boldsymbol{X}}\,\tilde{\boldsymbol{Y}}^{\mathrm{T}}(k)\}[E\{\tilde{\boldsymbol{Y}}(k)\tilde{\boldsymbol{Y}}^{\mathrm{T}}(k)\}]^{-1}\tilde{\boldsymbol{Y}}(k)\\&=\hat{E}(\boldsymbol{X}\mid \boldsymbol{Y}^{k})\\&=\hat{E}(\boldsymbol{X}\mid \boldsymbol{Y}^{k-1})+\hat{E}(\tilde{\boldsymbol{X}}\mid \tilde{\boldsymbol{Y}}(k))\end{aligned}$$

5.6 卡尔曼滤波

5.6.1 滤波的定义

设有随机离散线性系统

$$\boldsymbol{X}(k+1)=\boldsymbol{\Phi}(k+1,k)\boldsymbol{X}(k)+\boldsymbol{\Gamma}(k+1,k)\boldsymbol{W}(k) \tag{5-50}$$

$$\boldsymbol{Y}(k+1)=\boldsymbol{H}(k+1)\boldsymbol{X}(k+1)+\boldsymbol{V}(k+1) \tag{5-51}$$

式中:$k \geqslant 0$;$\boldsymbol{X}(k)$为 n 维系统状态矢量;$\boldsymbol{W}(k)$为 p 维系统随机干扰矢量;$\boldsymbol{Y}(k+1)$为 m 维系统观测矢量;$\boldsymbol{V}(k+1)$为 m 维随机观测噪声;$\boldsymbol{\Phi}(k+1,k)$为 $n \times n$ 非奇异状态转移矩阵;$\boldsymbol{\Gamma}(k+1,k)$为 $n \times p$ 干扰转移矩阵。

如果通过 m 维线性观测系统式(5-51)对系统状态进行 k 次观测,从而得知 $\boldsymbol{Y}(1),\boldsymbol{Y}(2),\cdots,\boldsymbol{Y}(k)$,并且令$\boldsymbol{Y}^k$ 表示由 k 个观测矢量合并而成的 $k \cdot m$ 矢量,即

$$\boldsymbol{Y}^k=\begin{pmatrix}\boldsymbol{Y}(1)\\ \boldsymbol{Y}(2)\\ \vdots\\ \boldsymbol{Y}(k)\end{pmatrix}$$

那么,离散线性系统的状态估计问题,就是要求根据估计整个观测数据$\boldsymbol{Y}^k$,求得在第 i 时刻系统状态 $\boldsymbol{X}(i)$ 的最优估计量的问题。通常将所得的估计量记为 $\hat{\boldsymbol{X}}(i|k)$,并且按照 i 和 k 的不同关系,分别把估计量 $\hat{\boldsymbol{X}}(i|k)$称为滤波($i=k$)、预测($i>k$)和平滑($i<k$)。显然,如果把估计误差记为 $\tilde{\boldsymbol{X}}(i|k)=\boldsymbol{X}(i)-\hat{\boldsymbol{X}}(i|k)$,则估计的均方误差阵为

$$\boldsymbol{P}(i,k)=E\{\tilde{\boldsymbol{X}}(i|k)\tilde{\boldsymbol{X}}^{\mathrm{T}}(i|k)\}$$

5.6.2 卡尔曼滤波方程的推导

1. 系统模型满足条件

对于离散线性系统式(5-50)和式(5-51),满足如下几点假设条件:

(1) 设$\{\boldsymbol{W}(k),\ k \geqslant 0\}$和$\{\boldsymbol{V}(k),\ k \geqslant 0\}$是零均值白噪声或高斯白噪声序列,即

$$\begin{cases}E\{\boldsymbol{W}(k)\}=\boldsymbol{0}\\ \operatorname{cov}\{\boldsymbol{W}(k),\boldsymbol{W}(j)\}=\boldsymbol{Q}_k\delta_{kj}\end{cases} \qquad \begin{cases}E\{\boldsymbol{V}(k)\}=\boldsymbol{0}\\ \operatorname{cov}\{\boldsymbol{V}(k),\boldsymbol{V}(j)\}=\boldsymbol{R}_k\delta_{kj}\end{cases}$$

式中:$p \times p$ 维对称非负定阵$\boldsymbol{Q}_k$ 为状态方程系统噪声 $\boldsymbol{W}(k)$方差阵;$m \times m$ 对称正定阵$\boldsymbol{R}_k$ 为测量方程系统噪声 $\boldsymbol{V}(k)$方差阵;δ_{kj}为

$$\delta_{kj}=\begin{cases}1,(k=j)\\ 0,(k\neq j)\end{cases}$$

(2) 设$\{\boldsymbol{W}(k),\ k\geqslant 0\}$和$\{\boldsymbol{V}(k),\ k\geqslant 0\}$互不相关,即有

$$\mathrm{cov}\{\boldsymbol{W}(k),\boldsymbol{V}(j)\}=\boldsymbol{0}$$

(3) 设系统初始状态$\boldsymbol{X}(0)$是具有某一已知概率分布或高斯分布的随机矢量,并且其平均值和方差阵分别为

$$\begin{cases}E\{\boldsymbol{X}(0)\}=\boldsymbol{\mu}_x(0)\\ \mathrm{vav}\{\boldsymbol{X}(0)\}=\boldsymbol{V}_x(0)\end{cases}$$

(4) 设$\{\boldsymbol{W}(k),\ k\geqslant 0\}$和$\{\boldsymbol{V}(k),\ k\geqslant 0\}$均与初始状态$\boldsymbol{X}(0)$不相关,即有

$$\begin{cases}\mathrm{cov}\{\boldsymbol{W}(k),\boldsymbol{X}(0)\}=\boldsymbol{0}\\ \mathrm{cov}\{\boldsymbol{V}(k),\boldsymbol{X}(0)\}=\boldsymbol{0}\end{cases}$$

所谓滤波问题,就是在上述假设条件下,由量测系统式(5-51)提供的数据$\boldsymbol{Y}(1),\boldsymbol{Y}(2),\cdots,\boldsymbol{Y}(k)$,求系统方程式(5-50)状态矢量$\boldsymbol{X}(k)$在$k$时刻的最优估计$\hat{\boldsymbol{X}}(k)$的问题。

在上述条件下,系统式(5-50)和式(5-51)具有以下特点:

(1) $\{\boldsymbol{X}(k),\ k\geqslant 0\}$是一个马尔柯夫或高斯-马尔柯夫矢量随机序列;

(2) 对于一切$j\geqslant k\ (k=0,1,\cdots)$,有

$$\mathrm{cov}\{\boldsymbol{X}(k),\boldsymbol{W}(j)\}=E\{\boldsymbol{Y}(k),\boldsymbol{V}^{\mathrm{T}}(j)\}=\boldsymbol{0}$$

(3) 对于一切$j\geqslant k\ (k=0,1,\cdots)$,有

$$\mathrm{cov}\{\boldsymbol{Y}(k),\boldsymbol{W}(j)\}=E\{\boldsymbol{Y}(k),\boldsymbol{W}^{\mathrm{T}}(j)\}=\boldsymbol{0}$$

(4) 对于一切k和$j\ (k=0,1,\cdots,\ j=0,1,\cdots)$,有

$$\mathrm{cov}\{\boldsymbol{X}(k),\boldsymbol{V}(j)\}=E\{\boldsymbol{X}(k),\boldsymbol{V}^{\mathrm{T}}(j)\}=\boldsymbol{0}$$

(5) 对一切$j>k\ (k=1,2,\cdots..)$,有

$$\mathrm{cov}\{\boldsymbol{X}(k),\boldsymbol{V}(j)\}=E\{\boldsymbol{Y}(k),\boldsymbol{V}^{\mathrm{T}}(j)\}=\boldsymbol{0}$$

显然,上述卡尔曼滤波问题就是在已知$\boldsymbol{X}(0)$、$\{\boldsymbol{W}(k),\ k\geqslant 0\}$和$\{\boldsymbol{V}(k),\ k\geqslant 0\}$的前二阶矩的情况下,对马尔柯夫或高斯-马尔柯夫序列模型的状态矢量进行估计的。

2. 卡尔曼滤波基本方程推导过程

下面用正交投影特性推导系统式(5-50)和式(5-51)的卡尔曼滤波基本方程。

由正交投影的性质(1)的式(5-45)可知,系统状态$\boldsymbol{X}(k)$基于前k次观测$\boldsymbol{Y}(1),\boldsymbol{Y}(2),\cdots,\boldsymbol{Y}(k)$线性最小方差估计是$\boldsymbol{X}(k)$在$\boldsymbol{Y}^k$上的正交投影,即

$$\hat{\boldsymbol{X}}(k \mid k) = \hat{E}\{\boldsymbol{X}(k) \mid \boldsymbol{Y}^k\}$$

因为$\boldsymbol{Y}^k$ 可表示为

$$\boldsymbol{Y}^k = \begin{pmatrix} \boldsymbol{Y}^{k-1} \\ \boldsymbol{Y}(k) \end{pmatrix}$$

式中:$\boldsymbol{Y}^{k-1}$是 $\boldsymbol{Y}(1),\boldsymbol{Y}(2),\cdots,\boldsymbol{Y}(k-1)$的全体,于是有

$$\hat{\boldsymbol{X}}(k|k) = \hat{E}(\boldsymbol{X}(k)|\boldsymbol{Y}^k) = \hat{E}(\boldsymbol{X}(k)|\boldsymbol{Y}^{k-1},\boldsymbol{Y}(k))$$

根据投影性质(3)的式(5-47),得

$$\begin{aligned}\hat{\boldsymbol{X}}(k \mid k) = {} & \hat{E}(\boldsymbol{X}(k) \mid \boldsymbol{Y}^{k-1}) + \\ & E\{\tilde{\boldsymbol{X}}(k \mid k-1)\tilde{\boldsymbol{Y}}^{\mathrm{T}}(k \mid k-1)\}[E\{\tilde{\boldsymbol{Y}}(k \mid k-1) \\ & \tilde{\boldsymbol{Y}}^{\mathrm{T}}(k \mid k-1)\}]^{-1}\tilde{\boldsymbol{Y}}(k \mid k-1)\end{aligned} \tag{5-52}$$

式中

$$\tilde{\boldsymbol{X}}(k \mid k-1) = \boldsymbol{X}(k) - \hat{E}(\boldsymbol{X}(k) \mid \boldsymbol{Y}^{k-1})$$

$$\tilde{\boldsymbol{Y}}(k \mid k-1) = \boldsymbol{Y}(k) - \hat{E}(\boldsymbol{Y}(k) \mid \boldsymbol{Y}^{k-1})$$

式(5-52)就是卡尔曼滤波方程,下面逐项展开式(5-52)中的各项。首先由状态方程式(5-50)和正交投影性质,得

$$\begin{aligned}\hat{\boldsymbol{X}}(k \mid k-1) &= \hat{E}(\boldsymbol{X}(k) \mid \boldsymbol{Y}^{k-1}) \\ &= \hat{E}(\boldsymbol{\Phi}(k,k-1)\boldsymbol{X}(k-1) + \boldsymbol{\Gamma}(k,k-1)\boldsymbol{W}(k-1) \mid \boldsymbol{Y}^{k-1}) \\ &= \boldsymbol{\Phi}(k,k-1)\hat{\boldsymbol{X}}(k-1) \mid k-1) + \\ &\quad \boldsymbol{\Gamma}(k,k-1)\hat{E}(\boldsymbol{W}(k-1) \mid \boldsymbol{Y}^{k-1})\end{aligned} \tag{5-53}$$

根据假设条件和正交投影的定义,有

$$\hat{E}(\boldsymbol{W}(k-1)|\boldsymbol{Y}^{k-1}) = \boldsymbol{0}$$

根据上述关系,式(5-53)变为

$$\begin{aligned}\hat{\boldsymbol{X}}(k \mid k-1) &= \boldsymbol{\Phi}(k,k-1)\hat{\boldsymbol{X}}(k-1 \mid k-1) \\ &= \hat{E}(\boldsymbol{X}(k) \mid \boldsymbol{Y}^{k-1})\end{aligned} \tag{5-54}$$

由量测方程式(5-51),得

$$\begin{aligned}\hat{\boldsymbol{Y}}(k \mid k-1) &= \hat{E}(\boldsymbol{Y}(k) \mid \boldsymbol{Y}^{k-1}) \\ &= \hat{E}(\boldsymbol{H}(k)\boldsymbol{X}(k) + \boldsymbol{V}(k) \mid \boldsymbol{Y}^{k-1}) \\ &= \boldsymbol{H}(k)\hat{E}(\boldsymbol{X}(k) \mid \boldsymbol{Y}^{k-1}) + \hat{E}(\boldsymbol{V}(k) \mid \boldsymbol{Y}^{k-1})\end{aligned} \tag{5-55}$$

根据假设和正交投影定义

$$\hat{E}(\boldsymbol{V}(k)\mid\boldsymbol{Y}^{k-1})=\boldsymbol{0}$$

则式(5－53)变为

$$\begin{aligned}\hat{\boldsymbol{Y}}(k\mid k-1)&=\boldsymbol{H}(k)\hat{\boldsymbol{X}}(k\mid k-1)\\&=\boldsymbol{H}(k)\boldsymbol{\Phi}(k,k-1)\hat{\boldsymbol{X}}(k-1\mid k-1)\end{aligned}\tag{5-56}$$

于是，得

$$\begin{aligned}\tilde{\boldsymbol{Y}}(k\mid k-1)&=\boldsymbol{Y}(k)-\hat{E}(\boldsymbol{Y}(k)\mid\boldsymbol{Y}^{k-1})\\&=\boldsymbol{Y}(k)-\boldsymbol{H}(k)\boldsymbol{\Phi}(k,k-1)\hat{\boldsymbol{X}}(k-1\mid k-1)\end{aligned}\tag{5-57}$$

由于 $\tilde{\boldsymbol{Y}}(k|k-1)$ 要通过第 k 次观测才能获得，所以有时称它为第 k 次观测带来的“新息”（滤波理论中称 $\tilde{\boldsymbol{Y}}(k|k-1)$ 为残差，也称新息）。

由式(5－57)和式(5－51)，再考虑模型的特点可得

$$\begin{aligned}&E\{\tilde{\boldsymbol{Y}}(k\mid k-1)\tilde{\boldsymbol{Y}}^{\mathrm{T}}(k\mid k-1)\}=\\&\quad E\{[\boldsymbol{Y}(k)-\boldsymbol{H}(k)\boldsymbol{\Phi}(k,k-1)\hat{\boldsymbol{X}}(k-1\mid k-1)]\cdot\\&\quad[\boldsymbol{Y}(k)-\boldsymbol{H}(k)\boldsymbol{\Phi}(k,k-1)\hat{\boldsymbol{X}}(k-1\mid k-1)]^{\mathrm{T}}\}\\&=E\{[\boldsymbol{H}(k)\tilde{\boldsymbol{X}}(k\mid k-1)+\boldsymbol{V}(k)]\\&\quad[\boldsymbol{H}(k)\tilde{\boldsymbol{X}}(k\mid k-1)+\boldsymbol{V}(k)]^{\mathrm{T}}\}\end{aligned}$$

记预测的状态均方误差阵 $\boldsymbol{P}(k,k-1)=E\{\tilde{\boldsymbol{X}}(k|k-1)\tilde{\boldsymbol{X}}^{\mathrm{T}}(k|k-1)\}$，并利用关系式 $E\{\boldsymbol{V}(k)\}=\boldsymbol{0}$ 和 $E\{\boldsymbol{V}(k)\boldsymbol{V}^{\mathrm{T}}(k)\}=\boldsymbol{R}(k)$，上式变为

$$\begin{aligned}&E\{\tilde{\boldsymbol{Y}}(k\mid k-1)\tilde{\boldsymbol{Y}}^{\mathrm{T}}(k\mid k-1)\}=\\&\quad\boldsymbol{H}(k)\boldsymbol{P}(k,k-1)\boldsymbol{H}^{\mathrm{T}}(k)+\boldsymbol{R}(k)\end{aligned}\tag{5-58}$$

由上面求得的 $\tilde{\boldsymbol{Y}}(k|k-1)$ 的表达式，有

$$\begin{aligned}&E\{\tilde{\boldsymbol{X}}(k\mid k-1)\tilde{\boldsymbol{Y}}^{\mathrm{T}}(k\mid k-1)\}\\&=E\{\tilde{\boldsymbol{X}}(k\mid k-1)[\boldsymbol{H}(k)\tilde{\boldsymbol{X}}(k\mid k-1)+\boldsymbol{V}(k)]^{\mathrm{T}}\}\\&=\boldsymbol{P}(k,k-1)\boldsymbol{H}^{\mathrm{T}}(k)\end{aligned}\tag{5-59}$$

将式(5－56)～式(5－59)代入式(5－52)，得

$$\begin{aligned}\hat{\boldsymbol{X}}(k\mid k)=&\boldsymbol{\Phi}(k,k-1)\hat{\boldsymbol{X}}(k-1\mid k-1)+\\&\boldsymbol{K}(k)[\boldsymbol{Y}(k)-\boldsymbol{H}(k)\boldsymbol{\Phi}(k,k-1)\hat{\boldsymbol{X}}(k-1\mid k-1)]\end{aligned}\tag{5-60}$$

式中

$$\boldsymbol{K}(k)=\boldsymbol{P}(k,k-1)\boldsymbol{H}^{\mathrm{T}}(k)[\boldsymbol{H}(k)\boldsymbol{P}(k,k-1)\boldsymbol{H}^{\mathrm{T}}(k)+\boldsymbol{R}(k)]^{-1} \tag{5-61}$$

考虑状态方程式(5－50)和系统噪声量特性,有

$$\begin{aligned}\boldsymbol{P}(k,k-1)&=E\{[\boldsymbol{X}(k)-\hat{\boldsymbol{X}}(k|k-1)][\boldsymbol{X}(k)-\hat{\boldsymbol{X}}(k|k-1)]^{\mathrm{T}}\}\\&=E\{[\boldsymbol{\Phi}(k,k-1)\tilde{\boldsymbol{X}}(k-1|k-1)+\boldsymbol{\Gamma}(k,k-1)\boldsymbol{W}(k-1)]\times\\&\quad[\boldsymbol{\Phi}(k,k-1)\tilde{\boldsymbol{X}}(k-1|k-1)+\boldsymbol{\Gamma}(k,k-1)\boldsymbol{W}(k-1)]^{\mathrm{T}}\}\end{aligned}$$

记滤波均方误差阵 $\boldsymbol{P}(k,k)=E\{\tilde{\boldsymbol{X}}(k|k)\tilde{\boldsymbol{X}}^{\mathrm{T}}(k|k)\}$,则上式可写为

$$\begin{aligned}\boldsymbol{P}(k,k-1)=&\boldsymbol{\Phi}(k,k-1)\boldsymbol{P}(k-1,k-1)\boldsymbol{\Phi}^{\mathrm{T}}(k,k-1)+\\&\boldsymbol{\Gamma}(k,k-1)\boldsymbol{Q}(k-1)\boldsymbol{\Gamma}^{\mathrm{T}}(k,k-1)\end{aligned} \tag{5-62}$$

由

$$\begin{aligned}\tilde{\boldsymbol{X}}(k|k)&=\boldsymbol{X}(k)-\hat{\boldsymbol{X}}(k|k)\\&=\boldsymbol{X}(k)-\hat{\boldsymbol{X}}(k|k-1)-\boldsymbol{K}(k)[\boldsymbol{Y}(k)-\boldsymbol{H}(k)\hat{\boldsymbol{X}}(k|k-1)]\\&=\tilde{\boldsymbol{X}}(k|k-1)-\boldsymbol{K}(k)[\boldsymbol{H}(k)\boldsymbol{X}(k)+\boldsymbol{V}(k)-\boldsymbol{H}(k)\tilde{\boldsymbol{X}}(k|k-1)]\\&=\tilde{\boldsymbol{X}}(k|k-1)-\boldsymbol{K}(k)[\boldsymbol{H}(k)\tilde{\boldsymbol{X}}(k|k-1)+\boldsymbol{V}(k)]\\&=[\boldsymbol{I}-\boldsymbol{K}(k)\boldsymbol{H}(k)\tilde{\boldsymbol{X}}(k|k-1)]-\boldsymbol{K}(k)\boldsymbol{V}(k)\end{aligned} \tag{5-63}$$

可得

$$\begin{aligned}\boldsymbol{P}(k,k)&=E\{\tilde{\boldsymbol{X}}(k|k)\tilde{\boldsymbol{X}}^{\mathrm{T}}(k|k)\}\\&=E\{[(\boldsymbol{I}-\boldsymbol{K}(k)\boldsymbol{H}(k))\tilde{\boldsymbol{X}}(k|k-1)-\boldsymbol{K}(k)\boldsymbol{V}(k)]\cdot\\&\quad[(\boldsymbol{I}-\boldsymbol{K}(k)\boldsymbol{H}(k))\tilde{\boldsymbol{X}}(k|k-1)-\boldsymbol{K}(k)\boldsymbol{V}(k)]^{\mathrm{T}}\}\\&=[\boldsymbol{I}-\boldsymbol{K}(k)\boldsymbol{H}(k)]\boldsymbol{P}(k,k-1)[\boldsymbol{I}-\boldsymbol{K}(k)\boldsymbol{H}(k)]^{\mathrm{T}}+\boldsymbol{K}(k)\boldsymbol{R}(k)\boldsymbol{K}^{\mathrm{T}}(k)\\&=\boldsymbol{P}(k,k-1)-\boldsymbol{K}(k)\boldsymbol{H}(k)\boldsymbol{P}(k,k-1)-\boldsymbol{P}(k,k-1)\boldsymbol{H}^{\mathrm{T}}(k)\boldsymbol{K}^{\mathrm{T}}(k)+\\&\quad\boldsymbol{K}(k)\boldsymbol{H}(k)\boldsymbol{P}(k,k-1)\boldsymbol{H}^{\mathrm{T}}(k)\boldsymbol{K}^{\mathrm{T}}(k)+\boldsymbol{K}(k)\boldsymbol{R}(k)\boldsymbol{K}^{\mathrm{T}}(k)\\&=\boldsymbol{P}(k,k-1)-\boldsymbol{K}(k)\boldsymbol{H}(k)\boldsymbol{P}(k,k-1)-\boldsymbol{P}(k,k-1)\\&\quad\boldsymbol{H}^{\mathrm{T}}(k)\boldsymbol{K}^{\mathrm{T}}(k)+\boldsymbol{K}(k)[\boldsymbol{H}(k)\boldsymbol{P}(k,k-1)\boldsymbol{H}^{\mathrm{T}}(k)+\boldsymbol{R}(k)]\boldsymbol{K}^{\mathrm{T}}(k)\end{aligned} \tag{5-64}$$

将式(5－61)代入式(5－64),得

$$\begin{aligned}\boldsymbol{P}(k,k)&=\boldsymbol{P}(k,k-1)-\boldsymbol{K}(k)\boldsymbol{H}(k)\boldsymbol{P}(k,k-1)\\&=(\boldsymbol{I}-\boldsymbol{K}(k)\boldsymbol{H}(k))\boldsymbol{P}(k,k-1)\end{aligned} \tag{5-65}$$

由式(5-64)整理还可得到 $\boldsymbol{P}(k,k)$ 的另一种计算形式，即

$$\boldsymbol{P}(k,k)=[\boldsymbol{I}-\boldsymbol{K}(k)\boldsymbol{H}(k)]\boldsymbol{P}(k,k-1)[\boldsymbol{I}-\boldsymbol{K}(k)\boldsymbol{H}(k)]^{\mathrm{T}}+\boldsymbol{K}(k)\boldsymbol{R}(k)\boldsymbol{K}^{\mathrm{T}}(k) \tag{5-66}$$

式(5-61)右乘 $\boldsymbol{H}(k)$ 后代入(5-65)，得

$$\boldsymbol{P}(k,k)=\boldsymbol{P}(k,k-1)-\boldsymbol{P}(k,k-1)\boldsymbol{H}^{\mathrm{T}}(k)[\boldsymbol{H}(k)\times\boldsymbol{P}(k,k-1)\boldsymbol{H}^{\mathrm{T}}(k)+\boldsymbol{R}(k)]^{-1}\boldsymbol{H}(k)\boldsymbol{P}(k,k-1) \tag{5-67}$$

由矩阵反演公式(5-30)可得 $\boldsymbol{P}(k,k)$ 的第三种计算形式，即

$$\boldsymbol{P}^{-1}(k,k)=\boldsymbol{P}^{-1}(k,k-1)+\boldsymbol{H}^{\mathrm{T}}(k)\boldsymbol{R}^{-1}(k)\boldsymbol{H}(k) \tag{5-68}$$

利用式(5-68)，有

$$\begin{aligned}\boldsymbol{P}(k,k-1)\boldsymbol{H}^{\mathrm{T}}(k)&=\boldsymbol{P}(k,k)[\boldsymbol{P}^{-1}(k,k)-\boldsymbol{P}^{-1}(k,k-1)]\boldsymbol{P}(k,k-1)\boldsymbol{H}^{\mathrm{T}}(k)+\boldsymbol{P}(k,k)\boldsymbol{H}^{\mathrm{T}}(k)\\&=\boldsymbol{P}(k,k)\boldsymbol{H}^{\mathrm{T}}(k)\boldsymbol{R}^{-1}H(k)\boldsymbol{P}(k,k-1)\boldsymbol{H}^{\mathrm{T}}(k)+\boldsymbol{P}(k,k)\boldsymbol{H}^{\mathrm{T}}(k)\\&=\boldsymbol{P}(k,k)\boldsymbol{H}^{\mathrm{T}}(k)\boldsymbol{R}^{-1}(k)[\boldsymbol{H}(k)\boldsymbol{P}(k,k-1)\boldsymbol{H}^{\mathrm{T}}(k)+\boldsymbol{R}(k)]\end{aligned} \tag{5-69}$$

利用式(5-69)，式(5-61)可表示为

$$\boldsymbol{K}(k)=\boldsymbol{P}(k\mid k)\boldsymbol{H}^{\mathrm{T}}(k)\boldsymbol{R}^{-1}(k) \tag{5-70}$$

由于正交投影是无偏的，因此估计误差的方差阵 $\boldsymbol{P}(k,k)$ 和预测的均方误差阵 $\boldsymbol{P}(k,k-1)$ 就是估计误差方差阵和预测误差的方差阵。

将上面推导的公式进行归纳，可得到关于系统方程式(5-50)和量测方程式(5-51)在系统噪声和量测噪声满足零均值白噪声下的状态 $\boldsymbol{X}(k)$ 估计的卡尔曼滤波基本方程：

状态估计方程为

$$\hat{\boldsymbol{X}}(k\mid k)=\boldsymbol{\Phi}(k,k-1)\hat{\boldsymbol{X}}(k-1\mid k-1)+\boldsymbol{K}(k)[\boldsymbol{Y}(k)-\boldsymbol{H}(k)\boldsymbol{\Phi}(k,k-1)\hat{\boldsymbol{X}}(k-1\mid k-1)] \tag{5-60}$$

滤波增益为

$$\boldsymbol{K}(k)=\boldsymbol{P}(k,k-1)\boldsymbol{H}^{\mathrm{T}}(k)[\boldsymbol{H}(k)\boldsymbol{P}(k,k-1)\boldsymbol{H}^{\mathrm{T}}(k)+\boldsymbol{R}(k)]^{-1} \tag{5-61}$$

或

$$\boldsymbol{K}(k)=\boldsymbol{P}(k,k)\boldsymbol{H}^{\mathrm{T}}(k)\boldsymbol{R}^{-1}(k) \tag{5-70}$$

一步预测方差阵为

$$
\begin{aligned}
\boldsymbol{P}(k,k-1) = &\boldsymbol{\Phi}(k,k-1)\boldsymbol{P}(k-1,k-1)\boldsymbol{\Phi}^{\mathrm{T}}(k,k-1) + \\
&\boldsymbol{\Gamma}(k,k-1)\boldsymbol{Q}(k-1)\boldsymbol{\Gamma}^{\mathrm{T}}(k,k-1)
\end{aligned} \tag{5-62}
$$

估计方差阵为

$$
\boldsymbol{P}(k,k) = [\boldsymbol{I}-\boldsymbol{K}(k)\boldsymbol{H}(k)]\boldsymbol{P}(k,k-1) \tag{5-65}
$$

或

$$
\begin{aligned}
\boldsymbol{P}(k,k) = &[\boldsymbol{I}-\boldsymbol{K}(k)\boldsymbol{H}(k)]\boldsymbol{P}(k,k-1)[\boldsymbol{I}-\boldsymbol{K}(k)\boldsymbol{H}(k)]^{\mathrm{T}} + \\
&\boldsymbol{K}(k)\boldsymbol{R}(k)\boldsymbol{K}^{\mathrm{T}}(k)
\end{aligned} \tag{5-66}
$$

或

$$
\boldsymbol{P}^{-1}(k,k) = \boldsymbol{P}^{-1}(k,k-1) + \boldsymbol{H}^{\mathrm{T}}(k)\boldsymbol{R}^{-1}(k)\boldsymbol{H}(k)
$$

卡尔曼滤波基本方程中的式(5-60)、式(5-61)(或式(5-70))、式(5-62)、式(5-65)(或式(5-66)、式(5-68))可分为两部分,其中式(5-60)称为滤波方程,式(5-61)(或式(5-70))、式(5-62)、式(5-65)(或式(5-66)、式(5-68))为卡尔曼滤波器增量递推算式。该滤波方法的主要特点是整个滤波方程是一种递推形式,因此在具体计算时并不需要储存任何观测数据,而只是要求存入上一次的滤波估计 $\hat{\boldsymbol{X}}(k-1|k-1)$ 和系统或被估计信号的参数 $\boldsymbol{\Phi}(k,k-1)$、$\boldsymbol{\Gamma}(k,k-1)$、$\boldsymbol{H}(k)$、$\boldsymbol{Q}(k-1)$ 及 $\boldsymbol{R}(k)$。这种递推形式,对滤波实时计算非常有用。

3. 卡尔曼滤波方程计算流程

滤波器方程式(5-60),即

$$
\begin{aligned}
\hat{\boldsymbol{X}}(k|k) = &\boldsymbol{\Phi}(k,k-1)\hat{\boldsymbol{X}}(k-1|k-1) + \\
&\boldsymbol{K}(k)[\boldsymbol{Y}(k) - \boldsymbol{H}(k)\boldsymbol{\Phi}(k,k-1)\hat{\boldsymbol{X}}(k-1|k-1)]
\end{aligned}
$$

可用图 5-3 表示。图中滤波器的输入是系统或信号状态的观测值,输出是系统或信号状态的估计值。

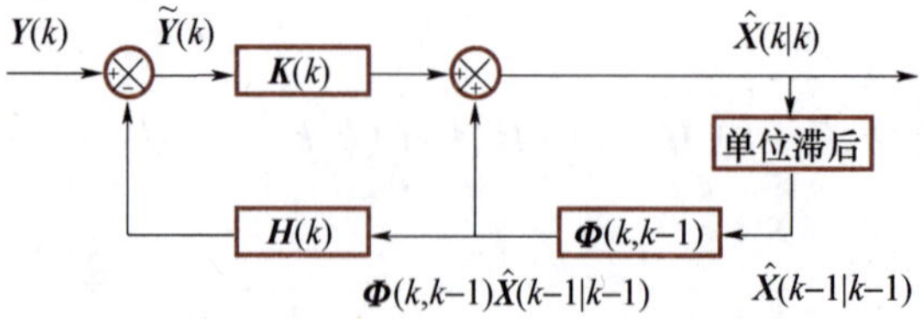

图 5-3　卡尔曼滤波器框图

假定已知 $\hat{\boldsymbol{X}}(k-1|k-1)$ 和 $\boldsymbol{P}(k-1,k-1)$，其具体计算程序如下：

(1) 计算上次滤波的外推式预测 $\hat{\boldsymbol{X}}(k|k-1)$：

$$\hat{\boldsymbol{X}}(k|k-1)=\boldsymbol{\Phi}(k,k-1)\hat{\boldsymbol{X}}(k-1|k-1)$$

(2) 计算 k 时刻观测 $\boldsymbol{Y}(k)$ 的"新息"：

$$\tilde{\boldsymbol{Y}}(k|k-1)=\boldsymbol{Y}(k)-\hat{\boldsymbol{Y}}(k|k-1)=\boldsymbol{Y}(k)-\boldsymbol{H}(k)\hat{\boldsymbol{X}}(k|k-1)$$

(3) 计算 k 时刻的滤波值 $\hat{\boldsymbol{X}}(k|k)$：

$$\hat{\boldsymbol{X}}(k|k)=\hat{\boldsymbol{X}}(k|k-1)+\boldsymbol{K}(k)\tilde{\boldsymbol{Y}}(k|k-1)$$

(4) 将 $\hat{\boldsymbol{X}}(k|k)$ 存入计算机内，到下一时刻 $(k+1)$ 获得下一次观测 $\boldsymbol{Y}(k+1)$ 以后，利用 $\hat{\boldsymbol{X}}(k|k)$ 重复上述计算。

从上面的计算可以看出：滤波器以"预测－修正"方式工作，也就是说由"新息"得到修正项 $\boldsymbol{K}(k)\tilde{\boldsymbol{Y}}(k|k-1)$ 加到预测项 $\hat{\boldsymbol{X}}(k|k-1)$ 上，就得到新的滤波估计值 $\hat{\boldsymbol{X}}(k|k)$。在这里预测和滤波的相互作用是明显的，即由滤波值得到预测值为

$$\hat{\boldsymbol{X}}(k|k-1)=\boldsymbol{\Phi}(k,k-1)\hat{\boldsymbol{X}}(k-1|k-1)$$

而由预测值又得到滤波值为

$$\hat{\boldsymbol{X}}(k|k)=\hat{\boldsymbol{X}}(k|k-1)+\boldsymbol{K}(k)[\boldsymbol{Y}(k)-\boldsymbol{H}(k)\hat{\boldsymbol{X}}(k|k-1)]$$

显然，为了使上面的递推计算进行下去，就必须要给一个初始估计值 $\hat{\boldsymbol{X}}(0|0)$ 作为初始条件，因为

$$\hat{\boldsymbol{X}}(0|0)=E\{\boldsymbol{X}(0)|\boldsymbol{Y}(0)\}$$

而在 $k=0$ 时没有观测，因此由正交投影性质得

$$\hat{\boldsymbol{X}}(0|0)=E\{\boldsymbol{X}(0)|\boldsymbol{Y}(0)\}=E\{\boldsymbol{X}(0)\}=\boldsymbol{\mu}_x(0)$$

修正项中权矩阵 $\boldsymbol{K}(k)$ 称为滤波的增益矩阵或称卡尔曼滤波增益矩阵，它有增益矩阵递推算式算得，即由式(5－61)（或式(5－70)）、式(5－62)、式(5－65)（或式(5－66)、式(5－68)）递推算式算得。图5－4给出了由式(5－61)、式(5－62)和式(5－65)的递推计算流程。

具体计算步骤如下：

(1) 计算预测均方误差阵 $\boldsymbol{P}(k,k-1)$:

$$\boldsymbol{P}(k,k-1)=\boldsymbol{\Phi}(k,k-1)\boldsymbol{P}(k-1,k-1)\boldsymbol{\Phi}^{\mathrm{T}}(k,k-1)+\boldsymbol{\Gamma}(k,k-1)\boldsymbol{Q}(k-1)\boldsymbol{\Gamma}^{\mathrm{T}}(k,k-1)$$

式中:$\boldsymbol{P}(k,k-1)$假定是已知的;$\boldsymbol{\Phi}(k,k-1)$、$\boldsymbol{\Gamma}(k,k-1)$、$\boldsymbol{Q}(k-1)$是系统参数,是事先给定的。

(2) 计算滤波增益矩阵 $\boldsymbol{K}(k)$:

$$\boldsymbol{K}(k)=\boldsymbol{P}(k,k-1)\boldsymbol{H}(k)[\boldsymbol{H}(k)\boldsymbol{P}(k,k-1)\boldsymbol{H}^{\mathrm{T}}(k)+\boldsymbol{R}(k)]^{-1}$$

式中:$\boldsymbol{H}(k)$、$\boldsymbol{R}(k)$为系统给定的系统参数。

(3) 计算 k 时刻的滤波均方误差阵 $\boldsymbol{P}(k,k)$:

$$\boldsymbol{P}(k,k)=[\boldsymbol{I}-\boldsymbol{K}(k)\boldsymbol{H}(k)]\boldsymbol{P}(k,k-1)$$

(4) 将 $\boldsymbol{P}(k,k)$存入计算机,当到达$(k+1)$时重复上述步骤。

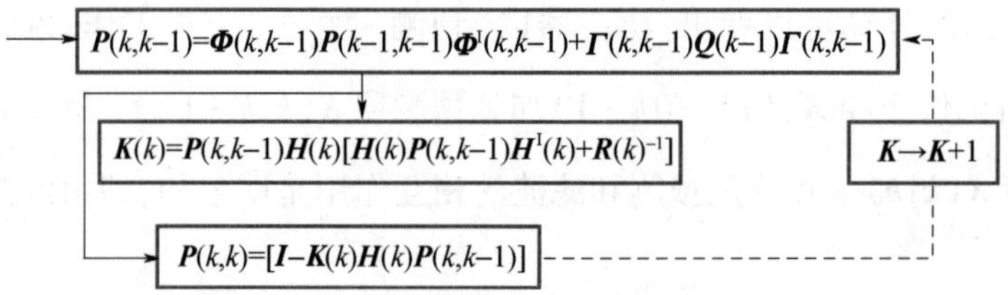

图 5-4 增益阵计算流程图

由于增益矩阵 $\boldsymbol{K}(k)$的计算与观测 $\boldsymbol{Y}(k)$无关,因此,它可以事先离线算出,然后存放计算机内,以减少实时计算量。

由于矩阵 $\boldsymbol{P}(k,k)$和 $\boldsymbol{P}(k,k-1)$分别是滤波误差方差阵和一步预测误差方差阵,因此在具体计算 $\boldsymbol{K}(k)$的过程中,还得到了滤波性能的度量。定时滤波和一步预测误差矢量的各个分量的方差就是矩阵 $\boldsymbol{P}(k,k)$和 $\boldsymbol{P}(k,k-1)$的对角线元。

为了使上面递推计算能进行下去,不言而喻,在计算时事先要给定 $\boldsymbol{P}(0,0)$,由于

$$\tilde{\boldsymbol{X}}(0|0)=\boldsymbol{X}(0)-\hat{\boldsymbol{X}}(0|0)=\boldsymbol{X}(0)-\boldsymbol{\mu}_x(0)$$

因此,有

$$\begin{aligned}\boldsymbol{P}(0,0)&=E\{\tilde{\boldsymbol{X}}(0|0)\tilde{\boldsymbol{X}}^{\mathrm{T}}(0|0)\}\\&=E\{[\boldsymbol{X}(0)-\boldsymbol{\mu}_x(0)][\boldsymbol{X}(0)-\boldsymbol{\mu}_x(0)]^{\mathrm{T}}\}=\boldsymbol{V}_x(0)\end{aligned}$$

4. 系统含有确定性控制和测量的滤波方程

在实际系统中，系统动态方程可能含有确定性的控制变量，测量方程也可能含有确定性的测量值，对于由 n 维状态方程和 m 维量测方程组成的动态系统，方程可描述为

$$\boldsymbol{X}(k+1)=\boldsymbol{\Phi}(k+1,k)\boldsymbol{X}(k)+\boldsymbol{B}(k)\boldsymbol{U}(k)+\boldsymbol{\Gamma}(k+1,k)\boldsymbol{W}(k) \tag{5-71}$$

$$\boldsymbol{Y}(k)=\boldsymbol{H}(k)\boldsymbol{X}(k)+\boldsymbol{Z}(k)+\boldsymbol{V}(k) \tag{5-72}$$

式中：$\{\boldsymbol{U}(k),k\geqslant 0\}$、$\{\boldsymbol{Z}(k),k\geqslant 0\}$ 为已知非随机序列，通常把 $\boldsymbol{U}(k)$ 理解为外加控制作用，而把 $\boldsymbol{Z}(k)$ 理解为量测系统常值误差项；$\boldsymbol{W}(k)$、$\boldsymbol{V}(k)$ 为零均值白噪声；其余符号与前定义相同。

对于上述系统，按照第 2 小节卡尔曼滤波推导过程可得到滤波方程，即

$$\hat{\boldsymbol{X}}(k\mid k)=\boldsymbol{\Phi}(k,k-1)\hat{\boldsymbol{X}}(k-1\mid k-1)+\boldsymbol{B}(k-1)\boldsymbol{U}(k-1)\times \boldsymbol{K}(k)[\boldsymbol{Y}(k)-\boldsymbol{H}(k)\boldsymbol{\Phi}(k,k-1)\hat{\boldsymbol{X}}(k-1\mid k-1)-\boldsymbol{Z}(k)] \tag{5-73}$$

$$\boldsymbol{K}(k)=\boldsymbol{P}(k,k-1)\boldsymbol{H}^{\mathrm{T}}(k)[\boldsymbol{H}(k)\boldsymbol{P}(k,k-1)\boldsymbol{H}^{\mathrm{T}}(k)+\boldsymbol{R}(k)]^{-1} \tag{5-74}$$

$$\boldsymbol{P}(k,k-1)=\boldsymbol{\Phi}(k,k-1)\boldsymbol{P}(k-1,k-1)\boldsymbol{\Phi}^{\mathrm{T}}(k,k-1)+\boldsymbol{\Gamma}(k,k-1)\boldsymbol{Q}(k-1)\boldsymbol{\Gamma}^{\mathrm{T}}(k,k-1) \tag{5-75}$$

$$\boldsymbol{P}(k,k)=(\boldsymbol{I}-\boldsymbol{K}(k)\boldsymbol{H}(k))\boldsymbol{P}(k,k-1) \tag{5-76}$$

5.6.3　卡尔曼滤波一般方程

对于式(5－71)和式(5－72)描述的离散线性系统方程，系统的系统噪声 $\boldsymbol{W}(k)$ 和量测噪声 $\boldsymbol{V}(k)$ 满足均值为零且方差分别为 $\boldsymbol{Q}(k)$、$\boldsymbol{R}(k)$ 的白噪声的假设条件，但 $\boldsymbol{W}(k)$ 与 $\boldsymbol{V}(k)$ 是相关的，即

$$\operatorname{cov}\{\boldsymbol{W}(k),\boldsymbol{V}(j)\}=\boldsymbol{S}(k)\delta_{kj}$$

引入参量 $\boldsymbol{J}(k)=\boldsymbol{\Gamma}(k+1,k)\boldsymbol{S}(k)\boldsymbol{R}^{-1}(k)$，将式(5－71)改写为

$$\boldsymbol{X}(k)=\boldsymbol{\Phi}(k,k-1)\boldsymbol{X}(k-1)+\boldsymbol{B}(k-1)\boldsymbol{U}(k-1)+\boldsymbol{\Gamma}(k,k-1)\boldsymbol{W}(k-1)+\boldsymbol{J}(k-1)[\boldsymbol{Y}(k-1)-\boldsymbol{H}(k-1)\boldsymbol{X}(k-1)-\boldsymbol{Z}(k-1)-\boldsymbol{V}(k-1)] \tag{5-77}$$

记

$$\overline{\boldsymbol{\Phi}}(k,k-1) = \boldsymbol{\Phi}(k,k-1) - \boldsymbol{J}(k-1)\boldsymbol{H}(k-1) \tag{5-78}$$

$$\overline{W}(k-1) = \boldsymbol{\Gamma}(k,k-1)\boldsymbol{W}(k-1) - \boldsymbol{J}(k-1)\boldsymbol{V}(k-1) \tag{5-79}$$

则式(5－77)可表示为

$$\boldsymbol{X}(k) = \overline{\boldsymbol{\Phi}}(k,k-1)\boldsymbol{X}(k) + \boldsymbol{B}(k-1)\boldsymbol{U}(k-1) + \boldsymbol{J}(k-1)[\boldsymbol{Y}(k-1) - \boldsymbol{Z}(k-1)] + \overline{\boldsymbol{W}}(k) \tag{5-80}$$

式(5－80)所描述的系统与式(5－71)所描述的原系统等价，根据$\boldsymbol{J}(k)$和$\overline{\boldsymbol{W}}(k-1)$的定义，可推导出

$$E\{\overline{\boldsymbol{W}}(k)\boldsymbol{V}^{\mathrm{T}}(j)\} = \boldsymbol{0}$$

即$\overline{\boldsymbol{W}}(k)$与$\boldsymbol{V}^{\mathrm{T}}(j)$为不相关，因此不难推导出相应的卡尔曼滤波方程。下面直接给出对应的卡尔曼滤波一般方程（具体推导可参见文献[75]）。

一步预测方程为

$$\hat{\boldsymbol{X}}(k|k-1) = \overline{\boldsymbol{\Phi}}(k,k-1)\hat{\boldsymbol{X}}(k-1|k-1) + \boldsymbol{B}(k-1)\boldsymbol{U}(k-1) + \boldsymbol{J}(k-1)[\boldsymbol{Y}(k-1) - \boldsymbol{H}(k-1)\hat{\boldsymbol{X}}(k-1|k-1) - \boldsymbol{Z}(k-1)] \tag{5-81}$$

状态估计方程为

$$\hat{\boldsymbol{X}}(k|k) = \hat{\boldsymbol{X}}(k|k-1) + \boldsymbol{K}(k)[\boldsymbol{Y}(k) - \boldsymbol{Z}(k) - \boldsymbol{H}(k)\hat{\boldsymbol{X}}(k|k-1)] \tag{5-82}$$

滤波增益为

$$\boldsymbol{K}(k) = \boldsymbol{P}(k,k-1)\boldsymbol{H}^{\mathrm{T}}(k)[\boldsymbol{H}(k)\boldsymbol{P}(k,k-1)\boldsymbol{H}^{\mathrm{T}}(k) + \boldsymbol{R}(k)]^{-1} \tag{5-83}$$

一步预测方差阵为

$$\boldsymbol{P}(k,k-1) = [\boldsymbol{\Phi}(k,k-1) - \boldsymbol{J}(k-1)\boldsymbol{H}(k-1)]\boldsymbol{P}(k-1,k-1)[\boldsymbol{\Phi}(k,k-1) - \boldsymbol{J}(k-1)\boldsymbol{H}(k-1)]^{\mathrm{T}} + \boldsymbol{\Gamma}(k,k-1)\boldsymbol{Q}(k-1)\boldsymbol{\Gamma}^{\mathrm{T}}(k,k-1) - \boldsymbol{J}(k-1)\boldsymbol{S}^{\mathrm{T}}(k-1)\boldsymbol{\Gamma}^{\mathrm{T}}(k,k-1) \tag{5-84}$$

估计方差阵为

$$\boldsymbol{P}(k,k) = (\boldsymbol{I} - \boldsymbol{K}(k)\boldsymbol{H}(k))\boldsymbol{P}(k,k-1) \tag{5-85}$$

且由上述卡尔曼滤波一般方程可得一步预测一般方程如下

$$\hat{X}(k+1|k)=\overline{\boldsymbol{\Phi}}(k+1,k)\hat{X}(k|k-1)+\boldsymbol{B}(k)\boldsymbol{U}(k)+\overline{\boldsymbol{K}}(k)[\boldsymbol{Y}(k)-\boldsymbol{Z}(k-1)-\boldsymbol{H}(k)\hat{X}(k|k-1)] \tag{5-86}$$

$$\overline{\boldsymbol{K}}(k)=[\boldsymbol{\Phi}(k+1,k)\boldsymbol{P}(k,k-1)\boldsymbol{H}^{\mathrm{T}}(k)-\boldsymbol{\Gamma}^{\mathrm{T}}(k+1,k)\boldsymbol{S}(k)]\times[\boldsymbol{H}(k)\boldsymbol{P}(k,k-1)\boldsymbol{H}^{\mathrm{T}}(k)+\boldsymbol{R}(k)]^{-1} \tag{5-87}$$

$$\boldsymbol{P}(k+1,k)=\boldsymbol{\Phi}(k+1,k)\boldsymbol{P}(k,k-1)\boldsymbol{\Phi}^{\mathrm{T}}(k+1,k)-\boldsymbol{\Gamma}(k+1,k)\boldsymbol{Q}(k)\boldsymbol{\Gamma}^{\mathrm{T}}(k+1,k)-\boldsymbol{K}(k)[\boldsymbol{H}(k)\boldsymbol{P}(k,k)\boldsymbol{\Phi}^{\mathrm{T}}(k+1,k)-\boldsymbol{S}^{\mathrm{T}}(k)\boldsymbol{\Gamma}^{\mathrm{T}}(k+1,k)] \tag{5-88}$$

5.6.4 卡尔曼滤波在有色噪声线性系统中的应用

5.6.3 节卡尔曼滤波公式是系统状态噪声 $\boldsymbol{W}(k)$ 和观测噪声 $\boldsymbol{V}(k)$ 均为白噪声而推导出来的,但实际物理系统的系统噪声和量测噪声可能会表现为有色噪声。为方便及简洁起见,将后续变量中的 k 用下标表示,即式(5-50)和式(5-51)可表示为

$$\begin{cases}\boldsymbol{X}_{k+1}=\boldsymbol{\Phi}_{k+1/k}\boldsymbol{X}_k+\boldsymbol{\Gamma}_{k+1/k}\boldsymbol{W}_k\\ \boldsymbol{Y}_{k+1}=\boldsymbol{H}_{k+1}\boldsymbol{X}_{k+1}+\boldsymbol{V}_{k+1}\end{cases}$$

根据有色噪声序列可等价为白噪声序列通过低通滤波器的原理,当系统噪声 $\boldsymbol{W}_k$ 为有色噪声时,其可描述为

$$\boldsymbol{W}_{k+1}=\boldsymbol{\Pi}_{k+1/k}\boldsymbol{W}_k+\boldsymbol{\zeta}_k \tag{5-89}$$

同理,当量测噪声 $\boldsymbol{V}(k)$ 为有色噪声时,其可描述为

$$\boldsymbol{V}_{k+1}=\boldsymbol{\Psi}_{k+1/k}\boldsymbol{V}_k+\boldsymbol{\xi}_k \tag{5-90}$$

式中:$\boldsymbol{\zeta}_k$、$\boldsymbol{\xi}_k$ 为零均值白噪声,其中,$E\{\boldsymbol{\zeta}_k\}=\boldsymbol{0}$,$\mathrm{cov}\{\boldsymbol{\zeta}_k,\boldsymbol{\zeta}_j\}=\boldsymbol{Q}_k\delta_{kj}$,$E\{\boldsymbol{\xi}_k\}=\boldsymbol{0}$,$\mathrm{cov}\{\boldsymbol{\xi}_k,\boldsymbol{\xi}_j\}=\boldsymbol{R}_k\delta_{kj}$。

1. 系统噪声为有色噪声情况

将系统噪声 $\boldsymbol{W}_k$ 扩维为系统状态,则系统方程和量测方程分别为

$$\begin{bmatrix}\boldsymbol{X}_{k+1}\\ \boldsymbol{W}_{k+1}\end{bmatrix}=\begin{bmatrix}\boldsymbol{\Phi}_{k+1/k} & \boldsymbol{\Gamma}_{k+1/k}\\ \boldsymbol{0} & \boldsymbol{\Pi}_{k+1/k}\end{bmatrix}\begin{bmatrix}\boldsymbol{X}_k\\ \boldsymbol{W}_k\end{bmatrix}+\begin{bmatrix}\boldsymbol{0}\\ \boldsymbol{I}\end{bmatrix}\boldsymbol{\zeta}_k \tag{5-91}$$

$$\boldsymbol{Y}_{k+1}=[\boldsymbol{H}_{k+1}\quad \boldsymbol{0}]\begin{bmatrix}\boldsymbol{X}_{k+1}\\ \boldsymbol{W}_{k+1}\end{bmatrix}+\boldsymbol{V}_{k+1} \tag{5-92}$$

记

$$\overline{\boldsymbol{X}}_k=\begin{bmatrix}\boldsymbol{X}_k\\ \boldsymbol{W}_k\end{bmatrix},\overline{\boldsymbol{\Phi}}_{k+1/k}=\begin{bmatrix}\boldsymbol{\Phi}_{k+1/k} & \boldsymbol{\Gamma}_{k+1/k}\\ \boldsymbol{0} & \boldsymbol{\Pi}_{k+1/k}\end{bmatrix},\overline{\boldsymbol{\Gamma}}_k=\begin{bmatrix}\boldsymbol{0}\\ \boldsymbol{I}\end{bmatrix},\overline{\boldsymbol{H}}_k=[\boldsymbol{H}_k\quad \boldsymbol{0}]$$

则系统方程和量测方程可写为

$$\overline{\boldsymbol{X}}_{k+1}=\overline{\boldsymbol{\Phi}}_{k+1/k}\overline{\boldsymbol{X}}_k+\overline{\boldsymbol{\Gamma}}_{k+1/k}\boldsymbol{\zeta}_k \tag{5-93}$$

$$\overline{\boldsymbol{Y}}_{k+1}=\overline{\boldsymbol{H}}_{k+1}\overline{\boldsymbol{X}}_{k+1}+\boldsymbol{V}_{k+1} \tag{5-94}$$

式中:$\boldsymbol{\zeta}_k$、$\boldsymbol{V}_k$ 为零均值白噪声。

对于扩维后的系统,系统噪声和量测噪声均为白噪声,满足卡尔曼滤波方程的要求,因此有

$$\hat{\overline{\boldsymbol{X}}}_{k/k}=\overline{\boldsymbol{\Phi}}_{k/k-1}\hat{\overline{\boldsymbol{X}}}_{k-1/k-1}+\boldsymbol{K}_k(\overline{\boldsymbol{Y}}_k-\overline{\boldsymbol{H}}_k\overline{\boldsymbol{\Phi}}_{k/k-1}\hat{\overline{\boldsymbol{X}}}_{k-1/k-1}) \tag{5-95}$$

$$\boldsymbol{K}_k=\boldsymbol{P}_{k/k-1}\overline{\boldsymbol{H}}_k^{\mathrm{T}}(\overline{\boldsymbol{H}}_k\boldsymbol{P}_{k/k-1}\overline{\boldsymbol{H}}_k^{\mathrm{T}}+\boldsymbol{R}_k)^{-1} \tag{5-96}$$

$$\boldsymbol{P}_{k/k-1}=\overline{\boldsymbol{\Phi}}_{k/k-1}\boldsymbol{P}_{k-1/k-1}\overline{\boldsymbol{\Phi}}_{k,k-1}^{\mathrm{T}}+\overline{\boldsymbol{\Gamma}}_{k/k-1}\boldsymbol{Q}_{k-1}\overline{\boldsymbol{\Gamma}}_{k/k-1}^{\mathrm{T}} \tag{5-97}$$

$$\boldsymbol{P}_{k/k}=(\boldsymbol{I}-\boldsymbol{K}_k\overline{\boldsymbol{H}}_k)\boldsymbol{P}_{k/k-1} \tag{5-98}$$

2. 量测噪声为有色噪声情况

将系统噪声$\boldsymbol{V}_k$ 扩维为系统状态,则系统方程和量测方程为

$$\begin{bmatrix}\boldsymbol{X}_{k+1}\\ \boldsymbol{V}_{k+1}\end{bmatrix}=\begin{bmatrix}\boldsymbol{\Phi}_{k+1/k} & \boldsymbol{0}\\ \boldsymbol{0} & \boldsymbol{\Psi}_{k+1/k}\end{bmatrix}\begin{bmatrix}\boldsymbol{X}_k\\ \boldsymbol{V}_k\end{bmatrix}+\begin{bmatrix}\boldsymbol{\Gamma}_{k+1/k} & \boldsymbol{0}\\ \boldsymbol{0} & \boldsymbol{I}\end{bmatrix}\begin{bmatrix}\boldsymbol{W}_k\\ \boldsymbol{\xi}_k\end{bmatrix} \tag{5-99}$$

$$\boldsymbol{Y}_{k+1}=[\boldsymbol{H}_{k+1}\quad \boldsymbol{I}]\begin{bmatrix}\boldsymbol{X}_{k+1}\\ \boldsymbol{V}_{k+1}\end{bmatrix} \tag{5-100}$$

由上可知,扩维后系统中无量测噪声,为了保证扩维后系统的量测噪声的方差正定性,建立新的量测变量,即

$$\boldsymbol{Z}_k=\boldsymbol{Y}_{k+1}-\boldsymbol{\Psi}_{k+1/k}\boldsymbol{Y}_k \tag{5-101}$$

于是量测方程为

$$\boldsymbol{Z}_k=\overline{\boldsymbol{H}}_k\boldsymbol{X}_k+\overline{\boldsymbol{V}}_k \tag{5-102}$$

式中

$$\overline{\boldsymbol{H}}_k=\boldsymbol{H}_{k+1}\boldsymbol{\Phi}_{k+1/k}-\boldsymbol{\Psi}_{k+1/k}\boldsymbol{H}_k,\overline{\boldsymbol{V}}_k=\boldsymbol{H}_{k+1}\boldsymbol{\Gamma}_k\boldsymbol{W}_k+\xi_k$$

且对于$\overline{\boldsymbol{V}}_k$,有

$$E\{\overline{V}_k\} = E\{H_{k+1}\Gamma_k W_k + \xi_k\} = 0$$

$$E\{\overline{V}_k \overline{V}_j^{\mathrm{T}}\} = E\{(H_{k+1}\Gamma_k W_k + \xi_k)(H_{j+1}\Gamma_j W_j + \xi_j)^{\mathrm{T}}\}$$
$$= (H_{k+1}\Gamma_k Q_k \Gamma_k^{\mathrm{T}} H_{k+1}^{\mathrm{T}} + R_k)\delta_{kj} = \overline{R}_k\delta_{kj}$$

$$E\{W_k \overline{V}_j^{\mathrm{T}}\} = E\{W_k(H_{j+1}\Gamma_j W_j + \xi_j)^{\mathrm{T}}\} = Q_k\Gamma_k^{\mathrm{T}} H_{k+1}^{\mathrm{T}}\delta_{kj}$$

由于系统噪声W_k与等效量测噪声$\overline{V}_k$相关，利用式(5－86)～式(5－88)和关系式

$$\hat{X}_{k+1} = \hat{E}[X_{k+1} \mid Z_1 Z_2 \cdots Z_k] = \hat{E}[X_{k+1} \mid Y_1 Y_2 \cdots Y_{k+1}]$$

可得到相应的卡尔曼滤波方程分别为

$$\hat{X}_{k/k} = \Phi_{k/k-1}\hat{X}_{k-1/k-1} + K_k(Y_k - \Psi_{k/k-1}Y_{k-1} - \overline{H}_{k-1}\hat{X}_{k-1/k-1}) \tag{5-103}$$

$$K_k = (\Phi_{k/k-1}P_{k-1/k-1}\overline{H}_{k-1}^{\mathrm{T}} + \Gamma_{k/k-1}Q_{k-1}\Gamma_{k-1}^{\mathrm{T}}H_k^{\mathrm{T}})(\overline{H}_{k-1}P_{k-1/k-1}\overline{H}_{k-1}^{\mathrm{T}} + \overline{R}_{k-1})^{-1} \tag{5-104}$$

$$P_{k/k} = \Phi_{k/k-1}P_{k-1/k-1}\Phi_{k,k-1}^{\mathrm{T}} + \Gamma_{k-1}Q_{k-1}\overline{\Gamma}_{k-1}^{\mathrm{T}} - K_k(\overline{H}_{k-1}P_{k-1/k-1}\Phi_{k,k-1}^{\mathrm{T}} + H_k\Gamma_{k-1}Q_{k-1}\overline{\Gamma}_{k-1}^{\mathrm{T}}) \tag{5-105}$$

5.6.5　卡尔曼滤波在非线性系统中的应用

1. 非线性系统模型

在一般情况下，大部分实际随机非线性系统可采用如下非线性方程来描述：

连续微分方程为

$$\dot{X}(t) = f(X(t),t) + G(t)w(t) \tag{5-106}$$

$$Y(t) = h(X(t),t) + v(t) \tag{5-107}$$

离散差分方程为

$$X_{k+1} = F(X_k,k) + \Gamma_k W_k \tag{5-108}$$

$$Y_{k+1} = h(X_{k+1},k+1) + V_{k+1} \tag{5-109}$$

式中：$f(\cdot)$为n维矢量函数；$h(\cdot)$为m维矢量函数；$w(t)$、W_k为r维随机系统动态噪声；$v(t)$、V_k为m维量测噪声。

为滤波问题得到可行的解答，常对上述系统模型给予相当的限制，对噪声的统计特性给予一些既符合实际又便于数学处理的假设。

(1) 对于$\{\boldsymbol{W}_k, k\geqslant 0\}$和$\{\boldsymbol{V}_{k+1}, k\geqslant 0\}$均认为是彼此不相关的零均值高斯白噪声过程或序列，并且它们与初始状态$\boldsymbol{X}_0$不相关，即$k\geqslant 0$时，有

$$E\{\boldsymbol{W}_k\}=\boldsymbol{0}, E\{\boldsymbol{W}_k \boldsymbol{W}_j^{\mathrm{T}}\}=\boldsymbol{Q}_k\delta_{kj}$$

$$E\{\boldsymbol{V}_{k+1}\}=\boldsymbol{0}, E\{\boldsymbol{V}_k \boldsymbol{V}_j^{\mathrm{T}}\}=\boldsymbol{R}_k\delta_{kj}$$

$$E\{\boldsymbol{W}_k \boldsymbol{V}_j^{\mathrm{T}}\}=\boldsymbol{0}, E\{\boldsymbol{X}_0 \boldsymbol{V}_k^{\mathrm{T}}\}=E\{\boldsymbol{X}_0 \boldsymbol{W}_k^{\mathrm{T}}\}=\boldsymbol{0}$$

(2) 对于$\{\boldsymbol{w}(t), t\geqslant 0\}$和$\{\boldsymbol{v}(t), t\geqslant 0\}$均认为是彼此不相关的零均值高斯白噪声过程或序列，并且它们与初始状态$\boldsymbol{X}_0$不相关，即$t\geqslant 0$时，有

$$E\{\boldsymbol{w}(t)\}=\boldsymbol{0}, E\{\boldsymbol{w}(t)\boldsymbol{w}^{\mathrm{T}}(\tau)\}=\boldsymbol{q}\delta(t-\tau)$$

$$E\{\boldsymbol{v}(t)\}=\boldsymbol{0}, E\{\boldsymbol{v}(t)\boldsymbol{v}^{\mathrm{T}}(\tau)\}=\boldsymbol{r}\delta(t-\tau)$$

$$E\{\boldsymbol{w}(t)\boldsymbol{v}^{\mathrm{T}}(\tau)\}=\boldsymbol{0}, E\{\boldsymbol{X}_0 \boldsymbol{v}^{\mathrm{T}}(\tau)\}=E\{\boldsymbol{X}_0 \boldsymbol{w}^{\mathrm{T}}(\tau)\}=\boldsymbol{0}$$

上述式中：$\boldsymbol{Q}_k$、$\boldsymbol{q}$为相应维数的非负定阵；$\boldsymbol{R}_k$、$\boldsymbol{r}$为相应维数的正定阵。

2. 离散型非线性系统的卡尔曼滤波方程

对于非线性离散系统式(5－106)和式(5－107)，设在测量时刻k以前已经得到滤波$\hat{\boldsymbol{X}}_{k-1}$，把动态系统方程(5－108)围绕$\hat{\boldsymbol{X}}_{k-1}$展开泰勒级数而取其线性项，又用$\boldsymbol{\Gamma}(\hat{\boldsymbol{X}}_{k-1}, k-1)$代替$\boldsymbol{\Gamma}(\boldsymbol{X}_{k-1}, k-1)$得到近似方程为

$$\boldsymbol{X}_k \approx \boldsymbol{\Phi}(\hat{\boldsymbol{X}}_{k-1}, k-1)+\left.\frac{\partial \boldsymbol{\Phi}}{\partial \boldsymbol{X}}\right|_{\boldsymbol{X}=\hat{\boldsymbol{X}}_{k-1}}(\boldsymbol{X}_{k-1}-\hat{\boldsymbol{X}}_{k-1})+\boldsymbol{\Gamma}(\hat{\boldsymbol{X}}_{k-1}, k-1)\boldsymbol{W}_{k-1}$$

再把测量方程(5－109)中$\boldsymbol{h}$围绕$\hat{\boldsymbol{X}}_{k/k-1}$展开泰勒级数而取线性项，得到近似表达式为

$$\boldsymbol{Y}_k \approx \boldsymbol{h}(\hat{\boldsymbol{X}}_{k/k-1}, k)+\left.\frac{\partial \boldsymbol{h}}{\partial \boldsymbol{X}}\right|_{\boldsymbol{X}=\hat{\boldsymbol{X}}_{k/k-1}}(\boldsymbol{X}_k-\hat{\boldsymbol{X}}_{k/k-1})+\boldsymbol{V}_k$$

记

$$\overline{\boldsymbol{\Phi}}_{k/k-1}=\left.\frac{\partial \boldsymbol{\Phi}}{\partial \boldsymbol{X}}\right|_{\boldsymbol{X}=\hat{\boldsymbol{X}}_{k-1}}, \boldsymbol{H}_k=\left.\frac{\partial \boldsymbol{h}}{\partial \boldsymbol{X}}\right|_{\boldsymbol{X}=\hat{\boldsymbol{X}}_{k/k-1}}, \boldsymbol{\Gamma}_{k/k-1}=\boldsymbol{\Gamma}(\hat{\boldsymbol{X}}_{k-1}, k-1)$$

于是式(5－108)和式(5－109)分别线性化为近似方程为

$$\begin{aligned}\boldsymbol{X}_k \approx\ & \overline{\boldsymbol{\Phi}}_{k/k-1}\boldsymbol{X}_{k-1}+[\boldsymbol{\Phi}(\hat{\boldsymbol{X}}_{k-1}, k-1)- \\ & \overline{\boldsymbol{\Phi}}_{k/k-1}\hat{\boldsymbol{X}}_{k-1}]+\boldsymbol{\Gamma}_{k/k-1}\boldsymbol{W}_{k-1}\end{aligned} \tag{5-110}$$

$$\boldsymbol{Y}_k \approx \boldsymbol{H}_k\boldsymbol{X}_k+[\boldsymbol{h}(\hat{\boldsymbol{X}}_{k/k-1}, k)-\boldsymbol{H}_k\hat{\boldsymbol{X}}_{k/k-1}]+\boldsymbol{V}_k \tag{5-111}$$

将式(5－110)、式(5－111)与式(5－108)、式(5－109)相比较，在式(5－110)、式(5－111)中外加控制项$\boldsymbol{U}_{k-1}$及量测系统误差$\boldsymbol{Z}_k$分别为

$$U_{k-1} = \Phi(\hat{X}_{k-1}, k-1) - \overline{\Phi}_{k/k-1}\hat{X}_{k-1}$$

$$Z_k = h(\hat{X}_{k/k-1}, k) - H_k\hat{X}_{k/k-1}$$

在$\{W_k, k \geqslant 0\}$和$\{V_{k+1}, k \geqslant 0\}$满足假设(2)的条件下，根据具有确定性控制量和确定性测量系统的卡尔曼滤波基本方程可得如下推广卡尔曼滤波方程：

$$\hat{X}_{k/k-1} = \Phi(\hat{X}_{k-1}, k-1) \tag{5-112}$$

$$\hat{X}_k = \hat{X}_{k/k-1} + K_k[Y_k - h(\hat{X}_{k/k-1}, k)] \tag{5-113}$$

$$K_k = P_{k/k-1}H_k^{\mathrm{T}}[H_kP_{k/k-1}H_k^{\mathrm{T}} + R_k]^{-1} \tag{5-114}$$

$$P_{k/k-1} = \overline{\Phi}_{k/k-1}P_{k-1}\overline{\Phi}_{k/k-1}^{\mathrm{T}} + \Gamma_{k/k-1}Q_{k-1}\Gamma_{k/k-1}^{\mathrm{T}} \tag{5-115}$$

$$P_k = (I - K_kH_k)P_{k/k-1} \tag{5-116}$$

滤波初始条件可取为

$$\begin{cases} \hat{X}_0 = E\{X_0\} \\ P_0 = \mathrm{var}\{X_0\} \end{cases}$$

3. 连续型非线性系统的卡尔曼滤波方程

1）连续型非线性系统的线性化

对于连续型非线性系统式(5-106)和式(5-107)，在状态最优估计附件展开成泰勒级数，并取一阶近似值，得

$$\dot{X}(t) = f(\hat{X}(t), t) + \left.\frac{\partial f(X(t), t)}{\partial X(t)}\right|_{X(t)=\hat{X}(t)}(X(t) - \hat{X}(t)) + G(t)w(t)$$

$$Y(t) = h(\hat{X}(t), t) + \left.\frac{\partial h(X(t), t)}{\partial X(t)}\right|_{X(t)=\hat{X}(t)} + v(t)$$

记$F(t) = \left.\frac{\partial f(X(t), t)}{\partial X(t)}\right|_{X(t)=\hat{X}(t)}$，$H(t) = \left.\frac{\partial h(X(t), t)}{\partial X(t)}\right|_{X(t)=\hat{X}(t)}$，考虑$\dot{\hat{X}}(t) = f(\hat{X}(t), t)$，$\hat{Y}(t) = h(\hat{X}(t), t)$，则上式可表示为

$$\delta\dot{X}(t) = \dot{X}(t) - \dot{\hat{X}}(t) = F(t)\delta X(t) + G(t)w(t) \tag{5-117}$$

$$\delta Y(t) = H(t)\delta X(t) + v(t) \tag{5-118}$$

2）连续系统的离散化方程

对于上述非线性系统的线性化方程式(5-117)和式(5-118)，可直接采用连续系统的卡尔曼滤波方程对状态进行估计，也可对上述线性化方程进行

离散化后进行卡尔曼滤波方程设计，下面针对后者介绍系统的离散化方程。

对式(5－117)和式(5－118)以滤波周期 Δt 进行离散化处理，有

$$\delta\boldsymbol{X}(t_k+\Delta t)=\boldsymbol{\Phi}(t_k+\Delta t,t_k)\delta\boldsymbol{X}(t_k)+\int_{t_k}^{t_k+\Delta t}\boldsymbol{\Phi}(t_k+\Delta t,\tau)\boldsymbol{G}(\tau)\boldsymbol{w}(\tau)\mathrm{d}\tau \tag{5-119}$$

$$\delta\boldsymbol{Y}(t_k+\Delta t)=\boldsymbol{H}(t_k+\Delta t)\delta\boldsymbol{X}(t_k+\Delta t)+\boldsymbol{V}_{k+1} \tag{5-120}$$

式中：$\boldsymbol{\Phi}(t_k+\Delta t,t_k)$ 为状态转移矩阵，且满足

$$\dot{\boldsymbol{\Phi}}(t,t_k)=\boldsymbol{F}(t)\boldsymbol{\Phi}(t,t_k)$$

$$\boldsymbol{\Phi}(t_k,t_k)=\boldsymbol{I}$$

对噪声做如下等价处理：

$$\boldsymbol{W}_k=\frac{1}{\Delta t}\int_{t_k}^{t_k+\Delta t}\boldsymbol{w}(t)\mathrm{d}t \tag{5-121}$$

$$\boldsymbol{V}_{k+1}=\frac{1}{\Delta t}\int_{t_k}^{t_k+\Delta t}\boldsymbol{v}(t)\mathrm{d}t \tag{5-122}$$

对于上述定义的 $\boldsymbol{W}_k$，有

$$E\{\boldsymbol{W}_k\}=\frac{1}{\Delta t}\int_{t_k}^{t_k+\Delta t}E\{\boldsymbol{w}(t)\}\mathrm{d}t=\boldsymbol{0} \tag{5-123}$$

$$\begin{aligned}E\{\boldsymbol{W}_k\boldsymbol{W}_j^{\mathrm{T}}\}&=E\left\{\frac{1}{\Delta t^2}\int_{t_k}^{t_k+\Delta t}\int_{t_j}^{t_j+\Delta t}\boldsymbol{w}(t)\boldsymbol{w}^{\mathrm{T}}(\tau)\mathrm{d}t\mathrm{d}\tau\right\}\\&=\frac{1}{\Delta t^2}\int_{t_k}^{t_k+\Delta t}\int_{t_j}^{t_j+\Delta t}E\{\boldsymbol{w}(t)\boldsymbol{w}^{\mathrm{T}}(\tau)\}\mathrm{d}t\mathrm{d}\tau\\&=\frac{1}{\Delta t^2}\int_{t_k}^{t_k+\Delta t}\boldsymbol{q}(t)\int_{t_j}^{t_j+\Delta t}\delta(t-\tau)\mathrm{d}t\mathrm{d}\tau\end{aligned}$$

当 $t_j\neq t_k$ 时，由上式可知，$E\{\boldsymbol{W}_k\boldsymbol{W}_j^{\mathrm{T}}\}=\boldsymbol{0}$，因此

$$\begin{aligned}E\{\boldsymbol{W}_k\boldsymbol{W}_j^{\mathrm{T}}\}&=\frac{1}{\Delta t^2}\left[\int_{t_k}^{t_k+\Delta t}\boldsymbol{q}(t)\int_{t_j}^{t_j+\Delta t}\delta(t-\tau)\mathrm{d}t\mathrm{d}\tau\right]\delta_{kj}\\&=\frac{1}{\Delta t^2}\left[\int_{t_k}^{t_k+\Delta t}\boldsymbol{q}(t)\mathrm{d}t\right]\delta_{kj}\approx\frac{\boldsymbol{q}(t_k)}{\Delta t}\delta_{kj}\end{aligned} \tag{5-124}$$

同理，可得

$$E\{\boldsymbol{V}_k\}=\boldsymbol{0} \tag{5-125}$$

$$E\{\boldsymbol{V}_k\boldsymbol{V}_j^{\mathrm{T}}\}\approx\frac{\boldsymbol{r}(t_k)}{\Delta t}\delta_{kj} \tag{5-126}$$

当滤波周期 Δt 较小时，在时间 $t_k \leqslant t \leqslant t_k+\Delta t$ 的时间段内 $\boldsymbol{F}(t)$ 可近似为常数，即 $\boldsymbol{F}(t)\approx\boldsymbol{F}(t_k)$，从而有

$$\boldsymbol{\Phi}(t_k+\Delta t,t_k)=\mathrm{e}^{\boldsymbol{F}(t_k)\Delta t} \tag{5-127}$$

将式(5-127)按矩阵泰勒级数展开为

$$\boldsymbol{\Phi}(t_k+\Delta t,t_k)=\boldsymbol{I}+\boldsymbol{F}(t_k)\Delta t+\frac{(\Delta t)^2}{2!}\boldsymbol{F}^2(t_k)+\cdots$$

一般取泰勒级数的一阶项，即

$$\boldsymbol{\Phi}(t_k+\Delta t,t_k)\approx\boldsymbol{I}+\boldsymbol{F}(t_k)\Delta t \tag{5-128}$$

考虑在时间 $t_k \leqslant t \leqslant t_k+\Delta t$ 内 $\boldsymbol{G}(t)\approx\boldsymbol{G}(t_k)$，并取 Δt 的一阶项，有

$$\boldsymbol{\Gamma}_{k+1/k}=\int_{t_k}^{t_k+\Delta t}\boldsymbol{\Phi}(t_k+\Delta t,\tau)\boldsymbol{G}(\tau)\mathrm{d}\tau\approx\boldsymbol{G}(t_k)\Delta t \tag{5-129}$$

于是，根据式(5-119)和式(5-120)，得到非线性系统的离散型增量方程为

$$\delta\boldsymbol{X}_{k+1}=\boldsymbol{\Phi}_{k+1/k}\delta\boldsymbol{X}_k+\boldsymbol{\Gamma}_{k+1/k}\boldsymbol{W}_k \tag{5-130}$$

$$\delta\boldsymbol{Y}_k=\boldsymbol{H}_k\delta\boldsymbol{X}_k+\boldsymbol{V}_k \tag{5-131}$$

式中：系统噪声 $\boldsymbol{W}_k$ 和测量噪声 $\boldsymbol{V}_k$ 特性如式(5-123)~式(5-126)所示。于是根据线性卡尔曼滤波基本方程，可推导出增量式卡尔曼滤波方程：

$$\begin{aligned}
\delta\hat{\boldsymbol{X}}_{k/k-1}&=\boldsymbol{\Phi}_{k/k-1}\delta\hat{\boldsymbol{X}}_{k-1}\\
\delta\hat{\boldsymbol{X}}_k&=\delta\hat{\boldsymbol{X}}_{k/k-1}+\boldsymbol{K}_k(\delta\boldsymbol{Y}_k-\boldsymbol{H}_k\delta\hat{\boldsymbol{X}}_{k/k-1})\\
\boldsymbol{K}_k&=\boldsymbol{P}_{k/k-1}\boldsymbol{H}_k^{\mathrm{T}}(\boldsymbol{H}_k\boldsymbol{P}_{k/k-1}\boldsymbol{H}_k^{\mathrm{T}}+\boldsymbol{R}_k)^{-1}\\
\boldsymbol{P}_{k/k-1}&=\boldsymbol{\Phi}_{k/k-1}\boldsymbol{P}_{k-1}\boldsymbol{\Phi}_{k/k-1}^{\mathrm{T}}+\boldsymbol{Q}_{k-1}\\
\boldsymbol{P}_k&=(\boldsymbol{I}-\boldsymbol{K}_k\boldsymbol{H}_k)\boldsymbol{P}_{k/k-1}
\end{aligned}$$

式中：$\delta\boldsymbol{Y}_k=\boldsymbol{Y}_k-\boldsymbol{h}(\hat{\boldsymbol{X}}_{k/k-1},k)$。

考虑 $\delta\hat{\boldsymbol{X}}_k=\boldsymbol{0}$，故有 $\delta\hat{\boldsymbol{X}}_{k/k-1}=\boldsymbol{0}$。于是非线性系统的卡尔曼滤波方程如下：

$$\hat{\boldsymbol{X}}_{k/k-1}=\hat{\boldsymbol{X}}_{k-1}+\boldsymbol{f}(\hat{\boldsymbol{X}}_{k-1},k-1)\Delta t \tag{5-132}$$

$$\hat{\boldsymbol{X}}_k=\hat{\boldsymbol{X}}_{k/k-1}+\delta\hat{\boldsymbol{X}}_k \tag{5-133}$$

$$\delta\hat{\boldsymbol{X}}_k=\boldsymbol{K}_k(\boldsymbol{Y}_k-\boldsymbol{h}(\hat{\boldsymbol{X}}_{k/k-1},k)) \tag{5-134}$$

$$\boldsymbol{K}_k=\boldsymbol{P}_{k/k-1}\boldsymbol{H}_k^{\mathrm{T}}(\boldsymbol{H}_k\boldsymbol{P}_{k/k-1}\boldsymbol{H}_k^{\mathrm{T}}+\boldsymbol{R}_k)^{-1} \tag{5-135}$$

$$P_{k/k-1} = \boldsymbol{\Phi}_{k/k-1} P_{k-1} \boldsymbol{\Phi}_{k/k-1}^{\mathrm{T}} + Q_{k-1} \tag{5-136}$$

$$P_k = (I - K_k H_k) P_{k/k-1} \tag{5-137}$$

初始条件可选为

$$\hat{X}_0 = E\{X_0\}, P_0 = E\{(X_0 - E\{X_0\})(X_0 - E\{X_0\})^{\mathrm{T}}\}$$

5.7 分散滤波与联邦滤波器

上述讨论的卡尔曼滤波器是集中式滤波，根据需求选择了很多状态量和观测量，存在着计算量大，考虑不周还易出现滤波发散问题。20 世纪后期，提出了很多分散式滤波方法，总的来说优点在于维数低，需要的计算量小，可考虑容错性能，其中比较著名的是 Carlson 提出的联邦滤波器。

联邦滤波器区别于一般的分散滤波器的是设计原则考虑信息分配原则，提出信息分配因子的概念。其设计过程：先将测量系统分解为若干个子系统，根据经验适当设置子滤波器初始估计协方差阵，各子系统的输出只给相应的子滤波器，分别进行卡尔曼滤波，各子滤波器局部估计值$\hat{X}_i$ 及其协方差阵P_i送入主滤波器进行信息融合，最后得到全局的最优控制值$\hat{X}_c$ 及其相应的协方差阵P_c，如图 5－5 所示。

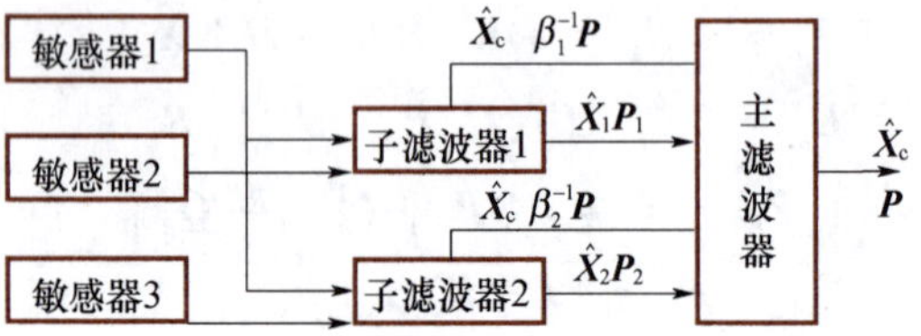

图 5－5　组合测定姿联邦滤波器结构图

在滤波过程中，主滤波器进行信息融合得到的估计值 $\hat{X}$ 及协方差阵 P 需要各子系统选取不同信息因子，对于子滤波器进行反馈，各子系统不管如何选取信息因子 β_i，但必须满足信息守恒原理：

$$\beta_1^{-1} + \beta_2^{-1} + \cdots + \beta_n^{-1} + \beta_m^{-1} = 1$$

式中：$\beta_1, \cdots, \beta_n$ 为子滤波器的信息因子；β_m 为主滤波器的信息因子。

一般主滤波器的状态方程无信息分配，不用主滤波器进行滤波，而把主滤波器的估计值取为全局估计。

如两个子滤波器精度相当，则还可以判断哪个子系统发生故障，甚至于哪个敏感器发生故障。因此，在组成两个子系统上，希望两个子系统在正常滤波时精度相近。

5.8　量测系统的几个概念

5.8.1　量测系统的能观性和能控性

众所周知，测量系统的能观性反映该系统通过有限时间内的测量来确定系统状态的能力。

设有一个确定性的离散系统

$$\begin{cases} \boldsymbol{X}_k = \boldsymbol{\Phi}_{k/k-1}\boldsymbol{X}_{k-1} \\ \boldsymbol{Y}_k = \boldsymbol{H}_k\boldsymbol{X}_k \end{cases} \tag{5-138}$$

假定通过 K 次观测得到一系列观测数据 $\boldsymbol{Y}_1,\boldsymbol{Y}_2,\cdots,\boldsymbol{Y}_K$，能观性的问题就是讨论由量测数据 $\boldsymbol{Y}_1,\boldsymbol{Y}_2,\cdots,\boldsymbol{Y}_K$ 如何确定系统状态 $\boldsymbol{X}_K$ 的条件问题，根据上述系统可把测量方程写成

$$\begin{cases} \boldsymbol{Y}_1 = \boldsymbol{H}_1\boldsymbol{\Phi}_{1/K}\boldsymbol{X}_K \\ \boldsymbol{Y}_2 = \boldsymbol{H}_2\boldsymbol{\Phi}_{2/K}\boldsymbol{X}_K \\ \vdots \\ \boldsymbol{Y}_K = \boldsymbol{H}_K\boldsymbol{\Phi}_{K/K}\boldsymbol{X}_K \end{cases}$$

将上式写成矩阵形式，即

$$\begin{bmatrix} \boldsymbol{Y}_1 \\ \boldsymbol{Y}_2 \\ \vdots \\ \boldsymbol{Y}_K \end{bmatrix} = \begin{bmatrix} \boldsymbol{H}_1\boldsymbol{\Phi}_{1/K} \\ \boldsymbol{H}_2\boldsymbol{\Phi}_{2/K} \\ \vdots \\ \boldsymbol{H}_K\boldsymbol{\Phi}_{K/K} \end{bmatrix}\boldsymbol{X}_K$$

将上式两边同乘 $\begin{bmatrix} \boldsymbol{H}_1\boldsymbol{\Phi}_{1/K} \\ \boldsymbol{H}_2\boldsymbol{\Phi}_{2/K} \\ \vdots \\ \boldsymbol{H}_K\boldsymbol{\Phi}_{K/K} \end{bmatrix}$，得

$$\begin{bmatrix} \boldsymbol{H}_1\ \boldsymbol{\Phi}_{1/K} \\ \boldsymbol{H}_2\ \boldsymbol{\Phi}_{2/K} \\ \vdots \\ \boldsymbol{H}_K\ \boldsymbol{\Phi}_{K/K} \end{bmatrix} \begin{bmatrix} \boldsymbol{Y}_1 \\ \boldsymbol{Y}_2 \\ \vdots \\ \boldsymbol{Y}_K \end{bmatrix} = \begin{bmatrix} \boldsymbol{H}_1\ \boldsymbol{\Phi}_{1/K} \\ \boldsymbol{H}_2\ \boldsymbol{\Phi}_{2/K} \\ \vdots \\ \boldsymbol{H}_K\ \boldsymbol{\Phi}_{K/K} \end{bmatrix} \begin{bmatrix} \boldsymbol{H}_1\ \boldsymbol{\Phi}_{1/K} \\ \boldsymbol{H}_2\ \boldsymbol{\Phi}_{2/K} \\ \vdots \\ \boldsymbol{H}_K\ \boldsymbol{\Phi}_{K/K} \end{bmatrix} \boldsymbol{X}_K$$

令

$$\boldsymbol{W}_0(0,K) = \begin{bmatrix} \boldsymbol{H}_1\ \boldsymbol{\Phi}_{1/K} \\ \boldsymbol{H}_2\ \boldsymbol{\Phi}_{2/K} \\ \vdots \\ \boldsymbol{H}_K\ \boldsymbol{\Phi}_{K/K} \end{bmatrix}^{\mathrm{T}} \begin{bmatrix} \boldsymbol{H}_1\ \boldsymbol{\Phi}_{1/K} \\ \boldsymbol{H}_2\ \boldsymbol{\Phi}_{2/K} \\ \vdots \\ \boldsymbol{H}_K\ \boldsymbol{\Phi}_{K/K} \end{bmatrix} = \sum_{i=1}^{K} \boldsymbol{\Phi}_{i/K}^{\mathrm{T}} \boldsymbol{H}_i^{\mathrm{T}} \boldsymbol{H}_i \boldsymbol{\Phi}_{i/K}$$

上式可以改写成

$$\boldsymbol{W}_0(0,K)\,\hat{\boldsymbol{X}}_K = \sum_{i=1}^{K} \boldsymbol{\Phi}_{i/K}^{\mathrm{T}} \boldsymbol{H}_i^{\mathrm{T}} \boldsymbol{Y}_i \tag{5-139}$$

从上式可以清楚地看出，要从$\boldsymbol{Y}_1,\boldsymbol{Y}_2,\cdots,\boldsymbol{Y}_K$确定$\boldsymbol{X}_K$，充分必要条件是矩阵$\boldsymbol{W}_0(0,K)$非奇异。

若考虑到测量的随机噪声，系统可换成随机系统，即

$$\begin{cases} \boldsymbol{X}_k = \boldsymbol{\Phi}_{k/k-1} \boldsymbol{X}_{k-1} + \boldsymbol{\Gamma}_{k/k-1} \boldsymbol{W}_{k-1} \\ \boldsymbol{Y}_k = \boldsymbol{H}_k \boldsymbol{X}_k + \boldsymbol{V}_k \end{cases} \tag{5-140}$$

式中：$\boldsymbol{W}_{k-1}$为系统噪声，$E\{\boldsymbol{W}_k \boldsymbol{W}_k^{\mathrm{T}}\} = \boldsymbol{Q}_k$（方差阵$\boldsymbol{Q}_k \geqslant 0$）；$\boldsymbol{V}_k$为测量噪声，$E\{\boldsymbol{V}_k \boldsymbol{V}_k^{\mathrm{T}}\} = \boldsymbol{R}_k$（方差阵$\boldsymbol{R}_k > 0$）。

能观性矩阵定义为

$$\boldsymbol{W}_{\mathrm{o}}(0,k) = \sum_{i=1}^{K} \boldsymbol{\Phi}_{i/k}^{\mathrm{T}} \boldsymbol{H}_i^{\mathrm{T}} \boldsymbol{R}_i^{-1} \boldsymbol{H}_i \boldsymbol{\Phi}_{i/k}$$

类似式(5－139)，有

$$\boldsymbol{W}_{\mathrm{o}}(0,k)\,\hat{\boldsymbol{X}}_k = \sum_{i=1}^{k} \boldsymbol{\Phi}_{i/k}^{\mathrm{T}} \boldsymbol{H}_i^{\mathrm{T}} \boldsymbol{R}_k^{-1} \boldsymbol{Y}_i \tag{5-141}$$

若系统是一致完全随机能观的，则

$$\boldsymbol{W}_{\mathrm{o}}(0,k) > 0$$

类似的，能观性阵定义为

$$\boldsymbol{W}_{\mathrm{c}}(k,0) = \sum_{i=1}^{k} \boldsymbol{\Phi}_{k/i} \boldsymbol{\Gamma}_{i-1} \boldsymbol{Q}_{i-1}^{\mathrm{T}} \boldsymbol{\Gamma}_{i-1}^{\mathrm{T}} \boldsymbol{\Phi}_{k/i}^{\mathrm{T}} \tag{5-142}$$

若系统是一致完全随机可控的，则

$$W_c(k,0) > 0$$

若系统为定常系统，即

$$\begin{cases} X_k = \Phi X_{k-1} + \Gamma W_{k-1} \\ Y_k = H X_k + V_k \end{cases} \tag{5-143}$$

式中：W_{R-1} 为系统噪声；$E\{W_k W_k^{\mathrm{T}}\} = Q$（方差阵 $Q \geqslant 0$）；V_R 为测量噪声；$E\{V_k V_k^{\mathrm{T}}\} = R$。

由于一般系统满足 $R > 0$，定常系统的完全能观性的判别式可简化为

$$\operatorname{rank}\left(\begin{bmatrix} H \\ H\Phi \\ \vdots \\ H\Phi^{n-1} \end{bmatrix}\right) = n \tag{5-144}$$

式中：rank（·）为矩阵的秩。

定常系统的完全可控的判别式为

$$\operatorname{rank}([\Phi^{n-1}\Gamma Q^{\frac{1}{2}} \quad \Phi^{n-2}\Gamma Q^{\frac{1}{2}} \quad \cdots \quad \Gamma Q^{\frac{1}{2}}]) = n \tag{5-145}$$

当 $Q > 0$ 时，定常系统的完全可控的判别式可简化为

$$\operatorname{rank}([\Phi^{n-1}\Gamma \quad \Phi^{n-2}\Gamma \quad \cdots \quad \Gamma]) = n \tag{5-146}$$

5.8.2 滤波系统的稳定性判据

对于5.6.2节中的卡尔曼滤波方程的状态估计方程

$$\hat{X}_{k/k} = \Phi_{k/k-1}\hat{X}_{k-1/k-1} + K_k(Y_k - H_k\Phi_{k/k-1}\hat{X}_{k-1/k-1})$$

可整理为

$$\hat{X}_{k/k} = [(I - K_k H_k)\Phi_{k/k-1}]\hat{X}_{k-1/k-1} + K_k Y_k \tag{5-147}$$

于是，滤波器是一个以 $K_k Y_k$ 为动态激励的线性系统。

对于式(5-147)的齐次方程

$$\hat{X}_{k/k} = [(I - K_k H_k)\Phi_{k/k-1}]\hat{X}_{k-1/k-1} \tag{5-148}$$

为一致渐近稳定时，则称该系统为滤波稳定。

当选取 $\hat{X}_0 = E\{X_0\}$，$P_{0/0} = E\{X_0 X_0^{\mathrm{T}}\}$ 时，可以得到最优的滤波值，即滤波估计从开始就是无偏的，且估计的均方误差是最小的。对于滤波稳定情况下，若对于不确切的初值 $\hat{X}_0$、$P_{0/0}$，在充分长时间之后按照滤波方程得到的 $\hat{X}_k$、$P_{k/k}$ 能

任意接近最优值,使得初值不确切性的影响可忽略不计;否则,为滤波不稳定。

对于离散系统

$$\begin{cases} \boldsymbol{X}_k = \boldsymbol{\Phi}_{k/k-1}\boldsymbol{X}_{k-1} + \boldsymbol{\Gamma}_{k/k-1}\boldsymbol{W}_{k-1} \\ \boldsymbol{Y}_k = \boldsymbol{H}_k\boldsymbol{X}_k + \boldsymbol{V}_k \end{cases} \tag{5-149}$$

式中:系统噪声$\boldsymbol{W}_{k-1}$和测量噪声$\boldsymbol{V}_k$为零均值白噪声,$E\{\boldsymbol{W}_k\boldsymbol{W}_j^{\mathrm{T}}\} = \boldsymbol{Q}_k\delta_{kj}$,$E\{\boldsymbol{V}_k\boldsymbol{V}_j^{\mathrm{T}}\} = \boldsymbol{R}_k\delta_{kj}$。

对于式(5-149)描述的离散系统,具有如下卡尔曼滤波稳定的充分条件:

(1) 若系统一致完全随机可控和一致完全随机可观测,且$\boldsymbol{Q}_k$、$\boldsymbol{R}_k$均正定,则卡尔曼滤波器是一致渐近稳定的。

(2) 若系统一致完全随机可观测,且

$$\boldsymbol{\Lambda}_{k/k_0} = \boldsymbol{\Phi}_{k/k_0}\boldsymbol{P}_{0/0}\boldsymbol{\Phi}_{k/k_0}^{\mathrm{T}} + \sum_{i=k_0+1}^{i}\boldsymbol{\Phi}_{k/i}\boldsymbol{\Gamma}_{i/i-1}\boldsymbol{Q}_i\boldsymbol{\Gamma}_{i/i-1}^{\mathrm{T}}\boldsymbol{\Phi}_{k/i}^{\mathrm{T}}$$

对某一k时刻是非奇异的,以及$\boldsymbol{\Phi}_{k/k-1}$、$\boldsymbol{\Gamma}_{k/k-1}$、$\boldsymbol{H}_k$、$\boldsymbol{Q}_k$和$\boldsymbol{R}_k^{-1}$均有界,则卡尔曼滤波器是渐近稳定的。

此外,对于离散定常系统

$$\begin{cases} \boldsymbol{X}_k = \boldsymbol{\Phi}\boldsymbol{X}_{k-1} + \boldsymbol{\Gamma}\boldsymbol{W}_{k-1} \\ \boldsymbol{Y}_k = \boldsymbol{H}\boldsymbol{X}_k + \boldsymbol{V}_k \end{cases} \tag{5-150}$$

还具有如下特性:

(1) 若系统完全随机可稳定和完全随机可检测的,则卡尔曼滤波器是一致渐近稳定的。

(2) 若系统是完全随机可控和完全随机可观测的,系统噪声和量测噪声为平稳的白噪声,$E\{\boldsymbol{W}_k\boldsymbol{W}_j^{\mathrm{T}}\} = \boldsymbol{Q}\delta_{kj}$,$E\{\boldsymbol{V}_k\boldsymbol{V}_j^{\mathrm{T}}\} = \boldsymbol{R}\delta_{kj}$,且$\boldsymbol{Q}$、$R$均正定,那么存在唯一的正定阵$\boldsymbol{P}$,使得从任意初始方差阵$\boldsymbol{P}_{0/0}$出发,得到滤波误差方差阵$\boldsymbol{P}_{k/k}$,有

$$\lim_{k\to+\infty}\boldsymbol{P}_{k/k} = \boldsymbol{P} \tag{5-151}$$

由上可知,对于完全随机可控和完全随机可观测的定常离散系统,当滤波时间充分长后$\boldsymbol{P}_{k/k}$将趋于唯一恒定值$\boldsymbol{P}$,从而滤波增益阵$\boldsymbol{K}_k$和预测方差阵$\boldsymbol{P}_{k/k-1}$也分别趋于某一定值矩阵$\boldsymbol{K}$和$\overline{P}$。因此,可以用稳定增益阵$\boldsymbol{K}$来代替计算的$\boldsymbol{K}_k$以简化滤波算法,由卡尔曼滤波基本方程可得

$$\boldsymbol{K} = \boldsymbol{P}\boldsymbol{H}^{\mathrm{T}}\boldsymbol{R}^{-1} \tag{5-152}$$

$$\overline{P} = \boldsymbol{\Phi} \boldsymbol{P} \boldsymbol{\Phi}^{\mathrm{T}} + \boldsymbol{\Gamma} \boldsymbol{Q} \boldsymbol{\Gamma}^{\mathrm{T}} \tag{5-153}$$

$$\boldsymbol{P} = (\boldsymbol{I} - \boldsymbol{P} \boldsymbol{H}^{\mathrm{T}} \boldsymbol{R}^{-1} \boldsymbol{H}) \overline{\boldsymbol{P}} \tag{5-154}$$

5.8.3 量测系统的能观度和状态估计精度

从另一个方面看,系统的能观性只能回答系统的状态能否从量测输出来确定,而不能反映确定的好坏。为了评价一系统状态估计好坏的能力,即精度问题,而引入量测系统能观度的概念。

给定一个系统,定义能观度为

$$\overline{\gamma}(k) = \frac{n}{t_{\mathrm{r}}(\boldsymbol{W}_{\mathrm{o}}^{-1}(0,k))} \tag{5-155}$$

式中:tr(·)为矩阵迹;n 为状态维数。

状态估计的精度一般反映在估计误差方差阵$\boldsymbol{P}_K$ 上,因此可用 $\mathrm{tr}(P_K)$ 表示估计精度。令 $\sigma^2 = \mathrm{tr}(\boldsymbol{P}_K)$,最小二乘法估计的误差方差阵为

$$\boldsymbol{P}_K = E\{(\boldsymbol{X}_K - \hat{\boldsymbol{X}}_K)(\boldsymbol{X}_K - \hat{\boldsymbol{X}}_K)^{\mathrm{T}}\} = \boldsymbol{W}_o^{-1}(0,K)$$

则有

$$\sigma^2 = \mathrm{tr}(\boldsymbol{P}_K) = \mathrm{tr}(\boldsymbol{W}_{\mathrm{o}}^{-1}(0,k)) = \frac{n}{\overline{\gamma}(k)}$$

从上式可看出,能观度越高,系统状态估计误差就越小。也就是说,能观度越高,估计精度也越高。由$\boldsymbol{W}_{\mathrm{o}}(0,K)$可知,系统能观度仅仅依赖于测量系统本身的 $\boldsymbol{H}$ 和 $\boldsymbol{\Phi}$ 阵,与量测数据本身无关。

5.8.4 冗余量测与能观度

设给定一冗余量测系统

$$\begin{cases} \boldsymbol{X}_k = \boldsymbol{\Phi}_{k/k-1} \boldsymbol{X}_{k-1} \\ \boldsymbol{Y}_k = \begin{bmatrix} \boldsymbol{H}_k \\ \boldsymbol{h}_k \end{bmatrix} \boldsymbol{X}_k + \begin{bmatrix} \boldsymbol{V}_k \\ \boldsymbol{v}_k \end{bmatrix} = \boldsymbol{H}_k^* \boldsymbol{X}_k^* + \boldsymbol{V}_k^* \end{cases} \tag{5-156}$$

式中:$\boldsymbol{H}_k$ 为原量测系统的量测几何阵;$\boldsymbol{h}_k$ 为冗余量测几何阵;$\boldsymbol{V}_k$ 为原量测系统量测噪声;$\boldsymbol{v}_k$ 为冗余量测系统量测噪声。

其统计特性为

$$E\{\boldsymbol{V}_k \boldsymbol{V}_j^{\mathrm{T}}\} = \boldsymbol{R}_k \delta_{kj}$$

$$E\{\boldsymbol{v}_K\boldsymbol{v}_j^{\mathrm{T}}\} = \boldsymbol{\gamma}_k\delta_{kj}$$

$$E\{\boldsymbol{V}_k^*\ \boldsymbol{V}^{*\mathrm{T}}_j\} = \begin{bmatrix}\boldsymbol{R}_k & \boldsymbol{0}\\ \boldsymbol{0} & \boldsymbol{r}_k\end{bmatrix}$$

冗余量测系统的能观阵为

$$\begin{aligned}\boldsymbol{W}_{\mathrm{o}}^{\ *}(0,K) &= \sum_{i=1}^{K}\boldsymbol{\Phi}_{i/i-1}^{\mathrm{T}}\begin{bmatrix}\boldsymbol{H}_i\\ \boldsymbol{h}_i\end{bmatrix}^{\mathrm{T}}\begin{bmatrix}\boldsymbol{R}_i & \boldsymbol{0}\\ \boldsymbol{0} & \boldsymbol{r}_i\end{bmatrix}^{-1}\begin{bmatrix}\boldsymbol{H}_i\\ \boldsymbol{h}_i\end{bmatrix}\boldsymbol{\Phi}_{i/i-1}\\ &= \boldsymbol{W}_{\mathrm{o}}(0,K) + \sum_{i=1}^{K}\boldsymbol{\Phi}_{i/i-1}^{\mathrm{T}}\boldsymbol{h}_i^{\mathrm{T}}\boldsymbol{r}_i^{-1}\boldsymbol{h}_i\boldsymbol{\Phi}_{i/i-1}\end{aligned}$$

$$\boldsymbol{W}_{\mathrm{o}}(0,K) = \sum_{i=1}^{K}\boldsymbol{\Phi}_{i/i-1}^{\mathrm{T}}\boldsymbol{H}_i^{\mathrm{T}}\boldsymbol{R}_i^{-1}\boldsymbol{H}_i\boldsymbol{\Phi}_{i/i-1}$$

$\boldsymbol{W}_{\mathrm{o}}(0,K)$为原系统能观阵，因$\sum_{i=1}^{K}\boldsymbol{\Phi}_{i/i-1}^{\mathrm{T}}\boldsymbol{h}_i^{\mathrm{T}}\boldsymbol{r}_i^{-1}\boldsymbol{h}_i\boldsymbol{\Phi}_{i/i-1}$是对称非负定，故有

$$\boldsymbol{W}_{\mathrm{o}}^{\ *}(0,K) = \boldsymbol{W}_{\mathrm{o}}(0,K) + \sum_{i=1}^{K}\boldsymbol{\Phi}_{i/i-1}^{\mathrm{T}}\boldsymbol{h}_i^{\mathrm{T}}\boldsymbol{r}_i^{-1}\boldsymbol{h}_i\boldsymbol{\Phi}_{i/i-1} \tag{5-157}$$

其对应的能观度为

$$\bar{\upsilon}^*(k) = \frac{n}{\mathrm{tr}(\boldsymbol{W}_{\mathrm{o}}^{\ *-1}(0,k))} \tag{5-158}$$

经推导，不难证明$\bar{\upsilon}^*(k)\geqslant\bar{\upsilon}(k)=\dfrac{n}{\mathrm{tr}(\boldsymbol{W}_{\mathrm{o}}^{-1}(0,k))}$。

第 6 章
姿态确定中的陀螺误差建模

6.1 概述

随着空间技术的发展,高分辨率对地观测卫星对卫星姿态控制系统的要求越来越高。高精度星敏感器和高精度陀螺联合定姿已成为高分辨率对地观测卫星姿态确定的基本方法。准确的姿态敏感器模型对提高卫星姿态确定性能的系统设计和数学仿真的可信度均具有重要作用。由第 5 章卡尔曼滤波器设计可知,首先需要建立系统的状态方程和量测方程,而这些方程的建立及方程中参数选取往往直接依赖于姿态敏感器的模型,因此准确地描述陀螺特性的数学模型及其模型参数是高精度卫星姿态确定系统设计的首要条件。此外,为陀螺建立符合实际情况的数学模型,并使通过模型产生的误差数据能够最大程度地模拟真实陀螺误差,是对卫星姿态确定及姿态控制系统进行计算机仿真研究的前提,也是姿态确定方法性能验证的重要条件。

在理想情况下,陀螺的输出正比于卫星本体相对于惯性系的转速沿陀螺输入轴的分量。为了描述陀螺的动态性能,特别是测量带宽对陀螺输出的影响,通常以传递函数的形式描述陀螺输入/输出关系。此外,受陀螺自身设计、装配工艺和工作机理等内在因素的影响,以及载体运动环境等外在因素的影响,陀螺输出中不可避免会存在误差。因此,在应用过程中,为了精确描述陀

螺的输出特性,在建立陀螺动态性能函数的基础上,往往还需要建立陀螺的误差模型。目前,陀螺误差模型主要包括以下三类:

(1) 陀螺静态误差模型:是指载体线运动情况下陀螺误差与载体加速度之间的关系表达式。陀螺的静态误差主要是由质量不平衡引起的与比力一次方成比例的干扰力矩,和结构的不等弹性引起的与比力二次方成比例的干扰力矩,以及工艺误差等因素引起的。陀螺静态误差模型中的参数与产生静态误差的物理原因直接相关。通过测试和分析确定出各项误差系数的值,从中可以判断出各种干扰因素对漂移的影响程度。因此,该模型一方面可以为陀螺在系统应用中进行误差补偿提高所需信息;另一方面还可以为改进陀螺结构设计和工艺提供可靠的依据。

(2) 陀螺动态误差模型:是指载体角运动情况下陀螺误差与角速度、角加速度之间的关系表达式。该数学模型一般也具有多项式结构形式。动态误差模型的典型应用是捷联惯导系统的误差补偿。对于捷联惯导系统由于陀螺直接与载体固连,载体的角运动直接作用于陀螺,载体运动产生的恶劣动态环境(高角速度、角加速度等)使陀螺产生不可忽视的动态误差。

(3) 随机误差模型:除有规律漂移之外,陀螺输出中还包含一部分误差,这部分误差的表现形式是一组随时间作无规律变化的随机变量,大小和方向没有明显的规律性,称为陀螺随机误差。与静态误差模型和动态误差模型所描述的有规律漂移不同,随机误差的变化无法直接用确定性方法来描述,也很难通过建模的方法进行补偿。对陀螺随机误差的研究侧重于对其统计特性进行分析。随机误差模型是指描述随机误差统计特性的数学表达式。随机误差模型可通过时间序列分析方法或 Allan 方差分析方法建立,所建立的模型可用于飞行器组合导航系统或卫星姿态控制系统的数学仿真。

静态误差模型和动态误差模型主要用于描述陀螺的有规律漂移,这部分误差的数值大小、变化规律可以通过试验或分析方法求得,而陀螺随机误差是陀螺测量输出误差的重要组成部分,也是影响卫星高精度姿态确定的主要因素之一。在以往陀螺应用中,由于缺乏对陀螺各项不同类型的误差进行分解和量化的手段,往往笼统地将陀螺随机误差模拟为高斯白噪声。针对卫星姿态确定系统中常用的光纤陀螺和三浮陀螺,本章将陀螺随机误差近似表达为角度随机游走(ARW)和角速率随机游走(RRW)之和,介绍如何根据实际陀螺测试数据获取模型参数方法,在姿态确定系统设计和数学仿真中用于产生离散随机误差数据的陀螺模型的数学表达式。

6.2　光纤陀螺随机误差建模

光纤陀螺是光纤传感领域最重要的成就之一,它具有工艺简单、动态范围广、启动快、寿命长、抗冲击等优点,在航空、航天和航海等领域具有广阔的应用前景。光纤陀螺与传统机电陀螺的一个重要区别是光纤陀螺无运动部件、无加速度引起的误差。但是,由于光纤陀螺的光学元件特性和环境干扰等原因,在光纤陀螺的输出信号中存在较大的随机误差。

光纤陀螺的随机误差主要包括角度随机游走、零偏不稳定性和角速率随机游走等。对于这些随机误差,利用常规的分析方法,如计算陀螺误差数据的样本均值和方差,不能准确描述误差的统计特性。光纤陀螺随机误差可通过计算其功率谱密度函数(PSD)来研究。但是,通过直接计算功率谱密度函数的方法来分离和确定各项误差系数比较困难。20 世纪 60 年代,美国国家标准局的 David Allan 提出了 Allan 方差法。Allan 方差法是一种基于时域的分析方法,可用于分析精密测量仪器的误差特性。美国霍尼韦尔公司将其用于激光陀螺误差分析。目前,国际上研制光纤陀螺的单位大多沿用了这一数据处理技术。Allan 方差法的突出特点是,能够非常容易地对光纤陀螺的各种随机误差及其统计特性进行辨识,并计算出用于表征各种随机误差的系数,这是获取陀螺模型参数以及评价光纤陀螺误差特性的一种重要手段。

6.2.1　光纤陀螺的误差特性

衡量光纤陀螺性能的一项基本指标是零偏稳定性。零偏稳定性定义为当输入角速率为零时,采样周期一定时,陀螺输出角速率的标准差;该指标反映了光纤陀螺的观测量围绕其均值的离散程度,其取值与采样周期有关。零偏稳定性是一个综合指标,其中包含多项误差,不同误差的产生原因、误差特性和对系统性能的影响各不相同。为了深入分析陀螺的误差特性,应采用不同的性能指标对各类误差进行评价,而不是笼统地通过零偏稳定性来衡量。本节对光纤陀螺的角度随机游走、零偏不稳定性和角速率随机游走这三类误差的特点及其对陀螺测量精度的影响进行说明。

1. 角度随机游走

光纤陀螺的角度随机游走的主要来源是光源相对强度噪声、探测器的电噪声和散粒噪声以及其他高频噪声，这些噪声表现为陀螺输出的角速率白噪声。通过输出数据的平均能够抑制角度随机游走的影响。按照目前的测量方法，角度随机游走的方差随采样周期（或平均时间）的增加而减小。如果光纤陀螺的测量误差仅包含角度随机游走，那么光纤陀螺的零偏稳定性将随着采样周期的延长而渐趋于0或某一常值。角度随机游走的功率谱密度为

$$P_{\mathrm{ARW}}(f)=N^2 \tag{6-1}$$

式中：f为正弦信号的频率；N为角度随机游走系数，其单位为$((°)/\mathrm{h})/\mathrm{Hz}^{0.5}$，或换算为$(1(°)/\mathrm{h})/\mathrm{Hz}^{0.5}=(1/60)(°)/\mathrm{h}^{0.5}$，关于$N$的物理意义将在后续章节中结合陀螺误差模型作进一步说明。应当注意，角度随机游走的方差与采样周期有关，而角度随机游走系数N不随采样周期的变化而变化。当光纤陀螺的工作时间较短时（几秒或几十秒），其角误差主要由角度随机游走产生。

2. 零偏不稳定性

事实上，仅当采样周期较短时，光纤陀螺的零偏稳定性随采样周期的增大而变小。随着采样周期增加到某一值T_c时，零偏稳定性会限定在某一量级内。此时光纤陀螺输出中的低频漂移开始起作用，通过增加平均时间无法将其抑制。零偏不稳定性可用于描述陀螺角速率测量数据中的低频漂移。这类误差源于法拉第磁场效应、温度波动及其他低频环境噪声，其幅值大小用零偏不稳定性系数B来衡量。B可看作采样周期为T_c时的零偏稳定性，其单位为$(°)/\mathrm{h}$。光纤陀螺工作时间较长时（1h至几十小时），零偏不稳定性是产生角误差的主要误差源之一。

3. 角速率随机游走

角速率随机游走是白噪声信号经过积分后叠加在陀螺角速率观测量上的一部分误差，这类误差的方差随采样周期的增大而增大。引起角速率随机游走的噪声源尚有待研究。角速率随机游走的功率谱密度为

$$P_{\mathrm{RRW}}(f)=\left(\frac{K}{2\pi}\right)^2\frac{1}{f^2} \tag{6-2}$$

式中:K 为角速率随机游走系数,其单位为($(°)/h^2)/Hz^{0.5}$,或换算为($1(°)/h^2)/Hz^{0.5}=(1/60)(°)/h^{1.5}$。$K$ 的取值与采样周期无关,其物理意义将在后续给出说明。

上述几类误差都会对陀螺测量精度造成影响,至于哪一种起主要作用,与系统的工作时间有关。如对于陀螺和星敏感器构成的卫星姿态确定系统,由星敏感器对陀螺漂移进行定期校准,要求陀螺测量输出的角速率在短时间内达到很高精度,此时,角度随机游走是影响系统性能的主要因素。而对于惯性导航系统,陀螺独立工作时间通常较长,导致反映长期漂移误差的零偏不稳定性和角速率随机游走成为影响惯性导航系统性能的主要因素。另外,在陀螺输出中还包含量化噪声和速率斜坡等多种类型的误差。

6.2.2　光纤陀螺的模型形式

以目前的技术水平,光纤陀螺的零偏不稳定性已经控制得非常小,现有研究将角度随机游走和角速率随机游走作为陀螺随机误差的主要组成部分。在相关文献中给出的陀螺误差模型中,陀螺随机误差由角度随机游走和角速率随机游走构成。光纤陀螺模型如图 6-1 所示。

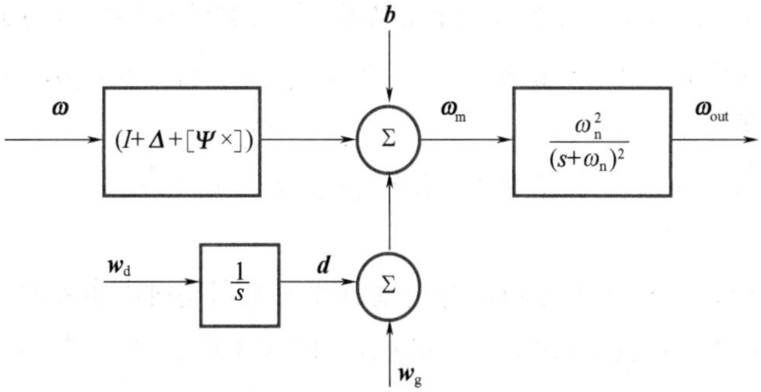

图 6-1　光纤陀螺模型

ω_n—二阶环节的自然振荡频率;ω_{out}—陀螺的测量输出。

图 6-1 中,$\boldsymbol{\omega}=[\omega_x\quad\omega_y\quad\omega_z]^T$ 表示陀螺的输入轴角速率,$\boldsymbol{\Delta}$ 和$[\boldsymbol{\Psi}\times]$分别表示标度因数误差矩阵和安装误差矩阵,具体形式为

$$\boldsymbol{\Delta}=\begin{bmatrix}\delta_x & & \\ & \delta_y & \\ & & \delta_z\end{bmatrix},[\boldsymbol{\Psi}\times]=\begin{bmatrix}0 & -\varphi_z & \varphi_y\\ \varphi_z & 0 & -\varphi_x\\ -\varphi_y & \varphi_x & 0\end{bmatrix}$$

该模型体现了标度因数误差、安装误差、随机误差和频带宽度对陀螺输出的影响,能够较全面地反映陀螺误差特性。

不考虑陀螺动态特性时,其输出用$\boldsymbol{\omega}_{\mathrm{m}}$来表示。描述$\boldsymbol{\omega}_{\mathrm{m}}$与$\boldsymbol{\omega}$关系的数学表达式为

$$\boldsymbol{\omega}_{\mathrm{m}} = (\boldsymbol{I} + \boldsymbol{\Delta} + [\boldsymbol{\Psi} \times])\boldsymbol{\omega} + \boldsymbol{b} + \boldsymbol{d} + \boldsymbol{w}_{\mathrm{g}} \tag{6-3}$$

$$\dot{\boldsymbol{b}} = \boldsymbol{0} \tag{6-4}$$

$$\dot{\boldsymbol{d}} = \boldsymbol{w}_{\mathrm{d}} \tag{6-5}$$

式中:$\boldsymbol{I}$为单位矩阵;$\boldsymbol{b} = [b_x \quad b_y \quad b_z]^{\mathrm{T}}$为陀螺的常值偏差;$\boldsymbol{d}$、$\boldsymbol{w}_{\mathrm{g}}$分别为角速率随机游走和角度随机游走,二者之和构成陀螺随机误差;$\boldsymbol{w}_{\mathrm{g}}$、$\boldsymbol{w}_{\mathrm{d}}$为零均值高斯白噪声。

为了便于分析,将陀螺随机误差的一个分量表示为时间t的函数,即

$$s_{\mathrm{m}}(t) = d(t) + w_{\mathrm{g}}(t) \tag{6-6}$$

$$\dot{d}(t) = w_{\mathrm{d}}(t) \tag{6-7}$$

式中:$s_{\mathrm{m}}(t)$为陀螺随机误差;$d(t)$、$w_{\mathrm{g}}(t)$和$w_{\mathrm{d}}(t)$分别为$\boldsymbol{d}$、$\boldsymbol{w}_{\mathrm{g}}$和$\boldsymbol{w}_{\mathrm{d}}$的某个分量。

考虑到$w_{\mathrm{g}}(t)$和$w_{\mathrm{d}}(t)$为零均值高斯白噪声,其统计特性可写为

$$E\{w_{\mathrm{g}}(t)w_{\mathrm{g}}(\tau)\} = \sigma_{\mathrm{g}}^2\delta(t-\tau), E\{w_{\mathrm{d}}(t)w_{\mathrm{d}}(\tau)\} = \sigma_{\mathrm{d}}^2\delta(t-\tau) \tag{6-8}$$

式中:τ为时间;σ_{g}、σ_{d}为正常数,分别表示噪声$w_{\mathrm{g}}(t)$和$w_{\mathrm{d}}(t)$的标准差;$\delta(\cdot)$为狄拉克函数。

下面分析σ_{g}、σ_{d}与角度随机游走系数和角速率随机游走系数的关系。方差如式(6-8)所示的白噪声$w_{\mathrm{g}}(t)$和$w_{\mathrm{d}}(t)$的功率谱密度分别为

$$P_{\mathrm{wg}}(f) = \sigma_{\mathrm{g}}^2, P_{\mathrm{wd}}(f) = \sigma_{\mathrm{d}}^2 \tag{6-9}$$

令$P_{\mathrm{wg}}(f) = P_{\mathrm{ARW}}(f)$,由式(6-1)得到$w_{\mathrm{g}}(t)$方差的取值为

$$\sigma_{\mathrm{g}} = N \tag{6-10}$$

由式(6-7)可知,方差如式(6-8)所示的白噪声$w_{\mathrm{d}}(t)$经过积分环节得到误差信号$d(t)$,积分环节的传递函数为

$$H(s) = \frac{1}{s} \tag{6-11}$$

信号$d(t)$是噪声$w_{\mathrm{d}}(t)$经过线性系统$H(s)$后获得的,其功率谱密度为

$$P_{\mathrm{d}}(f) = |H(s)|_{s=\mathrm{j}2\pi f}|^2 P_{\mathrm{wd}} = \frac{\sigma_{\mathrm{d}}^2}{(2\pi f)^2} \tag{6-12}$$

令 $P_{\mathrm{d}}(f) = P_{\mathrm{RRW}}(f)$，由式(6－2)得到 $w_{\mathrm{d}}(t)$ 方差的取值为

$$\sigma_{\mathrm{d}} = K \tag{6-13}$$

由式(6－10)和式(6－13)可知，陀螺的角度随机游走系数 N 和角速率随机游走系数 K 分别表示陀螺随机误差模型中输入白噪声 $w_{\mathrm{g}}(t)$、$w_{\mathrm{d}}(t)$ 的标准差。式(6－9)与式(6－12)所描述的陀螺随机误差 $w_{\mathrm{g}}(t)$、$d(t)$ 的功率谱密度分别与式(6－1)、式(6－2)所示的角度随机游走和角速率随机游走的功率谱密度相一致。

在以上分析的基础上给出模拟产生陀螺随机误差数据的方法。通过计算机处理的信号应为离散信号。设陀螺采样周期为 T_{s}，对式(6－6)和式(6－7)进行离散化处理，得到离散形式的陀螺随机误差表达式为

$$S_{\mathrm{m}k} = D_k + W_{\mathrm{g}k} \tag{6-14}$$

$$D_k = D_{k-1} + W_{\mathrm{d}k} \tag{6-15}$$

式中

$$W_{\mathrm{g}k} = \frac{1}{T_{\mathrm{s}}}\int_{t_k}^{t_k+T_{\mathrm{s}}} w_{\mathrm{g}}(t)\,\mathrm{d}t \tag{6-16}$$

根据式(6－8)易知

$$E\{W_{\mathrm{g}k}^2\} = E\left\{\frac{1}{T_{\mathrm{s}}}\int_{t_k}^{t_k+T_{\mathrm{s}}} w_{\mathrm{g}}(t)\,\mathrm{d}t \cdot \frac{1}{T_{\mathrm{s}}}\int_{t_k}^{t_k+T_{\mathrm{s}}} w_{\mathrm{g}}(\tau)\,\mathrm{d}\tau\right\} = \frac{\sigma_{\mathrm{g}}^2}{T_{\mathrm{s}}} \tag{6-17}$$

或

$$E\{W_{\mathrm{g}k}^2\} = \frac{N^2}{T_{\mathrm{s}}} \tag{6-18}$$

$W_{\mathrm{d}k}$ 的表达式为

$$W_{\mathrm{d}k} = \Gamma_k \cdot \frac{1}{T_{\mathrm{s}}}\int_{t_k}^{t_k+T_{\mathrm{s}}} w_{\mathrm{d}}(t)\,\mathrm{d}t \tag{6-19}$$

式中

$$\Gamma_k = \int_{t_{\mathrm{k}}}^{t_k+T_{\mathrm{s}}} \Phi(t)\,\mathrm{d}t \tag{6-20}$$

对于式(6－7)所示的系统，$\Phi(t) = \mathrm{e}^{0\cdot t} = 1$，因此，$\Gamma_k = T_{\mathrm{s}}$。由此得到 $W_{\mathrm{d}k}$ 的方差为

$$E\{W_{\mathrm{d}k}^2\} = E\{\int_{t_k}^{t_k+T_\mathrm{s}} w_g(t)\,\mathrm{d}t \cdot \int_{t_k}^{t_k+T_\mathrm{s}} w_\mathrm{g}(\tau)\,\mathrm{d}\tau\} = \sigma_\mathrm{d}^2 T_\mathrm{s} \qquad (6-21)$$

或

$$E\{W_{\mathrm{d}k}^2\} = K^2 T_\mathrm{s} \qquad (6-22)$$

前面已经说明,N 和 K 的单位分别取为(°)/$\mathrm{h}^{0.5}$和(°)/$\mathrm{h}^{1.5}$,而根据式(6-18)和式(6-22)求得的噪声 W_{gk} 和 $W_{\mathrm{d}k}$ 的标准差的单位均为(°)/h。不难看出,用于描述角度随机游走的 W_{gk} 的方差随采样周期的增大而减小,用于产生角速率随机游走的 $W_{\mathrm{d}k}$ 的方差随采样周期的增大而增大。

因此,可通过 Allan 方差法获得参数 N 和 K 的值,从而获取陀螺误差统计特性,可作为星上姿态滤波器设计的依据。此外,可根据本节所述方法模拟产生用于卫星姿态确定系统性能仿真的陀螺随机误差数据。考虑到陀螺随机误差的 Allan 方差和功率谱密度之间存在唯一的确定性关系,以及仿真生成的随机误差数据与陀螺角度随机游走和角速率随机游走在功率谱密度上的一致性,仿真生成的随机误差数据应具有与实际陀螺误差相近的 Allan 方差曲线。

6.2.3 Allan 方差法

Allan 方差法是在时域上对频域特性进行分析的一种方法,为评价光纤陀螺仪的各类误差(包括角度随机游走、零偏不稳定性、角速率随机游走,以及第 6.2.1 节提到的量化噪声和速率斜坡)特性提供了一种简便的手段。采用该方法,通过对陀螺输出数据构成的一个样本空间进行处理,就可以辨识出陀螺各项误差的系数。

计算 Allan 方差的步骤如下:

(1) 获取数据。以固定的采样周期 T_s采集光纤陀螺的输出角速率,共采样 L 个点,得到长度为 L 的样本空间。

(2) 生成数组。将样本空间中每 m($m=1,2,\cdots, M$, $M<L/2$)个数据分成一组,得到 J 个独立的数组。J 可按下式计算:

$$J = [L/m] \qquad (6-23)$$

式中:运算符“$[x]$”表示对 x 向 0 取整。

(3) 平均数据。对每组原始数据取平均值,即求群平均 $\overline{\omega}_k(m)$,得到元素为群平均的随机变量集合为

$$\overline{\omega}_k(m) = \frac{1}{m}\sum_{i=1}^{m}\omega_{(k-1)m+i}(k = 1,2,\cdots,J) \qquad (6-24)$$

如图 6 - 2 所示。

$$\underbrace{\omega_1,\omega_2,\ldots,\omega_m}_{k=1}, \underbrace{\omega_{m+1},\omega_{m+2},\ldots,\omega_{2m}}_{k=2},\cdots,\underbrace{\omega_{L-m+1},\omega_{L-m+2},\ldots,\omega_L}_{k=J}$$

$$\downarrow \qquad\qquad \downarrow \qquad\qquad\qquad \downarrow$$

$$\overline{\omega}_1(m) \qquad\quad \overline{\omega}_2(m) \qquad\qquad\quad \overline{\omega}_J(m)$$

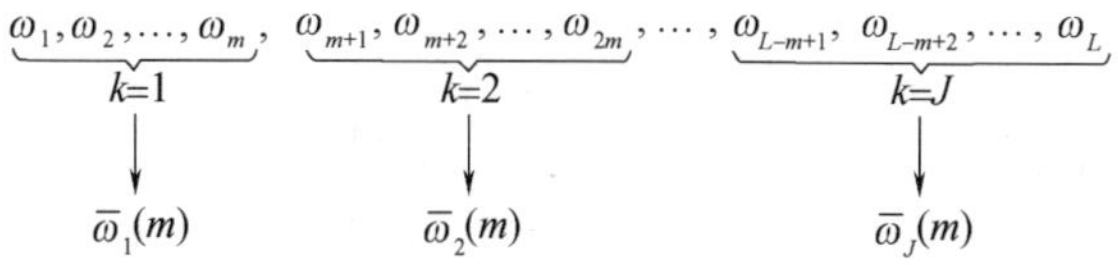

图 6 - 2 Allan 方差计算中的数组平均过程示意图

（4）计算方差。定义每个数组的持续时间 $\tau_m = mT_s$ 为相关时间，Allan 方差可按下式计算：

$$\sigma^2_{(\tau_m)} = \frac{1}{2(K-1)}\sum_{k=1}^{K-1}(\overline{\omega}_{k+1}(m) - \overline{\omega}_k(m))^2 \qquad (6-25)$$

对于每个特定的相关时间 τ_m，Allan 方差是通过对相邻群平均之差的平方求平均再乘以 1/2 得到的。对于不同的 m，分别取 $\tau_m = mT_s$（$\tau_m = T_s, 2T_s, \cdots, MT_s$），得到在双对数坐标系中的 $\sigma(\tau_m) - \tau_m$ 曲线，称为 Allan 方差曲线。

Allan 方差中包含多种类型误差的影响，总的 Allan 方差可以表示为各类误差所对应的 Allan 方差的和。典型 Allan 方差曲线如图 6 - 3 所示，图中左半部分主要体现了角度随机游走的影响，右半部分体现了角速率随机游走的影响。直观上可以看出，角度随机游走对 Allan 方差 $\sigma(\tau_m)$ 的影响随相关时间 τ_m（反映了用于求群平均 $\overline{\omega}_k(m)$ 的元素个数）的增大而减小，角速率随机游走的影响随 τ_m 的增大而增大。

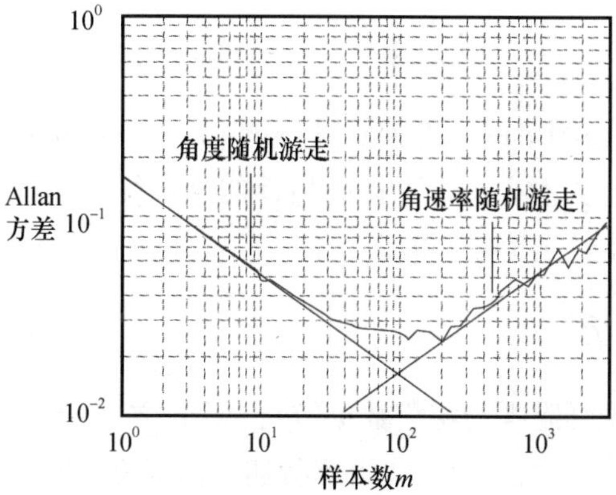

图 6 - 3 典型 Allan 方差曲线

如果仅考虑陀螺的角度随机游走和角速率随机游走这两类误差,那么Allan方差可表示为

$$\sigma^2(\tau_m) = \sigma_{\mathrm{ARW}}^2 + \sigma_{\mathrm{RRW}}^2 \tag{6-26}$$

式中

$$\sigma_{\mathrm{ARW}}^2 = \frac{N^2}{\tau_m}, \sigma_{\mathrm{RRW}}^2 = \frac{K^2\tau_m}{3} \tag{6-27}$$

不难看出,角度随机游走和角速率随机游走所对应的 Allan 标准差 σ_{ARW} 和 σ_{RRW} 分别与 $\tau_m^{-\frac{1}{2}}$ 和 $\tau_m^{\frac{1}{2}}$ 成正比。

利用 Allan 方差可方便地估计出陀螺各项误差系数。将总的 Allan 方差写为

$$\sigma^2(\tau_m) = A_{-1}\tau_m^{-1} + A_1\tau_m \tag{6-28}$$

Allan 方差的系数 A_{-1} 和 A_1 可通过最小二乘拟合的方式得到,即

$$\boldsymbol{\theta} = (\boldsymbol{\Phi}^{\mathrm{T}}\boldsymbol{\Phi})^{-1}\boldsymbol{\Phi}^{\mathrm{T}}\boldsymbol{y} \tag{6-29}$$

式中

$$\boldsymbol{\theta} = \begin{bmatrix} A_{-1} \\ A_1 \end{bmatrix}, \boldsymbol{\Phi} = \begin{bmatrix} \tau_1^{-1} & \tau_1 \\ \tau_2^{-1} & \tau_2 \\ \vdots & \vdots \\ \tau_m^{-1} & \tau_m \end{bmatrix}, \boldsymbol{y} = \begin{bmatrix} \sigma^2(\tau_1) \\ \sigma^2(\tau_2) \\ \vdots \\ \sigma^2(\tau_m) \end{bmatrix}$$

假设 $\sigma(\tau_m)$ 的单位是(°)/h,τ_m 的单位是 s,可利用 Allan 方差的各项系数计算角度随机游走系数和角速率随机游走系数,即

$$N = \frac{\sqrt{A_{-1}}}{60}((°)/\mathrm{h}^{0.5}), K = 60\sqrt{3A_1}((°)/\mathrm{h}^{1.5}) \tag{6-30}$$

注意:当样本空间中的元素较少时,Allan 方差的可信度较低,从而导致误差系数估计的可信度不高。为了提高估计的准确性,要求陀螺测量数据足够多。一般要求样本长度为数小时。

6.2.4 仿真分析

本节对一种光纤陀螺的实测数据进行 Allan 方差分析。光纤陀螺的测试数据如图 6-4 所示。利用第 6.2.3 节所述方法计算 Allan 方差,并绘制 Allan 标准差对相关时间的双对数曲线图,如图 6-5 所示。

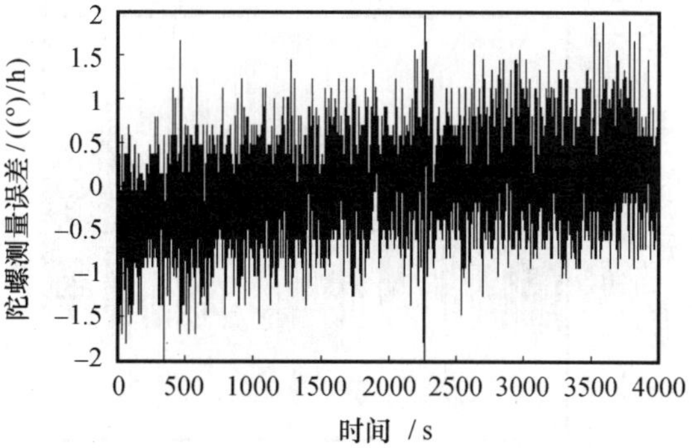

图 6-4　实测的陀螺随机误差曲线

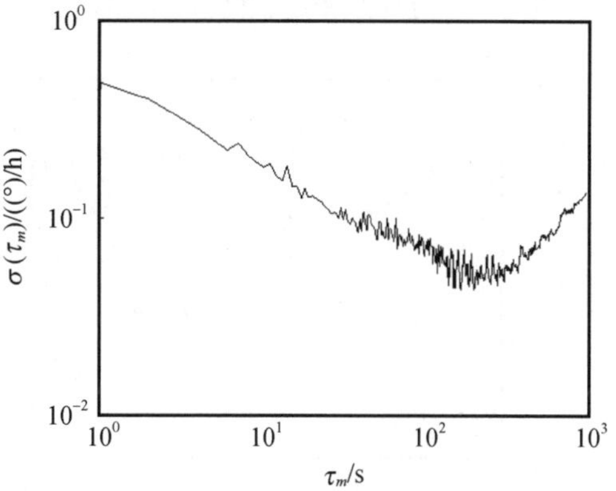

图 6-5　实测数据的 Allan 方差曲线

通过最小二乘拟合计算得到的该光纤陀螺角度随机游走和角速率随机游走的系数为

$$N=0.0085(°)/h^{0.5}, K=0.3979(°)/h^{1.5}$$

利用第 6.2.2 节所述方法，将均值为零、方差分别为 σ_g^2、σ_d^2（见式(6-10)和式(6-13)）的高斯白噪声作为 w_g、w_d，通过仿真生成的陀螺随机误差曲线如图 6-6 所示。

从直观上可以看出，图 6-4 和图 6-6 中所示的陀螺随机误差在幅度上比较接近。接下来，利用 Allan 方差法分析通过仿真生成的陀螺误差数据，所得的 Allan 方差曲线如图 6-7 所示。不难看出，如图 6-7 所示的 Allan 方差曲线与图 6-5 相似。

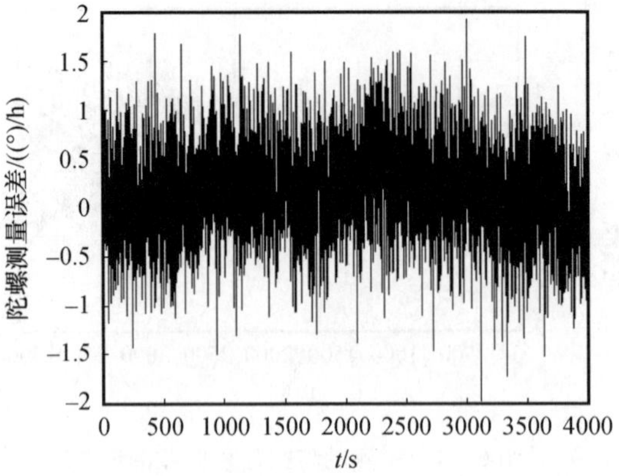

图 6 – 6　仿真生成的陀螺随机误差曲线

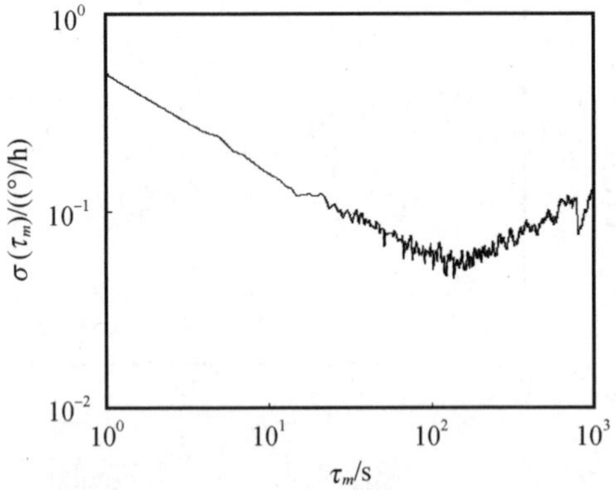

图 6 – 7　仿真数据的 Allan 方差曲线

根据如图 6 – 7 所示的 Allan 方差曲线，通过最小二乘拟合计算得到的相应的角度随机游走和角速率随机游走的系数分别为 $N = 0.0084(°)/h^{0.5}$，$K = 0.3799(°)/h^{1.5}$。

计算得到的 N 和 K 接近于通过实测数据得到的角度随机游走和角速率随机游走系数。这说明通过仿真得到的陀螺随机误差数据真实地反映了实际陀螺随机误差的部分统计特性。因此，将陀螺随机误差近似表示为角度随机游走和角速率随机游走之和，并通过 σ^2_{ARW} 和 σ^2_{RRW} 来拟合 Allan 方差曲线的做法是可行的。

最后，对仅考虑陀螺角度随机游走（陀螺测量白噪声 w_g）时的局限性进行说明。不考虑陀螺的角速率随机游走，即假定 $K = 0$ 的情况下，通过仿真生成的陀螺随机误差曲线及其 Allan 方差曲线分别如图 6－8 和图 6－9 所示。此时根据仿真数据计算得到的角度随机游走和角速率随机游走的系数为 $N=0.0084(°)/h^{0.5}$，$K=(0+0.0544i)(°)/h^{1.5}$。

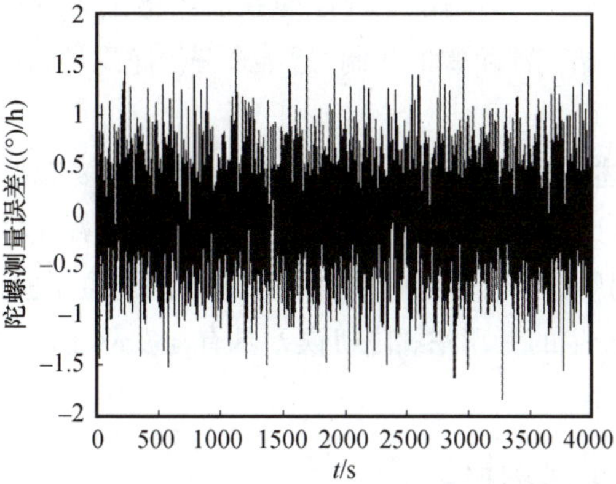

图 6－8　$K=0$ 时仿真生成的陀螺随机误差曲线

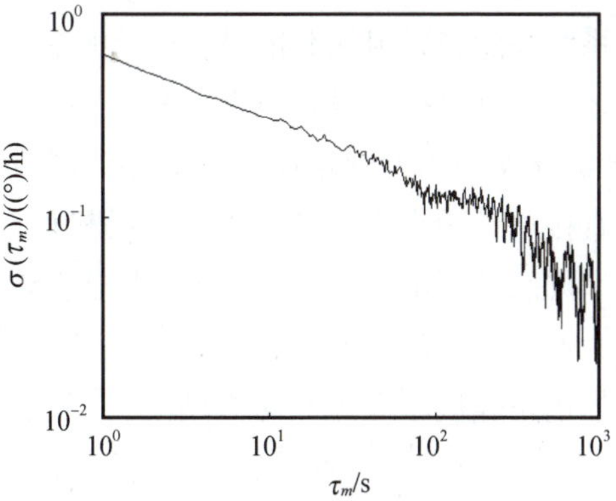

图 6－9　$K=0$ 时仿真数据的 Allan 方差曲线

图 6－9 所示的 Allan 方差曲线在相关时间较大时与图 6－6 有较大差别，计算得到的 K 为虚数，不符合实际情况。这说明仅考虑陀螺测量噪声 w_g 时，仿真生成的陀螺随机误差数据不能准确地反映陀螺随机误差的实际特性。

6.3　三浮陀螺随机误差建模

三浮陀螺是在单自由度液浮陀螺基础上研制的高精度陀螺，采用动压气浮轴承代替滚珠轴承来提高陀螺寿命，同时采用磁悬浮来消除陀螺浮子组件和陀螺壳体间的摩擦力矩。由于其同时采用了液浮技术、动压气浮技术和磁悬浮技术，所以称其为三浮陀螺。以美国为代表的航天发达国家在三浮陀螺技术领域占据领先地位，高精度三浮陀螺在航天器上起着重要作用。中国从20世纪70年代开始三浮陀螺的研制，近年来三浮陀螺的精度得到了较大幅度提高。

为了准确描述三浮陀螺随机误差特性，提高卫星姿态控制系统数学仿真的可信度，本节给出了基于Allan方差分析的高精度三浮陀螺随机误差数据模拟产生方法，并利用实测三浮陀螺数据对所述方法进行了验证。结果表明，根据所述方法模拟产生的三浮陀螺随机误差具有与实际三浮陀螺相一致的随机误差特性。

6.3.1 随机误差模型形式

陀螺随机误差包括角度随机游走和角速率随机游走等多项误差。不同误差的频域特性和对系统性能的影响各不相同。对于由陀螺和星敏感器构成的卫星姿态确定系统，角度随机游走(角速度测量白噪声)是影响定姿性能的主要因素，而反映长期漂移误差影响的角速率随机游走可通过星敏感器定期校准的方式消除。若直接通过噪声方差来描述陀螺随机误差的统计特性，并笼统地用高斯白噪声来刻画陀螺随机误差，这相当于把能够通过校准消弱的部分误差错误地折算为不能校准的白噪声，从而增大了陀螺模型和仿真验证的保守性。为了精细描述陀螺模型和提高仿真精度，应分别对陀螺各项误差进行区分。

按照6.2节光纤陀螺模型形式，本节类似地给出适用于卫星姿态控制系统数学仿真的三浮陀螺随机误差模型形式，分别用角速率随机游走和角度随机游走描述陀螺随机误差的低频部分和在各频段均匀分布的部分，该模型如图6-10所示。

图6-10中，$\boldsymbol{\omega}$表示三浮陀螺的输入轴角速率，反映了卫星相对于惯性空间的转速；Δ表示标度因数误差；$\boldsymbol{b}$表示常值漂移，即三浮陀螺漂移中的常值部分；$\boldsymbol{n}$表示三浮陀螺随机误差，其中包含两个组成部分，即角度随机游走$\boldsymbol{n}_{\mathrm{ARW}}$和角速率随机游走$\boldsymbol{n}_{\mathrm{RRW}}$；$\boldsymbol{n}_{\mathrm{ARW}}$和$\boldsymbol{w}_{\mathrm{RRW}}$为零均值高斯白噪声。不难看出，角度随机游

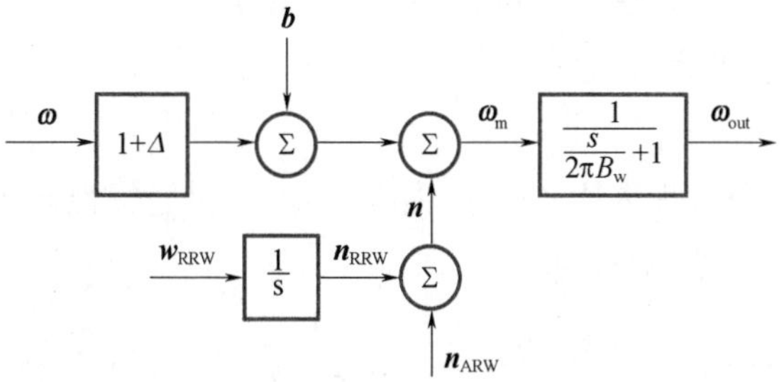

图6-10　三浮陀螺随机误差模型

走即角速率测量白噪声，角速率随机游走具有白噪声积分的形式。B_w 表示陀螺的频带宽度；$\boldsymbol{\omega}_{out}$表示三浮陀螺的测量输出。该模型考虑了标度因数误差、常值漂移、随机误差和频带宽度对三浮陀螺输出的影响，能够较为全面地反映三浮陀螺误差特性。

为清楚起见，将陀螺的输入/输出及各项误差写为时间 t 的函数。不考虑陀螺动态特性时，受随机误差影响的陀螺输出角速度用 $\omega_m(t)$ 来表示。描述陀螺输出 $\omega_m(t)$ 与输入 $\omega(t)$ 关系的数学表达式为

$$\omega_m(t) = (1+\Delta)\omega(t) + b(t) + n(t) \tag{6-31}$$

式中：常值漂移 $b(t)$ 的微分表达式为

$$\dot{b}(t) = 0 \tag{6-32}$$

陀螺随机误差 $n(t)$ 在时域的微分方程表达式为

$$n(t) = n_{ARW}(t) + n_{RRW}(t) \tag{6-33}$$

$$\dot{n}_{RRW}(t) = w_{RRW}(t) \tag{6-34}$$

其中：零均值高斯白噪声 $n_{ARW}(t)$ 和 $w_{RRW}(t)$ 的方差分别为

$$E\{n_{ARW}(t)n_{ARW}(\tau)\} = \sigma_{ARW}^2\delta(t-\tau) \tag{6-35}$$

$$E\{w_{RRW}(t)w_{RRW}(\tau)\} = \sigma_{RRW}^2\delta(t-\tau) \tag{6-36}$$

其中：$\delta(\cdot)$为狄拉克函数；σ_{ARW}和 σ_{RRW}为正常数。

在机械陀螺模型中，陀螺漂移一般还包括指数漂移 $d(t)$，其数学描述形式为

$$\dot{d}(t) = -\frac{1}{T_c}d(t) + w_d(t) \tag{6-37}$$

式中：$w_d(t)$ 为零均值白噪声，满足

$$E\{w_d(t)w_d(\tau)\} = \sigma_d^2\delta(t-\tau)$$

$w_d(t)$的功率谱密度为

$$P_{w_d}(f) = \sigma_d^2 \tag{6-38}$$

由指数漂移的微分方程表达式可知，白噪声 $w_d(t)$经过惯性环节得到误差信号 $d(t)$，惯性环节的传递函数为

$$H_d(s) = \frac{1}{s + 1/T_c} \tag{6-39}$$

误差信号 $d(t)$是噪声 $w_d(t)$通过线性系统 $H_d(s)$后获得的，可计算其功率谱密度为

$$\hat{P}_d(f) = = \frac{T_c^2\sigma_d^2}{1 + (2\pi f T_c)^2} \tag{6-40}$$

指数漂移 $d(t)$的 Allan 方差表达式为

$$\sigma_M^2(\tau_m) = \frac{(\sigma_d T_c)^2}{\tau_m}\left[1 - \frac{T_c}{2\tau_m}\left(3 - 4e^{-\frac{\tau_m}{T_c}} + e^{-\frac{2\tau_m}{T_c}}\right)\right] \tag{6-41}$$

将 $4e^{-\frac{\tau_m}{T_c}}$和 $e^{-\frac{2\tau_m}{T_c}}$展成级数：

$$4e^{-\frac{\tau_m}{T_c}} = 4 - \frac{4\tau_m}{T_c} + 2\frac{\tau_m^2}{T_c^2} - \frac{2}{3}\frac{\tau_m^3}{T_c^3} + \cdots \tag{6-42}$$

$$e^{-\frac{2\tau_m}{T_c}} = 1 - \frac{2\tau_m}{T_c} + 2\frac{\tau_m^2}{T_c^2} - \frac{4}{3}\frac{\tau_m^3}{T_c^3} + \cdots \tag{6-43}$$

将式(4－42)和式(4－43)代入式(4－41)可知，当相关时间 $T_c \gg \tau_m$ 时可得到近似表达式为

$$\sigma_M^2(\tau_m) = \frac{\sigma_d^2\tau_m}{3} \quad (\tau_m \ll T_c) \tag{6-44}$$

由上可知，在相关时间 T_c较大的情况下，指数漂移的频域特性可近似通过角速率随机游走进行模拟，因此在本章的三浮陀螺模型中不包含指数漂移模型。

6.3.2 模型参数获取方式

对于式(6－31)～式(6－34)所描述的陀螺模型形式，参数 Δ 和 B_w 可根据陀螺性能指标获得，而 σ_{ARW}和 σ_{RRW}可通过 Allan 方差法获得。

首先，给出陀螺的角度随机游走和角速率随机游走的功率谱密度定义式。陀螺的角度随机游走表现为陀螺输出的角速率测量白噪声，其特点是方差随

采样周期(或平均时间)的增加而减小。角度随机游走的功率谱密度为

$$P_{\mathrm{ARW}}(f) = N^2 \tag{6-45}$$

式中:f为信号的频率;N为角度随机游走系数。

角度随机游走的功率谱密度与信号频率无关,信号能量平均分布在所有频段。角速率随机游走是白噪声经过积分后叠加在陀螺角速率观测量上的一部分误差,其特点是方差随采样周期的增大而增大。角速率随机游走的功率谱密度为

$$P_{\mathrm{RRW}}(f) = \left(\frac{K}{2\pi}\right)^2 \frac{1}{f^2} \tag{6-46}$$

式中:K为角速率随机游走系数。

角速率随机游走的功率谱密度随信号频率的增加而减小,其能量主要分布在低频部分,是一种低频误差。

接下来,为了考察白噪声$n_{\mathrm{ARW}}(t)$、$w_{\mathrm{RRW}}(t)$的标准差σ_{ARW}、σ_{RRW}与角度随机游走系数和角速率随机游走系数的关系,分别计算$n_{\mathrm{ARW}}(t)$、$n_{\mathrm{RRW}}(t)$的功率谱密度。$n_{\mathrm{ARW}}(t)$、$w_{\mathrm{RRW}}(t)$的功率谱密度分别为

$$P_{n_{\mathrm{ARW}}}(f) = \sigma_{\mathrm{ARW}}^2, P_{w_{\mathrm{RRW}}}(f) = \sigma_{\mathrm{RRW}}^2 \tag{6-47}$$

令$P_{n_{\mathrm{ARW}}}(f) = P_{\mathrm{ARW}}(f)$,由式(6-37)和式(6-39)得到$n_{\mathrm{ARW}}(t)$方差的取值为

$$\sigma_{\mathrm{ARW}} = N \tag{6-48}$$

由式(6-34),白噪声$w_{\mathrm{RRW}}(t)$经过积分得到误差信号$n_{\mathrm{RRW}}(t)$,积分环节的传递函数为

$$H_{\mathrm{RRW}}(s) = \frac{1}{s} \tag{6-49}$$

信号$n_{\mathrm{RRW}}(t)$是白噪声$w_{\mathrm{RRW}}(t)$通过线性系统$H_{\mathrm{RRW}}(s)$后获得的,因此,其功率谱密度为

$$P_{n_{\mathrm{RRW}}}(f) = \left| H_{\mathrm{RRW}}(s) \right|_{s=\mathrm{j}2\pi f} \Big|^2 P_{w_{\mathrm{RRW}}}(f) = \frac{\sigma_{\mathrm{RRW}}^2}{(2\pi f)^2} \tag{6-50}$$

令$P_{n_{\mathrm{RRW}}}(f) = P_{\mathrm{RRW}}(f)$,由式(6-8)和式(6-12)得到$w_{\mathrm{RRW}}(t)$方差的取值为

$$\sigma_{\mathrm{RRW}} = K \tag{6-51}$$

根据以上分析,当陀螺随机误差模型中输入白噪声$n_{\mathrm{ARW}}(t)$、$w_{\mathrm{RRW}}(t)$的标准差分别如式(6-48)和式(6-51)所示时,误差项$n_{\mathrm{ARW}}(t)$和$n_{\mathrm{RRW}}(t)$的功率谱密度分别与角度随机游走和角速率随机游走的功率谱密度定义式相一致。

此时,采用如式(6－33)和式(6－34)所示的随机误差模型能够准确描述角度随机游走和角速率随机游走的频域特性。

实际上,可先通过6.2.3节介绍的Allan方差法估计出误差系数N和K的值,再根据第6.3.2节所述模型进行滤波器设计或应用于卫星姿态确定系统仿真以产生陀螺随机误差数据。Allan方差法是在时域上对信号频域特性进行分析的一种方法,为评价陀螺误差特性提供了一种简便的手段。采用该方法,通过对一个时间序列上的陀螺实测误差数据进行处理,可以估计出陀螺各项随机误差系数。

6.3.3 模型验证

本节根据模型仿真产生的三浮陀螺随机误差数据和三浮陀螺实测数据进行对比,对模型的有效性进行验证。对实际的三浮陀螺静态测试数据进行Allan方差分析,得到Allan标准差对相关时间的双对数曲线图,如图6－11中的实线所示。

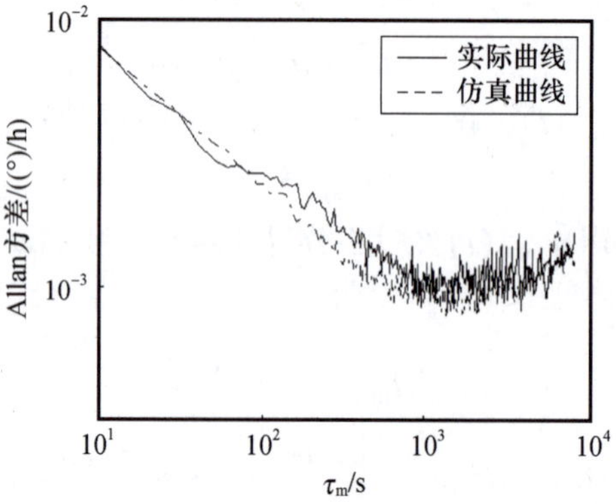

图6－11　通过实测数据和仿真数据得到的陀螺Allan方差曲线

基于本节所述方法,通过对实测数据Allan方差曲线的拟合获得三浮陀螺的角度随机游走系数和角速率随机游走系数,并根据模型仿真产生陀螺随机误差数据,再对仿真数据进行Allan方差分析,得到的Allan方差曲线如图6－11中的虚线所示。不难看出,仿真数据和实测数据具有相近的Allan方差曲线。

6.3.4 仿真分析

本节将去掉均值的三浮陀螺实测数据和根据模型仿真产生的三浮陀螺随

机误差数据分别用于卫星姿态确定数学仿真,通过比较二者的仿真结果说明所建立的三浮陀螺误差模型的有效性。

卫星姿态确定的基本方法是以星敏感器和陀螺作为测量部件,采用卡尔曼滤波算法并结合卫星姿态运动学方程处理传感器测量信息,实现对卫星姿态和陀螺漂移的实时估计,为姿态控制系统提供星体的三轴姿态信息,同时修正陀螺的输出数据。高精度姿态确定是高精度姿态控制的前提。

以半长轴7087km、轨道倾角98°的对地定向的三轴稳定卫星为例进行仿真研究。假定卫星姿态确定系统包含三个陀螺和三个星敏感器,星敏感器光轴方向测量随机噪声方差设为1″,垂直光轴方向测量随机噪声方差设为6″。

将去除均值的三浮陀螺实测数据作为陀螺随机误差数据,利用姿态确定卡尔曼滤波算法处理实测陀螺数据,获得的滚动、俯仰和偏航姿态误差如图6－12(a)所示。图中实线为姿态误差曲线,虚线是根据估计误差方差阵的对角元计算得到的误差包络线。纵坐标为姿态误差,单位是角秒(″);横坐标表示时间,单位为秒(s)。

利用姿态确定卡尔曼滤波算法处理由实测数据估计模型系数后仿真产生的陀螺数据,获得的滚动、俯仰和偏航姿态误差如图6－12(b)所示。仿真结果表明,基于三浮陀螺实测数据和由陀螺模型仿真生成数据得到的卫星姿态确定精度非常接近,二者之间的误差不超过5%,从而说明了陀螺模型及其系数估计方法的准确性,特别是应用到数学仿真能够使仿真接近于实际情况。

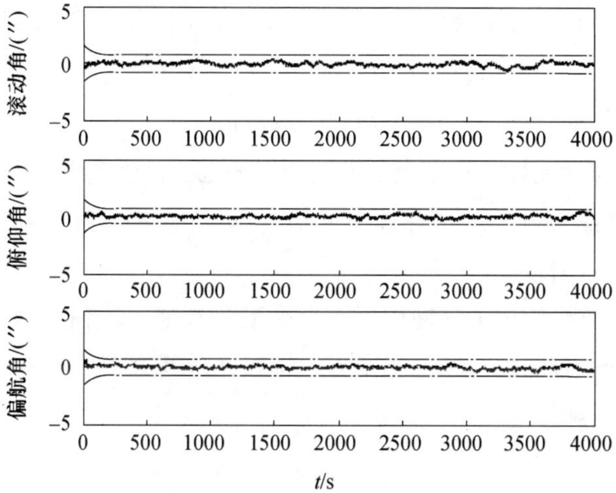

(a)

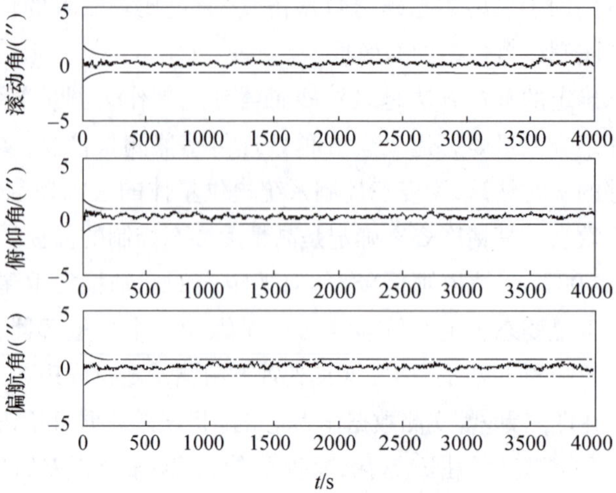

(b)

图 6-12　基于实测数据和仿真数据的姿态估计误差曲线

（a）实测数据；（b）仿真数据。

6.4　陀螺模型递推数学表达式

由前面介绍的光纤陀螺和三浮陀螺模型分析可知，在不考虑陀螺刻度因子及安装误差情况下，陀螺模型可以统一写成如下的等价形式，即

$$\omega_m(t) = \omega(t) + b(t) + n_A(t) \tag{6-52}$$

$$\dot{b}(t) = n_R(t) \tag{6-53}$$

式中：$\omega(t)$为星体角速度在陀螺输入轴的投影；$\omega_m(t)$为陀螺输出；$b(t)$为陀螺等效常值漂移；$n_A(t)$、$n_R(t)$分别为零均值白噪声，其方差分别为σ_A^2、σ_R^2，且$n_A(t)$与$n_R(t)$不相关。

在 6.2.2 节中给出了一种依据陀螺模型参数来生成输出数据的方法，下面将给出另外一种陀螺数据生成方法。将式(6-52)两边在$[t_0, t_0+\Delta t]$时间段对时间积分，即

$$\int_{t_0}^{t_0+\Delta t} \omega_m(t)\,dt = \int_{t_0}^{t_0+\Delta t} [\omega(t) + b(t) + n_A(t)]\,dt \tag{6-54}$$

假定在一个积分时间段内$\omega(t)$和$\omega_m(t)$近似为常值，则有

$$\omega_m(t_0+\Delta t)=\omega(t_0+\Delta t)+\frac{1}{\Delta t}\int_{t_0}^{t_0+\Delta t}[b(t)+n_A(t)]\mathrm{d}t \quad (6-55)$$

将式(6-53)两边对在$[t_0,t_0+\Delta t]$时间段对时间积分，有

$$b(t_0+\Delta t)=b(t_0)+\int_{t_0}^{t_0+\Delta t}n_R(t)\mathrm{d}t \quad (6-56)$$

考虑$n_R(t)$方差为σ_R^2，由式(6-56)给出的$b(t_0+\Delta t)$表达式有

$$E\{b^2(t_0+\Delta t)\}=E\{b^2(t_0)\}+\sigma_R^2\Delta t \quad (6-57)$$

因此，数学模型中的等效常值漂移$b(t)$可由下式计算得到，即

$$\hat{b}(t_0+\Delta t)=\hat{b}(t_0)+\sigma_R(\Delta t)^{\frac{1}{2}}N_R(0,1) \quad (6-58)$$

式中：$\hat{b}(t_0)$为陀螺模型中的等效常值漂移；$N_R(0,1)$为均值为 0 且方差为 1 的白噪声。

在时刻t陀螺等效常值漂移为

$$b(t)=b(t_0)+\int_{t_0}^{t}n_R(t)\mathrm{d}t \quad (6-59)$$

将式(6-59)代入式(6-55)，有

$$\omega_m(t_0+\Delta t)=\omega(t_0+\Delta t)+b(t_0)+\frac{1}{\Delta t}\int_{t_0}^{t_0+\Delta t}\int_{t_0}^{t}n_R(t)\mathrm{d}\tau\mathrm{d}t+\frac{1}{\Delta t}\int_{t_0}^{t_0+\Delta t}n_A(t)\mathrm{d}t \quad (6-60)$$

利用$n_A(t)$与$n_R(t)$不相关特性，利用式(6-56)和式(6-60)可求得$\omega_m(t_0+\Delta t)$与$b(t_0+\Delta t)$的协方差为

$$E\{\omega_m(t_0+\Delta t)b(t_0+\Delta t)\}=E\{(\omega(t_0+\Delta t)+b(t_0))b(t_0)\}+\frac{1}{2}\sigma_R^2\Delta t \quad (6-61)$$

因此，陀螺输出值可表示为

$$\hat{\omega}_m(t_0+\Delta t)=\hat{\omega}(t_0+\Delta t)+\hat{b}(t_0)+\frac{1}{2}\sigma_R(\Delta t)^{\frac{1}{2}}N_R(0,1)+cN_A(0,1) \quad (6-62)$$

式中：$\hat{\omega}_m(t_0+\Delta t)$为陀螺模型中变量；$N_A(0,1)$为零均值且方差为 1 的白噪声；$c$为待定系数。

考虑式(6-58)，式(6-62)可写为

$$\hat{\omega}_{\mathrm{m}}(t_0+\Delta t)=\hat{\omega}(t_0+\Delta t)+\frac{1}{2}[\hat{b}(t_0+\Delta t)+\hat{b}(t_0)]+cN_{\mathrm{A}}(0,1) \tag{6-63}$$

对于式(6-60)给出的 $\omega_{\mathrm{m}}(t_0+\Delta t)$ 的方差,并利用 $n_{\mathrm{A}}(t)$ 与 $n_{\mathrm{R}}(t)$ 不相关特性及 $E\{n_{\mathrm{A}}^2(t)\}=\sigma_{\mathrm{A}}^2$,整理可得

$$E\{\omega_{\mathrm{m}}^2(t_0+\Delta t)\}=E\{[\omega(t_0+\Delta t)+b(t_0)]^2\}+\frac{\sigma_R^2}{\Delta t^2}\int_{t_0}^{t_0+\Delta t}\int_{t_0}^{t_0+\Delta t}\int_{t_0}^{t}\int_{t_0}^{\tau}\delta(v-\zeta)\,\mathrm{d}v\mathrm{d}\zeta\mathrm{d}\tau\mathrm{d}t+\frac{\sigma_{\mathrm{A}}^2}{\Delta t^2}\int_{t_0}^{t_0+\Delta t}\int_{t_0}^{t_0+\Delta t}\delta(t-\tau)\,\mathrm{d}\tau\mathrm{d}t \tag{6-64}$$

由于

$$\frac{\sigma_{\mathrm{R}}^2}{\Delta t^2}\int_{t_0}^{t_0+\Delta t}\int_{t_0}^{t_0+\Delta t}\int_{t_0}^{t}\int_{t_0}^{\tau}\delta(v-\zeta)\,\mathrm{d}v\mathrm{d}\zeta\mathrm{d}\tau\mathrm{d}t=\frac{1}{3}\Delta t^3$$

$$\int_{t_0}^{t_0+\Delta t}\int_{t_0}^{t_0+\Delta t}\delta(t-\tau)\,\mathrm{d}\tau\mathrm{d}t=\Delta t$$

因此,式(6-64)可简化为

$$E\{\omega_{\mathrm{m}}^2(t_0+\Delta t)\}=E\{[\omega(t_0+\Delta t)+b(t_0)]^2\}+\frac{1}{3}\sigma_{\mathrm{R}}^2\Delta t+\frac{\sigma_{\mathrm{A}}^2}{\Delta t} \tag{6-65}$$

由式(6-62)可得

$$E\{\omega_{\mathrm{m}}^2(t_0+\Delta t)\}=E\{[\omega(t_0+\Delta t)+b(t_0)]^2\}+\frac{1}{4}\sigma_{\mathrm{R}}^2\Delta t+c^2 \tag{6-66}$$

比较式(6-65)和式(6-66),可得

$$c^2=\frac{1}{12}\sigma_{\mathrm{R}}^2\Delta t+\frac{\sigma_{\mathrm{A}}^2}{\Delta t} \tag{6-67}$$

将式(6-67)代入式(6-63),有

$$\hat{\omega}_{\mathrm{m}}(t_0+\Delta t)=\hat{\omega}(t_0+\Delta t)+\frac{1}{2}[\hat{b}(t_0+\Delta t)+\hat{b}(t_0)]+\left[\frac{1}{12}\sigma_{\mathrm{R}}^2\Delta t+\frac{\sigma_{\mathrm{A}}^2}{\Delta t}\right]^{\frac{1}{2}}N_{\mathrm{A}}(0,1) \tag{6-68}$$

综合式(6-68)和式(6-58),可得到一种根据陀螺模型参数 σ_{A}^2、σ_{R}^2 生成

陀螺输出数据的数学表达式,即

$$\hat{\boldsymbol{\omega}}_{\mathrm{m}}(t_0+\Delta t)=\hat{\boldsymbol{\omega}}(t_0+\Delta t)+\frac{1}{2}[\hat{b}(t_0+\Delta t)+\hat{b}(t_0)]+\left[\frac{1}{12}\sigma_{\mathrm{R}}^2\Delta t+\frac{\sigma_{\mathrm{A}}^2}{\Delta t}\right]^{\frac{1}{2}}N_{\mathrm{A}}(0,1)$$

$$\hat{b}(t_0+\Delta t)=\hat{b}(t_0)+\sigma_{\mathrm{R}}\,\Delta t^{\frac{1}{2}}N_{\mathrm{R}}(0,1)$$

第7章 卡尔曼滤波在卫星姿态确定中的应用

7.1 概述

对于自旋稳定卫星，一般采用地球敏感器和太阳敏感器测量天底方位和太阳方位，从而确定出卫星自旋轴在惯性空间的方位，但敏感器的测量误差及安装误差会影响姿态确定的精度。根据自旋卫星在惯性空间定轴性原理，即自旋轴方向在惯性空间保持不变的特性，结合敏感器测量数据进行姿态确定。

三轴稳定卫星在空间环境中受各种空间扰动力矩的作用，其姿态动态变化的角速度不容忽视。采用参考矢量观测或代数法直接确定卫星三轴姿态的动态过程中的精度将受使用的星载姿态敏感器带宽的限制。此外，参考矢量观测的系统误差(敏感器误差、轨道参数误差)和随机误差也将直接影响姿态确定精度。如引入高精度的陀螺就可获得姿态动态变化的信息，即利用惯性参考基准就可以减少空间参考矢量观测的不利因素的影响。与此同时，空间参考矢量有助于估计陀螺漂移，提高陀螺的测量精度。

采用速率积分陀螺的另一个重要优点是，在姿态确定的状态估计中，状态方程可选用卫星姿态的运动学方程，而不用卫星动力学方程。由于卫星的质量特性和内、外干扰力矩的不确定性严重地降低动力学方程建模的精确性，将姿态动力学方程作为状态估计的状态方程将会直接影响姿态估计的收敛性和精度。姿态运动学方程仅包含两类参数,一是带估计的姿态,二是姿态角速度。后者可被陀螺精确测得,因而在含陀螺的姿态测量系统中陀螺的测量值不被视为状态估计模式的观测量,而是作为以姿态运动学为状态方程所含的参数,且陀螺漂移可作为估计的状态变量。

7.2　自旋稳定控制卫星的姿态确定

"东方红"二号地球同步轨道实验通信卫星姿态控制方式为自旋稳定,它采用一个 V 形狭缝式太阳敏感器和两个窄视场地平穿越式红外地球敏感器作为姿态测量部件,如图 7－1 所示。太阳敏感器两狭缝在卫星本体赤道面上相差45°,倾斜狭缝与子午面夹角为35°。红外地球敏感器的视场为1.5°×1.5°,南北红外与自旋轴的夹角分别为85°和95°。两种类型敏感器给出的脉冲信号的脉冲时刻测量值由遥测发送至地面,经过处理后得到卫星自旋轴在惯性空间(赤道惯性坐标系)的姿态——赤经和赤纬。

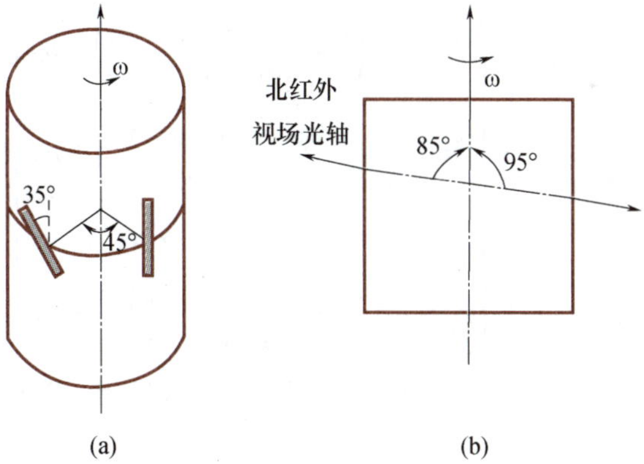

图 7－1　"东方红"二号卫星姿态敏感器安装示意图

卫星自旋轴姿态确定方法除前面介绍过的空间几何确定方法外,在提高姿态确定精度下给出了基于统计估计的卡尔曼滤波递推估计方法。在上面已提过该系统状态赤经 α、赤纬 δ 的确定受敏感器的测量误差影响很大,故状态估计的状态矢量除包括观测量南、北红外地球敏感器的测量弦宽 Φ_N、Φ_S,太阳敏感器测量的太阳角 θ_S 和二面角 λ_{se} 外，还包括其对应的系统误差 μ_1、μ_2、μ_3 和 μ_4，即状态矢量可取为

$$\boldsymbol{X}=[\alpha \quad \delta \quad \mu_1 \quad \mu_2 \quad \mu_3 \quad \mu_4]^{\mathrm{T}}$$

考虑到作用于同步轨道或静止轨道卫星的干扰力矩影响小以及在章动小等情况下，在一段时间区间里卫星自旋轴相对于惯性空间的指向变化相对较小，系统的状态方程可表示为

$$\dot{\boldsymbol{X}}=0 \tag{7-1}$$

其观测矢量为

$$\boldsymbol{Y}=\begin{bmatrix}\boldsymbol{\Phi}_N \\ \boldsymbol{\Phi}_S \\ \theta_S \\ \boldsymbol{\lambda}_{se}\end{bmatrix} \tag{7-2}$$

根据敏感器的测量模型，可得观测方程（观测模型矢量方程）为

$$\boldsymbol{Z}(t_k)=\boldsymbol{h}[\boldsymbol{X}(t_k),t_k]+\boldsymbol{V}_k \tag{7-3}$$

式中

$$\boldsymbol{h}(X,t)=\begin{bmatrix}2\arccos\left(\dfrac{\cos\rho-\cos\gamma_N\cos\theta_e}{\sin\gamma_N\sin\theta_e}\right)+\mu_1 \\ 2\arccos\left(\dfrac{\cos\rho-\cos\gamma_S\cos\theta_e}{\sin\gamma_N\sin\theta_e}\right)+\mu_2 \\ \arccos(\boldsymbol{S}\cdot\boldsymbol{A})+\mu_3 \\ \arccos\left(\dfrac{\cos\theta_{se}-\cos\theta_s\cos\theta_e}{\sin\theta_s\sin\theta_e}\right)+\mu_4\end{bmatrix}$$

$\gamma_N=85°$，$\gamma_S=95°$。设观测噪声 $\boldsymbol{V}_k$ 为零均值的白噪声，其满足 $E\{\boldsymbol{V}_k\}=\boldsymbol{0}$，$E\{\boldsymbol{V}_k\boldsymbol{V}_l^{\mathrm{T}}\}=\boldsymbol{R}_k\delta_{kl}$。

由于式(7-1)未考虑不确定因素的影响，不存在系统噪声，递推计算得到的滤波增益阵将逐渐递减并最终趋于零，导致卫星姿态估计值的修正作用逐渐减弱。经过较长一段时间后，系统的状态值相对于初始值可能会产生较大的偏差，而状态估计值丧失了跟踪状态真值的能力，使得状态估计值的误差逐渐增大，最终导致滤波发散。为了避免发生上述问题，在系统模型中引入虚拟的系统噪声，即将离散的系统状态方程取为

$$X(t_k) = X(t_{k-1}) + W_{k-1} \tag{7-4}$$

式中：W_k 为虚拟噪声，它描述了系统状态模型中各种不确定因素影响的综合效应。设 W_k 为高斯白噪声，均值和方差分别为 $E\{W_k\}=0, E\{W_k W_l^{\mathrm{T}}\}=Q_k\delta_{kl}$。

基于上述系统模型，应用推广的卡尔曼滤波方法，可以推导出如下一组卡尔曼滤波方程：

$$\begin{cases}\hat{X}_k = \hat{X}_{k/k-1} + K_k\{Y_k - h(\hat{X}_{k/k-1}, k)\} \\ \hat{X}_{k/k-1} = \hat{X}_{k-1/k-1} \\ K_k = P_{k/k-1} H_k^{\mathrm{T}} [H_k P_{k/k-1} H_k^{\mathrm{T}} + R_k]^{-1} \\ P_{k/k-1} = P_{k-1/k-1} + Q_{k-1} \\ P_k = P_{k/k-1} + K_k H_k P_{k/k-1} \\ H_k = \dfrac{\partial h(X,k)}{\partial X}\Big|_{t=t_k, \hat{X}=\hat{X}_{k/k-1}}\end{cases}$$

依系统状态模型的不确定程度以及观测噪声的强度，给出矩阵序列 $\{Q_k\}$ 和 $\{R_k\}(k=1,2,\cdots)$，给定滤波器的初值 $\hat{X}(t_0)$ 和 $P(t_0)$，代入上述一组滤波方程进行递推计算，便给出与观测时刻相对应的“东方红”二号卫星自旋轴姿态的滤波值。

通过 1988 年 3 月 7 日中国成功发射的“东方红”二号通信卫星的部分遥测数据的处理结果表明：基于推广的卡尔曼滤波方法给出的卫星自旋轴姿态的估计误差为过渡段 0.2°～0.3°，准同步段 0.1°～0.2°，同步段 0.03°～0.04°。

7.3　基于太阳－地球测量的三轴稳定卫星姿态确定方法

对于三轴稳定控制卫星，若星体实际角速度 $\boldsymbol{\omega}(t)=[\omega_x \quad \omega_y \quad \omega_z]^{\mathrm{T}}$，则陀螺系统的测量模型可表示为

$$g(t) = \omega(t) + b(t) + d(t) + n_g(t) \tag{7-5}$$

式中：$g(t)$ 为三只陀螺的测量输出；$b(t)$、$d(t)$ 分别为陀螺常值漂移和指数相关漂移；$n_g(t)$ 为陀螺的系统噪声。

写成星体三轴坐标分量形式分别为

$$\boldsymbol{g}(t)=\begin{bmatrix}g_x\\g_y\\g_z\end{bmatrix},\boldsymbol{b}(t)=\begin{bmatrix}b_x\\b_y\\b_z\end{bmatrix},\boldsymbol{d}(t)=\begin{bmatrix}d_x\\d_y\\d_z\end{bmatrix},\boldsymbol{n}_{\mathrm{g}}(t)=\begin{bmatrix}n_{gx}\\n_{gy}\\n_{gz}\end{bmatrix}$$

在三轴稳定状态,卫星相对于轨道坐标的姿态角 ϕ、θ、ψ 为小量,速率积分陀螺的输入是卫星在空间的转速沿星体的分量,有

$$\boldsymbol{\omega}=\begin{bmatrix}\dot{\phi}\\\dot{\theta}\\\dot{\psi}\end{bmatrix}+\begin{bmatrix}1&\psi&-\theta\\-\psi&1&\phi\\\theta&-\phi&1\end{bmatrix}\begin{bmatrix}0\\-\omega_0\\0\end{bmatrix}=\begin{bmatrix}\dot{\phi}-\omega_0\psi\\\dot{\theta}-\omega_0\\\dot{\psi}+\omega_0\phi\end{bmatrix}\tag{7-6}$$

式中:ω_0 为轨道坐标系 $O-x_oy_oz_o$ 绕 $-y_o$ 轴旋转的角速率。

将式(7-6)代入式(7-5),以陀螺测量输出值 $\boldsymbol{g}(t)$ 作为输入变量的姿态角状态方程可写成

$$\begin{cases}\dot{\phi}=\omega_0\psi-b_x-d_x+g_x+n_x\\\dot{\theta}=-b_y-d_y+g_y+\omega_0+n_y\\\dot{\psi}=-\omega_0\phi-b_z-d_z+g_z+n_z\end{cases}\tag{7-7}$$

由于陀螺漂移受所处环境变化而变化,因此在使用中其实际值为未知变量,且对姿态测量精度产生直接影响,因此陀螺漂移量也应作为待估计的状态量进行在轨标校。陀螺常值漂移和相关漂移的状态方程可描述为

$$\begin{cases}\dot{b}_i=n_{bi}\\\dot{d}_i=-\dfrac{1}{\tau_i}d_i+n_{di}\end{cases}\quad(i=x,y,z)\tag{7-8}$$

式中:τ_i 为相关时间常数。

姿态确定的观测量包含红外地球敏感器的测量滚动角 ϕ_{n} 和俯仰角 θ_{n},以及三只狭缝式太阳敏感器的测量 m_θ、m_φ、m_ψ。红外地球敏感器的系统误差 $\Delta\phi_{\mathrm{h}}$、$\Delta\theta_{\mathrm{h}}$ 也应估计,用以消除对姿态确定精度的影响,其状态方程可写为

$$\begin{cases}\Delta\dot{\phi}_{\mathrm{h}}=0\\\Delta\dot{\theta}_{\mathrm{h}}=0\end{cases}\tag{7-9}$$

由对地定向卫星的姿态运动学中式(7-7)可知,俯仰通道和滚动-偏航通道是不耦合,因此姿态估计可分为俯仰通道和滚动-偏航两部分来进行。

1. 俯仰回路的姿态确定

俯仰测量回路的状态矢量为

$$\boldsymbol{X} = [\theta \quad b_y \quad d_y \quad \Delta\theta_{\mathrm{h}}]^{\mathrm{T}}$$

和观测矢量为

$$\boldsymbol{Y} = [\theta_{\mathrm{h}} \quad m_\theta]^{\mathrm{T}}$$

俯仰通路的状态方程为

$$\dot{\boldsymbol{X}}_y = \boldsymbol{F}_y \boldsymbol{X}_y + \boldsymbol{G}_y + \boldsymbol{W}_y \tag{7-10}$$

式中

$$\boldsymbol{F}_y = \begin{bmatrix} 0 & -1 & -1 & 0 \\ 0 & 0 & 0 & 0 \\ 0 & 0 & -\dfrac{1}{\tau_x} & 0 \\ 1 & 0 & 0 & 0 \end{bmatrix}$$

$$\boldsymbol{G}_Y = \begin{bmatrix} \omega_0 + g_y \\ 0 \\ 0 \\ 0 \end{bmatrix}$$

$$\boldsymbol{W}_Y = \begin{bmatrix} n_y \\ n_{by} \\ n_{dy} \\ n_{vy} \end{bmatrix}$$

式中：n_{vy}为虚拟噪声，它描述了系统状态模型中与红外偏差不确定因素影响的效应。

陀螺的测量输出值作为状态方程所含的参数，其噪声视为状态方程所包含的参数，且噪声$\boldsymbol{W}_y(t)$一般设其为平稳的白噪声过程，即

$$E\{\boldsymbol{W}_y(t)\} = \boldsymbol{0}, E\{\boldsymbol{W}_y(t)\boldsymbol{W}_y^{\mathrm{T}}(\tau)\} = \boldsymbol{Q}_y\delta(t-\tau)$$

俯仰通道的观测方程为

$$\boldsymbol{Z} = \boldsymbol{h}_y(\boldsymbol{X}, t) + \boldsymbol{V}_y \tag{7-11}$$

式中
$$\boldsymbol{h}_y(\boldsymbol{X},t)=\begin{bmatrix}\theta+\Delta\theta_{\mathrm{h}}\\ \dfrac{S_{ox}+\psi S_{oy}-\theta S_{oz}}{\theta S_{ox}-\phi S_{oy}+S_{oz}}\end{bmatrix}$$

$$\boldsymbol{V}_y=\begin{bmatrix}\boldsymbol{V}_{\mathrm{h}}\\ \boldsymbol{V}_{\mathrm{s}}\end{bmatrix}$$

式中：S_{ox}、S_{oy}、S_{oz}为太阳矢量在轨道坐标系下三轴的分量；测量噪声$\boldsymbol{V}_y$一般设为平稳的白噪声过程，即有$E\{\boldsymbol{V}_y(t)\}=\boldsymbol{0}$，$E\{\boldsymbol{V}_y(t)\boldsymbol{V}_y^{\mathrm{T}}(\tau)\}=\boldsymbol{R}_y\delta(t-\tau)$。

将式(7－11)在标称值$\boldsymbol{X}=\boldsymbol{0}$处线性化并取一阶线性项，得

$$\boldsymbol{Z}=\boldsymbol{h}_y(\boldsymbol{0},t)+\boldsymbol{H}_y(\boldsymbol{0},t)\boldsymbol{X}+\boldsymbol{V}_y \tag{7-12}$$

式中

$$\boldsymbol{H}_y(\boldsymbol{0},t)=\frac{\partial \boldsymbol{h}_y(\boldsymbol{X},t)}{\partial \boldsymbol{X}}\Big|_{\boldsymbol{X}=\boldsymbol{0}}$$

对式(7－10)和式(7－12)连续型线性系统可设计如下卡尔曼滤波器：

$$\dot{\boldsymbol{X}}=\boldsymbol{F}_y\hat{\boldsymbol{X}}+\boldsymbol{G}_y+\boldsymbol{K}(t)[\boldsymbol{Z}-\boldsymbol{h}_y(\hat{\boldsymbol{X}},t)] \tag{7-13}$$

对应的滤波修正系数矩阵为

$$\boldsymbol{K}(t)=\boldsymbol{P}\boldsymbol{H}_y^{\mathrm{T}}\boldsymbol{R}_y^{-1}$$

式中：协方差阵$\boldsymbol{P}$可通过如下里卡蒂(Riccati)方程求解得到，即

$$\dot{\boldsymbol{P}}=\boldsymbol{P}\boldsymbol{F}_y^{\mathrm{T}}+\boldsymbol{F}_y\boldsymbol{P}-\boldsymbol{P}\boldsymbol{H}_y^{\mathrm{T}}\boldsymbol{R}_y^{-1}\boldsymbol{H}_y\boldsymbol{P}+\boldsymbol{Q}_y^{\mathrm{T}}$$

除了上述直接针对连续型系统进行滤波器设计外，还可先对式(7－10)和式(7－12)进行离散化，然后采用第5章介绍的离散卡尔曼滤波方程进行状态估计。

由于星载计算机容量有限，而增益阵$\boldsymbol{K}$的在轨实时计算量很大，一般很难满足要求，由对地稳定运行的轨道特性可知，S_{ox}、S_{oy}、S_{oz}可看作时间周期的函数，其周期等于轨道运动的周期，因此$\boldsymbol{H}_y$也是轨道运动周期变化的矩阵。若将卫星轨道参数误差造成S_{ox}、S_{oy}、S_{oz}的年误差等效为太阳敏感器的测量误差，则观测误差的协方差阵$\boldsymbol{R}_y(t)$也可看成周期矩阵，这样就归结为周期线性系统的状态滤波问题，在稳态状态下$\boldsymbol{K}$为周期增益矩阵。基于系统模型可以事先确定周期增益矩阵$\boldsymbol{K}(t)$的函数形式，通过函数拟合的方法可以将其表示为S_{ox}、S_{oy}、S_{oz}的函数存储于星载计算机上，这样上式的$\boldsymbol{K}(t)$就可以由S_{ox}、S_{oy}、S_{oz}通过星上简单的计算得到，每隔一定时间由地面遥控注入数据更新星上轨道参数。

2. 滚动－偏航回路的姿态确定

滚动－偏航测量回路状态矢量为

$$\boldsymbol{X}=[\phi \quad \psi \quad b_x \quad d_x \quad b_z \quad d_z \quad \Delta\phi_{\mathrm{h}}]^{\mathrm{T}}$$

观测矢量为

$$\boldsymbol{Y}=[\phi_{\mathrm{h}} \quad m_{\varphi} \quad m_{\psi}]^{\mathrm{T}}$$

滚动－偏航通道的状态方程为

$$\dot{\boldsymbol{X}}=\boldsymbol{F}_{xz}\boldsymbol{X}+\boldsymbol{G}_{xz}+\boldsymbol{W}_{xz} \tag{7-14}$$

式中

$$\boldsymbol{F}_{xz}=\begin{bmatrix} 0 & \omega_0 & -1 & 0 & -1 & 0 & 0 \\ -\omega_0 & 0 & 0 & -1 & 0 & -1 & 0 \\ 0 & 0 & 0 & 0 & 0 & 0 & 0 \\ 0 & 0 & 0 & 0 & 0 & 0 & 0 \\ 0 & 0 & 0 & 0 & \dfrac{1}{\tau_x} & 0 & 0 \\ 0 & 0 & 0 & 0 & 0 & \dfrac{-1}{\tau_z} & 0 \\ 0 & 0 & 0 & 0 & 0 & 0 & 0 \end{bmatrix},\boldsymbol{G}_{xz}=\begin{bmatrix} g_x \\ g_z \\ 0 \\ 0 \\ 0 \\ 0 \\ 0 \end{bmatrix},\boldsymbol{W}_{xz}=\begin{bmatrix} n_x \\ n_z \\ n_{bx} \\ n_{bz} \\ n_{dx} \\ n_{dz} \\ n_{vx} \end{bmatrix}$$

式中：n_{vx}为虚拟噪声，它描述了系统状态模型中与红外偏差不确定因素影响的效应。噪声矢量$\boldsymbol{W}_{xz}(t)$一般设其为平稳的白噪声过程，即

$$E\{\boldsymbol{W}_{xz}(t)\}=\boldsymbol{0},E\{\boldsymbol{W}_{xz}(t)\boldsymbol{W}_{xz}^{\mathrm{T}}(\tau)\}=\boldsymbol{Q}_{xz}\delta(t-\tau)$$

滚动－偏航通道的观测方程为

$$\boldsymbol{Z}=\boldsymbol{h}_{xz}(\boldsymbol{X},t)+\boldsymbol{V}_{xz} \tag{7-15}$$

式中

$$\boldsymbol{h}_{xz}(\boldsymbol{X},t)=\begin{bmatrix} \phi+\Delta\phi_{\mathrm{h}} \\ \dfrac{-\psi S_{ox}+S_{oy}+\phi S_{oz}}{\theta S_{ox}-\phi S_{oy}+S_{oz}} \\ \dfrac{S_{ox}+\psi S_{oy}-\theta S_{oz}}{-\psi S_{ox}+S_{oy}+\phi S_{oz}} \end{bmatrix}$$

$$\boldsymbol{V}_{xz}=\begin{bmatrix} V_{\mathrm{h}} \\ V_{\mathrm{s}} \\ V_{\mathrm{s}} \end{bmatrix}$$

将式(7－15)在标称值 $\boldsymbol{X}=\boldsymbol{0}$ 处线性化并取一阶线性项，得

$$\boldsymbol{Z}=\boldsymbol{h}_{xz}(\boldsymbol{0},t)+\boldsymbol{H}_{xz}(\boldsymbol{0},t)\boldsymbol{X}+\boldsymbol{V}_{xz} \tag{7-16}$$

式中：

$$\boldsymbol{H}_{xz}(\boldsymbol{0},t)=\frac{\partial \boldsymbol{h}_{xz}(\boldsymbol{X},t)}{\partial \boldsymbol{X}}\Big|_{\boldsymbol{X}=\boldsymbol{0}}$$

测量噪声 $\boldsymbol{V}_{xz}$ 一般设为平稳白噪声过程，有

$$E\{\boldsymbol{V}_{xz}(t)\}=\boldsymbol{0},E\{\boldsymbol{V}_{xz}(t)\boldsymbol{V}_{xz}^{\mathrm{T}}(\tau)\}=\boldsymbol{R}_{xz}\delta(t-\tau)$$

与俯仰回路类似，根据式(7－14)和式(7－16)可设计如下连续卡尔曼滤波器：

$$\dot{\boldsymbol{X}}=\boldsymbol{F}_{xz}\hat{\boldsymbol{X}}+\boldsymbol{G}_{xz}+\boldsymbol{K}(t)[\boldsymbol{Z}_{xz}-\boldsymbol{h}_{xz}(\hat{\boldsymbol{X}},t)] \tag{7-17}$$

对应的滤波修正系数矩阵为

$$\boldsymbol{K}(t)=\boldsymbol{P}\boldsymbol{H}_{xz}^{\mathrm{T}}\boldsymbol{R}_{xz}^{-1}$$

式中，协方差阵 $\boldsymbol{P}$ 可通过里卡蒂方程求解得到，即

$$\dot{\boldsymbol{P}}=\boldsymbol{P}\boldsymbol{F}_{xz}^{\mathrm{T}}+\boldsymbol{F}_{xz}\boldsymbol{P}-\boldsymbol{P}\boldsymbol{H}_{xz}^{\mathrm{T}}\boldsymbol{R}_{xz}^{-1}\boldsymbol{H}_{xz}\boldsymbol{P}+\boldsymbol{Q}_{xz}^{\mathrm{T}}$$

与俯仰回路同理，滚动与偏航回路的滤波增益阵 $\boldsymbol{K}(t)$ 也为轨道周期变化矩阵，可通过事先装载实现 $\boldsymbol{K}(t)$ 由 S_{ox}、S_{oy}、S_{oz} 星上简单计算得到。

7.4 基于星敏感器测量的三轴稳定卫星姿态确定方法

7.4.1 基于扩展卡尔曼滤波的姿态确定

星敏感器是高精度的姿态敏感器，利用固连于卫星本体的星敏感器对恒星方向的测量数据可以直接确定卫星的惯性姿态。由于星敏感器姿态数据的获取及处理的复杂性导致其输出姿态参数有一定的滞后性，同时星敏感器测量的随机误差也影响姿态确定的精度。陀螺具有与星敏感器互补的特性，其动态响应快，高精度陀螺的随机测量误差小，而其漂移可以通过星敏感器的测量予以标定。因此，星敏感器和陀螺配合使用，可以高精度地确定卫星姿态。

1. 陀螺与星敏感器的测量模型

在不考虑陀螺指数漂移的情况下，陀螺系统的角速度测量模型可表示为

$$\boldsymbol{g}(t)=\boldsymbol{\omega}(t)+\boldsymbol{b}+\boldsymbol{n}_{\mathrm{g}} \tag{7-18}$$

式中：陀螺测量噪声 $\boldsymbol{n}_{\mathrm{g}}=[n_{gx}\quad n_{gy}\quad n_{gz}]^{\mathrm{T}}$ 为高斯平稳白噪声，且

$$E\{\boldsymbol{n}_\mathrm{g}\} = \boldsymbol{0}, E\{\boldsymbol{n}_\mathrm{g}\boldsymbol{n}_g^\mathrm{T}\} = \sigma_\mathrm{g}^2\boldsymbol{I}$$

陀螺常值漂移 $\boldsymbol{b}$ 可认为是一个由高斯白噪声驱动的随机游走过程,即

$$\dot{\boldsymbol{b}} = \boldsymbol{n}_\mathrm{b} \tag{7-19}$$

式中:噪声$\boldsymbol{n}_\mathrm{b}$ 为与$\boldsymbol{n}_\mathrm{g}$ 不相关,且有

$$E\{\boldsymbol{n}_\mathrm{b}\} = \boldsymbol{0}, E\{\boldsymbol{n}_\mathrm{b}\boldsymbol{n}_b^\mathrm{T}\} = \sigma_\mathrm{b}^2\boldsymbol{I}$$

根据陀螺输出 $\boldsymbol{g}(t)$,可得到星体角速度的测量值 $\hat{\boldsymbol{\omega}}(t) = [\hat{\omega}_x \quad \hat{\omega}_y \quad \hat{\omega}_z]^\mathrm{T}$ 为

$$\hat{\boldsymbol{\omega}}(t) = \boldsymbol{g}(t) - \hat{\boldsymbol{b}} \tag{7-20}$$

式中:$\hat{\boldsymbol{b}}$ 为陀螺常值漂移估计值。

记星敏感器输出的光轴单位矢量在惯性坐标系的坐标为

$$\boldsymbol{Z}_\mathrm{SIm} = [Z_{\mathrm{SIm},x} \quad Z_{\mathrm{SIm},y} \quad Z_{\mathrm{SIm},z}]^\mathrm{T}$$

且星敏感器输出的测量模型可表示为

$$\boldsymbol{Z}_\mathrm{SIm} = \boldsymbol{Z}_\mathrm{SI} + \Delta\boldsymbol{Z}_\mathrm{SI} \tag{7-21}$$

式中:$\boldsymbol{Z}_\mathrm{SI}$为星敏感器光轴单位矢量在惯性坐标系的实际值;$\Delta\boldsymbol{Z}_\mathrm{SI}$为测量误差,且满足

$$E\{\Delta\boldsymbol{Z}_\mathrm{SI}\} = \boldsymbol{0}, E\{\Delta\boldsymbol{Z}_\mathrm{SI}\Delta\boldsymbol{Z}_\mathrm{SI}^\mathrm{T}\} = \sigma_\mathrm{s}^2(\boldsymbol{I} - \boldsymbol{Z}_\mathrm{SI}\boldsymbol{Z}_\mathrm{SI}^\mathrm{T})$$

2. 状态方程

卫星的姿态运动学方程为

$$\dot{\boldsymbol{q}} = \frac{1}{2}\boldsymbol{\Omega}(\boldsymbol{\omega})\boldsymbol{q} \tag{7-22}$$

式中:$\boldsymbol{q} = [q_1 \quad q_2 \quad q_3 \quad q_4]^\mathrm{T}$ 为星体姿态四元数;$\boldsymbol{\omega} = [\omega_x \quad \omega_y \quad \omega_z]^\mathrm{T}$ 为星体角速度;则

$$\boldsymbol{\Omega}(\boldsymbol{\omega}) = \begin{bmatrix} 0 & \omega_z & -\omega_y & \omega_x \\ -\omega_z & 0 & \omega_x & \omega_y \\ \omega_y & -\omega_x & 0 & \omega_z \\ -\omega_x & -\omega_y & -\omega_z & 0 \end{bmatrix}$$

假设姿态估计值的误差为小量,并记 $\Delta\theta_x$、$\Delta\theta_y$、$\Delta\theta_z$ 分别为卫星姿态估计值的误差在星体三轴上的分量,即 $\Delta\theta_x$、$\Delta\theta_y$、$\Delta\theta_z$ 可看作卫星的实际姿态相对于姿态估计值分别绕星体三轴旋转所得到的三个角度,另记 Δb_x、Δb_y、Δb_z 为陀螺常值漂移的估计误差,则系统的状态估计误差变量可取为

$$\delta\boldsymbol{X} = [\Delta\theta_x \quad \Delta\theta_y \quad \Delta\theta_z \quad \Delta b_x \quad \Delta b_y \quad \Delta b_z]^\mathrm{T} \tag{7-23}$$

则根据上述陀螺模型和姿态运动学方程可以建立如下的状态估计误差方程

$$\frac{\mathrm{d}}{\mathrm{d}t}(\delta \boldsymbol{X}) = \boldsymbol{F}(t)\delta \boldsymbol{X} + \boldsymbol{w}(t) \tag{7-24}$$

式中

$$\boldsymbol{F}(t) = \begin{bmatrix} 0 & \hat{\omega}_z & -\hat{\omega}_z & -1 & 0 & 0 \\ -\hat{\omega}_z & 0 & \hat{\omega}_z & 0 & -1 & 0 \\ \hat{\omega}_z & -\hat{\omega}_z & 0 & 0 & 0 & -1 \\ 0 & 0 & 0 & 0 & 0 & 0 \\ 0 & 0 & 0 & 0 & 0 & 0 \\ 0 & 0 & 0 & 0 & 0 & 0 \end{bmatrix}$$

系统噪声 $\boldsymbol{w}(t)$ 的统计特性为

$$E\{\boldsymbol{w}(t)\} = \boldsymbol{0}, E\{\boldsymbol{w}(t)\boldsymbol{w}^{\mathrm{T}}(t)\} = \mathrm{diag}\{\sigma_{\mathrm{g}}^2, \sigma_{\mathrm{g}}^2, \sigma_{\mathrm{g}}^2, \sigma_{\mathrm{b}}^2, \sigma_{\mathrm{b}}^2, \sigma_{\mathrm{b}}^2\}$$

将连续系统离散化，得

$$\delta \boldsymbol{X}_{k+1} = \boldsymbol{\Phi}\delta \boldsymbol{X}_k + \boldsymbol{W}_k \tag{7-25}$$

式中

$$\boldsymbol{\Phi} \approx \boldsymbol{I} + \boldsymbol{F}(t)\Delta t$$

$$= \begin{bmatrix} 0 & \hat{\omega}_z\Delta t & -\hat{\omega}_z\Delta t & -\Delta t & 0 & 0 \\ -\hat{\omega}_z\Delta t & 0 & \hat{\omega}_z\Delta t & 0 & -\Delta t & 0 \\ \hat{\omega}_z\Delta t & -\hat{\omega}_z\Delta t & 0 & 0 & 0 & -\Delta t \\ 0 & 0 & 0 & 0 & 0 & 0 \\ 0 & 0 & 0 & 0 & 0 & 0 \\ 0 & 0 & 0 & 0 & 0 & 0 \end{bmatrix}$$

系统噪声 $\boldsymbol{W}_k$ 的统计特性为

$$E\{\boldsymbol{W}_k\} = \boldsymbol{0}, E\{\boldsymbol{W}_k\boldsymbol{W}_k^{\mathrm{T}}\} = \mathrm{diag}\{\sigma_{\mathrm{g}}^2, \sigma_{\mathrm{g}}^2, \sigma_{\mathrm{g}}^2, \sigma_{\mathrm{b}}^2, \sigma_{\mathrm{b}}^2, \sigma_{\mathrm{b}}^2\}\Delta t$$

3. 观测方程

星体相对惯性系的姿态方向余弦阵实际值 $\boldsymbol{C}_{\mathrm{BI}}$ 与估计值 $\hat{\boldsymbol{C}}_{\mathrm{BI}}$ 具有如下关系：

$$\boldsymbol{C}_{\mathrm{BI}} \approx [\boldsymbol{I} - (\Delta\boldsymbol{\theta})^{\times}]\hat{\boldsymbol{C}}_{\mathrm{BI}} \tag{7-26}$$

式中：$\Delta\boldsymbol{\theta} = \begin{bmatrix} \Delta\theta_x \\ \Delta\theta_y \\ \Delta\theta_z \end{bmatrix}^{\times}$，$(\Delta\boldsymbol{\theta})^{\times}$ 为 $\Delta\boldsymbol{\theta}$ 的反斜对称阵，即

$$(\boldsymbol{\Delta\theta})^{\times}=\begin{bmatrix}0 & -\Delta\theta_z & \Delta\theta_y\\ \Delta\theta_z & 0 & -\Delta\theta_x\\ -\Delta\theta_y & \Delta\theta_x & 0\end{bmatrix}$$

则星敏感器的输出可表示为

$$\begin{aligned}\boldsymbol{Z}_{\mathrm{SIm}} &= \boldsymbol{C}_{\mathrm{BI}}^{\mathrm{T}}\boldsymbol{Z}_{\mathrm{SB}}+\Delta\boldsymbol{Z}_{\mathrm{SI}}\\ &\approx \hat{\boldsymbol{C}}_{\mathrm{BI}}^{\mathrm{T}}[\boldsymbol{I}+(\boldsymbol{\Delta\theta})^{\times}]\boldsymbol{Z}_{\mathrm{SB}}+\Delta\boldsymbol{Z}_{\mathrm{SI}}\\ &= \hat{\boldsymbol{Z}}_{\mathrm{SI}}-[\hat{\boldsymbol{C}}_{\mathrm{BI}}^{\mathrm{T}}(\boldsymbol{Z}_{\mathrm{SB}})^{\times}\quad \boldsymbol{0}]\delta\boldsymbol{X}+\Delta\boldsymbol{Z}_{\mathrm{SI}}\end{aligned}\tag{7-27}$$

式中：$\boldsymbol{Z}_{\mathrm{SB}}$为星敏感器光轴方向矢量在星体坐标系下的方位；$\hat{\boldsymbol{Z}}_{\mathrm{SI}}=\hat{\boldsymbol{C}}_{\mathrm{BI}}^{\mathrm{T}}\boldsymbol{Z}_{\mathrm{SB}}$。

针对式(7-27)星敏感器输出方程，下面给出三种形式的观测方程。

1）观测方程1

将$\boldsymbol{Z}_{\mathrm{SIm}}$投影到与$\hat{\boldsymbol{Z}}_{\mathrm{SI}}$垂直的平面，则有

$$\boldsymbol{V}_1^{\mathrm{T}}\boldsymbol{Z}_{\mathrm{SIm}}=[\boldsymbol{V}_1^{\mathrm{T}}\hat{\boldsymbol{C}}_{\mathrm{BI}}^{\mathrm{T}}(\boldsymbol{Z}_{\mathrm{SB}})^{\times}\quad \boldsymbol{0}]\delta\boldsymbol{X}+\zeta_1\tag{7-28a}$$

$$\boldsymbol{V}_2^{\mathrm{T}}\boldsymbol{Z}_{\mathrm{SIm}}=[\boldsymbol{V}_2^{\mathrm{T}}\hat{\boldsymbol{C}}_{\mathrm{BI}}^{\mathrm{T}}(\boldsymbol{Z}_{\mathrm{SB}})^{\times}\quad \boldsymbol{0}]\delta\boldsymbol{X}+\zeta_2\tag{7-28b}$$

式中：$\boldsymbol{V}_1$、$\boldsymbol{V}_2$、$\hat{\boldsymbol{Z}}_{\mathrm{SI}}$组成右手坐标系，$\zeta_1=\boldsymbol{V}_1^{\mathrm{T}}\Delta\boldsymbol{Z}_{\mathrm{SI}}$，$\zeta_2=\boldsymbol{V}_2^{\mathrm{T}}\Delta\boldsymbol{Z}_{\mathrm{SI}}$，且有

$$E\left\{\begin{bmatrix}\boldsymbol{\zeta}_1\\ \boldsymbol{\zeta}_2\end{bmatrix}\right\}=\boldsymbol{0},E\left\{\begin{bmatrix}\boldsymbol{\zeta}_1\\ \boldsymbol{\zeta}_2\end{bmatrix}[\boldsymbol{\zeta}_1\quad \boldsymbol{\zeta}_2]\right\}=\sigma_{\mathrm{s}}^2\boldsymbol{I}_{2\times2}$$

当利用两个星敏感器(分别以A、B区别)光轴测量时，根据式(7-28)可以得到对应星敏感器滤波器的观测方程：

对于星敏感器A，有

$$\boldsymbol{Z}_{1\mathrm{A}}=\boldsymbol{H}_{1\mathrm{A}}\delta\boldsymbol{X}+\boldsymbol{\zeta}_{\mathrm{A}}\tag{7-29a}$$

式中

$$\boldsymbol{Z}_{1\mathrm{A}}=\begin{bmatrix}\boldsymbol{V}_{1,\mathrm{A}}^{\mathrm{T}}\boldsymbol{Z}_{\mathrm{SIm,A}}\\ \boldsymbol{V}_{2,\mathrm{A}}^{\mathrm{T}}\boldsymbol{Z}_{\mathrm{SIm,A}}\end{bmatrix},\boldsymbol{H}_{1\mathrm{A}}=\begin{bmatrix}\boldsymbol{V}_{1,\mathrm{A}}^{\mathrm{T}}\hat{\boldsymbol{C}}_{\mathrm{BI}}^{\mathrm{T}}(\boldsymbol{Z}_{\mathrm{SB}})^{\times} & \boldsymbol{0}\\ \boldsymbol{V}_{2,\mathrm{A}}^{\mathrm{T}}\hat{\boldsymbol{C}}_{\mathrm{BI}}^{\mathrm{T}}(\boldsymbol{Z}_{\mathrm{SB}})^{\times} & \boldsymbol{0}\end{bmatrix},\boldsymbol{\zeta}_{\mathrm{A}}=\begin{bmatrix}\zeta_{1,\mathrm{A}}\\ \zeta_{2,\mathrm{A}}\end{bmatrix}$$

$$E\{\boldsymbol{\zeta}_{\mathrm{A}}\}=\boldsymbol{0},E\{\boldsymbol{\zeta}_{\mathrm{A}}\boldsymbol{\zeta}_{\mathrm{A}}^{\mathrm{T}}\}=\sigma_{\mathrm{s}}^2\boldsymbol{I}_{2\times2}$$

对于星敏感器B，有

$$\boldsymbol{Z}_{1\mathrm{B}}=\boldsymbol{H}_{1\mathrm{B}}\delta\boldsymbol{X}+\boldsymbol{\zeta}_{\mathrm{B}}\tag{7-29b}$$

式中

$$\boldsymbol{Z}_{1B}=\begin{bmatrix}\boldsymbol{V}_{1,B}^{T}\boldsymbol{Z}_{SIm,B}\\ \boldsymbol{V}_{2,B}^{T}\boldsymbol{Z}_{SIm,B}\end{bmatrix},\boldsymbol{H}_{1B}=\begin{bmatrix}\boldsymbol{V}_{1,B}^{T}\hat{\boldsymbol{C}}_{BI}^{T}(\boldsymbol{Z}_{SB})^{\times} & \boldsymbol{0}\\ \boldsymbol{V}_{2,B}^{T}\hat{\boldsymbol{C}}_{BI}^{T}(\boldsymbol{Z}_{SB})^{\times} & \boldsymbol{0}\end{bmatrix},\boldsymbol{\zeta}_{B}=\begin{bmatrix}\zeta_{1,B}\\ \zeta_{2,B}\end{bmatrix}$$

$$E\{\boldsymbol{\zeta}_{B}\}=\boldsymbol{0},E\{\boldsymbol{\zeta}_{B}\boldsymbol{\zeta}_{B}^{T}\}=\sigma_{s}^{2}\boldsymbol{I}_{2\times2}$$

将上述观测方程表示为如下形式：

对于星敏感器A，有

$$\{\boldsymbol{Z}_{1A},\boldsymbol{H}_{1A},\boldsymbol{R}_{1A}\}:\begin{cases}\boldsymbol{Z}_{1A}=\begin{bmatrix}\boldsymbol{V}_{1,A}^{T}\\ \boldsymbol{V}_{2,A}^{T}\end{bmatrix}\boldsymbol{Z}_{SIm,A}\\ \boldsymbol{H}_{1A}=\begin{bmatrix}\boldsymbol{V}_{1,A}^{T}\hat{\boldsymbol{C}}_{BI}^{T}(\boldsymbol{Z}_{SB})^{\times} & \boldsymbol{0}\\ \boldsymbol{V}_{2,A}^{T}\hat{\boldsymbol{C}}_{BI}^{T}(\boldsymbol{Z}_{SB})^{\times} & \boldsymbol{0}\end{bmatrix}\\ \boldsymbol{R}_{1A}=\sigma_{s}^{2}\boldsymbol{I}_{2\times2}\end{cases}\tag{7-30a}$$

对于星敏感器B，有

$$\{\boldsymbol{Z}_{1B},\boldsymbol{H}_{1B},\boldsymbol{R}_{1B}\}:\begin{cases}\boldsymbol{Z}_{1B}=\begin{bmatrix}\boldsymbol{V}_{1,B}^{T}\\ \boldsymbol{V}_{2,B}^{T}\end{bmatrix}\boldsymbol{Z}_{SIm,B}\\ \boldsymbol{H}_{1B}=\begin{bmatrix}\boldsymbol{V}_{1,B}^{T}\hat{\boldsymbol{C}}_{BI}^{T}(\boldsymbol{Z}_{SB})^{\times} & \boldsymbol{0}\\ \boldsymbol{V}_{2,B}^{T}\hat{\boldsymbol{C}}_{BI}^{T}(\boldsymbol{Z}_{SB})^{\times} & \boldsymbol{0}\end{bmatrix}\\ \boldsymbol{R}_{1B}=\sigma_{s}^{2}\boldsymbol{I}_{2\times2}\end{cases}\tag{7-30b}$$

2）观测方程2

由式(7-30)的观测方程1可知，观测矩阵$\boldsymbol{H}_A$、$\boldsymbol{H}_B$为时变的。为了设计常增益卡尔曼滤波器，由5.8.2节中离散定常系统的卡尔曼滤波器特性可知，在常系数状态方程(7-25)的基础上还需要保证观测矩阵常系数矩阵。对于两个观测方程$\{\boldsymbol{Z}_1,\boldsymbol{H}_1,\boldsymbol{R}_1\}$，$\{\boldsymbol{Z}_2,\boldsymbol{H}_2,\boldsymbol{R}_2\}$，在任意时刻给定相同的估计状态和协方差阵的情况下，若分别采用两个观测方程的观测量对状态更新后所得的方差阵仍相等，则称此两观测方程等价。在观测方程的等价充分条件为如下两个等式成立：

$$\boldsymbol{H}_1^{T}\boldsymbol{R}_1^{T}\boldsymbol{H}_1=\boldsymbol{H}_2^{T}\boldsymbol{R}_2^{T}\boldsymbol{H}_2\tag{7-31}$$

$$\boldsymbol{H}_1^{\mathrm{T}}\boldsymbol{R}_1^{-1}\boldsymbol{Z}_1=\boldsymbol{H}_2^{\mathrm{T}}\boldsymbol{R}_2^{-1}\boldsymbol{Z}_2 \tag{7-32}$$

对观测方程进行等价变换可得如下观测方程：

对于星敏感器A，有

$$\{\boldsymbol{Z}_{2\mathrm{A}},\boldsymbol{H}_{2\mathrm{A}},\boldsymbol{R}_{2\mathrm{A}}\}:\begin{cases}\boldsymbol{Z}_{2\mathrm{A}}=\boldsymbol{Z}_{\mathrm{SB,A}}^{\times}\hat{\boldsymbol{C}}_{\mathrm{BI}}\boldsymbol{V}_{1,\mathrm{A}}^{\mathrm{T}}\boldsymbol{Z}_{\mathrm{SIm,A}}\\ \boldsymbol{H}_{2\mathrm{A}}=[-\boldsymbol{I}\quad \boldsymbol{0}]\\ \boldsymbol{R}_{2\mathrm{A}}^{-1}=\dfrac{1}{\sigma_{\mathrm{s}}^2}(\boldsymbol{I}-\boldsymbol{Z}_{\mathrm{SB,A}}\boldsymbol{Z}_{\mathrm{SB,A}}^{\mathrm{T}})\end{cases} \tag{7-33a}$$

对于星敏感器B，有

$$\{\boldsymbol{Z}_{2\mathrm{B}},\boldsymbol{H}_{2\mathrm{B}},\boldsymbol{R}_{2\mathrm{B}}\}:\begin{cases}\boldsymbol{Z}_{2\mathrm{B}}=\boldsymbol{Z}_{\mathrm{SB,B}}^{\times}\hat{\boldsymbol{C}}_{\mathrm{BI}}\boldsymbol{V}_{1,\mathrm{B}}^{\mathrm{T}}\boldsymbol{Z}_{\mathrm{SIm,B}}\\ \boldsymbol{H}_{2\mathrm{B}}=[-\boldsymbol{I}\quad \boldsymbol{0}]\\ \boldsymbol{R}_{2\mathrm{B}}^{-1}=\dfrac{1}{\sigma_{\mathrm{s}}^2}(\boldsymbol{I}-\boldsymbol{Z}_{\mathrm{SB,B}}\boldsymbol{Z}_{\mathrm{SB,B}}^{\mathrm{T}})\end{cases} \tag{7-33b}$$

式中：$\boldsymbol{H}_{2\mathrm{A}}$、$\boldsymbol{H}_{2\mathrm{B}}$为常系数观测矩阵。

对于星敏感器A，有

$$\boldsymbol{H}_{1,\mathrm{A}}^{\mathrm{T}}\boldsymbol{R}_{1,\mathrm{A}}^{\mathrm{T}}\boldsymbol{H}_{1,\mathrm{A}}=\boldsymbol{H}_{2,\mathrm{A}}^{\mathrm{T}}\boldsymbol{R}_{2,\mathrm{A}}^{\mathrm{T}}\boldsymbol{H}_{2,\mathrm{A}}=\begin{bmatrix}\dfrac{1}{\sigma_{\mathrm{s}}^2}(\boldsymbol{I}-\boldsymbol{Z}_{\mathrm{SB,A}}\boldsymbol{Z}_{\mathrm{SB,A}}^{\mathrm{T}}) & \boldsymbol{0}\\ \boldsymbol{0} & \boldsymbol{0}\end{bmatrix}$$

$$\boldsymbol{H}_{1,\mathrm{A}}^{\mathrm{T}}\boldsymbol{R}_{1,\mathrm{A}}^{\mathrm{T}}\boldsymbol{Z}_{1,\mathrm{A}}=\boldsymbol{H}_{2,\mathrm{A}}^{\mathrm{T}}\boldsymbol{R}_{2,\mathrm{A}}^{\mathrm{T}}\boldsymbol{Z}_{2,\mathrm{A}}=\begin{bmatrix}\boldsymbol{Z}_{\mathrm{SB,A}}^{\times}\hat{\boldsymbol{C}}_{\mathrm{BI}}\boldsymbol{V}_{1,\mathrm{A}}^{\mathrm{T}}\boldsymbol{Z}_{\mathrm{SIm,A}} & \boldsymbol{0}\\ \boldsymbol{0} & \boldsymbol{0}\end{bmatrix}$$

对于星敏感器B具有相似结论。

3）观测方程3

两星敏感器的横轴矢量分别记为$\boldsymbol{X}_{\mathrm{SB,A}}$、$\boldsymbol{X}_{\mathrm{SB,B}}$、$\boldsymbol{Y}_{\mathrm{SB,A}}$、$\boldsymbol{Y}_{\mathrm{SB,B}}$，星敏感器测量有如下关系式：

对于星敏感器A，有

$$\begin{aligned}\boldsymbol{Y}_{\mathrm{SB,A}}^{\mathrm{T}}\hat{\boldsymbol{C}}_{\mathrm{BI}}\boldsymbol{Z}_{\mathrm{SIm,A}}&=-\boldsymbol{X}_{\mathrm{SB,A}}^{\mathrm{T}}\Delta\boldsymbol{\theta}+v_{1,\mathrm{A}}\\ \boldsymbol{X}_{\mathrm{SB,A}}^{\mathrm{T}}\hat{\boldsymbol{C}}_{\mathrm{BI}}\boldsymbol{Z}_{\mathrm{SIm,A}}&=\boldsymbol{Y}_{\mathrm{SB,A}}^{\mathrm{T}}\Delta\boldsymbol{\theta}+v_{2,\mathrm{A}}\end{aligned} \tag{7-34a}$$

对于星敏感器B，有

$$\begin{aligned}\boldsymbol{Y}_{\mathrm{SB,B}}^{\mathrm{T}}\hat{\boldsymbol{C}}_{\mathrm{BI}}\boldsymbol{Z}_{\mathrm{SIm,B}}&=-\boldsymbol{X}_{\mathrm{SB,B}}^{\mathrm{T}}\Delta\boldsymbol{\theta}+v_{1,\mathrm{B}}\\ \boldsymbol{X}_{\mathrm{SB,B}}^{\mathrm{T}}\hat{\boldsymbol{C}}_{\mathrm{BI}}\boldsymbol{Z}_{\mathrm{SIm,B}}&=\boldsymbol{Y}_{\mathrm{SB,B}}^{\mathrm{T}}\Delta\boldsymbol{\theta}+v_{2,\mathrm{B}}\end{aligned} \tag{7-34b}$$

式中 $\boldsymbol{v}_{\mathrm{A}}=\begin{bmatrix}v_{1,\mathrm{A}}\\ v_{2,\mathrm{A}}\end{bmatrix}=\begin{bmatrix}\boldsymbol{Y}_{\mathrm{SB,A}}^{\mathrm{T}}\hat{\boldsymbol{C}}_{\mathrm{BI}}\Delta\boldsymbol{Z}_{\mathrm{SI,A}}\\ \boldsymbol{X}_{\mathrm{SB,A}}^{\mathrm{T}}\hat{\boldsymbol{C}}_{\mathrm{BI}}\Delta\boldsymbol{Z}_{\mathrm{SI,A}}\end{bmatrix},\boldsymbol{v}_{\mathrm{B}}=\begin{bmatrix}v_{1,\mathrm{B}}\\ v_{2,\mathrm{B}}\end{bmatrix}=\begin{bmatrix}\boldsymbol{Y}_{\mathrm{SB,B}}^{\mathrm{T}}\hat{\boldsymbol{C}}_{\mathrm{BI}}\Delta\boldsymbol{Z}_{\mathrm{SI,B}}\\ \boldsymbol{X}_{\mathrm{SB,B}}^{\mathrm{T}}\hat{\boldsymbol{C}}_{\mathrm{BI}}\Delta\boldsymbol{Z}_{\mathrm{SI,B}}\end{bmatrix}$

$$E\{\boldsymbol{v}_{\mathrm{A}}\}=E\{\boldsymbol{v}_{\mathrm{B}}\}=\boldsymbol{0},E\{\boldsymbol{v}_{\mathrm{A}}\boldsymbol{v}_{\mathrm{A}}^{\mathrm{T}}\}=E\{\boldsymbol{v}_{\mathrm{B}}\boldsymbol{v}_{\mathrm{B}}^{\mathrm{T}}\}=\sigma_{\mathrm{s}}^{2}\boldsymbol{I}$$

由式(7－34)可得如下形式测量方程:

对于星敏感器 A,有

$$\{\boldsymbol{Z}_{3\mathrm{A}},\boldsymbol{H}_{3\mathrm{A}},\boldsymbol{R}_{3\mathrm{A}}\}:\begin{cases}\boldsymbol{Z}_{3\mathrm{A}}=\begin{bmatrix}\boldsymbol{Y}_{\mathrm{SB,A}}^{\mathrm{T}}\hat{\boldsymbol{C}}_{\mathrm{BI}}\\ \boldsymbol{X}_{\mathrm{SB,A}}^{\mathrm{T}}\hat{\boldsymbol{C}}_{\mathrm{BI}}\end{bmatrix}\boldsymbol{Z}_{\mathrm{SIm,A}}\\ \boldsymbol{H}_{3\mathrm{A}}=\begin{bmatrix}-\boldsymbol{X}_{\mathrm{SB,A}}^{\mathrm{T}} & \boldsymbol{0}\\ \boldsymbol{Y}_{\mathrm{SB,A}}^{\mathrm{T}} & \boldsymbol{0}\end{bmatrix}\\ \boldsymbol{R}_{3\mathrm{A}}=\sigma_{\mathrm{s}}^{2}\boldsymbol{I}\end{cases}\tag{7－35a}$$

对于星敏感器 B,有

$$\{\boldsymbol{Z}_{3\mathrm{A}},\boldsymbol{H}_{3\mathrm{A}},\boldsymbol{R}_{3\mathrm{A}}\}:\begin{cases}\boldsymbol{Z}_{3\mathrm{A}}=\begin{bmatrix}\boldsymbol{Y}_{\mathrm{SB,A}}^{\mathrm{T}}\hat{\boldsymbol{C}}_{\mathrm{BI}}\\ \boldsymbol{X}_{\mathrm{SB,A}}^{\mathrm{T}}\hat{\boldsymbol{C}}_{\mathrm{BI}}\end{bmatrix}\boldsymbol{Z}_{\mathrm{SIm,A}}\\ \boldsymbol{H}_{3\mathrm{A}}=\begin{bmatrix}-\boldsymbol{X}_{\mathrm{SB,A}}^{\mathrm{T}} & \boldsymbol{0}\\ \boldsymbol{Y}_{\mathrm{SB,A}}^{\mathrm{T}} & \boldsymbol{0}\end{bmatrix}\\ \boldsymbol{R}_{3\mathrm{A}}=\sigma_{\mathrm{s}}^{2}\boldsymbol{I}\end{cases}\tag{7－35b}$$

由上可知,$\boldsymbol{H}_{3\mathrm{A}}$、$\boldsymbol{H}_{3\mathrm{B}}$为常系数观测矩阵。

4. 系统的观测方程

针对系统状态方程式(7－24)和上述三种形式的观测方程,可以设计卡尔曼滤波方程,其中对于式(7－33)的观测方程 2 和式(7－35)的观测方程 3 可以采用稳态卡尔曼滤波增益阵 $\boldsymbol{K}$ 来减少滤波计算量。下面针对观测方程 2 给出如下卡尔曼滤波方程:

$$\delta\hat{\boldsymbol{X}}_{k/k}=\boldsymbol{K}_{k}\begin{bmatrix}\boldsymbol{Z}_{2,\mathrm{A}}\\ \boldsymbol{Z}_{2,\mathrm{B}}\end{bmatrix}\tag{7－36}$$

$$\hat{\boldsymbol{X}}_{k}=\hat{\boldsymbol{X}}_{k-1}+\delta\hat{\boldsymbol{X}}_{k/k}\tag{7－37}$$

$$\boldsymbol{K}_k = \boldsymbol{P}_{k/k}[\boldsymbol{H}_{2\mathrm{A}}^{\mathrm{T}} \boldsymbol{R}_{2\mathrm{A}}^{-1} \quad \boldsymbol{H}_{2\mathrm{B}}^{\mathrm{T}} \boldsymbol{R}_{2\mathrm{B}}^{-1}] \tag{7-38}$$

$$\boldsymbol{P}_{k/k-1}^{-1} = (\boldsymbol{\Phi} \boldsymbol{P}_{k-1/k-1} \boldsymbol{\Phi}^{\mathrm{T}} + \boldsymbol{Q})^{-1} \tag{7-39}$$

$$\boldsymbol{P}_{k/k}^{-1} = \boldsymbol{P}_{k/k-1}^{-1} + \frac{1}{\sigma_{\mathrm{s}}^2}\begin{bmatrix} \boldsymbol{I} - \boldsymbol{Z}_{\mathrm{SB,A}} \boldsymbol{Z}_{\mathrm{SB,A}}^{\mathrm{T}} & \boldsymbol{0} \\ \boldsymbol{0} & \boldsymbol{0} \end{bmatrix} + \frac{1}{\sigma_{\mathrm{s}}^2}\begin{bmatrix} \boldsymbol{I} - \boldsymbol{Z}_{\mathrm{SB,B}} \boldsymbol{Z}_{\mathrm{SB,B}}^{\mathrm{T}} & \boldsymbol{0} \\ \boldsymbol{0} & \boldsymbol{0} \end{bmatrix} \tag{7-40}$$

状态估计方程式(7－36)还可以表示为

$$\delta \hat{\boldsymbol{X}}_{k/k} = \frac{1}{\sigma_{\mathrm{s}}^2} \boldsymbol{P}_{k/k} \begin{bmatrix} \boldsymbol{Z}_{\mathrm{SB,A}}^{\times} \hat{\boldsymbol{C}}_{\mathrm{BI}} \boldsymbol{Z}_{\mathrm{SIm,A}} + \boldsymbol{Z}_{\mathrm{SB,B}}^{\times} \hat{\boldsymbol{C}}_{\mathrm{BI}} \boldsymbol{Z}_{\mathrm{SIm,B}} \\ \boldsymbol{0} \end{bmatrix}$$

7.4.2　具有短周期测量误差的姿态确定

基于星敏感器和陀螺组成的姿态确定系统,广泛应用于高精度指向要求的卫星。卫星姿态确定一般采用卡尔曼滤波技术,但是卡尔曼滤波器是在系统噪声和观测噪声均为白噪声的假设前提下获得的。在姿态确定的研究中,往往将星敏感器的测量误差简单当作白噪声来处理,但是对高精度姿态控制系统这种简化处理已不合适。

实际星敏感器误差含有一些误差源,主要包括常值误差、短周期误差和随机误差。其中,短周期误差也称为低频误差,其主要由星敏感器视场成像天区、曝光过程以及空间热环境等因素导致,其信息周期主要涵盖几十秒到几个轨道周期。系统误差一般可以通过在轨进行标定。随机噪声一般通过星敏感器数据与陀螺数据进行联合滤波进行抑制。因此,短周期误差是目前制约姿态确定精度提高的关键因素之一。

针对星敏感器的短周期误差展开了一些相关研究,一方面是通过热－机械综合设计和高精度畸变校准;另一方面采取如方差调整和状态扩维等手段对卡尔曼滤波器进行优化。此外,还有一种研究思路就是对短周期误差进行辨识。本节介绍一种多模型的卡尔曼滤波器设计方法,以辨识出星敏感器的低频误差,实现卫星姿态确定精度的提高。

1. 问题描述和多模型自适应估计

1）线性系统模型

考虑如下观测模型具有不确定项的离散线性系统

$$\boldsymbol{X}_k = \boldsymbol{\Phi} \boldsymbol{X}_{k-1} + \boldsymbol{W}_k \tag{7-41}$$

$$\boldsymbol{Y}_k = \boldsymbol{H}\boldsymbol{X}_k + \Delta\boldsymbol{y}_k + \boldsymbol{V}_k \tag{7-42}$$

式中：$\boldsymbol{X}_k \in R^{\mathrm{L}}$为状态矢量；$\boldsymbol{\Phi}$ 为状态转移阵；$\boldsymbol{Y}_k \in R^{\mathrm{M}}$ 为观测矢量；$\boldsymbol{H}$ 为观测矩阵，$\boldsymbol{W}_k \in R^{\mathrm{L}}$ 与$\boldsymbol{V}_k \in R^{\mathrm{M}}$ 为零均值高斯白噪声，且协方差满足：

$$E\{\boldsymbol{W}_k \boldsymbol{W}_j^{\mathrm{T}}\} = \boldsymbol{Q}\delta_{kj}, E\{\boldsymbol{V}_k \boldsymbol{V}_j^{\mathrm{T}}\} = \boldsymbol{R}\delta_{kj} \tag{7-43}$$

式中：$\boldsymbol{Q}$ 、$\boldsymbol{R}$ 为确定的正定阵；$\Delta\boldsymbol{y}_k$表示星敏感器的低频误差矩阵 $\boldsymbol{\Phi}$ 和 $\boldsymbol{H}$ 的具体形式，将在下面给出。

相关文献对星感器误差周期误差特性进行了研究，研究表明该误差周期主要为热导致的轨道周期。针对周期误差特点，待校正误差项 $\Delta\boldsymbol{y}_k$可表示为傅里叶级数形式：

$$\Delta\boldsymbol{y}_k = [\Delta y_{1k} \quad \Delta y_{2k} \quad \cdots \quad \Delta y_{Mk}]^{\mathrm{T}} \tag{7-44}$$

$$\Delta y_{mk} = \sum_{n=1}^{\infty}[a_{mn}\cos(n\omega k) + b_{mn}\sin(n\omega k)], m = 1, \cdots, M \tag{7-45}$$

式中：Δy_{mk}为 矢量的$\Delta\boldsymbol{y}_k$ 的第 m 个分量；a_{mn}、b_{mn}分别为余弦函数和正弦函数的未知幅值；ω 为周期信号的基频，对于低频误差可由下式计算，即

$$\omega = \frac{2\pi}{T} \tag{7-46}$$

其中：T 为卫星的轨道周期。

由于该频率非常低（可长达数千秒），因此采用常规的低通滤波器无法将其从系统频率中滤掉。

2）卡尔曼滤波方程

由于低频误差的实际模型 $\Delta\boldsymbol{y}_k$ 为不确知项，因此采用如下方程作为卡尔曼滤波器设计的观测方程：

$$\boldsymbol{Y}_k = \boldsymbol{H}\boldsymbol{X}_k + \boldsymbol{V}_k \tag{7-47}$$

对于式(7-41) 和式(7-47)描述的系统，可设计出标准形式的卡尔曼滤波器。给定初始条件$\hat{\boldsymbol{X}}_0$ 和$\boldsymbol{P}_{0/0}$，卡尔曼滤波器的表达式为

$$\hat{\boldsymbol{X}}_{k|k-1} = \boldsymbol{\Phi}\hat{\boldsymbol{X}}_{k-1/k-1} \tag{7-48}$$

$$\boldsymbol{P}_{k/k-1} = \boldsymbol{\Phi}\boldsymbol{P}_{k-1/k-1}\boldsymbol{\Phi}^{\mathrm{T}} + \boldsymbol{Q} \tag{7-49}$$

$$\boldsymbol{S}_k = \boldsymbol{H}\boldsymbol{P}_{k|k-1}\boldsymbol{H}_k^{\mathrm{T}} + \boldsymbol{R} \tag{7-50}$$

$$\boldsymbol{K}_k = \boldsymbol{P}_{k/k-1}\boldsymbol{H}^{\mathrm{T}}\boldsymbol{S}_k^{-1} \tag{7-51}$$

$$\hat{\boldsymbol{X}}_k = \hat{\boldsymbol{X}}_{k|k-1} + \boldsymbol{K}_k(\boldsymbol{Y}_k - \boldsymbol{H}\hat{\boldsymbol{X}}_{k|k-1}) \tag{7-52}$$

$$\boldsymbol{P}_{k/k} = (\boldsymbol{I} - \boldsymbol{K}_k\boldsymbol{H})\boldsymbol{P}_{k/k-1}(\boldsymbol{I} - \boldsymbol{K}_k\boldsymbol{H})^{\mathrm{T}} + \boldsymbol{K}_k\boldsymbol{R}\boldsymbol{K}_k^{\mathrm{T}} \tag{7-53}$$

式中：$\hat{\boldsymbol{X}}_k$、$\boldsymbol{P}_{k/k}$分别为状态估计及其对应的协方差阵；$\boldsymbol{K}_k$为卡尔曼滤波增益；$\boldsymbol{S}_k$为残差协方差阵；残差$\tilde{\boldsymbol{Y}}_k$ 的表达式为

$$\tilde{\boldsymbol{Y}}_k = \boldsymbol{Y}_k - \boldsymbol{H}\hat{\boldsymbol{X}}_{k/k-1} \tag{7-54}$$

对于给定的系统，矩阵$\boldsymbol{F}$ 、$\boldsymbol{H}$ 、$\boldsymbol{Q}$ 和$\boldsymbol{R}$ 一般为时不变的，基于里卡蒂微分方程解的理论，式(7-49) 和式(7-53) 将趋向常值$\boldsymbol{P}$ ，因此$\boldsymbol{S}_k$ 和$\boldsymbol{K}_k$也趋向常值矩阵。假定$\boldsymbol{K}$ 为常增益阵，可得到如下常增益卡尔曼滤波器的表达式：

$$\hat{\boldsymbol{X}}_{k,k-1} = \boldsymbol{\Phi}\hat{\boldsymbol{X}}_{k-1/k-1} \tag{7-55}$$

$$\hat{\boldsymbol{X}}_{k/k} = \hat{\boldsymbol{X}}_{k/k-1} + \boldsymbol{K}(\boldsymbol{Y}_k - \boldsymbol{H}\hat{\boldsymbol{X}}_{k/k-1}) \tag{7-56}$$

对于对地定向卫星，常增益$\boldsymbol{K}$ 可通过卫星的标称轨道来确定。

3）多模型自适应估计器

由上述标准形式的卡尔曼滤波器可知，当考虑星敏感器低频误差后将使得滤波性能明显降低。在本节介绍采用基本的多模型自适应估计器（Multiple Model Adaptive Estimation，MMAE）算法来估计低频误差的未知参数。对于MMAE 算法，其假定一个具有未知参数的模型可通过预先给定的一组模型集的模型来充分逼近。对于考虑的系统，模型集可如下表示：

$$\boldsymbol{X}_k = \boldsymbol{\Phi}\boldsymbol{X}_{k-1} + \boldsymbol{W}_k \tag{7-57}$$

$$\boldsymbol{Y}_k = \boldsymbol{H}\boldsymbol{X}_k + \Delta\boldsymbol{y}_k^{(\tau)} + \boldsymbol{V}_k \quad (\tau = 1,\cdots,\Gamma) \tag{7-58}$$

式中：τ 为系统模型指数；$\Gamma \in \boldsymbol{N}$ 为整个模型集中的模型个数。其中动力学方程式(7-57) 同式(7-41)。

由于假定a_{mn}与b_{mn}为常值，模型指数τ 也为非时变的，在此情况下，在K时刻的误差序列可表示为

$$\Delta\boldsymbol{y}_{1k} \in \{\Delta\boldsymbol{y}_{1k}^{(1)},\Delta\boldsymbol{y}_{1k}^{(2)},\cdots,\Delta\boldsymbol{y}_{1k}^{(\Gamma)}\} \tag{7-59}$$

式中：$\Delta\boldsymbol{y}_{1:k}^{(\tau)}$表示$\tau$ 模型的误差序列，对应的误差可表示为

$$\Delta\boldsymbol{y}_k^{(\tau)} = [\Delta y_{1k}^{(\tau)} \quad \Delta y_{2k}^{(\tau)} \quad \cdots \quad \Delta y_{mk}^{(\tau)}]^{\mathrm{T}} \tag{7-60}$$

对于式(7-45) 进行N 截断，则对应模型的误差m 分量为

$$\Delta y_{mk}^{(\tau)} = \sum_{n=1}^{N}[a_{mn}(\tau)\cos(n\omega k) + b_{mn}(\tau)\sin(n\omega k)] \quad (m = 1,\cdots,M) \tag{7-61}$$

假定未知参数a_{mn}与b_{mn}包含于下列参数集中，即

$$a_{mn}(\tau) \in \{a_{mn}^{(1)},a_{mn}^{(2)},\cdots,a_{mn}^{(\Gamma_a)}\},\ b_{mn}(\tau) \in \{b_{mn}^{(1)},b_{mn}^{(2)},\cdots,b_{mn}^{(\Gamma_b)}\} \tag{7-62}$$

式中：$\boldsymbol{\Gamma}_a \in \boldsymbol{N}, \boldsymbol{\Gamma}_b \in \boldsymbol{N}$ 为参数集的参数数目，一般 $\boldsymbol{\Gamma}_a$ 与 $\boldsymbol{\Gamma}_b$远远小于 $\boldsymbol{\Gamma}$。

对于上述考虑的系统，MMAE 算法的步骤如下：

(1) 子模型独立滤波。每个模型对应的卡尔曼滤波器对其状态和协方差阵进行预测与更新。对于滤波器，其状态估计值$\hat{\boldsymbol{X}}_{k/k}^{(\tau)}$和对应的方差阵$\boldsymbol{P}_k^{(\tau)}$ 可通过下式计算得到，即

$$\hat{\boldsymbol{X}}_{k/k-1}^{(\tau)} = \boldsymbol{\Phi}\hat{\boldsymbol{X}}_{k-1/k-1}^{(\tau)}, \boldsymbol{P}_{k/k}^{(\tau)} = \boldsymbol{P} \tag{7-63}$$

$$\hat{\boldsymbol{X}}_k^{(\tau)} = \hat{\boldsymbol{X}}_{k/k-1}^{(\tau)} + \boldsymbol{K}(\boldsymbol{Y}_k - \boldsymbol{H}\hat{\boldsymbol{X}}_{k/k-1}^{(\tau)} - \Delta\boldsymbol{y}_k^{(\tau)}) \quad (\tau = 1, \cdots, \Gamma) \tag{7-64}$$

式中：$\Delta\boldsymbol{y}_k^{(\tau)}$ 由式(7-60)和式(7-61)计算得到。

由于误差 $\Delta\boldsymbol{y}_k^{(\tau)}$ 不影响 $\boldsymbol{P}$ 与 $\boldsymbol{K}$ 的计算，因此并行卡尔曼滤波器中的 $\boldsymbol{P}$ 和 $\boldsymbol{K}$ 与前所述标准卡尔曼滤波器的相应变量相同。

(2) 模型的概率度计算。通过残差与对应的协方差阵来计算条件概率度。在高斯的假设下，第 τ 滤波器的相似度为

$$\Lambda_k^{(\tau)} = \frac{1}{\sqrt{|2\pi\boldsymbol{S}|}}\exp\left[-\frac{1}{2}(\tilde{\boldsymbol{Y}}_k^{(\tau)})^{\mathrm{T}}\boldsymbol{S}^{-1}(\tilde{\boldsymbol{Y}}_k^{(\tau)})\right] \quad (\tau = 1, \cdots, \Gamma) \tag{7-65}$$

式中

$$\tilde{\boldsymbol{Y}}_k^{(\tau)} = \boldsymbol{Y}_k - \boldsymbol{H}\hat{\boldsymbol{X}}_{k/k-1}^{(\tau)} - \Delta\boldsymbol{y}_k^{(\tau)} \tag{7-66}$$

$$\boldsymbol{S} = \boldsymbol{H}(\boldsymbol{\Phi P \Phi}^{\mathrm{T}} + \boldsymbol{Q})\boldsymbol{H}^{\mathrm{T}} + \boldsymbol{R} \tag{7-67}$$

分别为残差矢量与其协方差阵，对于一个特定假设下，其条件概率可表示为

$$\mu_k^{(\tau)} = \frac{\mu_{k-1}^{(\tau)}\Lambda_k^{(\tau)}}{\sum_{\tau=1}^{\Gamma}\mu_{k-1}^{(\tau)}\Lambda_k^{(\tau)}} \tag{7-68}$$

(3) 综合。综合状态估计$\hat{\boldsymbol{X}}_{k/k}$和其协方差$\boldsymbol{P}_{k/k}$可通过$\hat{X}_k^{(\tau)}$和$\boldsymbol{P}_k^{(\tau)}$ 的权值计算得到，即

$$\hat{\boldsymbol{X}}_{k/k} = \sum_{\tau=1}^{\Gamma}\mu_k^{(\tau)}\hat{\boldsymbol{X}}_{k/k}^{(\tau)} \tag{7-69}$$

$$\boldsymbol{P}_{k/k} = \sum_{\tau=1}^{\Gamma}\mu_k^{(\tau)}[\boldsymbol{P}_{k/k}^{(\tau)} + (\hat{\boldsymbol{X}}_{k/k} - \hat{\boldsymbol{X}}_{k/k}^{(\tau)})(\hat{\boldsymbol{X}}_{k/k} - \hat{\boldsymbol{X}}_{k/k}^{(\tau)})^{\mathrm{T}}] \tag{7-70}$$

通过式 (7-63) ~式(5-70)的迭代，可从观测信息$\boldsymbol{Y}_k(k=1,2,\cdots)$中得到估计状态$\hat{\boldsymbol{X}}_{k/k}$。

2. 基于改进多模型自适应估计的卫星姿态确定方法

为了使得未知参数值包含于多模型的参数集中，则采用上述多模型自适

应估计需要足够多的参数,针对该问题本节介绍一种改进多模型自适应估计方法。采用卡尔曼滤波的状态估计$\hat{\boldsymbol{X}}_k$与低频误差$\Delta \boldsymbol{y}_k$具有如下关系:

对于式(7－41)和式(7－42)描述的系统,以及式(7－55)和式(7－56)描述的常增益卡尔曼滤波器,假定$\hat{\boldsymbol{X}}_{0/0}=\boldsymbol{X}_0$,则状态估计卡尔曼滤波器可以表示为

$$\hat{\boldsymbol{X}}_k = \boldsymbol{X}_k + \boldsymbol{K}\Delta \boldsymbol{y}_k + \boldsymbol{\chi}(\Delta \boldsymbol{y}_{1:k-1}, \boldsymbol{V}_{1:k}, \boldsymbol{W}_{1:k}) \quad (7-71)$$

式中

$$\boldsymbol{\chi}(\Delta \boldsymbol{y}_{1:k-1}, \boldsymbol{V}_{1:k}, \boldsymbol{W}_{1:k}) = \sum_{i=1}^{k-1} \boldsymbol{T}_{ik}\boldsymbol{K}\Delta \boldsymbol{y}_i + \sum_{i=1}^{k} \boldsymbol{T}_{ik}\boldsymbol{K}\boldsymbol{V}_i - \sum_{i=1}^{k} \boldsymbol{T}_{ik}(\boldsymbol{I}-\boldsymbol{K}\boldsymbol{H})\boldsymbol{W}_i$$

$$\boldsymbol{T}_{ik} = \begin{cases} \boldsymbol{I} & (i=k) \\ \prod_{j=i}^{k-1}(\boldsymbol{I}-\boldsymbol{K}\boldsymbol{H})\boldsymbol{\Phi} & (i=1,\cdots,k-1) \end{cases}$$

从上述结论可知,状态估计$\hat{\boldsymbol{X}}_k$包含了低频误差$\Delta \boldsymbol{y}_k$的影响。由于低频误差可以表示基频为ω的傅里叶级数形式,因此在$\hat{\boldsymbol{X}}_k$中频率为$n\omega(n=1,2,\cdots)$的正弦或余弦分量,即为低频误差的影响,改进的多模型自适应滤波算法就是通过对$\hat{\boldsymbol{X}}_k$进行谱分析检测是否存在频率为$n\omega$的信息,并通过一组卡尔曼滤波器确定出幅值a_{mn}与b_{mn},并用获取的参数去消除低频误差$\Delta \boldsymbol{y}_k$的影响。具体算法步骤如下:

(1) 频率提取。通过基于式(7－41)和式(7－47)设计的标准卡尔曼滤波器可得到粗状态估计$\hat{\boldsymbol{X}}_{1:k}$序列,具体迭代算法如式(7－55)和式(7－56)。通过对估计状态各分量的离散傅里叶变换可得到其频率谱,即

$$\psi_{x,l}(f) = \mathrm{DFT}(\hat{\boldsymbol{X}}_{l,1:k}) \quad (l=1,\cdots,L)$$

式中:$\psi_{x,l}(f)$为状态估计的第l分量的频率谱函数;DFT(·)为离散傅里叶变换函数;$\hat{\boldsymbol{X}}_{l,1:k}$为状态估计的第$l$分量;$f$为频率。

由于$\sin(n\omega k)$和$\cos(n\omega k)$函数在频率点$n\omega$为单点峰值,于是利用函数$\psi_{x,l}(n\omega)$来衡量因误差$\Delta \boldsymbol{y}_k$引起的模型误差。通过频谱,可获取一组固定的参数

$$n \in \{n^{(1)}, n^{(2)}, \cdots, n^{(\Gamma_n)}\}$$

式中:$\Gamma_n \in \boldsymbol{N}$为参数集中的参数总数目。

(2) 参数识别。在参数集中的第n个参数表示为$n^{(r)}$　$(r=1,\cdots,\Gamma_n)$。在频率点$n^{(r)}\omega$处的误差可表示为

$$\Delta \boldsymbol{y}_k^{(\tau)}(n^{(r)}) = [\Delta y_{1k}^{(\tau)}(n^{(r)}) \quad \Delta y_{2k}^{(\tau)}(n^{(r)}) \quad \cdots \quad \Delta y_{Mk}^{(\tau)}(n^{(r)})]^{\mathrm{T}}$$

式中：$\Delta y_{mk}^{(\tau)}(n^{(r)})=a_{mn}(\tau)\cos(n^{(r)}\omega k)+b_{mn}(\tau)\sin(n^{(r)}\omega k)$，参数集 a_{mn} 与 b_{mn} 如式(7-62)所示。

令 $r=1$，对于每一个模型 $\Delta \boldsymbol{y}_k^{(\tau)}(\tau=1,\cdots,\Gamma)$，在假定该模型与实际相匹配的情况下可通过卡尔曼滤波器式(7-63)和式(7-64)得到状态估计，本步骤与 MMAE 算法相同。各状态估计 $\hat{\boldsymbol{X}}_{1:k}^{(\tau)}(\tau=1,\cdots,\Gamma)$ 可由傅里叶变换得到

$$\psi_{x,l}^{(\tau)}(f)=\mathrm{DFT}(\hat{\boldsymbol{x}}_{l,1k}^{(\tau)})$$

定义如下代价函数

$$J(a_{mn}(\tau),b_{mn}(\tau))=\sum_{l=1}^{L}\mathrm{abs}\psi_{x,l}^{(\tau)}(n^{(r)}\omega)$$

式中：abs(·)为绝对值函数。

对于频率谱 $\psi_{x,l}^{(\tau)}(f)(\tau=1,\cdots,\Gamma)$ 来评价代价函数，第 τ 个滤波器中的参数 $a_{mn}(\tau)$ 和 $b_{mn}(\tau)$ 通过极小化代价函数来作为 $\sin(n^{(r)}\omega k)$ 和 $\cos(n^{(r)}\omega k)$ 参考幅值，选取的参数 $a_{mn}(\tau)$ 和 $b_{mn}(\tau)$ 分别表示为 $a_{mn}^{(r)}$ 和 $b_{mn}^{(r)}$。

令 $r=r+1$，重复步骤(2)中的过程直至 $r=\Gamma_n$，这样可得到所合适描述低频误差的参数 $n^{(r)}$，$a_{mn}^{(r)}$ 和 $b_{mn}^{(r)}(r=1,\cdots,\Gamma_n)$。

(3) 状态估计。通过依据式(7-41) 与式(7-42)模型设计的卡尔曼滤波器可获得准确的状态估计，并且低频误差 $\Delta \boldsymbol{y}_k$ 可用如下公式近似：

$$\Delta \hat{\boldsymbol{y}}_k=[\Delta\hat{y}_{1k}\quad \Delta\hat{y}_{2k}\quad \cdots\quad \Delta\hat{y}_{Mk}]^{\mathrm{T}}$$

$$\Delta\hat{y}_{mk}=\sum_{r=1}^{\Gamma_n}[a_{mn}^{(r)}\cos(n^{(r)}\omega k)+b_{mn}^{(r)}\sin(n^{(r)}\omega k)]\quad (m=1,\cdots,M)$$

整个卡尔曼滤波器由式 (7-55)和式 $\hat{\boldsymbol{X}}_k=\hat{\boldsymbol{X}}_{k|k-1}+\boldsymbol{K}(\boldsymbol{Y}_k-\boldsymbol{H}\hat{\boldsymbol{X}}_{k|k-1}-\Delta\hat{\boldsymbol{y}}_k)$ 组成。

3. 数学仿真分析

1) 仿真模型

系统姿态误差模型如下：

$$\begin{bmatrix}\delta\dot{\boldsymbol{q}}_v\\ \delta\dot{\boldsymbol{b}}\end{bmatrix}=\begin{bmatrix}\hat{\boldsymbol{\omega}}\times & -\dfrac{1}{2}\boldsymbol{I}_{3\times3}\\ \boldsymbol{0}_{3\times3} & \boldsymbol{0}_{3\times3}\end{bmatrix}\begin{bmatrix}\delta\boldsymbol{q}_v\\ \delta\boldsymbol{b}\end{bmatrix}+\begin{bmatrix}-\dfrac{1}{2}\boldsymbol{I}_{3\times3} & \boldsymbol{0}_{3\times3}\\ \boldsymbol{0}_{3\times3} & \boldsymbol{I}_{3\times3}\end{bmatrix}\begin{bmatrix}\boldsymbol{w}_{\mathrm{g}}\\ \boldsymbol{w}_{\mathrm{b}}\end{bmatrix}$$

式中：$\delta\boldsymbol{q}_v=[\delta q_1\quad \delta q_2\quad \delta q_3]^{\mathrm{T}}$ 为误差四元数的矢量部分，误差四元数 $\delta\boldsymbol{q}=$

$[\delta \boldsymbol{q}_v^{\mathrm{T}} \quad \delta q_4]^{\mathrm{T}}$ 由卫星真实姿态 $\boldsymbol{q} = [q_1 \quad q_2 \quad q_3 \quad q_4]^{\mathrm{T}}$ 和其估计值 $\hat{\boldsymbol{q}} = [\hat{q}_1 \quad \hat{q}_2 \quad \hat{q}_3 \quad \hat{q}_4]^{\mathrm{T}}$ 确定,即

$$\delta \boldsymbol{q} = \boldsymbol{q} \otimes \hat{\boldsymbol{q}}^{-1}$$

$\delta \boldsymbol{b} = [\delta b_x \quad \delta b_y \quad \delta b_z]^{\mathrm{T}}$ 为陀螺漂移误差,是陀螺真实漂移 $\boldsymbol{b} = [b_x \quad b_y \quad b_z]^{\mathrm{T}}$ 与其估计值 $\hat{\boldsymbol{b}} = [\hat{b}_x \quad \hat{b}_y \quad \hat{b}_z]^{\mathrm{T}}$ 的偏差,即

$$\delta \boldsymbol{b} = \boldsymbol{b} - \hat{\boldsymbol{b}}$$

$\hat{\boldsymbol{\omega}} = [\hat{\omega}_x \quad \hat{\omega}_y \quad \hat{\omega}_z]^{\mathrm{T}}$ 为星体角速度估计值,即

$$\hat{\boldsymbol{\omega}} = \boldsymbol{g}_m - \hat{\boldsymbol{b}}$$

式中:$\boldsymbol{g}_m = [g_{mx} \quad g_{my} \quad g_{mz}]^{\mathrm{T}}$。

$\boldsymbol{w}_{\mathrm{g}}$为漂移误差,$\boldsymbol{w}_{\mathrm{b}}$为随机游走误差。

测量方程可表示为

$$\delta \boldsymbol{q}_{\mathrm{sv}} = [\boldsymbol{I}_{3\times3} \quad \boldsymbol{0}_{3\times3}] \begin{bmatrix} \delta \boldsymbol{q}_v \\ \delta \boldsymbol{b} \end{bmatrix} + \boldsymbol{v}_{\mathrm{s}}$$

式中:$\delta \boldsymbol{q}_{\mathrm{sv}}$为姿态测量误差四元数的矢量部分,姿态测量误差四元数由下式可得

$$\delta \boldsymbol{q}_{\mathrm{s}} = \boldsymbol{q}_{\mathrm{s}} \otimes \hat{\boldsymbol{q}}^{-1}$$

式中:$\boldsymbol{q}_{\mathrm{s}} = [q_{\mathrm{s}1} \quad q_{\mathrm{s}2} \quad q_{\mathrm{s}3} \quad q_{\mathrm{s}4}]^{\mathrm{T}}$ 为星敏感器输出;$\boldsymbol{v}_{\mathrm{s}}$为测量噪声。

2）仿真条件

卫星轨道初始条件:半长轴 $a = 7087.457\mathrm{km}$,偏心率 $e = 1.99 \times 10^{-3}$, 轨道倾角 $i = 98.153°$, 升交点赤经 $\Omega = -30.534°$,真近点角 $\omega = -0.133°$,以及平近点角 $M = 3.387°$。陀螺常值漂移 0.06(°)/h, 星敏感器的随机噪声为 5″,星敏感器的低频噪声通过下式模拟

$$\boldsymbol{q}_{ek} = \Delta \boldsymbol{q}_k \otimes \boldsymbol{q}_k$$

式中:$\Delta \boldsymbol{q}_k = [\Delta q_{1k} \quad \Delta q_{2k} \quad \Delta q_{3k} \quad 1]^{\mathrm{T}}$,其分量表示为

$$\Delta q_{mk} = \sum_{n=1}^{4} [a_{mn}\cos(n\omega k) + b_{mn}\sin(n\omega k)] \quad (m = 1,2,3)$$

各参数为

$$a_{11} = a_{21} = a_{31} = 0, b_{11} = b_{21} = b_{31} = 2''$$
$$a_{12} = a_{22} = a_{32} = 7'', b_{12} = b_{22} = b_{32} = 0$$

$$a_{13}=a_{23}=a_{33}=0, b_{13}=b_{23}=b_{33}=0$$

$$a_{14}=a_{24}=a_{34}=0, b_{14}=b_{24}=b_{34}=4''$$

模拟的星敏感器低频误差 $\boldsymbol{q}_{ek}$ 引入到星敏感器输出 $\boldsymbol{q}_{s}$。

卡尔曼滤波器中的矩阵 $\boldsymbol{Q}$ 、$\boldsymbol{R}$ 通过星敏感器测量噪声和陀螺的噪声计算得到,即

$$\boldsymbol{Q}=\begin{bmatrix}\sigma_{g}^{2}\boldsymbol{I}_{3\times3} & \boldsymbol{0}_{3\times3}\\ \boldsymbol{0}_{3\times3} & \sigma_{d}^{2}\boldsymbol{I}_{3\times3}\end{bmatrix}, \boldsymbol{R}=\sigma_{s}\boldsymbol{I}_{3\times3}$$

式中:$\sigma_{g}=0.06(°)/h$;$\sigma_{d}=0.002(°)/h$;$\sigma_{s}=5''$。

对于改进的 MMAE 算法,a_{mn}、b_{mn}的参数集选为

$$a_{mn}\in\{-6,-3,0,3,6\}, b_{mn}\in\{-6,-3,0,3,6\}$$

采用了 10 个轨道周期 1s 采样的测量数据来对低频误差进行辨识。

3）仿真结果

采用标准卡尔曼滤波方法和扩维卡尔曼滤波方法得到的三轴姿态确定结果分别如图 7 –2 和图 7 –3 所示。图 7 –4 给出采用标准卡尔曼滤波得到的陀螺常值漂移估计值功率谱,从图中可以看出陀螺常值漂移明显含有轨道周期及轨道周期倍数的频率信息。

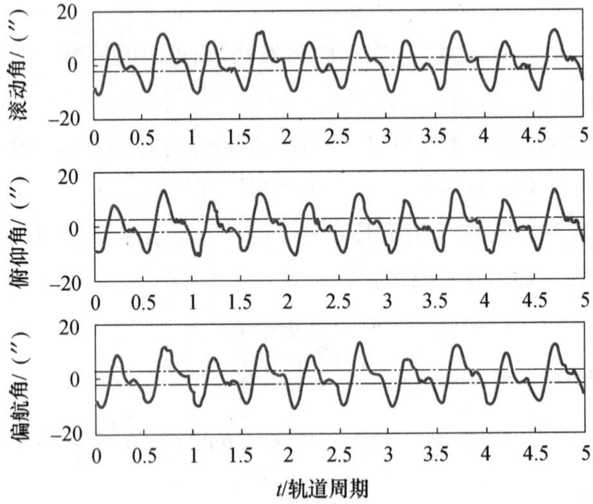

图 7 –2　标准卡尔曼滤波姿态确定结果

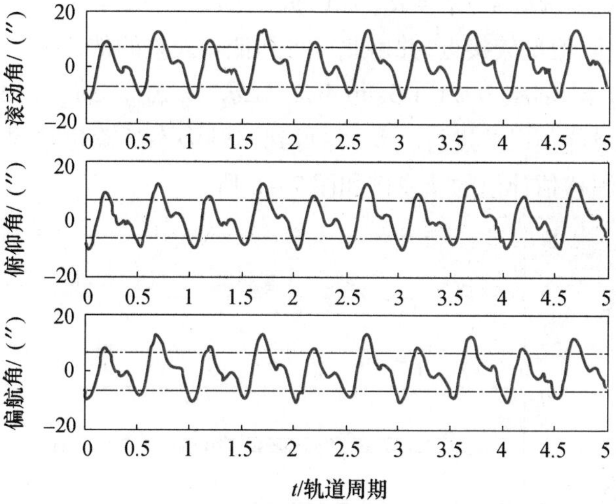

图7-3 扩维卡尔曼滤波的姿态确定结果

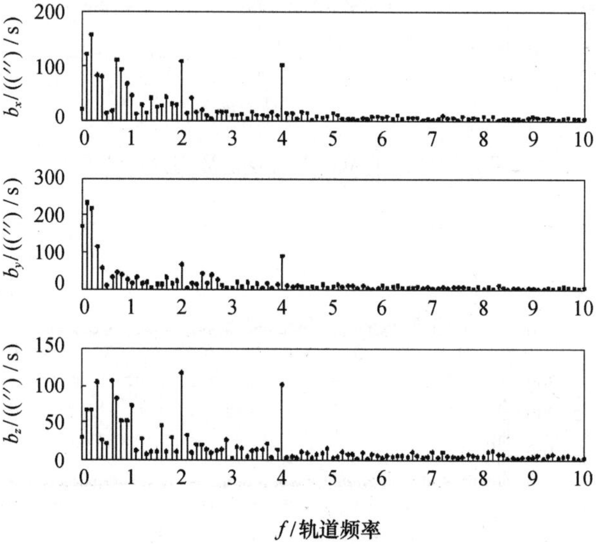

图7-4 标准卡尔曼滤波陀螺常值漂移估计的功率谱

采用改进的 MMAE 算法进行姿态确定,获取在频率点 2ω 和 4ω 处的参数为

$$\hat{a}_{12} = \hat{a}_{22} = \hat{a}_{32} = 6'', \hat{b}_{12} = \hat{b}_{22} = \hat{b}_{32} = 0$$

$$\hat{a}_{14} = \hat{a}_{24} = \hat{a}_{34} = 0, b_{14} = b_{24} = b_{34} = 3''$$

上述参数与实际值比较接近，并由此可得到低频误差的估计为

$$\Delta\hat{q}_{1k} = 6\cos(2\omega k) + 3\sin(4\omega k), \Delta\hat{q}_{2k} = \Delta\hat{q}_{1k}, \Delta\hat{q}_{3k} = \Delta\hat{q}_{1k}$$

最后，按上式对低频误差进行补偿，并得到三轴姿态的确定结果如图 7－5 所示，陀螺常值漂移估计值的功率谱如图 7－6 所示。

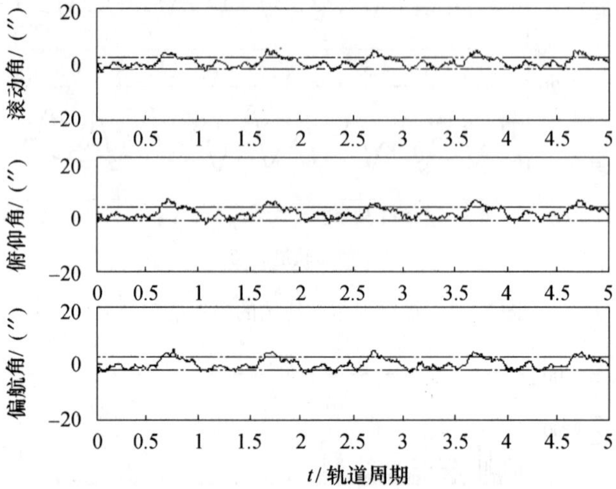

图 7－5　改进 MMAE 算法的姿态确定结果

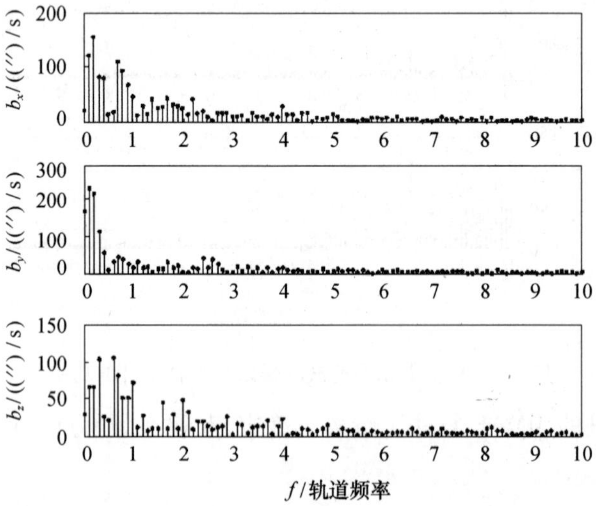

图 7－6　标准卡尔曼滤波陀螺常值漂移估计的功率谱

上述三种滤波方法的精度确定如表7-1所列，由此可知采用扩维卡尔曼滤波方式对星敏感器的低频误差影响没有多大改善作用，采用改进的MMAE方法可有效提高卫星的姿态确定精度。

表7-1 稳态时姿态确定精度比较

定姿方法	三轴姿态误差均方差/(″)		
	滚动角	俯仰角	偏航角
标准卡尔曼滤波	6.1423	6.1474	6.1239
扩维卡尔曼滤波	6.1275	6.0886	6.0654
改进 MMAE 滤波	1.8105	1.8604	1.8737

7.4.3 基于非线性鲁棒滤波的姿态确定

对于高精度姿态确定要求，一般利用星敏感器和陀螺数据通过扩展卡尔曼滤波(EKF)方法进行姿态确定。星敏感器安装在卫星本体上随卫星在轨运动，星敏感器安装误差会造成测量误差，从而降低姿态确定中的滤波性能。为了降低星敏感器安装误差等模型不确定性影响，传统方法通过人为尝试调整滤波器中的方差阵以获取较好的滤波性能；另一种途径是设计鲁棒滤波器，即通过建立合适的不确定模型设计出对不确定性不敏感的滤波器、本节介绍一种适用于卫星姿态确定的非线性鲁棒滤波器(Nonlinear Robust Filter,NRF)设计方法。

1. 问题描述

考虑不确定非线性系统

$$\boldsymbol{X}_k = \boldsymbol{f}(\boldsymbol{X}_{k-1}) + \boldsymbol{\Xi}(\boldsymbol{X}_{k-1})\boldsymbol{\eta}_k + \boldsymbol{W}_k \tag{7-72}$$

$$\boldsymbol{Y}_k = \boldsymbol{h}(\boldsymbol{X}_k) + \boldsymbol{\Psi}(\boldsymbol{X}_k)\boldsymbol{\xi}_k + \boldsymbol{V}_k \tag{7-73}$$

式中：$\boldsymbol{X}_k \in R^l$ 为系统状态；$\boldsymbol{Y}_k \in R^m$ 为系统测输出；$\boldsymbol{f}(\cdot)$ 和 $\boldsymbol{h}(\cdot)$ 为非线性函数；$W_k \in R^l$，$\boldsymbol{V}_k \in R^m$ 为不相关的零均值白噪声，且 $E\{\boldsymbol{W}_k\ \boldsymbol{W}_j^{\mathrm{T}}\} = \boldsymbol{Q}_k\delta_{kj}$，$E\{\boldsymbol{V}_k\ \boldsymbol{V}_j^{\mathrm{T}}\} = \boldsymbol{R}_k\delta_{kj}$。$\boldsymbol{\Xi}(\cdot) \in R^{l\times l}$，$\boldsymbol{\Psi}(\cdot) \in R^{m\times m}$ 为不确定时变矩阵函数，对于确定的矩阵 $\overline{\boldsymbol{\Xi}}_k$ 和 $\overline{\boldsymbol{\Psi}}_k$，有

$$E\{\boldsymbol{\Xi}(\boldsymbol{X}_{k-1})\ \boldsymbol{\Xi}^{\mathrm{T}}(\boldsymbol{X}_{k-1})\} \leqslant \overline{\boldsymbol{\Xi}}_k\ \overline{\boldsymbol{\Xi}}_k^{\mathrm{T}} \tag{7-74}$$

$$E\{\boldsymbol{\Psi}(\boldsymbol{X}_k)\ \boldsymbol{\Psi}^{\mathrm{T}}(\boldsymbol{X}_k)\} \leqslant \overline{\boldsymbol{\Psi}}_k\ \overline{\boldsymbol{\Psi}}_k^{\mathrm{T}} \tag{7-75}$$

$\boldsymbol{\eta}_k \in R^l$，$\boldsymbol{\xi}_k \in R^l$ 为不确定矢量，且满足

$$\boldsymbol{\eta}_k \boldsymbol{\eta}_k^{\mathrm{T}} \leqslant q_k \boldsymbol{I}, \boldsymbol{\xi}_k \boldsymbol{\xi}_k^{\mathrm{T}} \leqslant r_k \boldsymbol{I} \tag{7-76}$$

NRF 可采用 EKF 的结构形式

$$\hat{\boldsymbol{X}}_{k/k-1} = \boldsymbol{f}(\hat{\boldsymbol{X}}_{k-1/k-1}) \tag{7-77}$$

$$\boldsymbol{Y}_k = \boldsymbol{h}(\hat{\boldsymbol{X}}_{k/k-1}) \tag{7-78}$$

$$\hat{\boldsymbol{X}}_{k/k} = \hat{\boldsymbol{X}}_{k/k-1} + \boldsymbol{K}_k(\boldsymbol{Y}_k - \hat{\boldsymbol{Y}}_k) \tag{7-79}$$

式中：$\hat{\boldsymbol{X}}_{k/k-1}$为状态$\boldsymbol{X}_k$ 的预估值；$\hat{\boldsymbol{Y}}_k$ 为测量的估计值；$\hat{\boldsymbol{X}}_{k/k}$状态估计值；$\boldsymbol{K}_k$ 为滤波增益阵；状态估计误差及其方差阵为

$$\tilde{\boldsymbol{X}}_k = \boldsymbol{X}_k - \hat{\boldsymbol{X}}_k$$

$$\boldsymbol{P}_{k/k} = E\{\tilde{\boldsymbol{X}}_k \tilde{\boldsymbol{X}}_k^{\mathrm{T}}\}$$

NRF 设计问题可描述为

对于式(7－72)和式(7－73)所描述的非线性系统，以及式(7－77)～式(7－79)形式的滤波器，构建正定矩阵序列 $\sum_k$ $(0 \leqslant k \leqslant n)$使得

$$\sum\nolimits_k \geqslant \boldsymbol{P}_{k/k} \tag{7-80}$$

成立，并设计增益滤波增益$\boldsymbol{K}_k$ 使得方差阵的上界 $\sum_k$ 最小。

2. 方差阵计算

对于预测误差

$$\tilde{\boldsymbol{X}}_{k/k-1} = \boldsymbol{X}_k - \hat{\boldsymbol{X}}_{k/k-1} = \boldsymbol{f}(\boldsymbol{X}_{k-1}) + \boldsymbol{\Xi}(\boldsymbol{X}_{k-1})\boldsymbol{\eta}_k + \boldsymbol{W}_k - \boldsymbol{f}(\hat{\boldsymbol{X}}_{k-1}) \tag{7-81}$$

将式(7－72)和式(7－77)代入式(7－81)，预测误差可表示为

$$\tilde{\boldsymbol{X}}_{k|k-1} = \boldsymbol{f}(\boldsymbol{X}_{k-1}) + \boldsymbol{\Xi}(\boldsymbol{X}_{k-1})\boldsymbol{\eta}_k + \boldsymbol{W}_k - \boldsymbol{f}(\hat{\boldsymbol{X}}_{k-1}) \tag{7-82}$$

将$\boldsymbol{f}(\boldsymbol{X}_{k-1})$在$\boldsymbol{X}_{k-1} = \hat{\boldsymbol{X}}_{k-1/k-1}$处进行泰勒级数展开，得

$$\boldsymbol{f}(\boldsymbol{X}_{k-1}) = \boldsymbol{f}(\hat{\boldsymbol{X}}_{k-1/k-1}) + \boldsymbol{\Phi}_k \tilde{\boldsymbol{X}}_{k-1/k-1} + \boldsymbol{\Delta}_f(\tilde{\boldsymbol{X}}_{k-1/k-1}) \tag{7-83}$$

式中

$$\boldsymbol{\Phi}_k = \left.\frac{\partial \boldsymbol{f}}{\partial \boldsymbol{X}}\right|_{\boldsymbol{X}=\hat{\boldsymbol{X}}_{k-1/k-1}}$$

$$\boldsymbol{\Delta}_f(\tilde{\boldsymbol{X}}_{k-1/k-1}) = \sum_{i=2}^{\infty}\frac{1}{i!}\left(\sum_{j=1}^{l}\tilde{\boldsymbol{X}}_{k-1,j}\frac{\partial}{\partial X_j}\right)^i f(\boldsymbol{X})\Bigg|_{\boldsymbol{X}=\hat{\boldsymbol{X}}_{k-1/k-1}}$$

其中：$\tilde{\boldsymbol{X}}_{k-1,j}$、$\boldsymbol{X}_j$ 分别为$\hat{\boldsymbol{X}}_{k-1}$、$\boldsymbol{X}$ 的第 j 个分量。

引入不确定时变矩阵$\boldsymbol{\beta}_k \in R^{l\times l}$和标度系数矩阵$\boldsymbol{A}_k \in R^{l\times l}$描述不确定量，即

$$\boldsymbol{\Delta}_f(\tilde{\boldsymbol{X}}_{k-1}) = \boldsymbol{A}_k \boldsymbol{\beta}_k \boldsymbol{L}_k \tilde{\boldsymbol{X}}_{k-1} \tag{7-84}$$

式中：$\boldsymbol{L}_k \in R^{l\times l}$为可调节的非奇异矩阵。

通过选择合适的$\boldsymbol{A}_k$可使得$\boldsymbol{\beta}_k$满足

$$\boldsymbol{\beta}_k \boldsymbol{\beta}_k^{\mathrm{T}} \leqslant \boldsymbol{I} \tag{7-85}$$

将式(7-83)和式(7-84)代入式(7-82)，得

$$\tilde{\boldsymbol{X}}_{k/k-1} = (\boldsymbol{\Phi}_k + \boldsymbol{A}_k \boldsymbol{\beta}_k \boldsymbol{L}_k)\tilde{\boldsymbol{X}}_{k-1} + \boldsymbol{\Xi}(\boldsymbol{X}_{k-1})\boldsymbol{\eta}_k + \boldsymbol{W}_k \tag{7-86}$$

对于预测方程$\boldsymbol{P}_{k/k-1}$，有

$$\begin{aligned}\boldsymbol{P}_{k/k-1} = E\{\tilde{\boldsymbol{X}}_{k/k-1}\tilde{\boldsymbol{X}}_{k/k-1}^{\mathrm{T}}\} &= E\{(\boldsymbol{\Phi}_k + \boldsymbol{A}_k\boldsymbol{\beta}_k\boldsymbol{L}_k)\tilde{\boldsymbol{x}}_{k-1}\tilde{\boldsymbol{x}}_{k-1}^{\mathrm{T}}(\boldsymbol{\Phi}_k + \boldsymbol{A}_k\boldsymbol{\beta}_k\boldsymbol{L}_k)^{\mathrm{T}}\} + \\ &E\{(\boldsymbol{\Phi}_k + \boldsymbol{A}_k\boldsymbol{\beta}_k\boldsymbol{L}_k)\tilde{\boldsymbol{x}}_{k-1}\boldsymbol{\eta}_k^{\mathrm{T}}\boldsymbol{\Xi}^{\mathrm{T}}(\boldsymbol{x}_{k-1})\} + \\ &E\{\boldsymbol{\Xi}(\boldsymbol{x}_{k-1})\boldsymbol{\eta}_k\tilde{\boldsymbol{x}}_{k-1}^{\mathrm{T}}(\boldsymbol{\Phi}_k + \boldsymbol{A}_k\boldsymbol{\beta}_k\boldsymbol{L}_k)^{\mathrm{T}}\} + \\ &E\{\boldsymbol{\Xi}(\boldsymbol{x}_{k-1})\boldsymbol{\eta}_k\boldsymbol{\eta}_k^{\mathrm{T}}\boldsymbol{\Xi}^{\mathrm{T}}(\boldsymbol{x}_{k-1})\} + \boldsymbol{Q}_k\end{aligned} \tag{7-87}$$

由式(7-73)和式(7-78)，得

$$\tilde{\boldsymbol{Y}}_k = \boldsymbol{Y}_k - \hat{\boldsymbol{Y}}_k = \boldsymbol{h}(\boldsymbol{X}_k) + \boldsymbol{\Psi}(\boldsymbol{X}_k)\boldsymbol{\xi}_k + \boldsymbol{V}_k - \boldsymbol{h}(\hat{\boldsymbol{X}}_{k/k-1}) \tag{7-88}$$

将$\boldsymbol{h}(\boldsymbol{X}_k)$在$\boldsymbol{X}_k = \tilde{\boldsymbol{X}}_{k/k-1}$进行泰勒级数展开，得

$$\boldsymbol{h}(\boldsymbol{X}_k) = \boldsymbol{h}(\hat{\boldsymbol{X}}_{k/k-1}) + \boldsymbol{H}_k\tilde{\boldsymbol{X}}_{k/k-1} + \boldsymbol{\Delta}_h(\tilde{\boldsymbol{X}}_{k/k-1}) \tag{7-89}$$

式中

$$\boldsymbol{H}_k = \left.\frac{\partial \boldsymbol{h}}{\partial \boldsymbol{X}}\right|_{\boldsymbol{X}=\hat{\boldsymbol{X}}_{k/k-1}}$$

$$\boldsymbol{\Delta}_h(\tilde{\boldsymbol{X}}_{k/k-1}) = \sum_{i=2}^{\infty}\frac{1}{i!}\left(\sum_{j=1}^{l}\tilde{\boldsymbol{X}}_{k|k-1,j}\frac{\partial}{\partial X_j}\right)^i \boldsymbol{h}(\boldsymbol{X})\bigg|_{\boldsymbol{X}=\hat{\boldsymbol{X}}_{k/k-1}}$$

其中：$\tilde{X}_{k/k-1,j}$为$\hat{\boldsymbol{X}}_{k/k-1}$的第$j$个分量。

与式(7-84)相似处理，高阶小量项$\Delta_h(\tilde{\boldsymbol{X}}_{k/k-1})$可用时变矩阵$\boldsymbol{\alpha}_k \in R^{l\times l}$和确定的标度矩阵$\boldsymbol{C}_k \in \boldsymbol{R}^{m\times l}$表示为

$$\boldsymbol{\Delta}_h(\tilde{\boldsymbol{X}}_{k/k-1}) = \boldsymbol{C}_k\boldsymbol{\alpha}_k\boldsymbol{L}_k\tilde{\boldsymbol{X}}_{k|k-1} \tag{7-90}$$

式中：$\boldsymbol{\alpha}_k$满足

$$\boldsymbol{\alpha}_k\boldsymbol{\alpha}_k^{\mathrm{T}} \leqslant \boldsymbol{I} \tag{7-91}$$

由式(7-89)~式(7-91),得

$$\tilde{\boldsymbol{Y}}_k = (\boldsymbol{H}_k + \boldsymbol{C}_k \boldsymbol{\alpha}_k \boldsymbol{L}_k)\tilde{\boldsymbol{Y}}_{k/k-1} + \boldsymbol{\Psi}(\boldsymbol{X}_k)\boldsymbol{\xi}_k + \boldsymbol{V}_k \tag{7-92}$$

由式(7-79)、式(7-88)、式(7-92),估计误差可表示为

$$\tilde{\boldsymbol{X}}_k = (\boldsymbol{I} - \boldsymbol{K}_k \boldsymbol{H}_k - \boldsymbol{K}_k \boldsymbol{C}_k \boldsymbol{\alpha}_k \boldsymbol{L}_k)\tilde{\boldsymbol{X}}_{k/k-1} - \boldsymbol{K}_k[\boldsymbol{\Psi}(\boldsymbol{X}_k)\boldsymbol{\xi}_k + \boldsymbol{V}_k] \tag{7-93}$$

利用式(7-92)可得到方差阵为

$$\begin{aligned}\boldsymbol{P}_{k/k} = & E\{(\boldsymbol{I} - \boldsymbol{K}_k \boldsymbol{H}_k - \boldsymbol{K}_k \boldsymbol{C}_k \boldsymbol{\alpha}_k \boldsymbol{L}_k)\tilde{\boldsymbol{X}}_{k/k-1}\tilde{\boldsymbol{X}}_{k/k-1}^{\mathrm{T}}(\boldsymbol{I} - \boldsymbol{K}_k \boldsymbol{H}_k - \boldsymbol{K}_k \boldsymbol{C}_k \alpha_k \boldsymbol{L}_k)^{\mathrm{T}}\} - \\ & E\{(\boldsymbol{I} - \boldsymbol{K}_k \boldsymbol{H}_k - \boldsymbol{K}_k \boldsymbol{C}_k \boldsymbol{\alpha}_k \boldsymbol{L}_k)\tilde{\boldsymbol{X}}_{k/k-1}\boldsymbol{\xi}_k^{\mathrm{T}}\boldsymbol{\Psi}^{\mathrm{T}}(\boldsymbol{x}_k)\boldsymbol{K}_k^{\mathrm{T}}\} - \\ & E\{\boldsymbol{K}_k\boldsymbol{\Psi}(\boldsymbol{X}_k)\boldsymbol{\xi}_k\tilde{\boldsymbol{X}}_{k/k-1}^{\mathrm{T}}(\boldsymbol{I} - \boldsymbol{K}_k \boldsymbol{H}_k - \boldsymbol{K}_k \boldsymbol{C}_k \boldsymbol{\alpha}_k \boldsymbol{L}_k)^{\mathrm{T}}\} + \\ & E\{\boldsymbol{K}_k\boldsymbol{\Psi}(\boldsymbol{X}_k)\boldsymbol{\xi}_k\boldsymbol{\xi}_k^{\mathrm{T}}\boldsymbol{\Psi}^{\mathrm{T}}(\boldsymbol{X}_k)\boldsymbol{K}_k^{\mathrm{T}}\} + \boldsymbol{K}_k\boldsymbol{R}_k\boldsymbol{K}_k^{\mathrm{T}}\end{aligned} \tag{7-94}$$

由于参数不确定性及线性化误差,无法通过式(7-87)和式(7-94)直接计算得到$\boldsymbol{P}_{k/k-1}$、$\boldsymbol{P}_{k/k}$。

3. 鲁棒卡尔曼滤波方法

给定相容维数矩阵$\boldsymbol{A}$、$\boldsymbol{B}$、$\boldsymbol{C}$、$\boldsymbol{D}$,其中$\boldsymbol{C}\boldsymbol{C}^{\mathrm{T}} \leqslant \boldsymbol{I}$。假定$\boldsymbol{U}$为正定对称矩阵,$\mu$为任意正常数,使得

$$\mu^{-1}\boldsymbol{I} - \boldsymbol{D}\boldsymbol{U}\boldsymbol{D}^{\mathrm{T}} > \boldsymbol{0} \tag{7-95}$$

于是有下列矩阵不等式成立,即

$$(\boldsymbol{A} + \boldsymbol{BCD})\boldsymbol{U}(\boldsymbol{A} + \boldsymbol{BCD})^{\mathrm{T}} \leqslant \boldsymbol{A}(\boldsymbol{U}^{-1} - \mu\boldsymbol{D}^{\mathrm{T}}\boldsymbol{D})^{-1}\boldsymbol{A}^{\mathrm{T}} + \mu^{-1}\boldsymbol{B}\boldsymbol{B}^{\mathrm{T}} \tag{7-96}$$

由上述结论可求得$\boldsymbol{P}_{k/k}$、$\boldsymbol{P}_{k/k-1}$的上界。假定ε为正数,令$\boldsymbol{\Pi} = \varepsilon^{1/2}(\boldsymbol{F}_k + \boldsymbol{A}_k\boldsymbol{\beta}_k\boldsymbol{L}_k)\tilde{\boldsymbol{x}}_{k-1} - \varepsilon^{-1/2}\boldsymbol{\Phi}(\boldsymbol{x}_{k-1})\boldsymbol{\eta}_k$,由矩阵不等式

$$\boldsymbol{\Pi}\cdot\boldsymbol{\Pi}^{\mathrm{T}} \geqslant 0$$

有

$$\begin{aligned}&(\boldsymbol{\Phi}_k + \boldsymbol{A}_k\boldsymbol{\beta}_k\boldsymbol{L}_k)\tilde{\boldsymbol{x}}_{k-1}\boldsymbol{\eta}_k^{\mathrm{T}}\boldsymbol{\Xi}^{\mathrm{T}}(\boldsymbol{x}_{k-1}) + \boldsymbol{\Xi}(\boldsymbol{x}_{k-1})\boldsymbol{\eta}_k\tilde{\boldsymbol{x}}_{k-1}^{\mathrm{T}}(\boldsymbol{\Phi}_k + \boldsymbol{A}_k\boldsymbol{\beta}_k\boldsymbol{L}_k)^{\mathrm{T}} \\ &\leqslant \varepsilon(\boldsymbol{\Phi}_k + \boldsymbol{A}_k\boldsymbol{\beta}_k\boldsymbol{L}_k)\tilde{\boldsymbol{x}}_{k-1}\tilde{\boldsymbol{x}}_{k-1}^{\mathrm{T}}(\boldsymbol{\Phi}_k + \boldsymbol{A}_k\boldsymbol{\beta}_k\boldsymbol{L}_k)^{\mathrm{T}} + \varepsilon^{-1}\boldsymbol{\Xi}(x_{k-1})\boldsymbol{\eta}_k\boldsymbol{\eta}_k^{\mathrm{T}}\boldsymbol{\Xi}^{\mathrm{T}}(\boldsymbol{x}_{k-1})\end{aligned} \tag{7-97}$$

将式(7-97)代入式(7-87),得

$$\boldsymbol{P}_{k/k-1} \leqslant (1+\varepsilon)E[(\boldsymbol{\Phi}_k + \boldsymbol{A}_k \boldsymbol{\beta}_k \boldsymbol{L}_k)\tilde{\boldsymbol{x}}_{k-1}\tilde{\boldsymbol{x}}_{k-1}^{\mathrm{T}}(\boldsymbol{\Phi}_k + \boldsymbol{A}_k \boldsymbol{\beta}_k \boldsymbol{L}_k)^{\mathrm{T}}] + (1+\varepsilon^{-1})E[\boldsymbol{\Xi}(\boldsymbol{x}_{k-1})\boldsymbol{\eta}_k \boldsymbol{\eta}_k^{\mathrm{T}} \boldsymbol{\Xi}^{\mathrm{T}}(\boldsymbol{x}_{k-1})] + \boldsymbol{Q}_k \quad (7-98)$$

假定存在标量$\gamma>1$和矩阵$\boldsymbol{L}_k$使得如下不等式成立：

$$\gamma^2 \boldsymbol{I} - \boldsymbol{L}_k \tilde{\boldsymbol{x}}_{k-1}\tilde{\boldsymbol{x}}_{k-1}^{\mathrm{T}} \boldsymbol{L}_k^{\mathrm{T}} > 0, \boldsymbol{L}_k^{\mathrm{T}} \boldsymbol{L}_k \leqslant (\tilde{\boldsymbol{x}}_{k-1}\tilde{\boldsymbol{x}}_{k-1}^{\mathrm{T}})^{-1} \quad (7-99)$$

结合式(7-85)和式(7-99)，采用矩阵不等式(7-96)，有

$$\begin{aligned}&(\boldsymbol{\Phi}_k + \boldsymbol{A}_k \boldsymbol{\beta}_k \boldsymbol{L}_k)\tilde{\boldsymbol{x}}_{k-1}\tilde{\boldsymbol{x}}_{k-1}^{\mathrm{T}}(\boldsymbol{\Phi}_k + \boldsymbol{A}_k \boldsymbol{\beta}_k \boldsymbol{L}_k)^{\mathrm{T}} \\ &\leqslant \boldsymbol{\Phi}_k[(\tilde{\boldsymbol{x}}_{k-1}\tilde{\boldsymbol{x}}_{k-1}^{\mathrm{T}})^{-1} - \gamma^{-2}\boldsymbol{L}_k^{\mathrm{T}}\boldsymbol{L}_k]^{-1}\boldsymbol{\Phi}_k^{\mathrm{T}} + \gamma^2 \boldsymbol{A}_k \boldsymbol{A}_k^{\mathrm{T}} \\ &\leqslant (1-\gamma^{-2})^{-1}\boldsymbol{\Phi}_k \tilde{\boldsymbol{x}}_{k-1}\tilde{\boldsymbol{x}}_{k-1}^{\mathrm{T}}\boldsymbol{\Phi}_k^{\mathrm{T}} + \gamma^2 \boldsymbol{A}_k \boldsymbol{A}_k^{\mathrm{T}}\end{aligned} \quad (7-100)$$

将式(7-74)、式(7-76)、式(7-100)代入式(7-98)，有

$$\boldsymbol{P}_{k/k-1} \leqslant (1+\varepsilon)(1-\gamma^{-2})^{-1}\boldsymbol{\Phi}_k \boldsymbol{P}_{k-1}\boldsymbol{\Phi}_k^{\mathrm{T}} + (1+\varepsilon)\gamma^2 \boldsymbol{A}_k \boldsymbol{A}_k^{\mathrm{T}} + (1+\varepsilon^{-1})q_k \bar{\boldsymbol{\Xi}}_k \bar{\boldsymbol{\Xi}}_k^{\mathrm{T}} + \boldsymbol{Q}_k \quad (7-101)$$

类似式(7-97)推导，可得

$$\begin{aligned}&(\boldsymbol{I} - \boldsymbol{K}_k \boldsymbol{H}_k - \boldsymbol{K}_k \boldsymbol{C}_k \boldsymbol{\alpha}_k \boldsymbol{L}_k)\tilde{\boldsymbol{x}}_{k|k-1}\boldsymbol{\xi}_k^{\mathrm{T}}\boldsymbol{\Psi}^{\mathrm{T}}(\boldsymbol{x}_k)\boldsymbol{K}_k^{\mathrm{T}} - \\ &\boldsymbol{K}_k \boldsymbol{\Psi}(\boldsymbol{x}_k)\boldsymbol{\xi}_k \tilde{\boldsymbol{x}}_{k|k-1}^{\mathrm{T}}(\boldsymbol{I} - \boldsymbol{K}_k \boldsymbol{H}_k - \boldsymbol{K}_k \boldsymbol{C}_k \boldsymbol{\alpha}_k \boldsymbol{L}_k)^{\mathrm{T}} \\ &\leqslant \varepsilon(\boldsymbol{I} - \boldsymbol{K}_k \boldsymbol{H}_k - \boldsymbol{K}_k \boldsymbol{C}_k \boldsymbol{\alpha}_k \boldsymbol{L}_k)\tilde{\boldsymbol{x}}_{k|k-1}\tilde{\boldsymbol{x}}_{k|k-1}^{\mathrm{T}}(\boldsymbol{I} - \boldsymbol{K}_k \boldsymbol{H}_k - \boldsymbol{K}_k \boldsymbol{C}_k \boldsymbol{\alpha}_k \boldsymbol{L}_k)^{\mathrm{T}} + \\ &\varepsilon^{-1}\boldsymbol{K}_k \boldsymbol{\Psi}(\boldsymbol{x}_k)\boldsymbol{\xi}_k \boldsymbol{\xi}_k^{\mathrm{T}}\boldsymbol{\Psi}^{\mathrm{T}}(\boldsymbol{x}_k)\boldsymbol{K}_k^{\mathrm{T}}\end{aligned} \quad (7-102)$$

将式(7-102)代入式(7-94)，得

$$\begin{aligned}\boldsymbol{P}_{k/k} \leqslant &(1+\varepsilon)E\{(\boldsymbol{I} - \boldsymbol{K}_k \boldsymbol{H}_k - \boldsymbol{K}_k \boldsymbol{C}_k \boldsymbol{\alpha}_k \boldsymbol{L}_k)\tilde{\boldsymbol{x}}_{k|k-1}\tilde{\boldsymbol{x}}_{k|k-1}^{\mathrm{T}} \\ &(\boldsymbol{I} - \boldsymbol{K}_k \boldsymbol{H}_k - \boldsymbol{K}_k \boldsymbol{C}_k \boldsymbol{\alpha}_k \boldsymbol{L}_k)^{\mathrm{T}}\} + \\ &(1+\varepsilon^{-1})E\{\boldsymbol{K}_k \boldsymbol{\Psi}(\boldsymbol{x}_k)\boldsymbol{\xi}_k \boldsymbol{\xi}_k^{\mathrm{T}}\boldsymbol{\Psi}^{\mathrm{T}}(\boldsymbol{x}_k)\boldsymbol{K}_k^{\mathrm{T}}\} + \boldsymbol{K}_k \boldsymbol{R}_k \boldsymbol{K}_k^{\mathrm{T}}\end{aligned} \quad (7-103)$$

假设正常数γ和矩阵$\boldsymbol{L}_k$满足

$$\gamma^2 \boldsymbol{I} - \boldsymbol{L}_k \tilde{\boldsymbol{x}}_{k|k-1}\tilde{\boldsymbol{x}}_{k|k-1}^{\mathrm{T}} \boldsymbol{L}_k^{\mathrm{T}} > 0, \boldsymbol{L}_k^{\mathrm{T}} \boldsymbol{L}_k \leqslant (\tilde{\boldsymbol{x}}_{k|k-1}\tilde{\boldsymbol{x}}_{k|k-1}^{\mathrm{T}})^{-1} \quad (7-104)$$

由式(7-91)和式(7-104)，采用矩阵不等式(7-96)，得

$$(\boldsymbol{I}-\boldsymbol{K}_k\boldsymbol{H}_k-\boldsymbol{K}_k\boldsymbol{C}_k\boldsymbol{\alpha}_k\boldsymbol{L}_k)\tilde{\boldsymbol{x}}_{k|k-1}\tilde{\boldsymbol{x}}_{k|k-1}^{\mathrm{T}}(\boldsymbol{I}-\boldsymbol{K}_k\boldsymbol{H}_k-\boldsymbol{K}_k\boldsymbol{C}_k\boldsymbol{\alpha}_k\boldsymbol{L}_k)^{\mathrm{T}}$$
$$\leqslant(\boldsymbol{I}-\boldsymbol{K}_k\boldsymbol{H}_k)[(\tilde{\boldsymbol{x}}_{k|k-1}\tilde{\boldsymbol{x}}_{k|k-1}^{\mathrm{T}})^{-1}-\gamma^{-2}\boldsymbol{L}_k^{\mathrm{T}}\boldsymbol{L}_k]^{-1}(\boldsymbol{I}-\boldsymbol{K}_k\boldsymbol{H}_k)^{\mathrm{T}}+\gamma^2\boldsymbol{K}_k\boldsymbol{C}_k\boldsymbol{C}_k^{\mathrm{T}}\boldsymbol{K}_k^{\mathrm{T}}$$
$$\leqslant(1-\gamma^{-2})^{-1}(\boldsymbol{I}-\boldsymbol{K}_k\boldsymbol{H}_k)\tilde{\boldsymbol{x}}_{k|k-1}\tilde{\boldsymbol{x}}_{k|k-1}^{\mathrm{T}}(\boldsymbol{I}-\boldsymbol{K}_k\boldsymbol{H}_k)^{\mathrm{T}}+\gamma^2\boldsymbol{K}_k\boldsymbol{C}_k\boldsymbol{C}_k^{\mathrm{T}}\boldsymbol{K}_k^{\mathrm{T}}\tag{7-105}$$

将式(7－105)代入(7－103)，并考虑约束条件式(7－75)和式(7－76)，可得到$\boldsymbol{P}_{k/k}$的上界为

$$\begin{aligned}\boldsymbol{P}_{k/k}\leqslant&(1+\varepsilon)(1-\gamma^{-2})^{-1}(\boldsymbol{I}-\boldsymbol{K}_k\boldsymbol{H}_k)\boldsymbol{P}_{k/k-1}(\boldsymbol{I}-\boldsymbol{K}_k\boldsymbol{H}_k)^{\mathrm{T}}+\\&(1+\varepsilon)\gamma^2\boldsymbol{K}_k\boldsymbol{C}_k\boldsymbol{C}_k^{\mathrm{T}}\boldsymbol{K}_k^{\mathrm{T}}+\\&\boldsymbol{K}_k[(1+\varepsilon^{-1})r_k\overline{\boldsymbol{\Psi}}_k\overline{\boldsymbol{\Psi}}_k^{\mathrm{T}}+\boldsymbol{R}_k]\boldsymbol{K}_k^{\mathrm{T}}\end{aligned}\tag{7-106}$$

下面给出采用迭代方法求解里卡蒂方程正定解来获取$\boldsymbol{P}_k(0\leqslant k\leqslant n)$上界的结论：

假定式(7－101)和式(7－106)成立，若存在大于零的标量γ使得如下里卡蒂等式

$$\sum\nolimits_0=\boldsymbol{P}_0\tag{7-107}$$
$$\sum\nolimits_{k/k-1}=\boldsymbol{\Phi}_k\sum\nolimits_{k-1}\boldsymbol{\Phi}_k^{\mathrm{T}}+\hat{\boldsymbol{Q}}_k\tag{7-108}$$
$$\sum\nolimits_k=(1+\varepsilon)(1-\gamma^{-2})^{-1}(\boldsymbol{I}-\boldsymbol{K}_k\boldsymbol{H}_k)\sum\nolimits_{k/k-1}(\boldsymbol{I}-\boldsymbol{K}_k\boldsymbol{H}_k)^{\mathrm{T}}+\boldsymbol{K}_k\hat{\boldsymbol{R}}_k\boldsymbol{K}_k^{\mathrm{T}}\tag{7-109}$$

有正定解，式中

$$\begin{aligned}\hat{\boldsymbol{Q}}_k=&\boldsymbol{F}_k[(1+\varepsilon)(1-\gamma^{-2})^{-1}\sum\nolimits_{k-1}-\sum\nolimits_{k-1}]\boldsymbol{\Phi}_k^{\mathrm{T}}\\&+(1+\varepsilon)\gamma^2\boldsymbol{A}_k\boldsymbol{A}_k^{\mathrm{T}}+(1+\varepsilon^{-1})q_k\overline{\boldsymbol{\Xi}}_k\overline{\boldsymbol{\Xi}}_k^{\mathrm{T}}+\boldsymbol{Q}_k\end{aligned}\tag{7-110}$$
$$\hat{\boldsymbol{R}}_k=(1+\varepsilon)\gamma^2\boldsymbol{C}_k\boldsymbol{C}_k^{\mathrm{T}}+(1+\varepsilon^{-1})r_k\overline{\boldsymbol{\Psi}}_k\overline{\boldsymbol{\Psi}}_k^{\mathrm{T}}+\boldsymbol{R}_k\tag{7-111}$$

则状态估计的方差阵$\boldsymbol{P}_{k/k}$满足

$$\boldsymbol{P}_{k/k}\leqslant\sum\nolimits_k\quad(\forall\boldsymbol{0}\leqslant k\leqslant n)\tag{7-112}$$

将式(7－109)对$\boldsymbol{K}_k$求偏导，有

$$\frac{\partial\sum_k}{\partial\boldsymbol{K}_k}=2(1+\varepsilon)(1-\gamma^{-2})^{-1}(\boldsymbol{I}-\boldsymbol{K}_k\boldsymbol{H}_k)\sum\nolimits_{k/k-1}(-\boldsymbol{H}_k^{\mathrm{T}})+2\boldsymbol{K}_k\hat{\boldsymbol{R}}_k\tag{7-113}$$

并由$\dfrac{\partial\sum_k}{\partial\boldsymbol{K}_k}=\boldsymbol{0}$可得最优滤波增益阵为

$$\boldsymbol{K}_k=(1+\varepsilon)(1-\gamma^{-2})^{-1}\sum\nolimits_{k/k-1}\boldsymbol{H}_k^{\mathrm{T}}[(1+\varepsilon)(1-\gamma^{-2})^{-1}\boldsymbol{H}_k\sum\nolimits_{k/k-1}\boldsymbol{H}_k^{\mathrm{T}}+\hat{\boldsymbol{R}}_k]^{-1}\tag{7-114}$$

综上结论,NRF 算法可归纳如下:

(1) 状态估计方程为

$$\hat{\boldsymbol{x}}_k=\boldsymbol{f}(\hat{\boldsymbol{x}}_{k-1})+\boldsymbol{K}_k(\boldsymbol{y}_k-\boldsymbol{h}(\boldsymbol{f}(\hat{\boldsymbol{x}}_{k-1})))\tag{7-115}$$

(2) 里卡蒂方程为

$$\sum\nolimits_k=(1+\varepsilon)(1-\gamma^{-2})^{-1}(\boldsymbol{I}-\boldsymbol{K}_k\boldsymbol{H}_k)(\boldsymbol{F}_k\sum\nolimits_{k-1}\boldsymbol{F}_k^{\mathrm{T}}+\hat{\boldsymbol{Q}}_k)(\boldsymbol{I}-\boldsymbol{K}_k\boldsymbol{H}_k)^{\mathrm{T}}+\boldsymbol{K}_k\hat{\boldsymbol{R}}_k\boldsymbol{K}_k^{\mathrm{T}}\tag{7-116}$$

(3) 卡尔曼滤波增益阵为

$$\boldsymbol{K}_k=(1+\varepsilon)(1-\gamma^{-2})^{-1}(\boldsymbol{\Phi}_k\sum\nolimits_{k-1}\boldsymbol{\Phi}_k^{\mathrm{T}}+\hat{\boldsymbol{Q}}_k)\boldsymbol{H}_k^{\mathrm{T}}\times[(1+\varepsilon)(1-\gamma^{-2})^{-1}\boldsymbol{H}_k(\boldsymbol{\Phi}_k\sum\nolimits_{k-1}\boldsymbol{\Phi}_k^{\mathrm{T}}+\hat{\boldsymbol{Q}}_k)\boldsymbol{H}_k^{\mathrm{T}}+\hat{\boldsymbol{R}}_k]^{-1}\tag{7-117}$$

式中:$\hat{\boldsymbol{Q}}_k$、$\hat{\boldsymbol{R}}_k$ 分别如式(7-110)和式(7-111)所示。

记$\overline{\boldsymbol{H}}_k=\boldsymbol{H}_k+\boldsymbol{C}_k\boldsymbol{\alpha}_k\boldsymbol{L}_k$,$\overline{\boldsymbol{\Phi}}_k=\boldsymbol{\Phi}_k+\boldsymbol{A}_k\boldsymbol{\beta}_k\boldsymbol{L}_k$,对于式(7-115)和式(7-116)给出的 NRF 算法,在此直接给出如下稳定性结论(具体证明参见文献[119])。

对于式(7-72)和式(7-73)所描述的系统,当采用式(7-115)~式(7-117)的 NRF 状态估计算法时,在式(7-85)和式(7-91)满足的条件下,对于任意 $k\geqslant 0$ 下列各式成立:

$$\det(\boldsymbol{I}-\boldsymbol{K}_k\overline{\boldsymbol{H}}_k)\neq\boldsymbol{0},\det(\overline{\boldsymbol{\Phi}}_k)\neq\boldsymbol{0}$$

$$\boldsymbol{L}_k^{\mathrm{T}}\boldsymbol{L}_k\leqslant\sum\nolimits_{k/k-1}^{-1},\frac{2}{3}\sum\nolimits_{k-1}^{-1}\leqslant\boldsymbol{L}_k^{\mathrm{T}}\boldsymbol{L}_k\leqslant\sum\nolimits_{k-1}^{-1},\gamma>1$$

若存在正的标量 $\varepsilon_{\min}$、$\varepsilon_{\max}$、$q_{\min}$、$q_{\max}$、$r_{\min}$、$r_{\max}$、$\varphi_{\max}$、$\varphi_{\max}$使得

$$\varepsilon_{\min}\boldsymbol{I}\leqslant\sum\nolimits_k\leqslant\varepsilon_{\max}\boldsymbol{I}$$

$$q_{\min}\boldsymbol{I}\leqslant\boldsymbol{Q}_k\leqslant q_{\max}\boldsymbol{I},r_{\min}\boldsymbol{I}\leqslant\boldsymbol{R}_k\leqslant r_{\max}\boldsymbol{I}$$

$$q_k\overline{\boldsymbol{\Xi}}_k\overline{\boldsymbol{\Xi}}_k^{\mathrm{T}}\leqslant\phi_{\max}\boldsymbol{I},r_k\overline{\boldsymbol{\Psi}}_k\overline{\boldsymbol{\Psi}}_k^{\mathrm{T}}\leqslant\varphi_{\max}\boldsymbol{I}$$

于是存在实数$\mu>0$ 和 $0<\lambda\leqslant 1$ 使得下式成立,即

$$E\{\tilde{\boldsymbol{x}}_k^{\mathrm{T}}\tilde{\boldsymbol{x}}_k\}\leqslant\frac{\varepsilon_{\max}}{\varepsilon_{\min}}E\{\tilde{\boldsymbol{x}}_0^{\mathrm{T}}\tilde{\boldsymbol{x}}_0\}(1-\lambda)^k+\frac{\mu}{\varepsilon_{\min}}\sum_{i=1}^{k-1}(1-\lambda)^i\tag{7-118}$$

4. 卫星姿态确定仿真应用

1) 系统模型

卫星姿态确定系统的状态方程和测量方程描述为

$$\begin{bmatrix} \boldsymbol{q}_k \\ \boldsymbol{b}_k \end{bmatrix} = \begin{bmatrix} \left[\boldsymbol{I}_{4\times4} + \dfrac{\Delta t}{2}\boldsymbol{\Omega}(\boldsymbol{g}_k - \boldsymbol{b}_{k-1})\right]\boldsymbol{q}_{k-1} \\ \left(1 - \dfrac{\Delta t}{\tau_\mathrm{d}}\right)\boldsymbol{I}_{3\times3}\,\boldsymbol{b}_{k-1} \end{bmatrix} + \begin{bmatrix} -\dfrac{1}{2}\boldsymbol{\Xi}(\boldsymbol{q}_{k-1}) \\ \boldsymbol{0}_{3\times3} \end{bmatrix}\boldsymbol{\eta}_k + \boldsymbol{W}_k$$

$$\begin{bmatrix} \boldsymbol{Z}^i_{Ak} \\ \boldsymbol{X}^i_{Ak} \\ \boldsymbol{Z}^i_{Bk} \\ \boldsymbol{X}^i_{Bk} \end{bmatrix} = \boldsymbol{A}^\mathrm{T}(\boldsymbol{q}_k)\begin{bmatrix} \boldsymbol{Z}^b_A \\ \boldsymbol{X}^b_A \\ \boldsymbol{Z}^b_B \\ \boldsymbol{X}^b_B \end{bmatrix} + \boldsymbol{A}^\mathrm{T}(\boldsymbol{q}_k)\begin{bmatrix} \boldsymbol{0}_{3\times1} \\ \boldsymbol{0}_{3\times1} \\ -[\boldsymbol{\phi}^\times]\,Z^b_B \\ -[\boldsymbol{\phi}^\times]\,\boldsymbol{X}^b_B \end{bmatrix} + \boldsymbol{V}_k$$

式中：$\boldsymbol{q}_k = [q_{1k} \quad q_{2k} \quad q_{3k} \quad q_{4k}]^\mathrm{T}$ 为星体实际姿态四元数；$\boldsymbol{b}_k = [b_{xk} \quad b_{yk} \quad b_{zk}]^\mathrm{T}$ 为陀螺常值漂移；$\boldsymbol{g}_k = [g_{xk} \quad g_{yk} \quad g_{zk}]^\mathrm{T}$ 为陀螺测量得到的角速度；Δt 为滤波周期；τ_d 为一阶马尔科夫常数；$\boldsymbol{\eta}_k$、$\boldsymbol{W}_k$ 为不相关的零均值白噪声，且 $E\{\boldsymbol{\eta}_k\,\boldsymbol{\eta}_k^\mathrm{T}\} = \boldsymbol{Q}_{gk}$，$E\{\boldsymbol{W}_k\,\boldsymbol{W}_k^\mathrm{T}\} = \begin{bmatrix} \boldsymbol{0}_{4\times4} & \boldsymbol{0}_{4\times3} \\ \boldsymbol{0}_{3\times4} & \boldsymbol{Q}_{bk} \end{bmatrix}$。

$$\boldsymbol{\Omega}(\boldsymbol{g}_k - \boldsymbol{b}_k) = \begin{bmatrix} 0 & g_{zk} - b_{zk} & -(g_{yk} - b_{yk}) & g_{xk} - b_{xk} \\ -(g_{zk} - b_{zk}) & 0 & g_{xk} - d_{xk} & g_{yk} - b_{yk} \\ g_{yk} - b_{yk} & -(g_{xk} - b_{xk}) & 0 & g_{zk} - b_{zk} \\ -(g_{xk} - b_{xk}) & -(g_{yk} - b_{yk}) & -(g_{zk} - b_{zk}) & 0 \end{bmatrix}$$

$$\boldsymbol{\Xi}(\boldsymbol{q}_k) = \begin{bmatrix} q_{4k} & -q_{3k} & q_{2k} \\ q_{3k} & q_{4k} & -q_{1k} \\ -q_{2k} & q_{1k} & q_{4k} \\ -q_{1k} & -q_{2k} & -q_{3k} \end{bmatrix}$$

$\boldsymbol{Z}^i_{Ak}$、$\boldsymbol{X}^i_{Ak}$、$\boldsymbol{Z}^i_{Bk}$、$\boldsymbol{X}^i_{Bk}$ 为星敏感器坐标系在惯性系的坐标；$\boldsymbol{Z}^b_{Ak}$、$\boldsymbol{X}^b_{Ak}$、$\boldsymbol{Z}^b_{Bk}$、$\boldsymbol{X}^b_{Bk}$ 为星敏感器坐标系在星体系的坐标（两星敏感器分别用下标 A、B 区分），即

$$A(\boldsymbol{q}_k) = \begin{bmatrix} q_{1k}^2 - q_{2k}^2 - q_{3k}^2 + q_{4k}^2 & 2(q_{1k}q_{2k} + q_{3k}q_{4k}) & 2(q_{1k}q_{3k} - q_{2k}q_{4k}) \\ 2(q_{1k}q_{2k} - q_{3k}q_{4k}) & -q_{1k}^2 + q_{2k}^2 - q_{3k}^2 + q_{4k}^2 & 2(q_{2k}q_{3k} + q_{1k}q_{4k}) \\ 2(q_{1k}q_{3k} + q_{2k}q_{4k}) & 2(q_{2k}q_{3k} - q_{1k}q_{4k}) & -q_{1k}^2 - q_{2k}^2 + q_{3k}^2 + q_{4k}^2 \end{bmatrix}$$

$$\boldsymbol{\phi}^{\times} = \begin{bmatrix} 0 & -\phi_z & \phi_y \\ \phi_z & 0 & -\phi_x \\ -\phi_y & \phi_x & 0 \end{bmatrix}$$

ϕ_x、ϕ_y、ϕ_z 为采用欧拉角描述的两星敏感器间的不确知安装误差。

2）仿真条件及结果

卫星轨道半长轴 $a = 7087.457\text{km}$，偏心率 $e = 1.99 \times 10^{-3}$，轨道倾角 $i = 98.153°$，升交点赤经 $\Omega = -30.534°$，近地点幅角 $\omega = -0.133°$，平近地点角 $M = 3.387°$。

陀螺噪声的方差阵为 $\boldsymbol{Q}_{gk} = \sigma_g^2 \boldsymbol{I}_{3\times3}$，$\boldsymbol{Q}_{bk} = \sigma_b^2 \boldsymbol{I}_{3\times3}$，其中参数 $\sigma_g = 2 \times 10^{-4}(°)/\text{s}$，$\sigma_b = 1 \times 10^{-4}(°)/\text{s}$。

星敏感器在星体坐标系下的安装为

$$\boldsymbol{Z}_A^b = [0.49627674 \quad 0.26610578 \quad -0.82637448]^T$$
$$\boldsymbol{X}_A^b = [0.85790801 \quad -0.0044457268 \quad 0.51378251]^T$$
$$\boldsymbol{Z}_B^b = [-0.49127182 \quad 0.25311728 \quad -0.83341770]^T$$
$$\boldsymbol{X}_B^b = [0.86089500 \quad -0.0042711955 \quad -0.50876597]^T$$

星敏感器的测量噪声方差为

$$\boldsymbol{R}_k = \text{diag}\{\sigma_{ZA}^2\boldsymbol{I}_{3\times3} \quad \sigma_{XA}^2\boldsymbol{I}_{3\times3} \quad \sigma_{ZB}^2\boldsymbol{I}_{3\times3} \quad \sigma_{XB}^2\boldsymbol{I}_{3\times3}\}$$

其中参数选定为 $\sigma_{ZA} = \sigma_{ZB} = 30''$，$\sigma_{XA} = \sigma_{XB} = 180''$，星敏感器的不确定安装误差为 $\phi_x = \phi_y = \phi_z = 30''$。

在 NRF 中的标度矩阵 $\boldsymbol{A}_k$、$\boldsymbol{C}_k$，调节参数 γ、$\boldsymbol{L}_k$ 和模型参数不确定性上界 q_k、r_k 可根据姿态敏感器的特性来确定，仿真中主要考虑星敏感器安装不确定性误差选定为

$$\boldsymbol{A}_k = \boldsymbol{0}, \boldsymbol{C}_k = \boldsymbol{0}, \boldsymbol{L}_k = \sqrt{\sum\nolimits_{k-1}^{-1}}, \gamma = 100, \varepsilon = 0.001$$

$$q_k = (1 + \varepsilon^{-1})^{-1}\sigma_g, r_k = (1 + \varepsilon^{-1})^{-1}\sigma_s$$

在上述条件下,采用有 EKF 滤波方法与 NRF 方法姿态确定结果分别如图 7 -7 和图 7 -8 所示。

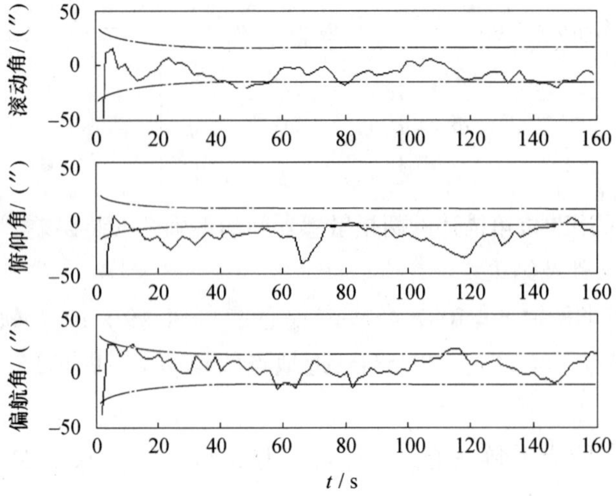

图 7 -7 EKF 姿态确定的卫星对地三轴欧拉角姿态

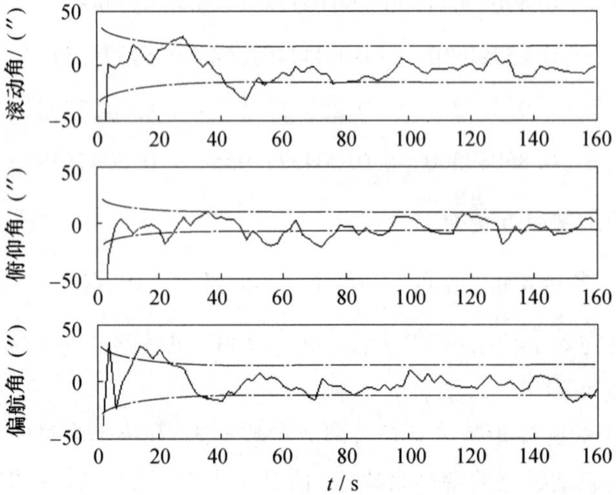

图 7 -8 NRF 方法确定的卫星对地三轴欧拉角姿态

第8章
卫星姿态确定系统的实现

卫星姿态确定方式通常分为两种,即星-地回路姿态确定和星上自主姿态确定,其中,星上自主姿态确定和自主导航常常连在一起。关于星上自主姿态确定的好处在于实时性强,但由于星载计算机容量和体积所限,在早期很多应用卫星都采取星-地回路姿态确定方式,星上姿态预处理器把姿态数据通过遥测系统传到地面测控中心,然后在中心计算机中进行姿态确定。随着星上计算机技术的高速发展,现在卫星一般采用星上自主姿态确定的方法。下面分别针对自旋稳定卫星和三轴稳定卫星介绍卫星姿态确定系统的实现。

8.1 自旋稳定卫星的姿态确定系统

星-地回路姿态确定早已在卫星控制系统中实现,即由卫星测控中心来实施;但这种实施方式,限于测控计算机的工作内容多,而是非实时的确定姿态,在这方面北京控制工程研究所做了进一步的工作,研制出卫星实时姿态确定系统。关于星上自主姿态确定,在 20 世纪 80 年代北京控制工程研究所相关研究就结合双自旋卫星自主姿态控制也进行了自主姿态确定的探讨,下面仅就自旋地球同步卫星实时姿态确定系统进行简要叙述。

为了能在只有简单硬件配置的微型计算机上实现姿态确定,必须选择一些计算量小、所需内存省、数值计算性能优良的实时算法,同时还要对实时在线姿态确定的核心软件之一的卡尔曼滤波器设计出适合微型计算机实现的实时滤波器算法模型。

在实时工作环境下，地面接收的卫星姿态信号是一系列不等距脉冲，图8-1给出了卫星在 k 个自旋周期获取的 $\{t_{1,k},t_{2,k},\cdots,t_{N,k}\}$ 脉冲序列。

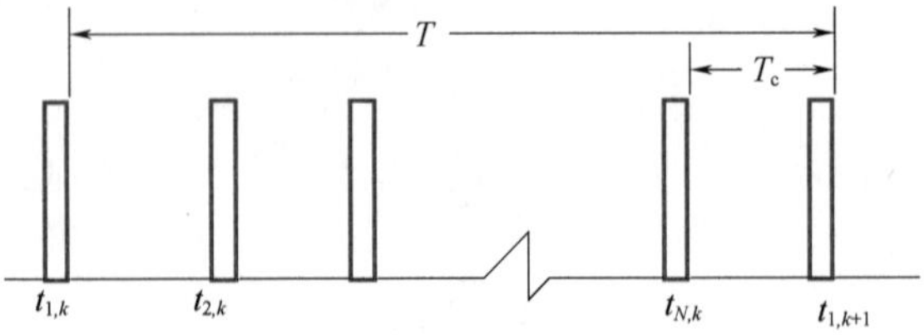

图8-1 地面接收到的姿态信号脉冲

采用普通的卡尔曼滤波器进行实时姿态确定，必须等待卫星自旋近一周接收所有姿态脉冲信号后，即收到 $t_{N,k}$ 脉冲后，才能提供一组完整的量测矢量

$$\boldsymbol{Y} = [\theta_s \quad \boldsymbol{\Phi}_N \quad \boldsymbol{\Phi}_S \quad \boldsymbol{\lambda}_{se}]^T$$

以供一次姿态滤波处理。因此，姿态确定的计算量集中在 $t_{N,k}$ 和 $t_{N,k+1}$ 之间，可供滤波计算的时间长度仅为

$$T_c = t_{1,k+1} - t_{N,k}$$

在一个自旋周期内的其余时间基本上是接收时间码等待计算时间，所以要在 T_c 时间内实时完成4个量测值的卡尔曼滤波更新处理一般是不可能的。为解决这一问题采用了量测标量序贯处理法，合理地分配实时滤波计算量，使实时滤波计算过程几乎与卫星自旋同步进行，此时卫星姿态确定量测模型为

$$\boldsymbol{Y}_k = \boldsymbol{h}(\boldsymbol{X}_k, k) + \boldsymbol{V}_k$$

式中：$\boldsymbol{h} \in C^1[\boldsymbol{X} \times \boldsymbol{T}, R^m](1 \leqslant m \leqslant 4)$；$\boldsymbol{V}_k$ 为均值零、方差 $\boldsymbol{R}_k$ 的高斯白噪声。

实时姿态确定采用的量测标量序贯处理模型是，把卫星一个自旋周期产生的量测向量构成一个量测序列，即

$$\boldsymbol{Y}_k = [Y_k^{(1)} \cdots Y_k^{(m)}]^T \rightarrow \{Y_k^{(1)} \cdots Y_k^{(m)}\}$$

$$\boldsymbol{h} = [h^{(1)} \cdots h^{(m)}]^T \rightarrow \{h^{(1)} \cdots h^{(m)}\}$$

这样，就可以在指标集上 $M = \{1,2,\cdots,m\}$ 构造一个“动力学”模型

$$\boldsymbol{X}_k^{(i+1)} = \boldsymbol{X}_k^{(i)}$$

及量测模型

$$Y_k^{(i)} = h^{(i)}(\boldsymbol{X}_k^{(i)}, k) + V_k^{(i)}$$

式中：右上标 i 表示卫星一个自旋周期内与第 i 次测量值相关的变量，$i \in M$，$\boldsymbol{X}_k^{(i)} \in \boldsymbol{X} \subset \mathrm{R}^n$；$Y_k^{(i)} \in \mathrm{R}$；$h^{(i)} \in C^1[\boldsymbol{X} \times T, R]$；$V_k^{(i)}$ 为零均值白噪声，且 $E\{V_k^{(i)} V_k^{(j)}\} = (R_k{}^{(i)})^2 \delta_{ij}$。

构成“动力学”模型中单位转移阵和确定性动力学系统的依据是，认为在第 i 个量测量到第 $i+1$ 个量测量的产生之间，系统动力学状态没有变化，也不受到过程噪声干扰（这些条件在卫星一个自旋周期内可以认为是成立的）。根据卡尔曼滤波公式，可以得到量测标量序贯滤波公式：

$$\hat{\boldsymbol{X}}_k^{i/i} = \hat{\boldsymbol{X}}_k^{i/i-1} + \boldsymbol{K}_k^i [Y_k^{(i)} - h^{(i)}(\hat{\boldsymbol{X}}_k^{i/i-1}, k)]$$

$$\boldsymbol{K}_k^i = \frac{\boldsymbol{P}_k^{i/i-1} [\boldsymbol{H}_k^{(i)}]^{\mathrm{T}}}{\boldsymbol{H}_k^{(i)} \boldsymbol{P}_k^{i/i-1} [\boldsymbol{H}_k^{(i)}]^{\mathrm{T}} + R_k^{(i)}}$$

$$\boldsymbol{P}_k^{i/i-1} = \boldsymbol{P}_k^{i-1/i-1}$$

$$\boldsymbol{P}_k^{i/i-1} = (\boldsymbol{I} - \boldsymbol{K}_k^i \boldsymbol{H}_k^{(i)}) \boldsymbol{P}_k^{i/i-1}$$

$$\hat{\boldsymbol{X}}_k^{i/i-1} = \hat{\boldsymbol{X}}_k^{i-1/i-1} \quad (i \in M)$$

$$\boldsymbol{H}_k^{(i)} = \frac{\partial h^{(i)}(\boldsymbol{X}, k)}{\partial \boldsymbol{X}} \Big|_{\boldsymbol{X} = \hat{\boldsymbol{X}}^{i/i-1}{}_k}$$

对 m 个量测量作序贯滤波的验前、验后统计量为

$$\hat{\boldsymbol{X}}_k^{0/0} = \hat{\boldsymbol{X}}_{k/k-1}$$

$$\boldsymbol{P}_k^{0/0} = \boldsymbol{P}_{k/k-1}$$

$$\hat{\boldsymbol{X}}_k^{m/m} = \hat{\boldsymbol{X}}_{k/k}$$

$$\boldsymbol{P}_k^{m/m} = \boldsymbol{P}_{k/k}$$

与一般量测向量同时处理法比较，采用量测标量序贯处理法除了能合理地分配滤波计算量，满足卫星实时姿态计算要求外，还具有如下优点：

（1）标量序贯法的滤波增益阵 $\boldsymbol{K}_k^i$ 是一个 n 列矢量，其中 $[\boldsymbol{H}_k^{(i)} \boldsymbol{P}_k^{i/i-1} (\boldsymbol{H}_k^{(i)})^{\mathrm{T}} + \boldsymbol{R}_k^{(i)}]^{-1}$ 是标量求逆，因此采用标量序贯法的程序执行速度快、占用内存省、适合微型计算机在实时环境下工作。

（2）采用标量法的非线性截断误差要比采用矢量法在预测值展开的截断误差小。

（3）由于卫星数据遥测和接收各环节的误码，最后组合后提供滤波的量测数据中被剔除了某些量测量。对于这些随机性误码，如果剔除整组数据，必然降低信息利用率，而采用标量序贯法，而非整组剔除数据，因而就不会降低

信息利用率。

(4) 由于卫星在一些飞行段上并不是所有量测量模型组合卡尔曼滤波器,必然增加程序的复杂性及计算量,而采用量测标量序贯处理法,仅用一个子程序实现标量处理的滤波器,就能实现处理各种可能量测模型的随机组合,因此程序结构紧凑,计算量小。

(5) 采用量测标量序贯处理法实现卡尔曼滤波器结构,如图 8－2(a)所示。

由于每个滤波环节的结构相似,前、后级滤波器的输入/输出(即验前、验后统计量)关系都一一对应,仅输入量测量及参数不同,因此可用一个可变参数滤波器循环实现,如图 8－2(b)所示。显然,从滤波器的计算量、内存量及程序的复杂性来考虑,这种滤波器不仅适用于地面采用微型机算机实现姿态确定软件,而且还适用于星上微处理器实现自主姿态确定滤波器,是进行卫星姿态和轨道自主确定的一种比较理想的状态估计器结构形式。

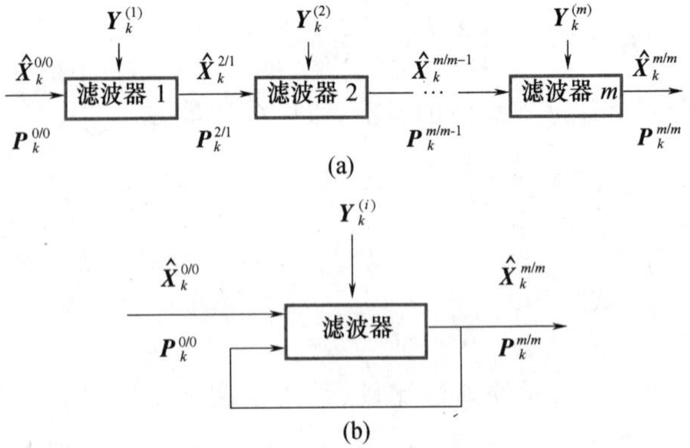

图 8－2　标量序贯滤波表示

一般在微型机算机上实现卡尔曼滤波器,由于受到实时运算速度、程序内存量、系统软/硬件功能的限制,考虑可能采用单精度浮点运算方式,这就有可能造成舍入、相消等数量误差的积累,破坏$\boldsymbol{P}_{k|k}$、$\boldsymbol{P}_{k|k-1}$协方差阵的正定性。特别当一些状态变量间相关系数很大时,由于协方差阵的条件数很大而变成病态矩阵,更加重了数值误差的影响,最终可能导致滤波器数值发散。为了解决这一问题,在滤波算法实现上进行考虑。

根据矩阵理论,任一对称正定矩阵 $\boldsymbol{P}$ 都可以分解为两个三角矩阵之积,即

$$\boldsymbol{P} = \boldsymbol{S}\,\boldsymbol{S}^{\mathrm{T}}$$

利用平方根矩阵分解表示 $\boldsymbol{P}$ 矩阵的优点是，能够保持 $\boldsymbol{P}$ 矩阵的对称性和特征值的非负性，同时还减少了参与数值计算的矩阵元的取值的动态范围，放宽了算法对计算机字长有效位数的要求。通常，平方根算法仅需普通卡尔曼滤波器算法的1/2 字长，就可以达到相近的数值精度。但采用平方根算法分解 n 阶 $\boldsymbol{P}_{k/k}$、$\boldsymbol{P}_{k/k-1}$ 协方差阵实现卡尔曼滤波器，每一测量的滤波更新必须进行 n 次平方根运算，同时还需要比普通滤波算法更多的内存和计算量。因此，给微型计算机实现实时姿态确定带来限制，为此选择了 $\boldsymbol{UDU}^{\mathrm{T}}$ 算法分解$\boldsymbol{P}_{k/k}$、$\boldsymbol{P}_{k/k-1}$ 协方差阵

$$\boldsymbol{P}_{k/k} = \hat{\boldsymbol{U}}\hat{\boldsymbol{D}}\,\hat{\boldsymbol{U}}^{\mathrm{T}}$$

$$\boldsymbol{P}_{k/k-1} = \tilde{\boldsymbol{U}}\,\tilde{\boldsymbol{D}}\,\;\tilde{\boldsymbol{U}}^{\mathrm{T}}$$

式中：$\hat{\boldsymbol{U}}$、$\tilde{\boldsymbol{U}}$ 分别为以角元为 1 的上三角阵；$\hat{\boldsymbol{D}}$、$\tilde{\boldsymbol{D}}$ 为对角阵。所有滤波更新公式（包括动力学更新及量测更新，都由 $\hat{\boldsymbol{U}}$、$\tilde{\boldsymbol{U}}$ 及 $\hat{\boldsymbol{D}}$、$\tilde{\boldsymbol{D}}$ 间的递推公式表示）。

研究结果表明，采用高质量的编程方法，$\boldsymbol{UDU}^{\mathrm{T}}$ 算法无论是计算速度还是程序占用的内存量，几乎和普通卡尔曼滤波算法效率一样，因此，特别适合在对计算速度和内存容量有很大限制的微型机算机上作为实时在线状态估计器算法模型。带有这种状态估计算法模型的实时状态确定系统微型计算机实现装置已在中国"东方红"二号甲卫星测控任务中，正确地参与了远地点发动机点火前的姿态确定工作。

8.2　三轴姿态稳定卫星的姿态确定系统

本节对日本的高级陆地观测卫星（Advanced Land Observing Satellite，ALOS）姿态确定系统进行详细介绍。该卫星于 2006 年发射入轨，运行于轨道高度为 691.65km 的太阳同步轨道，可实现了地面分辨率 2.5m 与全球数据采集的能力，卫星外形如图 8－3 所示。

星上姿态敏感器包括高精度星跟踪器（SST）、高精度陀螺、数字太阳敏感器和红外地球敏感器等，各部件性能见表 8－1 所列。卫星设计了两种姿态确定方式，即基于红外地球敏感器的标准姿态确定方式和基于星敏感器的高精度姿态确定方式。在轨控模式结束后，卫星自主进入基于红外地球敏感器姿

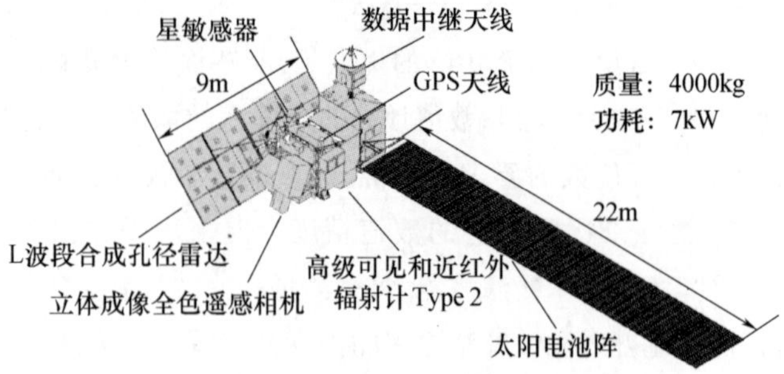

图 8-3　ALOS 卫星外形图

态确定下的正常对地观测模式，此时星敏感器处于捕获工作模式，星上计算机启动星图识别。星图识别一旦成功后，星敏感器转入跟踪工作模式，星上开始执行基于扩展卡尔曼滤波方法的姿态确定。当滤波器姿态稳定后，则用于星上姿态控制的估计姿态由标准姿态确定姿态切换为高精度姿态确定姿态。

卫星姿态轨道控制系统（Attitude & Orbit Control System，AOCS）的主要指标要求：

（1）姿态稳定度为 3.9×10^{-4}°(p-p)，指向稳定度为 4.0×10^{-4}°(p-p)；

（2）在轨姿态指向确定精度为 4.0×10^{-4}°，地面事后处理姿态确定精度为 2.0×10^{-4}°；

（3）在轨位置确定精度为 200m，地面处理为 1m。

表 8-1　ALOS 卫星姿态确定系统配置

部件	性　能	指　标
地球敏感器	类型	圆锥扫描式
	测量范围	滚动 ±25°，俯仰 ±15°
	系统误差	滚动0.075°，俯仰0.070°(3σ)
	随机误差	滚动0.042°，俯仰0.030°(3σ)
太阳敏感器	类型	数字式，CCD
	视场	±32°
	系统误差	0.02°
	随机误差	0.02°(3σ)

（续）

部件	性能	指标
惯性测量单元（IRU）	类型	动力调谐陀螺
	测量范围	±400(°)/h
	比例因子(SF)	0.05″(1±5%)/脉冲(p-p)
	SF线性度	±0.015%(p-p)
	SF不对称性	±0.15%(p-p)
	SF温度引起偏差	±0.02%(p-p)
	与g无关漂移项	±1.0(°)/h±0.1(°)h(p-p)
	与g无关漂移项（与温度相关）	1st：0.0039(°)/(h·℃)（3σ） 2nd：5.4×10^{-5}(°)/h·$℃^2$(3σ)
	与g无关漂移稳定性	±0.005(°)/h·100min(3σ)
	与g相关漂移	±5.0(°)/(h·g)(p-p)
	高频噪声	0.5″(p-p)
	带宽	≥7Hz
星敏感器（STT）	组合工作方式	均加电，3取2定姿
	视场	8°×8°
	随机误差	9″(6等星)
	系统误差	0.74″(在轨标定后)
	输出频率	1Hz
姿轨控计算机(AOCE)	功能描述	敏感器信号处理，姿态确定和控制，执行机构驱动信号处理，遥感指令处理，任务数据输出
	微处理器	R4900 25MIPS MPU（MIP III）×3
	计算能力	64位，浮点运算
	控制周期	100ms
	存储器	512KB C/ROM，4MB CPU RAM，2MB C/RAM（1位纠错）
	接口	1553B数据总线，CCSDS兼容，RS-422（GPSR、STT、DRC）

针对在轨高精度姿态确定指标，其综合情况如图 8－4 所示。

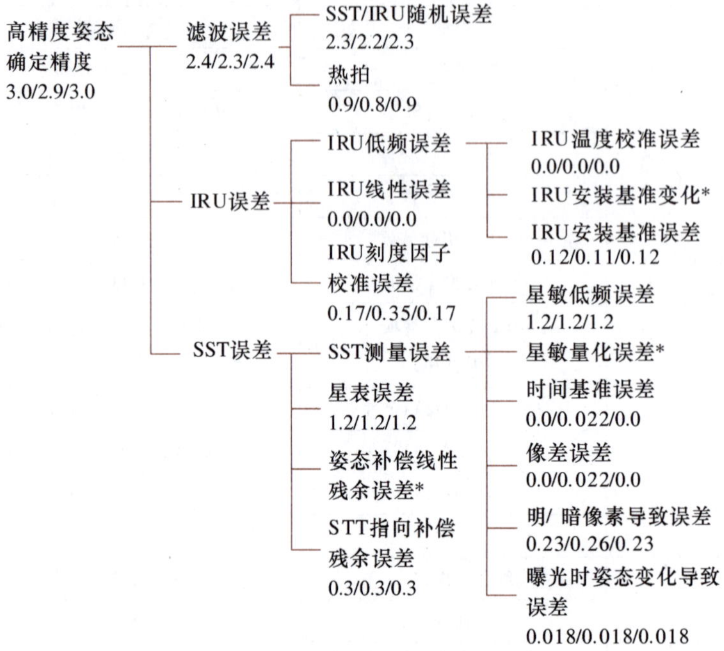

图 8－4　ALOS 卫星姿态确定指标综合情况

注：$\times 10^{-3}(3\sigma)$；滚动角/俯仰角/偏航角单位：(°)；＊包含滤波误差。

8.2.1　卫星姿态确定系统配置

为了实现高精度姿态确定指标，卫星采用了多种措施，如表 8－2 所列。其中除了配置如图 8－5 所示的高精度星敏感器外，星上采用了基于扩展卡尔曼滤波的姿态确定方法，并采取措施严格控制星敏感器和陀螺之间的安装形变。此外，利用平滑技术对长达 24h 的星敏感器和陀螺遥测数据进行处理，在地面实现高精度姿态估计。

在姿态敏感器安装上，实现星敏感器、陀螺与载荷同基准安装，并且严格控制温度。其中，星敏感器支架温度控制在(23 ± 3)℃以内，星敏感器光学头部(STO)温度控制得更加严格，保证光学头部之间形变小于 0.25″，星敏感器光学头部与陀螺之间的基准形变小于 10″。

表 8-2　ALOS 卫星为实现高精度姿态确定采取的措施

<table>
<tr><th>要求</th><th colspan="2">采用措施</th></tr>
<tr><td rowspan="6">姿态确定精度</td><td>高精度星敏感器</td><td>· 低热形变结构
· 严格温度控制
· 低噪高分辨率 CCD</td></tr>
<tr><td>高性能星上计算机</td><td>64 位 MPU</td></tr>
<tr><td colspan="2">· 在轨姿态确定,高精度星表
· 静态姿态确定</td></tr>
<tr><td colspan="2">基于扩展卡尔曼滤波的在轨姿态确定</td></tr>
<tr><td colspan="2">降低安装形变</td></tr>
<tr><td colspan="2">· 敏感器之间安装偏差估计(地面)
· 基于平滑器的离线姿态确定(地面)</td></tr>
</table>

图 8-5　星敏感器样机

8.2.2　在轨姿态确定方法及实现

为了实现在轨高精度姿态确定,卫星采用了星敏感器和惯性参考单元(IRU),姿态确定流程如图 8-6 所示。首先,根据星敏感器获取星点成像,并与星表进行星图匹配。当星敏感器识别恒星数据不少于 2 颗,则进行姿态误差计算,并根据姿态误差进行基于扩展卡尔曼姿态修正;否则仅依靠惯性参考单元测得的角速度进行姿态估计。

1. 姿态误差计算

假设$\boldsymbol{w}_i$、$\boldsymbol{v}_i$($i=1,\cdots,n$)分别为由星敏感器和星表获取的观测方向矢量,采用不同的方法可求取姿态误差。

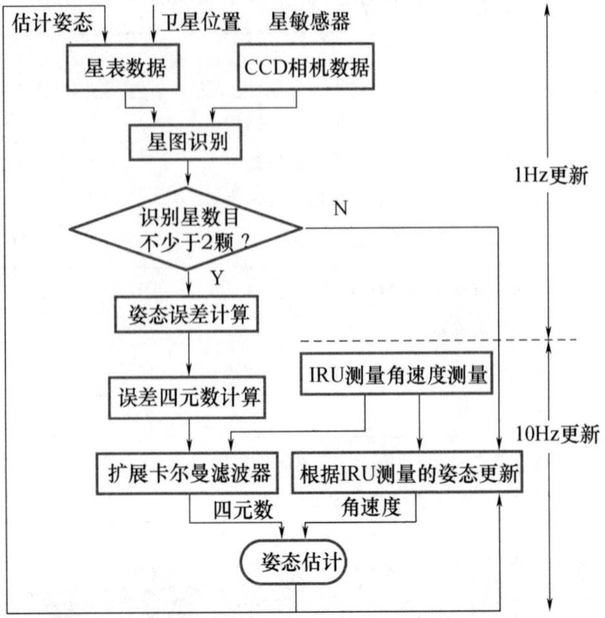

图 8－6　在轨姿态确定算法及流程

1）伪逆法

记 $\boldsymbol{W}=[\boldsymbol{w}_1 \quad \cdots \quad \boldsymbol{w}_n]$，$\boldsymbol{V}=[\boldsymbol{v}_1 \quad \cdots \quad \boldsymbol{v}_n]$，姿态误差变换阵$\boldsymbol{C}_\Delta$ 与观测矢量具有如下关系：

$$\boldsymbol{W}=\boldsymbol{C}_\Delta \boldsymbol{V} \tag{8-1}$$

对于未知参数矩阵$\boldsymbol{C}_\Delta$ 采用伪逆法可求得其解为

$$\bar{\boldsymbol{C}}_\Delta=\boldsymbol{W}\boldsymbol{V}^{\mathrm{T}}(\boldsymbol{V}\boldsymbol{V}^{\mathrm{T}})^{-1}$$

并将其转化为对角线为 1 的矩阵，即

$$\boldsymbol{C}''_\Delta=\boldsymbol{C}'_\Delta\cdot \mathrm{diag}\left[\frac{1}{C'_\Delta(1,1)} \quad \frac{1}{C'_\Delta(2,2)} \quad \frac{1}{C'_\Delta(3,3)}\right] \tag{8-2}$$

式中：$\boldsymbol{C}'_\Delta(\cdot,\cdot)$为矩阵$\boldsymbol{C}'_\Delta$ 的元素。

记姿态误差变换阵对应的滚动、俯仰和偏航角分别为 ϕ、θ、ψ，在小姿态误差下，有

$$\boldsymbol{C}_\Delta \approx \begin{bmatrix} 1 & \psi & -\theta \\ -\psi & 1 & \phi \\ \theta & -\phi & 1 \end{bmatrix} \tag{8-3}$$

由式(8 -2)和式(8 -3),可得到如下姿态角计算方式:

$$\begin{cases}\phi = \dfrac{C''_{\Delta}(2,3) - C''_{\Delta}(3,2)}{2} \\ \theta = \dfrac{C''_{\Delta}(3,1) - C''_{\Delta}(1,3)}{2} \\ \psi = \dfrac{C''_{\Delta}(1,2) - C''_{\Delta}(2,1)}{2}\end{cases}$$

2) Markley 方法

Markley 方法为求解使得指标函数

$$J = \frac{1}{2}\sum_{i=1}^{n} \left| \boldsymbol{w}_i - \boldsymbol{C}_{\Delta} \boldsymbol{v}_i \right|$$

为最小的姿态变换阵$\boldsymbol{C}_{\Delta}$,具体步骤如下:

(1) 计算矩阵 $\boldsymbol{F}$:

$$\boldsymbol{F} = \sum_{i=1}^{n} \boldsymbol{w}_i \boldsymbol{v}_i^{\mathrm{T}}$$

(2) 矩阵 $\boldsymbol{F}$ 的奇异分解:

$$\boldsymbol{F} = \boldsymbol{U}\begin{bmatrix}\sigma_1 & & \\ & \sigma_2 & \\ & & \sigma_3\end{bmatrix}\boldsymbol{V}$$

式中:$\sigma_i(i=1,2,3)$为矩阵 $\boldsymbol{F}$ 的奇异值。

(3) 计算姿态转换阵$\boldsymbol{C}_{\Delta}$:

$$\boldsymbol{C}_{\Delta} = \boldsymbol{U}\boldsymbol{V}^{\mathrm{T}}$$

由于矩阵 $\boldsymbol{U}$、$\boldsymbol{V}$ 为酉矩阵,因此保证$\boldsymbol{C}_{\Delta}$ 的正交性。

3) 提高姿态精度方法

记

$$v_i^{\times} = \begin{bmatrix} 0 & -v_i(3) & v_i(2) \\ v_i(3) & 0 & -v_i(1) \\ -v_i(2) & v_i(1) & 0 \end{bmatrix}$$

式中:$v_i(1)$、$v_i(2)$、$v_i(3)$为$\boldsymbol{v}_i$的元素。在滚动、俯仰和偏航角 ϕ、θ、ψ 为小量的情况下,由式(8 -3)和关系式$\boldsymbol{w}_i = \boldsymbol{C}_{\Delta} \boldsymbol{v}_i$,得

$$\boldsymbol{w}_i - \boldsymbol{v}_i = \boldsymbol{v}_i^{\times} [\phi \quad \theta \quad \psi]^{\mathrm{T}}$$

对于 n 个观测矢量，有

$$\begin{bmatrix} \boldsymbol{w}_1 - \boldsymbol{v}_1 \\ \vdots \\ \boldsymbol{w}_n - \boldsymbol{v}_n \end{bmatrix} = \begin{bmatrix} \boldsymbol{v}_1^{\times} \\ \vdots \\ \boldsymbol{v}_n^{\times} \end{bmatrix} \begin{bmatrix} \phi \\ \theta \\ \psi \end{bmatrix} \tag{8-4}$$

记

$$\boldsymbol{A} = \begin{bmatrix} \boldsymbol{v}_1^{\times} \\ \vdots \\ \boldsymbol{v}_n^{\times} \end{bmatrix}, \boldsymbol{B} = \begin{bmatrix} \boldsymbol{w}_1 - \boldsymbol{v}_1 \\ \vdots \\ \boldsymbol{w}_n - \boldsymbol{v}_n \end{bmatrix}$$

由式(8－4)求伪逆，得

$$[\phi \quad \theta \quad \psi]^{\mathrm{T}} = (\boldsymbol{A}^{\mathrm{T}}\boldsymbol{A})^{-1}\boldsymbol{A}^{\mathrm{T}}\boldsymbol{B}$$

由式(8－3)可求得姿态误差转换阵$\boldsymbol{C}_{\Delta}$。

2. 姿态误差四元数计算

当得到姿态误差转换阵$\boldsymbol{C}_{\Delta}$ 后，可求得误差四元数为

$$\delta\boldsymbol{q} = [\delta q_1 \quad \delta q_2 \quad \delta q_3 \quad \delta q_4]^{\mathrm{T}}$$

$$\delta q_4 = \frac{1}{2}[1 + C_{\Delta}(1,1) + C_{\Delta}(2,2) + C_{\Delta}(3,3)]^{\frac{1}{2}}$$

$$\delta q_1 = \frac{1}{4q_4}[C_{\Delta}(2,3) - C_{\Delta}(3,2)]$$

$$\delta q_2 = \frac{1}{4q_4}[C_{\Delta}(3,1) - C_{\Delta}(1,3)]$$

$$\delta q_3 = \frac{1}{4q_4}[C_{\Delta}(1,2) - C_{\Delta}(2,1)]$$

对于估计姿态四元数 $\hat{\boldsymbol{q}}$，则真实姿态四元数为 $\boldsymbol{q} = \hat{\boldsymbol{q}} \otimes \delta\boldsymbol{q}$，即

$$\begin{bmatrix} q_1 \\ q_2 \\ q_3 \\ q_4 \end{bmatrix} = \begin{bmatrix} \delta q_4 & \delta q_3 & -\delta q_2 & \delta q_1 \\ -\delta q_3 & \delta q_4 & \delta q_1 & \delta q_2 \\ \delta q_2 & -\delta q_1 & \delta q_4 & \delta q_3 \\ -\delta q_1 & -\delta q_2 & -\delta q_3 & \delta q_4 \end{bmatrix} \begin{bmatrix} \hat{q}_1 \\ \hat{q}_2 \\ \hat{q}_3 \\ \hat{q}_4 \end{bmatrix}$$

3. 基于扩展卡尔曼滤波方法的姿态估计

记卫星的真实姿态 $\boldsymbol{q}(t)=[q_1\quad q_2\quad q_3\quad q_4]^{\mathrm{T}}$，实际角速度 $\boldsymbol{\omega}(t)=[\omega_x\quad \omega_y\quad \omega_z]^{\mathrm{T}}$，由运动学方程有

$$\dot{\boldsymbol{q}}(t)=\frac{1}{2}\boldsymbol{\Omega}(\boldsymbol{\omega}(t))\boldsymbol{q}(t) \tag{8-5}$$

式中

$$\boldsymbol{\Omega}(\boldsymbol{\omega}(t))=\begin{bmatrix} 0 & \omega_z & -\omega_y & \omega_x \\ -\omega_z & 0 & \omega_x & \omega_y \\ \omega_y & -\omega_x & 0 & \omega_z \\ -\omega_x & -\omega_y & -\omega_z & 0 \end{bmatrix}$$

由陀螺测量，得

$$\begin{cases}\boldsymbol{\omega}(t)=\boldsymbol{u}(t)-\boldsymbol{b}(t)-\boldsymbol{\eta}_1(t)\\ \dot{\boldsymbol{b}}(t)=\boldsymbol{\eta}_2(t)\end{cases} \tag{8-6}$$

式中：$\boldsymbol{u}(t)$为由陀螺测量得到的角速度；$\boldsymbol{b}(t)$为陀螺常值漂移；$\boldsymbol{\eta}_1(t)$、$\boldsymbol{\eta}_2(t)$分别为均值为0，方差为$\boldsymbol{Q}_1$、$\boldsymbol{Q}_2$ 的随机白噪声，即满足

$$E\{\boldsymbol{\eta}_1(t)\}=E\{\boldsymbol{\eta}_2(t)\}=\boldsymbol{0}$$

$$E\{\boldsymbol{\eta}_1(t)\,\boldsymbol{\eta}_1^{\mathrm{T}}(t')\}=\boldsymbol{Q}_1\delta(t-t'),E\{\boldsymbol{\eta}_2(t)\,\boldsymbol{\eta}_2^{\mathrm{T}}(t')\}=\boldsymbol{Q}_2\delta(t-t')$$

定义状态 $x(t)=[\boldsymbol{q}^{\mathrm{T}}(t)\quad \boldsymbol{b}^{\mathrm{T}}(t)]$，则姿态确定的状态方程为

$$\dot{\boldsymbol{x}}(t)=\boldsymbol{f}(\boldsymbol{x},t)+\boldsymbol{g}(\boldsymbol{x},t)\boldsymbol{w} \tag{8-7}$$

上式各系数为

$$\boldsymbol{f}(\boldsymbol{x},t)=\begin{bmatrix}\frac{1}{2}\boldsymbol{\Omega}(\boldsymbol{u}-\boldsymbol{b})\boldsymbol{q}(t)\\ \boldsymbol{0}_{3\times1}\end{bmatrix},\boldsymbol{g}(\boldsymbol{x},t)=\begin{bmatrix}-\frac{1}{2}\boldsymbol{\Xi}(\boldsymbol{q}) & \boldsymbol{0}_{4\times3}\\ \boldsymbol{0}_{3\times3} & I_{3\times3}\end{bmatrix},\boldsymbol{w}=\begin{bmatrix}\boldsymbol{\eta}_1\\ \boldsymbol{\eta}_2\end{bmatrix}$$

$$\boldsymbol{\Xi}(\boldsymbol{q})=\begin{bmatrix} q_4 & -q_3 & q_2 \\ q_3 & q_4 & -q_1 \\ -q_2 & q_1 & q_4 \\ -q_1 & -q_2 & -q_3 \end{bmatrix}$$

记状态 $\boldsymbol{x}(t)$的估计量分别为 $\hat{\boldsymbol{x}}(t)=\left[\hat{\boldsymbol{q}}^{\mathrm{T}}(t)\quad \hat{\boldsymbol{b}}^{\mathrm{T}}(t)\right]^{\mathrm{T}}$，星体角速度 $\hat{\boldsymbol{\omega}}(t)$

的估计量 $\hat{\boldsymbol{\omega}}(t)=\boldsymbol{u}(t)-\hat{\boldsymbol{b}}(t)$，于是关于 $\hat{\boldsymbol{q}}(t)$、$\hat{\boldsymbol{b}}(t)$ 的状态估计方程可表示为

$$\dot{\hat{\boldsymbol{x}}}(t)=\boldsymbol{f}(\hat{\boldsymbol{x}},t) \tag{8-8}$$

将姿态估计误差定义为状态，即

$$\Delta\boldsymbol{x}(t)=\boldsymbol{x}(t)-\hat{\boldsymbol{x}}(t)=\left[\Delta\hat{\boldsymbol{q}}^{\mathrm{T}}(t)\quad\Delta\hat{\boldsymbol{b}}^{\mathrm{T}}(t)\right]^{\mathrm{T}} \tag{8-9}$$

将式(8-7)减去式(8-8)，并取方程的一阶近似，得

$$\Delta\dot{\boldsymbol{x}}(t)=\boldsymbol{F}(t)\Delta\boldsymbol{x}(t)+\boldsymbol{G}(t)\boldsymbol{w}(t) \tag{8-10}$$

式中

$$\boldsymbol{F}(t)=\begin{bmatrix}\frac{1}{2}\boldsymbol{\Omega}(\hat{\boldsymbol{\omega}}) & -\frac{1}{2}\boldsymbol{\Xi}(\hat{\boldsymbol{q}})\\ \boldsymbol{0}_{3\times4} & \boldsymbol{0}_{3\times3}\end{bmatrix},\boldsymbol{G}(t)=\begin{bmatrix}-\frac{1}{2}\boldsymbol{\Xi}(\hat{\boldsymbol{q}}) & \boldsymbol{0}_{4\times3}\\ \boldsymbol{0}_{3\times3} & \boldsymbol{I}_{3\times3}\end{bmatrix}$$

由星敏感器的测量值可计算出误差四元数 $\delta\boldsymbol{q}$，真实姿态四元数 $\boldsymbol{q}=\hat{\boldsymbol{q}}\otimes\delta\boldsymbol{q}$ 与估计的姿态四元数 $\hat{\boldsymbol{q}}$ 的偏差可表示为

$$\begin{cases}\Delta\boldsymbol{q}=\hat{\boldsymbol{q}}\otimes\delta\boldsymbol{q}-\hat{\boldsymbol{q}}\\ \boldsymbol{y}_{\text{error}}(t)=\Delta\boldsymbol{q}+\boldsymbol{v}(t)\end{cases} \tag{8-11}$$

式中：$\boldsymbol{v}(t)$ 为观测噪声，且 $E\{\boldsymbol{v}(t)\boldsymbol{v}^{\mathrm{T}}(t')\}=\boldsymbol{R}\delta(t-t')$。

对状态方程(8-10)与观测方程(8-11)以时间周期 T 进行离散化，有

$$\begin{cases}\Delta\boldsymbol{x}((k+1)T)=\mathrm{e}^{\boldsymbol{F}(kT)T}\Delta x(kT)+\int_0^T\mathrm{e}^{\boldsymbol{F}(kT)\tau}\mathrm{d}\tau\boldsymbol{G}(kT)\boldsymbol{W}(kT)\\ \boldsymbol{y}_{\text{error}}(kT)=\boldsymbol{C}_{\text{all}}\Delta\boldsymbol{x}(kT)+\boldsymbol{V}(kT)\end{cases} \tag{8-12}$$

式中：$\boldsymbol{C}_{\text{all}}=[\boldsymbol{I}\quad\boldsymbol{0}]$；$\boldsymbol{W}(kT)$、$\boldsymbol{V}(kT)$ 为离散系统的等效系统噪声和量测噪声，满足

$$\begin{cases}E\{\boldsymbol{W}(kT)\}=E\{\boldsymbol{V}(kT)\}=\boldsymbol{0}\\ E\{\boldsymbol{W}(kT)\boldsymbol{W}^{\mathrm{T}}(kT)\}=\bar{\boldsymbol{Q}}\\ E\{\boldsymbol{V}(kT)\boldsymbol{V}^{\mathrm{T}}(kT)\}=\bar{\boldsymbol{R}}\end{cases}$$

由于在状态方程中 q_4 是冗余的，有近似关系式

$$\Delta q_4=-\frac{1}{\hat{\boldsymbol{q}}_4}\hat{q}_r^{\mathrm{T}}\Delta\boldsymbol{q}_r$$

式中：$\hat{\boldsymbol{q}}_r=\left[\hat{q}_1\quad\hat{q}_2\quad\hat{q}_3\right]^{\mathrm{T}}$；$\Delta\boldsymbol{q}_r=[\Delta q_1\quad\Delta q_2\quad\Delta q_3]^{\mathrm{T}}$。

利用上式将式(8-12)的冗余状态消掉，得到关于状态 $\boldsymbol{z}_k=$

$[\Delta \boldsymbol{q}_r^{\mathrm{T}}(kT) \quad \Delta \boldsymbol{b}^{\mathrm{T}}(kT)]^{\mathrm{T}}$ 的离散状态方程为

$$\begin{cases} \boldsymbol{z}_{k+1} = \boldsymbol{A}_k \boldsymbol{z}_k + \boldsymbol{B}_k \boldsymbol{W}_k \\ \boldsymbol{y}_k = \boldsymbol{C}_k \boldsymbol{z}_k + \boldsymbol{V}_k \end{cases} \tag{8-13}$$

方程(8-13)的各系数具体表达式参见文献[126]。针对式(8-13)系统方程可设计扩展卡尔曼滤波器为

$$\hat{\boldsymbol{z}}_{k/k} = \boldsymbol{K}_k \boldsymbol{y}_k \tag{8-14a}$$

$$\boldsymbol{K}_k = \boldsymbol{P}_{k/k-1} \boldsymbol{C}^{\mathrm{T}} (\boldsymbol{C}\boldsymbol{P}_{k/k-1} \boldsymbol{C}^{\mathrm{T}} + \bar{\boldsymbol{R}})^{-1} \tag{8-14b}$$

$$\boldsymbol{P}_{k/k-1} = \boldsymbol{A}_{k-1} \boldsymbol{P}_{k-1/k-1} \boldsymbol{A}_{k-1}^{\mathrm{T}} + \boldsymbol{B}_{k-1} \bar{\boldsymbol{Q}} \boldsymbol{B}_{k-1}^{\mathrm{T}} \tag{8-14c}$$

$$\boldsymbol{P}_{k/k} = \boldsymbol{P}_{k/k-1} - \boldsymbol{K}_k^{o} \boldsymbol{C} \boldsymbol{P}_{k/k-1} \tag{8-14d}$$

式中：$\boldsymbol{P}_{1/0} = \boldsymbol{\Sigma}_0$ 为$\boldsymbol{z}_0$ 的协方差。

根据滤波器得到的状态估计$\hat{\boldsymbol{z}}_{k/k}$可以得到姿态变量和陀螺常值漂移的估计值为

$$\hat{\boldsymbol{q}}_r(k+1) = \hat{\boldsymbol{q}}_r(k) + \Delta \hat{\boldsymbol{q}}_r(k) \tag{8-15a}$$

$$\hat{\boldsymbol{b}}(k+1) = \hat{\boldsymbol{b}}(k) + \Delta\hat{\boldsymbol{b}}(k) \tag{8-15b}$$

为了避免在轨滤波发散，在轨具体实现中采用了对协方差阵进行 UD 分解的滤波方法。卫星在轨以陀螺数据以 10Hz 频率进行姿态预估，星敏感器数据以 1Hz 频率进行姿态修正。

8.2.3 地面姿态确定方法及实现

相比卫星在轨姿态确定方式来说，地面姿态确定可不受时间和运算能力的约束，因此可以利用长时间星敏感器和陀螺遥测数据，采用迭代平滑等技术实现高精度姿态确定。地面姿态确定包括星图识别、陀螺常值漂移估计和姿态估计共三个过程，其流程如图 8-7 所示。

在星图识别阶段中，除利用星上进行姿态确定的星敏感器数据外，还包含超过星点提取阈值的所有星点像素数据。陀螺常值漂移估计阶段和姿态估计阶段均包括三个步骤，即前向卡尔曼滤波、后向卡尔曼滤波，以及根据两种方式滤波得到的协方差阵对两次得到的姿态进行加权平均的平滑处理，在上述两个阶段可多次重复迭代运行上述三个步骤。与姿态估计过程不同之处在于，陀螺常值漂移估计过程中将滤波中使用的星敏感器测量噪声均方差降低，以利用短时间常数的滤波器对陀螺常值漂移进行估计(具体算法可参见文献[129])。

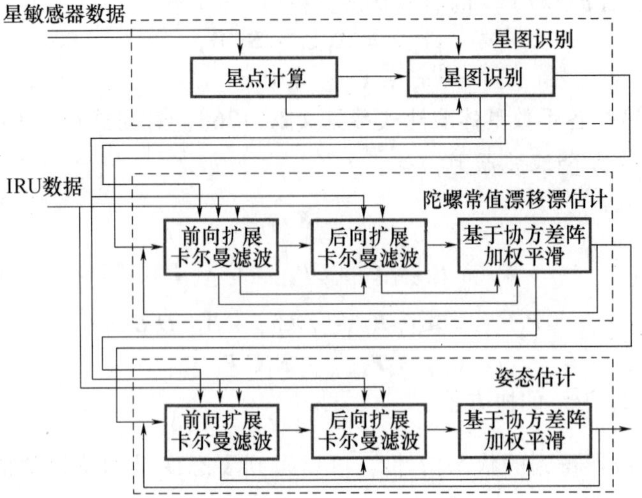

图 8-7　地面事后处理姿态确定方框图

利用 ALOS 卫星在轨遥测数据,采用地面事后姿态处理方式得到的姿态和陀螺常值漂移估计值如图 8-8 和图 8-9 所示,图 8-10 给出对应时间星上陀螺的温度变化情况。星上实时确定姿态与地面事后处理得到的姿态对比情况如图 8-11,图 8-12 和表 8-3 所示。

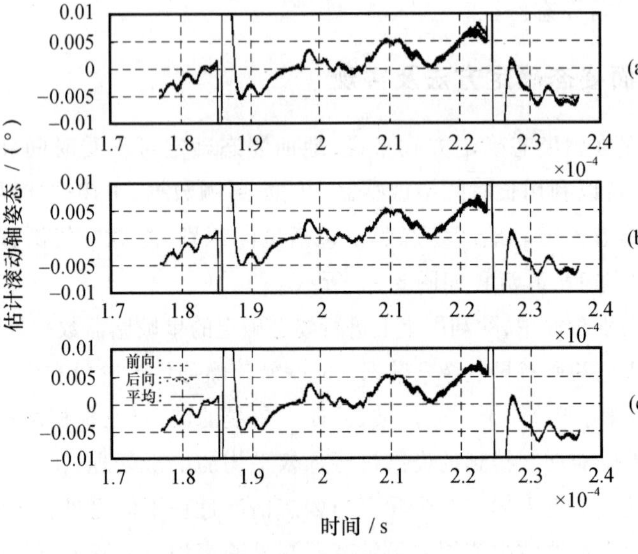

图 8-8　根据遥测数据事后处理得到的滚动轴姿态角

(a) 第 1 次平滑;(b) 第 2 次平滑;(c) 第 3 次平滑。

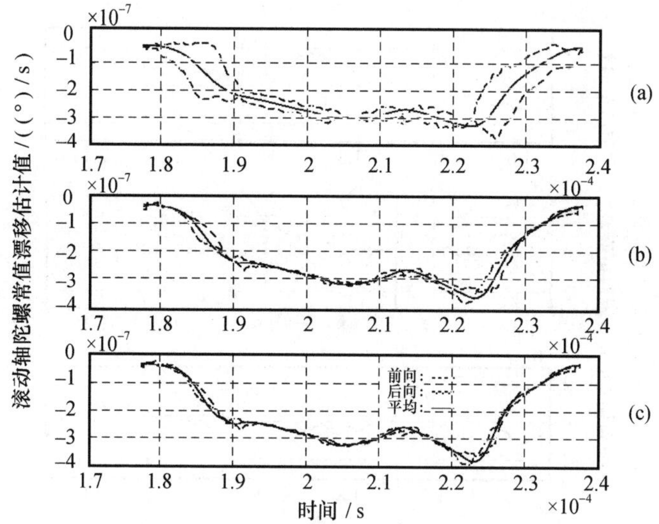

图 8 - 9　根据遥测数据事后处理得到的滚动轴陀螺常偏估计值

(a) 第 1 次平滑；(b) 第 2 次平滑；(c) 第 3 次平滑。

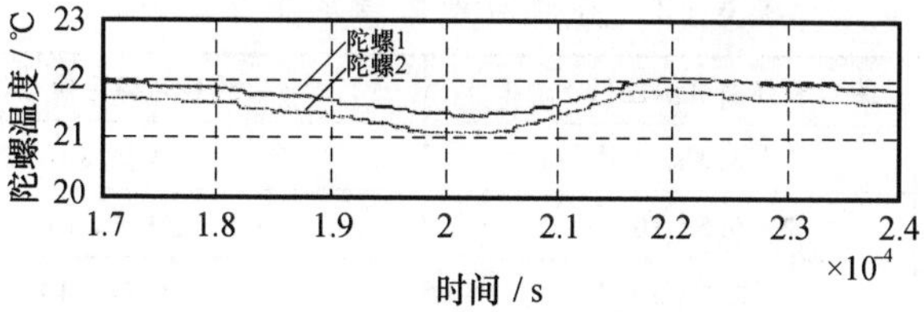

图 8 - 10　在轨遥测陀螺温度变化曲线

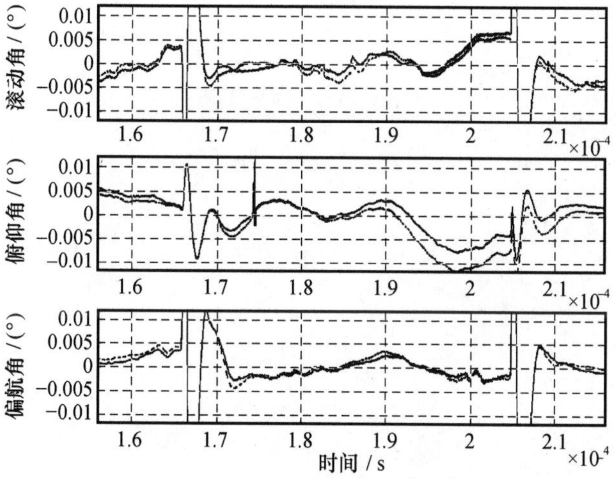

图 8 - 11　星上与地面确定姿态比较

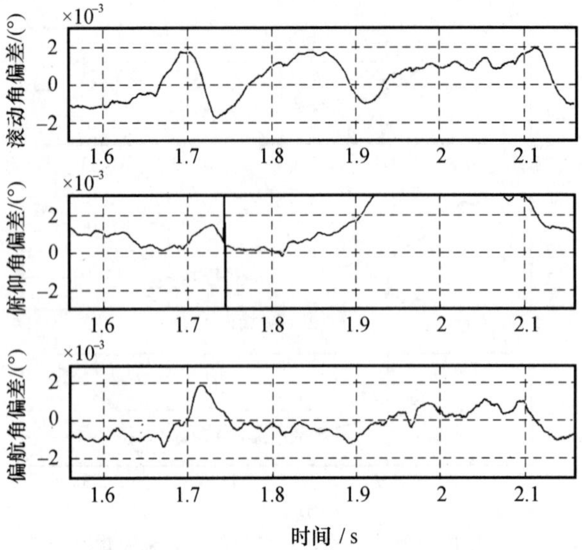

图 8-12　星上与地面姿态确定偏差

表 8-3　在轨与地面确定姿态偏差

星体轴	绝对表姿确定偏差(3σ)/(°)	5s 相对姿态确定偏差(3σ)/(°)
滚动角	3.3×10^{-3}	0.98×10^{-3}
俯仰角	6.5×10^{-3}	1.1×10^{-3}
偏航角	2.3×10^{-3}	0.98×10^{-3}

参考文献

[1] Wertz R. Spacecraft Attitude Determination and control, D. Reidel Holland, 1978.

[2] Sharkey J P, Nurre G S, Beal G A, Nelson J D. A chronology of the on - orbit pointing control system changes on the Hubble Space Telescope and associated pointing improvement. AIAA - 92 - 4619 - CP, 1992.

[3] Beals G A, Crum R C, Dougherty H J, etc. Hubble space telescope precision pointing control system. Journal of Guidance, Control, and Dynamics, 1995, 18(2): 194 - 199.

[4] 屠善澄. 卫星姿态动力学与控制. 北京:宇航出版社,2001.

[5] 杨嘉墀,邹广瑞,吕振铎. 中国航天器控制系统的发展. 1992 年空间及运动体控制技术学术会议论文集,1992: 1 - 8.

[6] 李果,刘良栋,王景. 航天器制导、导航与控制技术发展. 中国宇航学会首届学术年会论文集 ,2005:163 - 168.

[7] 李果,刘良栋,张洪华. 航天器控制若干技术问题的新进展. 空间控制技术与应用,2008, 34(1):14 - 19.

[8] 中国空间技术研究院. 中国航天器. 北京:电子工业出版社,2008.

[9] 李卿,董瑶海. 中国气象卫星技术成就与展望. 上海航天,2008, 25(1):1 - 10.

[10] 林玉荣,邓正隆. 基于矢量观测确定飞行器姿态的算法综述. 哈尔滨工业大学学报,2003, 35(1): 38 - 45.

[11] 廖晖,周军,周凤岐. 卫星正常模式姿态确定算法研究. 航天控制, 2001, 1:17 - 22.

[12] 边宝刚,孙广富,王家松,等. 地球敏感器探头失效的日月干扰保护方法研究. 飞行器测控学报, 2008, 27(2):23 - 27.

[13] Meng Z, Fan C, Zhang G, et al. A brief survey of the deterministic solution for satellite attitude estimation. 7th International Symposium on Instrmentation and Control Technology: Optoelectronic Technology and Instruments, Control Theory and Automation, and Space Exploration, 2008.

[14] 尉志军,吕政欣,刘晓军. 一种用于自旋卫星上的太阳敏感器. 第 22 届全国空间探测学术讨论会,2009:170 - 175.

[15] 张路,郑辛,余凯,等. 星敏感器技术研究现状及发展趋势. 红外与激光工程,2007, 36(9):529 - 533.

[16] Jorgensen P S, Jorgensen J L, Denver T, Betto M. In - flight quality and accuracy of attitude measurements from the CHAMP advanced stellar compass. Acta Astronautica, 2005, 56:181 - 186.

[17] Blarre L, Ouaknine J, Oddos - Marcel L, Martinez P E. High accuracy Sodern star

trackers: Recent improvements proposed on SED36 and HYDRA star trackers. AIAA Guidance, Navigation, and Control Conference and Exhibit, Colorado, 2006.

[18] Schmidt U, Elstner Ch, Michel K. ASTRO 15 star tracker flight experience and further improvements towards the ASTRO APS star tracker. AIAA Guidance, Navigation and Control Conference and Exhibit, Hawaii, 2008.

[19] 何丽,胡以华. 红外地球敏感器的技术发展趋势. 传感器与微系统,2006,25(7):4-6.

[20] 何丽,胡以华. 太阳敏感器原理技术技术发展浅析. 传感器世界,2006,1:12-14.

[21] Herwaarden A. W., herwaarden F. G., Molenaar S. A. Design and fabrication of infrared detector arrays for satellite attitude control. Sensors and Actuators A, 2000, 83:101-108.

[22] 刘付成,刘汝滨. 卫星惯性姿态敏感器技术. 上海航天,2003,5:33-37.

[23] 毛献辉,田芊,滕云鹤,等. 几种光学陀螺的研究进展. 压电与声学,2003,25(1):15-19.

[24] 王洪志,王彦国. 新一代陀螺的发展及应用分析. 光学仪器,2004,26(1):49-51.

[25] 许国祯. 列入美国军用关键技术清单中的惯性技术. 导航与控制,2004,3(1):74-79.

[26] 江磊,钟智勇,仪德英,等. 磁悬浮转子陀螺的研究进展. 仪器仪表学报, 2008, 29(5):1115-1120.

[27] 张炎华,王立端,战兴群,等. 惯性导航技术的新进展及发展趋势. 中国造船,2008,49:134-144.

[28] 秦永元. 惯性导航. 北京:科学出版社,2006.

[29] 王旭东,定光成,杨嘉墀. 卫星 GPS 组合姿态确定系统方案研究. 航天控制,1999,2:12-19.

[30] 王存恩. 日本广播卫星用射频敏感器. 空间控制技术与应用,1993,6:48-50.

[31] 李铁寿. 人造卫星的姿态控制. 科学,52(1):26-29..

[32] Vallet P. The multimission platform (PFM), 36th International Astronautical Congress (IAF-85-85), Stockholm, Sweden, 1985.

[33] Vallet P. The second generation of SPOT multimission platform. 40th International Astronautical Congress (IAF-89-125), Malaga, Spain, 1989.

[34] 罗建三,吕振铎,李宝绶. 液体远地点发动机工作期间卫星的姿态控制问题,宇航学报,1989, 2:19-27.

[35] 杨保华. 航天器制导、导航与控制. 北京:中国科学技术出版社,2011.

[36] 黄江川,张洪华,李铁寿,等. 嫦娥一号卫星的制导、导航与控制. 空间控制技术与应用,2008,34(1):29-32.

[37] 宗红,王淑一,韩冬,等. 嫦娥一号卫星的地月转移变轨控制. 空间控制技术与应

用,2008,34(1):44 - 50.

[38] 徐福祥. 用地球磁场和重力场成功挽救风云一号(B)卫星的控制技术. 宇航学报, 2001, 22(2):1 - 11.

[39] 张舜英. 奥林普斯卫星的起死回生. 空间控制技术与应用, 1993, 3:30 - 33.

[40] 全伟,刘百奇,宫晓琳,等. 惯性/天文/卫星组合导航技术. 北京:国防工业出版社,2011.

[41] Crassidis J L, Markley F L, Cheng Y. Survey of nonlinear attitude estimation methods. Journal of Guidance, Control and Dynamics,2007,30(1):12 - 28.

[42] Shuster M D. A survey of attitude representation. Journal of the Astronautical Science, 1993, 41(4):439 - 517.

[43] 余明. 简明天文学教程. 北京:科学出版社, 2001.

[44] 肖锋. 球面天文学与天体力学基础. 长沙:国防科技大学出版社,1988.

[45] 徐福祥. 卫星工程概论. 北京:宇航出版社,2004.

[46] 章仁为. 卫星轨道姿态动力学与控制. 北京:北京航空航天大学出版社,1998.

[47] 吕晓峰,王大力. 一种确定自旋卫星姿态的新方法. 上海航天,2011, 1: 40 - 45.

[48] 周文忠,孙宝祥. 地球同步自旋稳定卫星的姿态确定方法及其微机实现. 航天控制,1989,4:10 - 17.

[49] 吴云鹤,徐东,樊恒海. 自旋卫星测姿脉冲丢失原因分析. 飞行器测控学报,2002, 21:5 - 11.

[50] 齐春子,于嘉茹. FY - 2C 星控制分系统设计. 上海航天,2005, 增刊:36 - 41.

[51] 李于衡,易克初,关鹏. 地球静止轨道自旋卫星姿态确定及控制策略. 飞行器测控学报,2005, 24(5):19 - 26.

[52] 王玉祥,李祥明,李凌. 卫星姿态的几何确定方法初探. 遥测遥控, 2007, 28(6):1 - 6.

[53] Lam Q M, Hunt T, Sanneman P, et al. Analysis and design of a fifteen state stellar inertial attitude determination system . AIAA Guidance, Navigation, and Control Conference and Exhibit, Austin, Texas, 2003.

[54] 房建成,宁晓琳,田玉龙. 航天器自主天文导航原理与方法. 北京:国防工业出版社,2006.

[55] Pittelkau M E. Calibration and attitude determination with redundant inertial measurement units. Journal of Guidance, Control and Dynamics,2005,28(4):743 - 752

[56] Winkler S, Wiedermann G, Gockel W. High - accuracy on - board attitude estimation for the GMES Sentinel - 2 satellite: concept, design, and first results. AIAA Guidance, Navigation and Control Conference and Exhibit, Hawaii, 2008.

[57] Lam Q, Woodruff C, Ashton S, Martin D. Ground - based SIAD software tool development for GOES post - launch test support. AIAA Guidance, Navigation, and Control

Conference and Exhibit, California, 2002.

[58] Needelman R Li, Fowell D R. Reusable stellar inertial attitude determination (SIAD) design for spacecraft guidance, navigation & control, AIAA Guidance, Navigation, and Control Conference and Exhibit, California, 2005.

[59] 姜雪原,马广富,罗晶. 红外地平仪姿态测量误差模型. 宇航学报,2003,24(2):138-143.

[60] 尉志军,刘晓军. 三轴紫外光学成像敏感器. 光电工程,2008, 35(11):86-90.

[61] 张桂才. 光纤陀螺原理与技术. 北京:国防工业出版社,2008.

[62] 王巍. 光纤陀螺惯性系统. 北京:宇航出版社,2010.

[63] 姜文英,陈元枝,赵志敏. 一种基于高精度 CCD 的星敏感器系统设计. 电光系统, 2008, 1:19-21.

[64] Li S, Liu L, Yan G. The innovations of GPS-based spacecraft attitude determination. 47th IAF-96 IAA-5. A. 10, 1996.

[65] Choukroun D, Bar-Itzhack I Y, Oshman Y. Optimal-REQUEST algorithm for attitude determination. Journal of Guidance, Control and Dynamics, 2004, 27:418-425.

[66] Lam Q, Woodruff C, Ashton S, Martin D. Noise estimation for star tracker calibration and enhanced precision attitude determination. Proceedings of the Fifth International Conference on Information Fusion, MD, 2002:235-242.

[67] Shuster M D, Oh S D. Three-axis attitude determination from vector observation. J. Guidance and Control, 1981, 4(1):70-77.

[68] Bar-Itzhack I Y. REQUST: A recursive QUEST algorithm for sequential attitude determination. Journal of Guidance ,Control, and Dynamics, 1996, 19(5):1034-1038.

[69] Bar-Itzhack I Y, Oshman Y. Attitude determination from vector observations: Quaternion estimation. IEEE Transcations on Aerospace and Electronic Systems, 1985, AES-21(1):128:136.

[70] 刘延柱. 地球扁率引起红外地平仪姿态测量误差的数学模型. 宇航学报, 1999, 20(4):13-17.

[71] 李捷. 基于地球椭球特性的红外地球敏感器测量值的修正算法. 控制工程, 1997(2):9-14.

[72] Li J. Simple correction algorithms of scanning horizon sensor measurement for earth oblatenee. Journal of Guidance ,Control, and Dynamics, 1999, 22(1):187-190.

[73] 周军,钱勇. 基于地球扁率红外地平仪姿态测量测量值修正算法研究. 宇航学报, 2003, 24(2):144-149.

[74] 李明群,魏春岭,袁军. 基于地球扁率的红外敏感器测量及修正算法研究. 全国第十三届空间及运动体控制技术学术会议论文集,2008:403-401.

[75] 王志贤. 最优状态估计与系统辨识. 西安:西北工业大学出版社,2004.

[76] 秦永元,张洪钺,汪叔华. 卡尔曼滤波与组合导航原理. 西安:西北工业大学出版社,1998.

[77] 张春青,李勇,刘良栋. 卫星多敏感器组合姿态确定系统中的信息融合方法研究. 宇航学报,2005, 26(3):314 - 320.

[78] Crassidis J L, Markley F L, Cheng Y. Survey of nonlinear attitude estimation methods. Journal of Guidance, Control, and Dynamics. 2007, 30(1): 12 - 27.

[79] Markley F L, Crassidis J L, CHENG Y. Nonlinear attitude filtering method, AIAA Guidance, Navigation, and Control Conference and Exhibit (AIAA 2005 - 5927), San Francisco, California, 2005.

[80] Crassidis J L, Markley F L. Unscented filtering for spacecraft attitude estimation. Journal of Guidance, Control, and Dynamics, 2003, 26:536 - 542.

[81] Chida Y, Kawaguchi Y, Soga H, et al. On - board precision attitude determination algorithm for the Advanced Land Observerving Satellite (ALOS). 21st ISTS, ISTS - 98 - e - 14, 1998.

[82] 邢光谦. 量测系统的能观度和状态估计精度. 空间控制技术与应用,1982,4.

[83] 熊凯,雷拥军,曾海波. 基于 Allan 方差法的光纤陀螺建模与仿真. 空间控制技术与应用,2010, 36(3):8 - 14.

[84] 熊凯,雷拥军,曾海波. 三浮陀螺随机误差建模与仿真. 2011 年惯性技术应用及发展学术技术研讨会,2011.

[85] 毛奔,林玉荣. 惯性器件测试与建模. 哈尔滨:哈尔滨工程大学出版社,2007.

[86] 朱荣,张炎华,莫有声. 干涉式光纤陀螺的建模与仿真. 上海交通大学学报,2000,34(11): 1492 - 1496.

[87] 葛升民,韩军良,沈毅,等. 光纤陀螺随机建模与仿真研究. 哈尔滨工程大学学报,2008, 29(11): 1176 - 1180.

[88] 罗勇. 典型环境对 IMU 影响的仿真建模[D]. 长沙:国防科学技术大学,2007.

[89] Ng L, Pines D. Characterization of ring laser gyro performance using the Allan variance method . Journal of Guidance, Control, and Dynamics, 1997, 20(1): 211 - 214.

[90] Ford J J, Evans M E. Online estimation of Allan variance parameters . Journal of Guidance, Control, and Dynamics, 2000, 23(6): 980 - 987.

[91] Lam Q M, Stamatakos N, Woodruff C, et al. Gyro modeling and estimation of its random noise sources. AIAA Guidance, Navigation, and Control Conference and Exhibit, Austin, Texas, 2003.

[92] Crassidis J L. Sigma - point Kalman filtering for integrate GPS and inertial navigation. AIAA Guidance, Navigation, and Control Conference and Exhibit(AIAA - 05 - 6052), San Francisco, California, 2005.

[93] Lefferts E J, Markley F L, Shuster M D. Kalman filtering for spacecraft attitude estima-

tion. Journal of Guidance, Control and Dynamics, 1982, 5:417 - 429.

[94] 屠善澄,吕振铎,邹广瑞, 等. 中国同步实验通信卫星 STW - 1 的控制. 宇航学报, 1986,4:1 - 13.

[95] 吕振铎. 地球同步通信广播卫星的两种姿态控制方式. 中国空间科学技术,1990, 1.

[96] Rajaram S, Selby V H, Fowler RZ. Precison attitude determination and control using gyros and earth sensorl. AIAA 24th Aerospace Sciences Meeting(AIAA86 - 0249), Reno, Nevada, 1986.

[97] Li J, Chen Y. Constant - gain information filter for attitude determination of precision pointing spacecraft. 47th International Astronautical Congress(IAF - 96 - A.5.08), Beijing, China, 1996.

[98] 刘一武,陈义庆. 星敏感器测量模型及其在卫星姿态确定系统中的应用. 宇航学报,2003,24(2):162 - 167.

[99] Markley F L. Attitude error representations for kalman filtering. Journal of Guidance, Control, and Dynamics, 2003, 63(2):311 - 317.

[100] Xiong K, Tang L, Lei Y. Multiple Model Kalman Filter for Attitude Determination of Precision Pointing Spacecraft. Acta Astronautica, 2011,68:843 - 852.

[101] Zhai Y, Yeary M B, Cheng S, Kehtarnavaz N. An object - tracking algorithm based on multiple - model particle filtering with state partitioning. IEEE Transactions on Instrumentation and Measurement, 2009, 58:1797 - 1809.

[102] LiX. Bar - Shalom Y. Multiple - model estimation with variable structure. IEEE Transactions on Automatic Control, 1996, 41:478 - 493.

[103] Li X. Zhang Y. Multiple - model estimation with variable structure part V: likely - model set algorithm, IEEE Transactions on Aerospace and Electronic systems, 2000, 36: 448 - 466.

[104] Xiong K, Zhang H, Liu L. Adaptive Robust Extended Kalman Filter for Nonlinear Stochastic Systems. IET Control Theory & Applications, 2008, 2(3):239 - 250.

[105] Xiong K, Wei C. Robust Extended Kalman Filtering for Nonlinear Systems with Stochastic Uncertainties. IEEE Transactions on Systems Man & Cybernetics, Part A, 2010, 40 (2): 399 - 405.

[106] Kirubarajan T, Bar - Shalom Y. Kalman filter versus IMM estimator: when do we need the latter. IEEE Transactions on Aerospace and Electronic Systems, 2003, 39 (4): 1452 - 1457.

[107] Liao J F, Chen B S. Robust mobile location estimator with NLOS mitigation using interacting multiple model algorithm. IEEE Transactions on Wireless Communications, 2006, 35: 3002 - 3006.

[108] Alsuwaidan B N, Crassidis J L, Cheng Y. Convergence properties of autocorrelation -

based generalized multiple – model adaptive estimation . AIAA Guidance, Navigation and Control Conference and Exhibit, Hawaii, 2008.

[109] Toledo – Moreo R, Zamora – Izquierdo M A. IMM – based lane – change prediction in highways with low – cost GPS/INS. IEEE Transactions on Intelligent Transportation, 2009, 10: 180 – 185.

[110] Hanlon P D, Maybeck P S. Multiple – model adaptive estimation using a residual correlation Kalman filter bank. IEEE Transactions on Aerospace and Electronic Systems, 2000, 36:393 – 406.

[111] Seah C E, Hwang I. State estimation for stochastic linear hybrid systems with continuous – state – dependent transactions: an IMM approach. IEEE Transactions on Aerospace and Electronic Systems, 2009, 45:376 – 392.

[112] Rao J S, Pullaiah D, Padmasree S, et al. Star tracker alignment determination for Resourcesat – I. AIAA/AAS Astrondynamics Spacialish Conference and Exhibit (AIAA 2004 – 5392), Providence, Rhode Island, 2004.

[113] Kim Y V, Difilippo K J, Ng A. On the Autonomous in orbit calibration of satellite attitude sensors. AIAA Guidance, Navigation, and Control Conference and Exhibit (AIAA 2004 – 5125), Providence, Rhode Island, 2004.

[114] Chen X, Geng Y. On – orbit calibration algorithm for gyros/star sensor, Journal of Harbin Institute of Technology, 2006, 38:1369 – 1373.

[115] Sun K, Packard A. Robust H2 and H∞ filters for uncertain LFT systems. IEEE Transactions on Automatic Control, 2005, 50:715 – 720.

[116] Goncalves E N, Palhares R M, Takahashi R H C. H2/H∞ filter design for systems with polytope – bounded uncertainty. IEEE Transactions on Signal Processing, 2006, 54:3620 – 3626.

[117] Einicke G A, White L B. Robust extended Kalman filtering. IEEE Transactions on Signal Processing, 1999, 47:2596 – 2599.

[118] Seo J, Yu M, Park C G, Lee J G. An extended robust H_∞ filter for nonlinear constrained uncertain systems. IEEE Transactions on Signal Processing, 2006, 54:4471 – 4475.

[119] Xiong K, Liu L, Liu Y. Nonlinear Robust Filter Design for Satellite Attitude Determination. IET Control Theory & Applications, 2010, 4(7):1222 – 1234.

[120] Yang F, Wang Z, Hung Y S. Robust Kalman filtering for discrete time – varying uncertain systems with multiplicative noises. IEEE Transactions on Automatic Control, 2002, 47(7):1179 – 1183.

[121] 裘钢. 地球同步卫星实时姿态确定系统的微机实现. 空间控制技术与应用,1984, 1:6 – 13.

[122] 吕振铎,李铁寿,刘良栋. 实用通信广播卫星控制软件的改进. 宇航学报,1990,

1:1 – 6.

[123] 邹广瑞,吕振铎,等. “东方红三号”卫星姿态和轨道控制系统设计. 1992 年空间及运动体控制技术学术会议论文集(上册), 1992:15 – 27.

[124] Iwata T. Attitude Dynamics and Disturbances of the Advanced Land Observing Satellite (ALOS): Modeling, Identification, and Mitigation, AIAA – 2008 – 6263.

[125] Iwata T. Attitude and pointing dynamics of the advanced land observing satellite (ALOS): Flight results and characterization, J. of Space Technology and Science, 2007, 23(1):20 – 29.

[126] Iwata T . Hoshino H, Yoshizawa T, et al. Precision attitude determination for the advanced land observing satellite (ALOS): Design, Verification, and on – orbit calibration , AIAA Guidance, Navigation, & Control conference, AIAA Paper 2007 – 6817, 2007.

[127] Iwata T, Hoshino H , Yoshizawa T, Kawahara T. Precision attitude determination for the advanced land observing satellite (ALOS): design, verification, and on – orbit calibration, AIAA Guidance, Navigation and Control Conference and Exhibit, South Carolina, 2007.

[128] Iwata T. Precision attitude and position determination for the advanced land observing satellite(ALOS). Proceedings of SPIE, 2005, 5659:34 – 52.

[129] Iwata T, Uo M, Kawahara T. Ground – based precision attitude determination using repeated smoothing with sequential rate bias and attitude estimation, AIAA Guidance, Navigation, and Control Conference (AIAA 2010 – 8451), Toronto, Ontario Canada, 2010.

[130] 黄福铭,郝和年. 航天器飞行控制与仿真. 北京:国防工业出版社,2004.

内 容 简 介

本书以卫星为对象，详细介绍了典型的卫星姿态测量部件的工作原理，以及姿态的基于参考矢量的几何姿态确定方法和基于状态估计的滤波方法。此外，还结合具体卫星实例给出姿态确定系统实现情况。

本书共分为 8 章。前两章简要介绍姿态测量与确定在卫星控制系统中的作用，常用姿态敏感器和姿态确定方法，以及姿态确定过程中需要用到的一些数学知识。第 3 章和第 4 章分别介绍自旋卫星和三轴稳定卫星系统的相关测量敏感器原理与基于矢量量测的姿态几何确定方法，以及实际工程应用实例。第 5 章介绍状态估计方法，并着重介绍了卡尔曼滤波公式推导过程。第 6 章介绍姿态确定系统的陀螺误差建模方法，以及由陀螺测试数据进行模型验证情况。第 7 章介绍卡尔曼滤波方法在卫星姿态确定系统中的应用。第 8 章分别结合自旋稳定和三轴稳定两种类型卫星，详细给出相应的姿态测量与确定系统的实现过程。

本书既可作为从事相关领域工程技术人员的参考书，也可作为高等院校相关专业高年级本科生和研究生的教材及参考书。

In this book, we describe in detail the working principle of typical satellite attitude sensors, the satellite attitude determination methods including the reference-vector-based geometric methods and state-estimation-based filtering methods. Moreover, we present the realization of the attitude determination systems by specific satellites.

The book is divided into eight chapters. In the first two chapters, the role of attitude measurement and determination in satellite control system, the commonly used attitude sensors and attitude determination methods, and elementary mathematical materials used in subsequent chapters are briefly introduced.

The principle of sensors and geometric attitude determination methods based on reference vectors observation for spinning satellites and the three-axis stabilized ones are presented in Chapter 3 and 4, respectively, and the related applications in practice engineering are given in each chapter. The state estimation methods, especially the derivation of Kalman filter equations, are presented in Chapter 5. The gyro error model for satellite attitude determination is discussed primarily in Chapter 6, and the model verification by actual gyro measurement data is also provided. Sevaral Kalman filtering methods in satellite attitude determination systems are presented in Chapter 7. In chapter 8, also the last chapter, the attitude measurement and determination systems are detailedly given for spinning satellites and three-axis stabilized ones, respectively.

This book is intended to serve as a reference book for engineers, and also as a textbook for senior and graduate students.